U0626492

高等学校信息工程类专业系列教材

通信系统概论

（第三版）

王兴亮　刘建都　主　编

李　波　副主编

西安电子科技大学出版社

内 容 简 介

本书共 8 章，内容包括绪论、数字通信系统、通信网络技术、大数据和云计算技术、扩频抗干扰通信系统、微波与卫星通信系统、移动通信系统和光通信系统。

本书内容新颖，反映了当今最新的通信系统的发展和应用情况；语言简练、通俗易懂，突出概念描述，避免烦琐的公式推导；内容系统全面，材料充实丰富。

本书可作为通信工程、计算机通信、信息技术及其他相近专业的专科生教材，也可作为非通信专业的本科生教材，还可供 IT 行业的科技人员阅读和参考。

图书在版编目(CIP)数据

通信系统概论/王兴亮，刘建都主编 . --3 版 . --西安：西安电子科技大学出版社，2023.12
ISBN 978 - 7 - 5606 - 6988 - 5

Ⅰ. ① 通⋯ Ⅱ. ① 王⋯ ② 刘⋯ Ⅲ. ① 通信系统—概论 Ⅳ. TN914

中国国家版本馆 CIP 数据核字(2023)第 156419 号

策 划	马乐惠
责任编辑	马乐惠

出版发行 西安电子科技大学出版社(西安市太白南路 2 号)
电 话 (029)88202421 88201467 邮 编 710071
网 址 www.xduph.com 电子邮箱 xdupfxb001@163.com
经 销 新华书店
印刷单位 陕西天意印务有限责任公司
版 次 2023 年 12 月第 3 版 2023 年 12 月第 1 次印刷
开 本 787 毫米×1092 毫米 1/16 印张 20.5
字 数 485 千字
印 数 1～3000 册
定 价 48.00 元

ISBN 978 - 7 - 5606 - 6988 - 5/TN

XDUP 7290003 - 1

* * * 如有印装问题可调换 * * *

前　言

此次修订在征求广大读者意见的基础上，进一步充实了最新的通信技术内容，对"数字通信系统""通信网络技术"和"移动通信系统"三章进行了较大篇幅的修订，补充完善了大数据和云计算技术，增加了第五代移动通信技术以及北斗卫星导航系统等内容。

全书主要内容包括绪论、数字通信系统、通信网络技术、大数据和云计算技术、扩频抗干扰通信系统、微波与卫星通信系统、移动通信系统、光通信系统等。

本书内容新颖，反映了当今最新的通信系统的发展和应用情况；语言简练、通俗易懂，突出概念描述，避免烦琐的公式推导；内容系统全面，材料充实丰富。本书重点讲述了各种通信技术的性能和物理意义，并列举了大量的例子加以说明。每章开始都有教学要点，结尾都有小结，并附有适量的思考与练习题。

王兴亮、刘建都担任本书主编，李波担任副主编。感谢其他编写人员为本书付出的艰辛劳动，同时也感谢西安电子科技大学出版社的编辑为本书出版付出的心血。

主编联系方式：QQ 935363445，邮箱 935363445@qq.com。

编　者

2023 年 8 月于西安

目录

第1章 绪 论

教学要点

- 通信概述：通信的定义、分类、方式及通信系统模型。
- 信息论基础：信息的度量及信息量的计算。
- 通信系统的性能指标：有效性指标及可靠性指标。
- 通信信道的基本特性：信道的概念、噪声及信道容量。

1.1 通 信 概 述

1.1.1 通信的定义

通信(Communication)就是信息的传递，指由一地向另一地进行信息的传输与交换，其目的就是传输消息。然而，随着社会生产力的发展，人们对传递消息的要求也越来越高。在各种各样的通信方式中，利用"电"来传递消息的通信方法称为电信(Telecommunication)，这种通信方法具有迅速、准确、可靠等特点，且几乎不受时间、地点、空间、距离的限制，因而得到了飞速发展和广泛应用。可以说，利用电子等技术手段，借助电信号(含光信号)实现从一地向另一地对消息、情报、指令、文字、图像、声音或任何性质的消息进行有效的传递称为通信。

从本质上讲，通信就是实现信息传递功能的一门科学技术，它要将大量有用的信息快速、准确、广泛、无失真、高效率、安全地进行传输，同时还要在传输过程中将无用信息和有害信息抑制掉。当今的通信不仅要有效地传递信息，还要存储、处理、采集及显示信息。通信已成为信息科学技术的一个重要组成部分。

1.1.2 通信的分类

通信的分类方法有许多种。

1. 按传输介质划分

按传输消息的介质的不同，可将通信分为两大类：一类称为有线通信；另一类称为无线通信。所谓有线通信，是指传输介质为导线、电缆、光缆、波导、纳米材料等形式的通信，其特点是介质能看得见、摸得着，而导线可以是架空明线、电缆、光缆及波导等。所谓无线通信，是指传输消息的介质为看不见、摸不着的介质(如电磁波)的一种通信形式。

通常有线通信亦可进一步再分类，如明线通信、电缆通信、光缆通信等；无线通信常见的形式有微波通信、短波通信、移动通信、卫星通信、散射通信等，其形式较多。

2. 按信道中传输的信号划分

信道是个抽象的概念，这里可理解成传输信号的通路。通常信道中传送的信号可分为数字信号和模拟信号，因此，通信亦可分为数字通信和模拟通信，相应的是数字通信系统和模拟通信系统。

凡信号的某一参量（如连续波的振幅、频率、相位，脉冲波的振幅、宽度、位置等）可以取无限多个数值，且直接与消息相对应的，称为模拟信号。模拟信号有时也称连续信号，这里连续是指信号的某一参量可以连续变化（即可以取无限多个值），而不一定在时间上也连续。例如，第 2 章介绍的脉冲振幅调制（PAM）信号，经过调制后已调信号脉冲的振幅是可以连续变化的，但在时间上是不连续的。这里的某一参量是指我们关心的并作为研究对象的那一参量，绝不是仅指时间参量。当然，参量连续变化、时间上也连续变化的信号毫无疑问也是模拟信号。例如，强弱连续变化的语言信号、亮度连续变化的电视图像信号等都是模拟信号。

凡信号的某一参量只能取有限个数值，并且常常不直接与消息相对应的，称为数字信号。数字信号有时也称离散信号，这里离散是指信号的某参量是离散（不连续）变化的，而不一定在时间上也离散。

3. 按工作频段划分

根据通信设备的工作频率不同，通信通常可分为长波通信、中波通信、短波通信、微波通信等。表 1-1 所示为通信使用的频段及主要用途，以供用户比较全面地了解通信中所使用的频段。

表 1-1 通信使用的频段及主要用途

频率范围(f)	波长(λ)	符 号	常用传输介质	用 途
3 Hz～30 kHz	10^8～10^4 m	甚低频(VLF)	有线线对，长波无线电	音频、电话、数据终端、长距离导航、时标
30～300 kHz	10^4～10^3 m	低频(LF)		导航、信标、电力线通信
300 kHz～3 MHz	10^3～10^2 m	中频(MF)	同轴电缆，中波无线电	调幅广播、移动陆地通信、业余无线电
3～30 MHz	10^2～10 m	高频(HF)	同轴电缆，短波无线电	移动无线电话、短波广播、定点军用通信、业余无线电
30～300 MHz	10～1 m	甚高频(VHF)	同轴电缆，米波无线电	电视、调频广播、空中管制、车辆通信、导航、集群通信、无线寻呼
300 MHz～3 GHz	100～10 cm	特高频(UHF)	波导，分米波无线电	电视、空间遥测、雷达导航、点对点通信、移动通信
3～30 GHz	10～1 cm	超高频(SHF)	波导，厘米波无线电	微波接力、卫星和空间通信、雷达
30～300 GHz	10～1 mm	极高频(EHF)	波导，毫米波无线电	雷达、微波接力、射电天文学通信
10^5～10^7 GHz	$3×10^{-4}$～$3×10^{-6}$ cm	紫外、可见光、红外	光纤，激光空间传播	光通信

通信中工作频率和工作波长可互换，公式为

$$f = \frac{c}{\lambda} \tag{1-1}$$

式中：λ 为工作波长；f 为工作频率；c 为电波在自由空间中的传播速度，通常可近似地认为 $c = 3 \times 10^8$ m/s。

4. 按调制方式划分

根据消息在送到信道之前是否采用调制，通信可分为基带传输和频带传输。所谓基带传输，是指信号没有经过调制而直接送到信道中传输的一种方式；而频带传输是指信号经过调制后再送到信道中传输，接收端有相应解调措施的通信方式。表1-2列出了一些常用的调制方式。

表 1-2 常用的调制方式

调 制 方 式			用 途
连续波调制	线性调制	常规双边带调幅（AM）	广播
		抑制载波双边带调幅（DSB）	立体声广播
		单边带调幅（SSB）	载波通信、无线电台、数据传输
		残留边带调幅（VSB）	电视广播、数据传输、传真
	非线性调制	频率调制（FM）	微波中继、卫星通信、广播
		相位调制（PM）	中间调制
	数字调制	幅度键控（ASK）	数据传输
		频率键控（FSK）	
		相位键控（PSK、DPSK、QPSK 等）	数据传输、数字微波、空间通信
		其他高效数字调制（QAM、MSK 等）	数字微波、空间通信
脉冲调制	脉冲模拟调制	脉幅调制（PAM）	中间调制、遥测
		脉宽调制（PDM/PWM）	中间调制
		脉位调制（PPM）	遥测、光纤传输
	脉冲数字调制	脉码调制（PCM）	市话、卫星、空间通信
		增量调制（DM）	军用、民用电话
		差分脉码调制（DPCM）	电视电话、图像编码
		其他语言编码方式（ADPCM、APC、LPC）	中低速数字电话

1.1.3 通信的方式

1. 按消息传送的方向与时间划分

通常如果通信仅在点对点之间或一点对多点之间进行，那么按消息传送的方向与时间不同，通信的方式可分为单工通信、半双工通信及全双工通信，如图1-1所示。

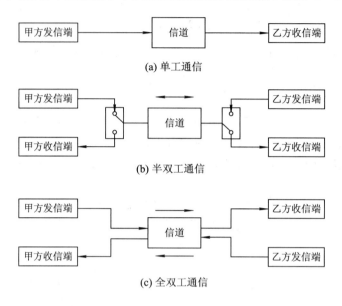

图1-1 按消息传送的方向和时间划分的通信方式

单工通信是指消息只能单方向进行传输的一种通信方式。单工通信的例子很多，如广播、遥控、无线寻呼等。这里，信号(消息)只从广播发射台、遥控器和无线寻呼中心分别传到收音机、遥控对象上。

半双工通信是指通信双方都能收发消息，但不能同时进行收和发的通信方式。例如，使用同一频段的对讲机、收发报机等都采用的是这种通信方式。

全双工通信是指通信双方可同时进行双向传输消息的通信方式。在这种方式下，双方可同时进行收发消息。很明显，全双工通信的信道必须是双向信道。生活中全双工通信的例子非常多，如电话、手机等。

2. 按数字信号的排序划分

在数字通信中，按照数字信号排列的顺序不同，可将通信方式分为串序传输和并序传输。所谓串序传输，是将代表信息的数字信号序列按时间顺序一个接一个地在信道中传输的方式，如图1-2(a)所示；如果将代表信息的数字信号序列分割成两路或两路以上数字信号序列同时在信道上传输，则称为并序传输通信方式，如图1-2(b)所示。

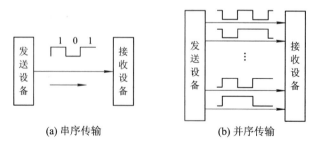

图1-2 按数字信号排序划分的通信方式

　　一般的数字通信方式大都采用串序传输，这种方式的优点是只需占用一条通路，缺点是占用时间相对较长；并序传输在通信中也会用到，它需要占用多条通路，优点是传输时间较短。

3. 按网络形式划分

　　通信的网络形式通常可分为三种，即点到点通信方式、点到多点通信(分支)方式和多点到多点通信(交换)方式，它们的示意图如图 1-3 所示。

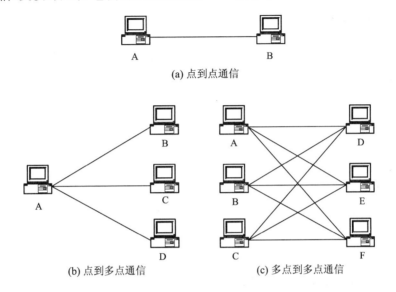

(a) 点到点通信

(b) 点到多点通信　　　　　(c) 多点到多点通信

图 1-3　按网络形式划分的通信方式

　　点到点通信方式是通信网络中最为简单的一种形式，终端 A 与终端 B 之间的线路是专用的；在点到多点通信(分支)方式中，每一个终端(A，B，C，…)经过同一信道与转接站相互连接，此时终端之间不能直通信息，而必须经过转接站转接，此种方式只在数字通信中出现；多点到多点通信(交换)方式是终端之间通过交换设备灵活地进行线路交换的一种方式，即把要求通信的两终端之间的线路接通(自动接通)，或者通过程序控制实现消息交换，也就是通过交换设备先把发方来的消息储存起来，然后再转发至收方，这种消息转发可以是实时的，也可是延时的。

　　分支方式及交换方式均属网通信的范畴。它们和点到点通信方式相比，有其特殊的一面。例如，通信网中有一套具体的线路交换与消息交换的规定、协议等，通信网中既有信息控制问题，也有网同步问题等。尽管如此，网通信的基础仍是点与点之间的通信。

1.1.4　通信系统模型

　　通信的任务是完成消息的传递和交换。以点对点通信为例，可以看出，要实现消息从一地向另一地的传递，必须有三个部分：一是发送端；二是接收端；三是收发两端之间的信道。通信系统模型如图 1-4 所示。

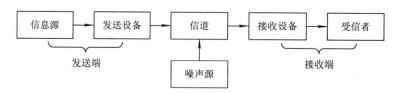

图 1-4　通信系统模型

通信系统模型各部分的作用如下所示。

1. 信息源和受信者

信息源简称信源，是信息的发出处。受信者简称信宿，是信息的归宿处。信源根据输出信号的性质不同可分为模拟信源和离散信源，如模拟电话机为模拟信源，数字摄像机及计算机为离散信源。信息源和受信者可以互相转化。

2. 发送设备

发送设备的作用就是将信源产生的信号变换为传输信道所需要的信号，使信源和信道匹配起来，并送往信道。这种变换根据对传输信号的要求不同有相应不同的变换方式，通常要求实现大功率发射、频谱搬移、信源编码、信道编码、多路复用、保密处理等，其相应的变换方式为功率放大、调制、模/数转换、纠错编码、FDM(频分多路复用)或 TDM(时分多路复用)、加密等。

3. 信道

信道是指传输信号的通道，是从发送设备到接收设备之间信号传递所经过的介质，可以是无线的，也可以是有线的。信道既给信号提供通路，也对信号产生各种干扰和噪声，直接影响着通信的质量，其干扰和噪声的性能由传输介质的固有特性所决定。图 1-4 中，噪声源是信道中的所有噪声以及分散在通信系统中其他各处噪声的集合。图中的这种表示并非指通信中一定要有一个噪声源，而是为了在分析和讨论问题时便于理解而人为设置的。

4. 接收设备

接收设备的基本功能是完成发送设备的反变换，即进行接收放大、解调、数/模转换、纠错、译码、FDM 或 TDM 的分路、解密等，其任务是从带有干扰的信号中正确地恢复出原始信号。

图 1-4 仅是一个单向通信系统模型，而实际通信系统要实现双向通信，通信的双方需要随时交流信息，信源兼为信宿，双方都要有发送设备和接收设备。如果两个方向用各自的传输介质，则双方都独立地进行发送和接收；如果两个方向共用一个传输介质，则必须采用频率、时间或代码分割的办法来实现资源共享。

通信系统除了完成信息传输之外，还必须进行信息的交换。传输系统和交换系统共同组成一个完整的通信系统。

1.2　信息论基础

1.2.1　信息的度量

"信息"(Information)在概念上与消息(Message)的意义相似，但它的含义更具普遍性、抽象性。信息可理解为消息中包含的有意义的内容；消息可以有各种各样的形式，但消息的内容可统一用信息来表述。传输信息的多少可直观地使用"信息量"进行衡量。

传递的消息都有其量值的概念。在一切有意义的通信中，虽然消息的传递意味着信息的传递，但对接收者而言，某些消息比另外一些消息的传递具有更多的信息。例如，甲方告诉乙方一件非常可能发生的事情——"明天中午 12 时正常开饭"，那么比起告诉乙方一件极不可能发生的事情——"明天 12 时有地震"来说，前一消息包含的信息显然要比后者少些。因为对乙方（接收者）来说，前一事情很可能（必然）发生，不足为奇，而后一事情却极难发生，听后会使人惊奇。这表明消息确实有量值的意义，而且对接收者来说，事件愈不可能发生，愈会使人感到意外和惊奇，则信息量就愈大。正如已经指出的，消息是多种多样的，因此，量度消息中所含信息的量值，必须能够用来估计任何消息的信息量，且与消息种类无关。另外，消息中所含信息的多少也应和消息的重要程度无关。

由概率论可知，事件的不确定程度可用事件出现的概率来描述。事件出现（发生）的可能性愈小，则概率愈小；反之，概率愈大。基于这种认识，可以得到：消息中的信息量与消息发生的概率紧密相关。消息出现的概率愈小，则消息中包含的信息量就愈大，且概率为0（不可能发生事件）时信息量为无穷大，概率为1（必然事件）时信息量为0。

综上所述，消息中所含信息量与消息出现的概率之间的关系应反映如下规律：

(1) 消息中所含信息量 I 是消息出现的概率 $P(x)$ 的函数，即

$$I = I[P(x)] \tag{1-2}$$

(2) 消息出现的概率愈小，它所含信息量愈大；反之，信息量愈小，且

$$P = 1 \text{ 时} \quad I = 0$$
$$P = 0 \text{ 时} \quad I = \infty$$

(3) 若干互相独立事件构成的消息，所含信息量等于各独立事件信息量的和，即

$$I[P_1(x)P_2(x)\cdots] = I[P_1(x)] + I[P_2(x)] + \cdots$$

可以看出，I 与 $P(x)$ 间应满足以上三点，则有

$$I = \log_a \frac{1}{P(x)} = -\log_a P(x) \tag{1-3}$$

信息量 I 的单位与对数的底数 a 有关：$a=2$，单位为比特（bit 或 b）；$a=\mathrm{e}$，单位为奈特（nat 或 n）；$a=10$，单位为笛特（det），也称为十进制单位；$a=r$，单位称为 r 进制单位。通常使用的单位为比特，这时 $\log_2$ 用 lb 表示。

1.2.2　平均信息量

平均信息量 $\bar{I}$ 等于各个符号的信息量与各自出现的概率的乘积之和。

当采用二进制时，有

$$\bar{I} = -P(1)\,\mathrm{lb}P(1) - P(0)\,\mathrm{lb}P(0) \tag{1-4}$$

把 $P(1) = P$ 代入，则

$$\bar{I} = -P\,\mathrm{lb}P - (1-P)\,\mathrm{lb}(1-P)$$
$$= -P\,\mathrm{lb}P + (P-1)\,\mathrm{lb}(1-P)$$

下面介绍多个信息符号的平均信息量的计算。

设各符号出现的概率为 $P(x_1)$，$P(x_2)$，…，$P(x_n)$，且 $\sum_{i=1}^{n} P(x_i) = 1$，则每个符号所含信息的平均值（平均信息量）为

$$\bar{I} = P(x_1)[-\mathrm{lb}P(x_1)] + P(x_2)[-\mathrm{lb}P(x_2)] + \cdots + P(x_n)[-\mathrm{lb}P(x_n)]$$

$$= \sum_{i=1}^{n} P(x_i)[-\mathrm{lb}P(x_i)] \tag{1-5}$$

由于平均信息量同热力学中的熵的形式相似，因此通常又称它为信息源的熵。平均信息量 $\bar{I}$ 的单位为比特/符号。

当离散信息源中的每个符号等概率出现，而且各符号的出现是统计独立的时，该信息源的信息量最大。此时最大熵（平均信息量）为

$$\bar{I}_{\max} = \sum_{i=1}^{n} P(x_i)[-\mathrm{lb}P(x_i)] = -\sum_{i=1}^{n} \frac{1}{N}\left[\mathrm{lb}\frac{1}{N}\right] = \mathrm{lb}N \quad (n = N) \tag{1-6}$$

1.3 通信系统的性能指标

衡量、比较和评价一个通信系统的好坏时，必然要涉及系统的主要性能指标，否则就无法衡量通信系统的好坏与优劣。无论是模拟通信还是数字通信、数据通信，尽管业务类型和质量要求各异，但它们都有一个总的质量指标要求，即通信系统的性能指标。

1.3.1 一般通信系统的性能指标

通信系统的性能指标有有效性、可靠性、适应性、保密性、标准性、维修性、工艺性等。从信息传输的角度来看，通信的有效性和可靠性是系统最主要的两个性能指标，这也是通信技术讨论的重点。

有效性是指要求系统高效率地传输消息，解决通信系统如何以最合理、最经济的方法传输最大数量的消息这一问题。

可靠性是指要求系统可靠地传输消息。由于存在干扰，因此收到的与发出的消息并不完全相同。可靠性是一种量度，用来表示收到消息与发出消息的符合程度。因此，可靠性取决于系统抵抗干扰的性能。也就是说，可靠性取决于通信系统的抗干扰性。

一般情况下，要增加系统的有效性，就得降低可靠性；反之亦然。在实际中，常常依据实际系统要求采取相对统一的办法，即在满足一定可靠性指标的条件下，尽量提高消息的传输速率，即有效性，或者在维持一定有效性的条件下，尽可能提高系统的可靠性。

1.3.2 通信系统的有效性指标

模拟通信系统中，每一路模拟信号需占用一定信道带宽，如何在信道具有一定带宽时充分利用它的传输能力，主要有两个方面的措施。一方面，多路信号通过频率分割复用，即频分复用（FDM），以复用路数多少来体现其有效性。例如，同轴电缆最高可容纳 10 800 路 4 kHz 模拟话音信号，目前使用的无线频段为 $10^5 \sim 10^{12}$ Hz 的自由空间更是利用多种频分复用方式实现各种无线通信的。另一方面，根据业务性质减少信号带宽，以提高模拟通信的有效性。例如，话音信号的调幅单边带（SSB）为 4 kHz，是调频信号带宽的几分之一，

但可靠性较差。

数字通信的有效性主要体现为一个信道中通过的信息速率。对于基带数字信号传输，可以采用时分多路复用(TDM)以充分利用信道带宽；而对于频带数字信号传输，可以采用多元调制以提高有效性。数字通信系统的有效性可用传输速率来衡量，传输速率越高，系统的有效性越好。

1. 码元传输速率 R_B

码元传输速率通常又称为码元速率(也称为数码率、传码率、码率、信号速率或波形速率等)，用符号 R_B 来表示。码元速率是指单位时间(每秒)内传输码元数目的多少，单位为波特(Baud)，常用符号"Bd"表示(注意，不能用小写)。例如，某系统在 2 s 内共传送 4800 个码元，则系统的传码率为 2400 Bd。

数字信号一般有二进制与多进制之分，但码元速率 R_B 与信号的进制数无关，只与码元宽度 T_b 有关，即

$$R_B = \frac{1}{T_b} \tag{1-7}$$

通常在给出系统的码元速率时应说明码元的进制。多进制(M)码元速率 R_{BM} 与二进制码元速率 R_{B2} 之间，在保证系统信息速率不变的情况下，可相互转换，转换关系式为

$$R_{B2} = R_{BM} \cdot \text{lb}M \quad (\text{Bd}) \tag{1-8}$$

式中：$M = 2^k$，$k = 2, 3, 4, \cdots$。

2. 信息传输速率 R_b

信息传输速率简称信息速率，又可称为传信率、比特率等，用符号 R_b 表示。R_b 是指单位时间(每秒)内传送的信息量的多少，单位为比特/秒(bit/s)，简记为 b/s。例如，若某信源在 1 s 内传送 1200 个符号，且每个符号的平均信息量为 1 bit，则该信源的 $R_b = 1200$ b/s。因为信息量与信号的进制数 M 有关，所以 R_b 也与 M 有关。

3. 消息传输速率 R_m

消息传输速率亦称消息速率，它被定义为单位时间(每秒)内传输的消息数，用 R_m 表示。因消息的衡量单位不同，故 R_m 有各种不同的含义。例如，当消息的单位是字时，R_m 的单位为字/秒。消息传输速率在实际中应用不多。

4. R_b 与 R_B 的关系

在二进制中，码元速率 R_{B2} 同信息速率 R_{b2} 在数值上相等，但单位不同。

在多进制中，R_{BM} 与 R_{bM} 数值不同，单位亦不同。它们在数值上的关系为

$$R_{bM} = R_{BM} \cdot \text{lb}M \tag{1-9}$$

在码元速率保持不变的条件下，二进制信息速率 R_{b2} 与多进制信息速率 R_{bM} 之间的关系为

$$R_{b2} = \frac{R_{bM}}{\text{lb}M} \tag{1-10}$$

5. 频带利用率 η

频带利用率指的是传输效率，也就是说，我们不仅要关心通信系统的传输速率，还要看在这样的传输速率下所占用的信道频带宽度是多少。如果频带利用率高，则说明通信系

统的传输效率高；否则相反。

频带利用率的定义是单位频带内码元传输速率的大小，即

$$\eta = \frac{R_B}{B} \quad (\text{Bd/Hz}) \qquad (1-11)$$

频带宽度 B 的大小取决于码元速率 R_B，而码元速率 R_B 与信息速率有确定的关系。因此，频带利用率还可用信息速率 R_b 的形式来定义，以比较不同系统的传输效率，即

$$\eta = \frac{R_b}{B} \quad [\text{b/(s·Hz)}] \qquad (1-12)$$

1.3.3 通信系统的可靠性指标

对于模拟通信系统，可靠性通常以整个系统的输出信噪比来衡量。信噪比是信号的平均功率与噪声的平均功率之比。信噪比越高，说明噪声对信号的影响越小，信号的质量越好。例如，在卫星通信系统中，发送信号的功率总是有限的，而信道噪声（主要是热噪声）则随传输距离而增多，其功率不断累积，并以相加的形式来干扰信号。信号加噪声的混合波形与原信号相比则具有一定程度的失真。模拟通信的输出信噪比越高，通信质量就越好。例如，公共电话（商用）的信噪比以 40 dB 为优良质量，电视节目的信噪比至少应为 50 dB，优质电视接收信号的信噪比应在 60 dB 以上，公务通信可以降低质量要求，但其信噪比也需在 20 dB 以上。当然，衡量信号质量还可以用均方误差，它是衡量发送的模拟信号与接收端恢复的模拟信号之间误差程度的质量指标。均方误差越小，说明恢复的信号越逼真。

提高模拟信号传输的输出信噪比固然可以提高信号功率或减小噪声功率，但提高的发送电平往往会受到限制。对于一般通信系统，提高信号电平会干扰相邻信道的信号。因此抑制噪声可从广义信道的电子设备入手，如采用性能良好的电子器件并设计精良的电路。因为一旦构成系统后，再要降低噪声干扰就不那么容易了。

在实际应用中，常用折中办法来改善可靠性，即以带宽（有效性）为代价换取可靠性，提高输出信号的信噪比，这与信号的调制方式有关。例如，宽带调频（FM）比调幅多占几倍或更大的带宽，解调输出的信噪比的改善量与带宽增加倍数的平方成正比；民用调幅广播每台节目约占 10 kHz 带宽，而调频台节目的带宽为 180 kHz，但信噪比增大了十几倍，因此音质极好。另外，当采用同一种调制方式时，若解调方式不同，则可靠性也不同。

数字通信系统的可靠性可用信号在传输过程中出错的概率来表述，即用差错率来衡量。差错率越大，表明系统的可靠性越差。差错率通常有两种表示方法。

1. 码元差错率 P_e

码元差错率 P_e 也称为误码率，它是指单位时间内接收的错误码元数在单位时间内系统传输的总码元数中所占的比例。更确切地说，误码率就是码元在传输系统中被传错的概率，用表达式可表示成

$$P_e = \frac{\text{单位时间内接收的错误码元数}}{\text{单位时间内系统传输的总码元数}} \qquad (1-13)$$

2. 信息差错率 P_b

信息差错率 P_b 也称为误信率或误比特率，它是指单位时间内接收的错误信息量在单位时间内系统传输的信息总量中所占的比例，或者说，它是码元的信息量在传输系统中被丢失的概率，用表达式可表示成

$$P_b = \frac{单位时间内接收的错误比特数（信息量）}{单位时间内系统传输的总比特数（总信息量）} \qquad (1-14)$$

对于二进制而言，误码率和误比特率显然相等；而 M 进制信号的每个码元含有 $n = \mathrm{lb}M$ 比特，并且一个特定的错误码元可以有 $M-1$ 种不同的错误样式，当 M 较大时，有

$$P_b \approx \frac{1}{2} P_e \qquad (1-15)$$

1.4　通信信道的基本特性

信道是通信系统必不可少的组成部分，信道特性的好坏直接影响着系统的总特性。信号在信道中传输时，噪声作用于所传输的信号，接收端所接收的信号是传输信号与噪声的混合物。

1.4.1　信道概述

1. 信道的定义

通俗地说，信道是指以传输介质为基础的信号通路。具体地说，信道是指由有线或无线电线路提供的信号通路；抽象地说，信道是指定的一段频带，它让信号通过，同时又对信号有限制和损害。信道的作用是传输信号。信道大体可分成两类：狭义信道和广义信道。

狭义信道通常按具体介质类型的不同分为有线信道和无线信道。所谓有线信道，是指传输介质为明线、对称电缆、同轴电缆、光缆及波导等能够看得见的介质。有线信道是现代通信网中最常用的信道之一。无线信道的传输介质比较多，它包括短波电离层、对流层散射等。虽然无线信道的传输特性没有有线信道的传输特性稳定和可靠，但是无线信道具有方便、灵活等优点。

广义信道通常也可分成两种，即调制信道和编码信道。调制信道是从研究调制与解调的基本问题出发而得出的，它的范围是从调制器输出端到解调器输入端。因为从调制和解调的角度来看，由调制器输出端到解调器输入端的所有转换器及传输介质，不管其中间过程如何，它们不过是把已调信号进行了某种变换而已，我们只需关心变换的最终结果，而无须关心形成这个最终结果的详细过程。因此，研究调制与解调问题时，定义一个调制信道是方便和恰当的。调制信道常常用在模拟通信中。在数字通信系统中，如果仅着眼于编码和译码问题，则可得到另一种广义信道——编码信道。这是因为从编码和译码的角度看，编码器的输出仍是某一数字序列，而译码器的输入同样也是一数字序列，它们在一般情况下是相同的数字序列。因此，从编码器输出端到译码器输入端的所有转换器及传输介质可用一个完成数字序列变换的方框加以概括，此方框称为编码信道。调制信道和编码信道的示意图如图 1-5 所示。另外，根据研究对象和关心问题的不同，也可以定义其他形式的广义信道。

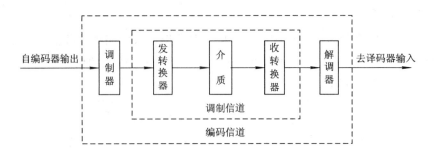

图 1-5 调制信道与编码信道的示意图

2. 信道的模型

通常为了方便地表述信道的一般特性，引入信道的模型：调制信道模型和编码信道模型。

1) 调制信道模型

在频带传输系统中，已调信号离开调制器便进入调制信道。对于调制和解调而言，通常可以不管调制信道究竟包括了什么样的转换器，也不管选用了什么样的传输介质，以及发生了怎样的传输过程，我们仅关心已调信号通过调制信道后的最终结果。因此，把调制信道概括成一个模型是可能的。

通过对调制信道进行大量的考察之后，可发现它有如下主要特性：

(1) 若有一对(或多对)输入端，则必然有一对(或多对)输出端。

(2) 绝大部分信道是线性的，即满足叠加原理。

(3) 信号通过信道需要一定的迟延时间。

(4) 信道对信号有损耗(固定损耗或时变损耗)。

(5) 即使没有信号输入，在信道的输出端仍可能有一定的功率输出(噪声)。

由此看来，可用一个二对端(或多对端)的时变线性网络去替代调制信道，这个网络就称为调制信道模型，如图 1-6 所示。

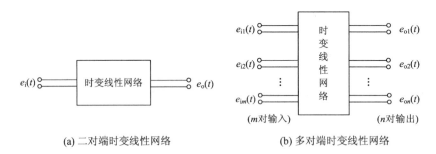

(a) 二对端时变线性网络　　　　　　(b) 多对端时变线性网络

图 1-6 调制信道模型

对于二对端的信道模型来说，它的输入和输出之间的关系式可表示成

$$e_o(t) = f[e_i(t)] + n(t) \qquad (1-16)$$

式中：$e_i(t)$ 为输入的已调信号；$e_o(t)$ 为信道输出波形；$n(t)$ 为信道噪声(或称信道干扰)；$f[e_i(t)]$ 为信道对信号的影响(变换)的某种函数关系。

由于 $f[e_i(t)]$ 形式是个高度概括的结果，为了进一步理解信道对信号的影响，把

$f[e_i(t)]$ 设想成 $k(t) \cdot e_i(t)$ 的形式。因此，式(1-16)可写成

$$e_o(t) = k(t) \cdot e_i(t) + n(t) \qquad (1-17)$$

式中：$k(t)$ 称为乘性干扰，它依赖于网络的特性，对信号 $e_i(t)$ 的影响较大；$n(t)$ 则称为加性干扰(或噪声)。

这样即可将信道对信号的影响归纳为两点：一是乘性干扰 $k(t)$ 的影响；二是加性干扰 $n(t)$ 的影响。如果了解了 $k(t)$ 和 $n(t)$ 的特性，则信道对信号的具体影响就能搞清楚。不同特性的信道仅反映信道模型有不同的 $k(t)$ 及 $n(t)$。

期望的信道(理想信道)应是 $k(t)=$ 常数，$n(t)=0$，即

$$e_o(t) = k \cdot e_i(t) \qquad (1-18)$$

实际中，乘性干扰 $k(t)$ 一般是一个复杂函数，它可能包括各种线性畸变、非线性畸变、交调畸变、衰落畸变等，而且往往只能用随机过程加以表述，这是由于网络的迟延特性和损耗特性随时间随机变化的结果。但是，经大量观察可知，有些信道的 $k(t)$ 基本不随时间变化，或者信道对信号的影响是固定的或变化极为缓慢的；但有的信道则不然，它们的 $k(t)$ 是随机快速变化的。因此，在分析研究乘性干扰 $k(t)$ 时，在相对的意义上可把调制信道分为两大类：一类称为恒参信道，即 $k(t)$ 可看成不随时间变化或变化极为缓慢的一类信道；另一类则称为随参信道(或称变参信道)，它是非恒参信道的统称，或者说 $k(t)$ 是随时间随机变化的信道。一般情况下，人们认为有线信道绝大部分为恒参信道，而无线信道大部分为随参信道。

2) 编码信道模型

编码信道模型是包括调制信道及调制器、解调器在内的信道模型。它与调制信道模型有明显的不同，即调制信道对信号的影响是通过 $k(t)$ 和 $n(t)$ 使调制信号发生"模拟"变化，而编码信道对信号的影响则是一种数字序列的变换，即把一种数字序列变成另一种数字序列。故有时也把编码信道看成是一种数字信道。

由于编码信道包含调制信道，因而它同样要受到调制信道的影响。但是，从编/译码的角度看，以上这个影响已被反映在解调器的最终结果里，使解调器输出的数字序列以某种概率发生差错。显然，如果调制信道越差，即特性越不理想和加性噪声越严重，则发生错误的概率将会越大。

由此看来，编码信道模型可用数字信号的转移概率来描述。例如，在最常见的二进制数字传输系统中，一个简单的无记忆编码信道模型如图 1-7 所示。之所以说这个模型是简单的，是因为在这里假设解调器输出的每个数字码元发生差错是相互独立的。

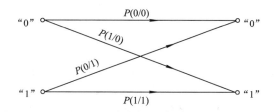

图 1-7　二进制无记忆编码信道模型

用编码的术语来说，这种信道是无记忆的(当前码元的差错与其前后码元的差错没有依赖关系)。在这个模型里，把 $P(0/0)$、$P(1/0)$、$P(0/1)$、$P(1/1)$ 称为信道转移概率，具体地说，是把 $P(0/0)$ 和 $P(1/1)$ 称为正确转移概率，而把 $P(1/0)$ 和 $P(0/1)$ 称为错误转移

概率。根据概率性质可知

$$P(0/0) + P(1/0) = 1 \tag{1-19}$$

$$P(1/1) + P(0/1) = 1 \tag{1-20}$$

转移概率完全由编码信道的特性所决定，一个特定的编码信道会有相应确定的转移概率。应该指出，编码信道的转移概率一般需要对实际编码信道做大量的统计分析才能得到。

编码信道可细分为无记忆编码信道和有记忆编码信道。有记忆是指编码信道中码元发生差错的事件不是独立的，即码元发生错误与其前后码元是有联系的。

1.4.2 传输信道

传输信道可分为有线信道和无线信道。有线信道主要有各种线缆和光缆等，无线信道主要指的是可以传输无线电波和光波的空间或大气。下面介绍几种常用的传输介质。

1. 有线信道

常用的有线信道传输介质有双绞线、同轴电缆和光纤等。

1) 双绞线

双绞线又称为双扭线，它是由若干对且每对由两条相互绝缘的铜导线按一定规则绞合而成的。这种绞合结构可以减少相邻线对的电磁干扰。根据是否外加屏蔽层，还可以将双绞线分为屏蔽双绞线和非屏蔽双绞线。双绞线既可以传输模拟信号，又可以传输数字信号，其通信距离一般为几千米到十几千米。导线越粗，通信距离越远，导线价格越高。屏蔽双绞线的传输质量较好，传输速率也较高，但施工不便；非屏蔽双绞线虽然传输性能不如屏蔽双绞线，但施工方便，组网灵活，造价较低，因而采用较多。

2) 同轴电缆

同轴电缆以硬铜线为芯，外包一层绝缘材料。这层绝缘材料用密织的网状导体环绕，网外又覆盖一层保护性材料。金属屏蔽层能将磁场反射回中心导体，同时也使中心导体免受外界干扰，故同轴电缆比双绞线具有更高的带宽和更好的噪声抑制特性。同轴电缆按特性阻抗数值的不同可分为两种：一种为 50 Ω（指沿电缆导体各点的电磁电压与电流之比）同轴电缆，用于数字信号的传输，即基带同轴电缆；另一种为 75 Ω 同轴电缆，用于宽带模拟信号的传输，即宽带同轴电缆。

基带同轴电缆只支持一个信道，传输带宽为 1 Mb/s，它能够以 10 Mb/s 的速率把基带数字信号传输 1～1.2 km，在局域网中广泛使用；宽带同轴电缆支持的带宽为 300～450 MHz，可用于宽带数据信号的传输，传输距离可达 100 km，宽带同轴电缆既可以传输数字信号，又可以传输模拟信号（如话音、视频等），是综合宽带网的一种理想介质。

3) 光纤

光导纤维是软而细的、利用内部全反射原理来传导光束的传输介质。由于可见光的频率非常高，约为 108 MHz，且其频率范围非常宽，因此，一个光纤通信系统的传输带宽远远大于其他各种传输介质的带宽，是目前最有发展前途的有线传输介质。

光纤为圆柱状，由三个同心部分（即纤芯、包层和护套）组成。纤芯是光纤最中心的部分，由一条或多条非常细的玻璃或塑料纤维线构成。每根纤维线都有自己的包层，由于包层涂层的折射率比芯线低，因此可使光波保持在芯线内。最外层的护套防止外部的潮湿气体侵入，并防止磨损或挤压等损伤。

光纤根据传输模式的不同，有单模光纤和多模光纤之分。单模指的是光在光纤中的传播只有一种单一模式，单模光纤的纤芯比较细；多模指的是在一条光纤中可能有多条不同入射角的光线同时传播，多模光纤的纤芯比较粗。

与同轴电缆比较，光纤可提供极宽的频带且功率损耗小，传输距离长(2 km 以上)，传输率高(为数千兆比特每秒)，抗干扰性强(不会受到电子监听)，是构建安全性网络的理想选择。

2. 无线信道

无线信道主要由无线电波和光波作为传输载体。频率高低不同，电磁波的传播特性也不同。根据介质的不同以及介质分界面对电波传播产生的影响不同，可将电波传播方式分为地表传播、天波传播、视距传播、散射传播、对流层电波传播和电离层电波传播。

1) 地表传播

当接收天线距离发射天线较远时，地面就像拱形大桥将两者隔开，那些走直线的电波就过不去。只有某些电波能够沿着地球拱起的部分传播出去，这种沿着地球表面传播的电波就称为地波，也称为表面波。表面波传播无线电波沿着地球表面的传播方式，称为地表传播。其特点是信号比较稳定，但电波频率愈高，地面波随距离的增加衰减愈快。因此，这种传播方式主要适用于长波和中波波段。

2) 天波传播

在大气层中，从几十千米至几百千米的高空有几层电离层，形成了一种天然的反射体，就像一只悬空的金属盖，电波射到电离层就会被反射回来，走这一途径的电波就称为天波或反射波，这时的电波传播便称为天波传播。在电波中，主要是短波具有这种特性。

3) 视距传播

收/发天线离地面的高度远大于波长时，电波直接从发信天线传到收信地点(有时有地面反射波)的方式称为视距传播。这种传播方式仅限于视线距离以内。目前广泛使用的超短波通信和卫星通信均属这种传播方式。在视距传播的情况下，如果收/发天线离地高度远大于波长，则接收点处的地波可归结为直射波与地面反射波相干涉的结果。因为在这种情况下必须考虑对流层的折射影响，所以将它归入对流层传播，微波中继通信即是这种传播方式。在超地平传播的情况下到达接收点的地波为绕过弧形地面的表面波。中波和长波多利用地波传播，但在一定的条件下，也会出现电离层反射波。

4) 散射传播

散射传播是利用对流层或电离层中介质的不均匀性或流星通过大气时电离余迹对电磁波的散射作用来实现超视距传播的。这种传播方式主要用于超短波和微波远距离通信。

超短波的传播特性比较特殊，它既不能绕射，也不能被电离层反射，而只能以直线传播。以直线传播的波就称为空间波或直接波。由于空间波不会拐弯，因此它的传播距离就受到限制。发射天线架得越高，空间波传得越远，所以电视发射天线和电视接收天线应尽量架得高一些。尽管如此，其传播距离仍受到地球拱形表面的阻挡，实际只有 50 km 左右。

超短波不能被电离层反射，但它能穿透电离层，所以在地球的上空就无阻隔可言，这样我们就可以利用空间波与发射到遥远太空的宇宙飞船、人造卫星等取得联系。此外，卫星中继通信、卫星电视转播等也主要采用天波传输这一途径来实现。

5）对流层电波传播

无线电波在对流层与平流层中的传播，称为对流层电波传播。频率在 20 GHz 以下以及其他大气窗口（指天体辐射中能穿透大气的一些波段），对流层的折射指数与频率无关，因而对流层通常是一种非色散介质。由于折射指数的空间变化，电波射线会因折射而弯曲。在对流层中，气体分子与水汽凝聚物（云、雾、雨、雪等）对电波有吸收与散射作用。波长长于 3 cm 的电波，所受的吸收作用十分微弱，计算场强时可不考虑。当电波波长短于 3 cm 时，需要考虑水汽和氧的吸收。在毫米波与亚毫米波频段，对流层有许多吸收较小的频带，通常称为大气窗口。

6）电离层电波传播

无线电波在电离层中的传播称为电离层电波传播。在这种情况下，电波往往要受地磁场的影响，分裂成寻常波和非常波，此现象称为磁离子分裂。寻常波和非常波的折射指数比较复杂，还依赖于地磁场强度和传播方向，故电离层是一种各向异性的色散介质。在一定条件下，可以忽略地磁场的影响，这时电离层的折射指数只依赖于电波频率、碰撞频率和电子浓度，在这种情况下电离层是一种各向同性的色散介质。

短波段的电波在电离层中受到折射和吸收，在一定条件下能在电离层反射，回到地面。中频段的电波通常在电离层的 D 层（70～90 km）和 E 层（100～120 km）中受到吸收，在 F 层中反射。甚高频段电波基本能透过电离层，在一定条件的少数情况下，也能在电离层反射，它在电离层中发生的散射现象能加以利用。微波段电波能透过电离层，它的折射很小。长波、超长波波段的大部分电波在电离层底层的下缘被反射。

在实际通信中，往往根据不同场合选择传播方式中的一种作为主要的传播途径，但也有几种传播方式并存来传播无线电波的。一般情况下都是根据使用波段的特点，利用天线的方向性来限定一种主要的传播方式。

1.4.3 信道内的噪声

信道内噪声的来源有很多，它们的表现形式也多种多样。根据来源不同，我们可以粗略地将噪声分为以下四类。

（1）无线电噪声。它来源于各种用途的无线电发射机。这类噪声的频率范围很宽广，从甚低频到特高频都可能有无线电干扰存在，并且干扰的强度有时很大。但它有个特点，就是干扰频率是固定的，因此可以预先设法防止，特别是在加强了无线电频率的管理工作后，无论在频率的稳定性、准确性以及谐波辐射等方面都有严格的规定，使得信道内信号受它的影响可减到最小。

（2）工业噪声。它来源于各种电气设备，如电力线、点火系统、电车、电源开关、电力铁道、高频电炉等。这类干扰的来源分布很广泛，无论是城市还是农村，内地还是边疆，各地都有工业干扰存在，尤其是在现代化社会里，各种电气设备越来越多，因此这类干扰的强度也就越来越大。但它有个特点，就是干扰频谱集中于较低的频率范围，如几十兆赫以内。因此，选择高于这个频段工作的信道就可防止受到它的干扰。另外，也可以在干扰源方面设法消除或减小干扰，如加强屏蔽和滤波措施、防止接触不良和消除波形失真等。

（3）天电噪声。它来源于雷电、磁暴、太阳黑子以及宇宙射线等。可以说，整个宇宙空间都是产生这类噪声的根源，因此它的存在是客观的。由于这类自然现象和发生的时间、季节、地区等有很大关系，因此受天电干扰的影响也是大小不同的。例如，夏季比冬季严重；赤道比两极严重；在太阳黑子发生变动的年份，天电干扰加剧。这类干扰所占的频谱范围也很宽，并且不像无线电干扰那样是频率固定的，因此对它的干扰很难防止。

（4）内部噪声。它来源于信道本身所包含的各种电子器件、转换器以及天线或传输线等。例如，电阻及各种导体都会在分子热运动的影响下产生热噪声，电子管或晶体管等电子器件会由于电子发射不均匀等产生器件噪声。这类干扰的特点是都由无数个自由电子做不规则运动所形成，因此它的波形也是不规则变化的，在示波器上观察就像一堆杂乱无章的茅草一样，通常称之为起伏噪声。由于在数学上可以用随机过程来描述这类干扰，因此又可称之为随机噪声，或者简称为噪声。

以上是以噪声的来源来分类的，比较直观。但是，从防止或减小噪声对信号传输影响的角度来分析，用噪声的性质来分类更为有利。噪声按性质来区分有以下几种。

（1）单频噪声。它主要指无线电干扰。由于电台发射的频谱集中在比较窄的频率范围内，因此可以近似地看作是单频性质的。另外，像电源交流电、反馈系统自激振荡等也都属于单频干扰。单频噪声是一种连续波干扰，其频率是可以通过实测来确定的，因此在采取适当的措施后，就有可能防止这类干扰。

（2）脉冲干扰。它包括工业干扰中的电火花、断续电流以及天电干扰中的雷电等。它的特点是波形不连续，呈脉冲性质，并且发生这类干扰的时间很短，强度很大，周期是随机的，因此它可以用随机的窄脉冲序列来表示。由于脉冲很窄，所以占用的频谱必然很宽。但是，随着频率的提高，频谱幅度会逐渐减小，干扰影响也就减弱。因此，在适当选择工作频段的情况下，这类干扰的影响也是可以防止的。

（3）起伏噪声。它主要指信道内部的热噪声和器件噪声以及来自空间的宇宙噪声。它们都是不规则的随机过程，只能采用大量统计的方法来寻求其统计特性。由于起伏噪声来自信道本身，因此它对信号传输的影响是不可避免的。

1.4.4　常见的几种噪声

下面介绍几种符合实际信道特性的噪声。

1. 白噪声

所谓白噪声，是指它的功率谱密度函数在整个频率域（$-\infty < \omega < +\infty$）内是常数，即服从均匀分布。之所以称其为白噪声，是因为它类似于光学中包括全部可见光频率在内的白光。但是，实际上完全理想的白噪声是不存在的，通常只要噪声功率谱密度函数均匀分布的频率范围超过通信系统工作频率范围很多时，就可近似认为是白噪声。例如，热噪声的频率可以高达 10^{13} Hz，且功率谱密度函数在 $0 \sim 10^{13}$ Hz 内基本均匀分布，因此可以将它看作白噪声。

理想的白噪声功率谱密度通常被定义为

$$P_n(\omega) = \frac{n_0}{2} \quad (-\infty < \omega < +\infty) \tag{1-21}$$

式中：n_0 的单位是 W/Hz。

白噪声的自相关函数是一个位于 $\tau = 0$ 处的冲激函数，它的强度为 $n_0/2$。白噪声的 $P_n(\omega)$ 和 $R_n(\tau)$ 图形如图 1-8 所示。

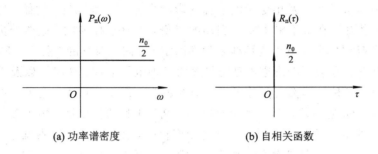

(a) 功率谱密度　　　　　　　　(b) 自相关函数

图 1-8　理想白噪声的功率谱密度和自相关函数

2. 高斯噪声

所谓高斯（Gaussian）噪声，是指概率密度函数服从高斯分布（即正态分布）的一类噪声，可用数学表达式表示成

$$p(x) = \frac{1}{\sqrt{2\pi}\sigma} \exp\left[-\frac{(x-a)^2}{2\sigma^2}\right] \tag{1-22}$$

式中：a 为噪声的数学期望值，也就是均值；σ^2 为噪声的方差；$\exp(x)$ 是以 e 为底的指数函数。

现在再来看正态概率分布函数 $F(x)$。分布函数 $F(x)$ 常用来表示某种概率，这是因为

$$F(x) = \int_{-\infty}^{x} p(x)\,\mathrm{d}x \tag{1-23}$$

$$F(x) = \frac{1}{\sqrt{2\pi}\sigma} \int_{-\infty}^{x} \exp\left[-\frac{(z-a)^2}{2\sigma^2}\right]\mathrm{d}z = \Phi\left(\frac{x-a}{\sigma}\right) \tag{1-24}$$

式中：$\Phi(x)$ 称为概率积分函数，简称概率积分，其定义为

$$\Phi(x) = \int_{-\infty}^{x} \frac{1}{\sqrt{2\pi}\sigma} \exp\left(-\frac{z^2}{2}\right)\mathrm{d}z \tag{1-25}$$

虽然这个积分不易计算，但可借助于一般的积分表查出不同 x 值的近似值。

正态概率分布函数还经常表示成与误差函数相联系的形式，误差函数式为

$$\mathrm{erf}(x) = \frac{2}{\sqrt{\pi}} \int_{0}^{x} \mathrm{e}^{-t^2}\,\mathrm{d}t \tag{1-26}$$

互补误差函数为

$$\mathrm{erfc}(x) = 1 - \mathrm{erf}(x) = \frac{2}{\sqrt{\pi}} \int_{x}^{\infty} \mathrm{e}^{-t^2}\,\mathrm{d}t \tag{1-27}$$

式（1-26）和式（1-27）是在讨论通信系统抗噪声性能时常用到的基本公式。

3. 高斯型白噪声

我们已经知道，白噪声是根据噪声的功率谱密度是否均匀来定义的，而高斯噪声则是根据它的概率密度函数来定义的。那么什么是高斯型白噪声呢？所谓高斯型白噪声，是指噪声的概率密度函数满足正态分布统计特性，同时它的功率谱密度函数是常数的一类噪声。

在通信系统理论分析中，特别是在分析、计算系统的抗噪声性能时，经常假定系统信道中的噪声为高斯型白噪声。这是因为：一是高斯型白噪声可用具体数学表达式表述，便于推导分析和运算；二是高斯型白噪声确实也反映了具体信道中的噪声情况，比较真实地

代表了信道噪声的特性。

4. 窄带高斯噪声

当高斯噪声通过以 ω_c 为中心角频率的窄带系统时，就可形成窄带高斯噪声。所谓窄带系统，是指系统的频带宽度 B 比中心频率小很多的通信系统，即 $B \ll f_c = \dfrac{\omega_c}{2\pi}$ 的系统，这是符合大多数信道的实际情况的。信号通过窄带系统后就形成窄带信号，频谱局限在 $\pm\omega_c$ 附近很窄的频率范围内，其包络和相位都在做缓慢随机变化。

随机噪声通过窄带系统后，可表示为

$$n(t) = \rho(t)\cos[\omega_c t + \varphi(t)] \tag{1-28}$$

式中：$\varphi(t)$ 为噪声的随机相位；$\rho(t)$ 为噪声的随机包络。

1.4.5 信道容量

1. 信号带宽

带宽这个名称在通信系统中经常出现，而且常常代表不同的含义，因此在这里先对带宽这个名称做一些说明。信号的传输过程中有两种不同含义的带宽：一种是信号（包括噪声）的带宽，这是由信号（或噪声）能量谱密度 $G(\omega)$ 或功率谱密度 $P(\omega)$ 在频域的分布规律确定的，也就是本节要定义的带宽；另一种是信道的带宽，这是由传输电路的传输特性决定的。信号带宽和信道带宽都用 B 表示，单位为 Hz。本书中在用到带宽时将说明是信号带宽还是信道带宽。

从理论上讲，除了极个别信号外，信号的频谱都是无穷宽分布的。如果把凡是有信号频谱的范围都算作带宽，那么很多信号的带宽将变为无穷大了。显然，这样定义带宽是不恰当的。一般信号虽然频谱很宽，但绝大部分实用信号的主要能量（功率）都是集中在某一个不太宽的频率范围以内的，因此通常根据信号能量（功率）集中的情况，恰当地定义信号的带宽。常用的定义有以下三种。

1）以集中一定百分比的能量（功率）来定义

对能量信号，可由

$$\frac{2\int_0^B |F(\omega)|^2 \, \mathrm{d}f}{E} = \gamma \tag{1-29}$$

求出 B。

带宽 B 仅指正频率区域，不计负频率区域。如果信号是低频信号，那么能量集中在低频区域，$2\int_0^B |F(\omega)|^2 \, \mathrm{d}f$ 就是在 $0 \to B$ 频率范围内的能量。

同样对于功率信号，可由

$$\frac{2\int_0^B \left[\lim_{T\to\infty} \frac{|F(\omega)|^2}{T}\right] \mathrm{d}f}{S} = \gamma \tag{1-30}$$

求出 B。

百分比 γ 可取 90%、95% 或 99% 等。

2）以能量谱（功率谱）密度下降 3 dB 内的频率间隔作为带宽

对于频率轴上具有明显的单峰形状（或者一个明显的主峰）的能量谱（功率谱）密度的信号，若峰值位于 $f=0$ 处，则信号带宽为正频率轴上 $G(\omega)$（或 $P(\omega)$）下降到 3 dB（半功率点）处的相应频率间隔，如图 1-9 所示。$G(\omega)-f$（或 $P(\omega)-f$）曲线中，由

$$G(2\pi f_1) = \frac{1}{2}G(0)$$

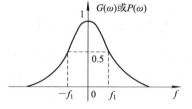

图 1-9   3 dB 带宽

或

$$P(2\pi f_1) = \frac{1}{2}P(0)$$

得

$$B = f_1 \tag{1-31}$$

3）等效矩形带宽

用一个矩形的频谱代替信号的频谱，矩形频谱具有的能量与信号的能量相等，矩形频谱的幅度为信号频谱 $f=0$ 时的幅度，如图 1-10 所示。

由

$$2BG(0) = \int_{-\infty}^{\infty} G(\omega)\,\mathrm{d}f$$

或

$$2BP(0) = \int_{-\infty}^{\infty} P(\omega)\,\mathrm{d}f$$

得

$$B = \frac{\displaystyle\int_{-\infty}^{\infty} G(\omega)\,\mathrm{d}f}{2G(0)} \tag{1-32}$$

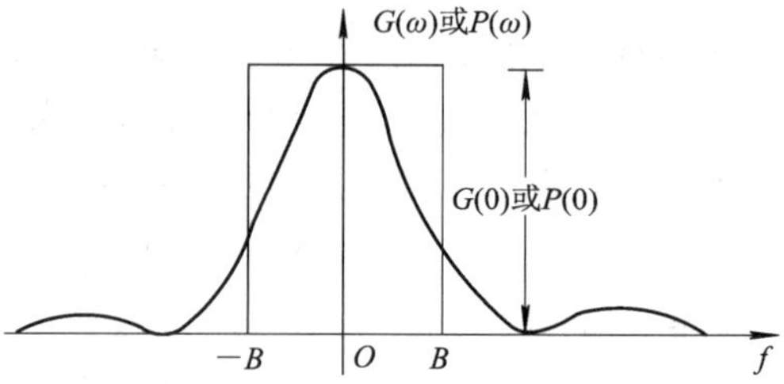

图 1-10   等效矩形带宽

或

$$B = \frac{\displaystyle\int_{-\infty}^{\infty} P(\omega)\,\mathrm{d}f}{2P(0)} \tag{1-33}$$

2. 信道容量的计算

从信息论的观点来看，各种信道都可以概括为两大类，即离散信道和连续信道。所谓离散信道，就是输入与输出信号都是取值离散的时间函数的信道；而连续信道，是指输入和输出信号都是取值连续的信道。信道容量是指单位时间内信道中无差错传输的最大信息量。这里仅给出连续信道的信道容量。

在实际的有扰连续信道中，当信道受到加性高斯噪声的干扰，且当信道传输信号的功率和信道的带宽受限时，可依据高斯噪声下关于信道容量的香农（Shannon）公式来计算信道容量。这个结论不仅在理论上有特殊的贡献，而且在实践上也有一定的指导价值。

设连续信道（或调制信道）的输入端加入单边功率谱密度为 n_0(W/Hz) 的加性高斯白噪声，信道的带宽为 B(Hz)，信号功率为 S(W)，则通过这种信道无差错传输的最大信息速率 C 为

$$C = B \, \text{lb} \left(1 + \frac{S}{n_0 B} \right) \quad (\text{b/s}) \tag{1-34}$$

式中：C 称为信道容量。式(1-34)就是著名的香农信道容量公式，简称香农公式。

$n_0 B$ 就是噪声的功率，令 $N = n_0 B$，式(1-34)也可写为

$$C = B \, \text{lb} \left(1 + \frac{S}{N} \right) \quad (\text{b/s}) \tag{1-35}$$

根据香农公式可以得出以下三个重要结论。

(1) 任何一个连续信道都有信道容量。在给定 B、S/N 的情况下，信道的极限传输能力为 C，如果信源的信息速率 R 小于或等于信道容量 C，那么在理论上存在一种方法使信源的输出能以任意小的差错概率通过信道传输；如果 R 大于 C，则无差错传输在理论上是不可能的。因此，实际传输速率(一般地)要求不能大于信道容量，除非允许存在一定的差错率。

(2) 增大信号功率 S 可以增加信道容量 C。若信号功率 S 趋于无穷大，则信道容量 C 也趋于无穷大，即

$$\lim_{S \to \infty} C = \lim_{S \to \infty} B \, \text{lb} \left(1 + \frac{S}{n_0 B} \right) \to \infty \tag{1-36}$$

减小噪声功率 $N(N = n_0 B$，相当于减小噪声功率谱密度 n_0)也可以增加信道容量 C。若噪声功率 N 趋于 0(或 n_0 趋于 0)，则信道容量趋于无穷大，即

$$\lim_{N \to 0} C = \lim_{N \to 0} B \, \text{lb} \left(1 + \frac{S}{N} \right) \to \infty \tag{1-37}$$

增大信道带宽 B 可以增加信道容量 C，但不能使信道容量 C 无限制地增大。当信道带宽 B 趋于无穷大时，信道容量 C 的极限值为

$$\lim_{B \to \infty} C = \lim_{B \to \infty} B \, \text{lb} \left(1 + \frac{S}{n_0 B} \right) \approx 1.44 \frac{S}{n_0} \tag{1-38}$$

由此可见，当 S 和 n_0 一定时，虽然信道容量 C 随带宽 B 增大而增大，然而当 $B \to \infty$ 时，C 不会趋于无穷大，而是趋于常数 $1.44 S/n_0$。

(3) 当信道容量保持不变时，信道带宽 B、信号噪声功率比 S/N 及传输时间三者是可以互换的。增加信道带宽，可以换来信号噪声功率比的降低；反之亦然。如果信号噪声功率比不变，那么增加信道带宽可以换取传输时间的减少；反之亦然。

当信道容量 C 给定时，B_1、S_1/N_1 和 B_2、S_2/N_2 分别表示互换前后的带宽和信号噪声比，则有

$$B_1 \, \text{lb} \left(1 + \frac{S_1}{N_1} \right) = B_2 \left(1 + \frac{S_2}{N_2} \right) \tag{1-39}$$

当维持同样大小的信号噪声功率比为 S/n_0 时，给定的信息量为

$$I = TB \, \text{lb} \left(1 + \frac{S}{n_0 B} \right)$$

其中，$C = I/T$，T 为传输时间。若 T_1、B_1 和 T_2、B_2 表示互换前后的传输时间和带宽，则有

$$T_1 B_1 \, \text{lb} \left(1 + \frac{S}{n_0 B_1} \right) = T_2 B_2 \, \text{lb} \left(1 + \frac{S}{n_0 B_2} \right) \tag{1-40}$$

通常把实现了极限信息速率传输(即达到信道容量)且能做到差错率任意小的通信系统

称为理想通信系统。香农公式只证明了理想通信系统的存在性，却没有指出具体的实现方法。因此，理想通信系统常常只作为实际系统的理论界限。

小　结

本章主要介绍了通信系统的一些基本概念、信息论基础和通信系统的性能指标，在通信分类中给出了通信的定义，介绍了通信的多种分类方法（按传输介质、所传信号、工作频率、是否调制、业务、收信者是否运动以及多址方式等分类）。通信的工作方式分为单工、半双工、全双工三种。在信息论基础中，介绍了信息的度量方法和平均信息量的计算。有效性和可靠性是衡量通信系统性能的主要指标。信道是为信号提供的通路，它允许信号通过，但又对信号有损耗。信道有狭义信道和广义信道之分。噪声可认为是对有用信号产生影响的所有干扰之集合。香农公式是计算信道容量的著名公式，不仅在理论上有特殊的贡献，在实践上也有一定的指导价值。

思考与练习 1

1-1　什么是通信？常见的通信方式有哪些？

1-2　通信是如何分类的？

1-3　何谓数字通信？数字通信的优缺点是什么？

1-4　试画出数字通信系统的模型，并简要说明各部分的作用。

1-5　衡量通信系统的主要性能指标是什么？数字通信具体用什么来表述？

1-6　设英文字母 E 出现的概率 $P(E)=0.105$，X 出现的概率为 $P(X)=0.002$，试求 E 和 X 的信息量各为多少。

1-7　某信源的符号集由 A、B、C、D、E、F 组成，设每个符号独立出现，其概率分别为 1/4、1/4、1/16、1/8、1/16、1/4，试求该信息源输出符号的平均信息量。

1-8　已知某四进制信源 $\{0,1,2,3\}$，每个符号独立出现，对应的概率为 P_0、P_1、P_2、P_3，且 $P_0+P_1+P_2+P_3=1$。

（1）试计算该信源的平均信息量。

（2）计算每个符号的概率为多少时平均信息量最大。

1-9　设一数字传输系统传输二进制信号，码元速率 $R_{B2}=2400$ Bd，试求该系统的信息速率 R_{b2}。若该系统改为传输十六进制信号，码元速率不变，则此时的系统信息速率为多少？

1-10　一个系统传输四电平脉冲码组，每个脉冲宽度为 1 ms，高度分别为 0、1、2、3 V，且等概率出现。每 4 个脉冲之后紧跟一个宽度为 -1 V 的同步脉冲将各组脉冲分开。计算该系统传输信息的平均速率。

1-11　已知某数字传输系统传送八进制信号，信息速率为 3600 b/s，码元速率应为多少？

1-12　已知二进制信号的传输速率为 4800 b/s，变换成四进制和八进制数字信号时的传输速率各为多少（码元速率不变）？

1-13　已知某四进制数字信号传输系统的信息速率为 2400 b/s，接收端在 0.5 h 内共收到 216 个错误码元，试计算该系统的 P_e。

1-14　在强干扰环境下，某电台在 5 min 内接收到的正确信息量为 355 Mb，系统信息速率为 1200 kb/s。

（1）试求系统误信率 P_b。

（2）若具体指出系统所传数字信号为四进制信号，则 P_b 值是否改变？为什么？

（3）若假定信号为四进制信号，码元传输速率为 1200 kBd，则 P_b 为多少？

1-15　某系统经长期测定，它的误码率 $P_e = 10^5$，系统码元速率为 1200 Bd，在多长时间内能收到 360 个错误码元？

1-16　黑白电视图像每幅含有 3×10^5 个像素，每个像素有 16 个等概率出现的亮度等级。要求每秒传输 30 帧图像。假定信道输出的信噪比为 30 dB，计算传输该黑白电视图像所要求的信道最小带宽。

1-17　举例说明什么是狭义信道，什么是广义信道。

1-18　何谓调制信道？何谓编码信道？它们如何进一步分类？

1-19　试画出调制信道模型和二进制无记忆编码信道模型。

1-20　恒参信道的主要特性有哪些？对所传信号有何影响？如何改善？

1-21　变参信道的主要特性有哪些？对所传信号有何影响？如何改善？

1-22　什么是高斯型白噪声？它的概率密度函数、功率谱密度函数如何表示？

1-23　试画出四进制数字系统无记忆编码信道的模型图。

1-24　窄带高斯噪声、余弦信号加窄带高斯噪声的随机包络服从什么分布？相位服从什么分布？

1-25　信道容量是如何定义的？香农公式有何意义？

1-26　根据香农公式，当系统的信号功率、噪声功率谱密度 n_0 为常数时，试分析系统容量 C 是如何随系统带宽变化的。

1-27　有扰连续信息的信道容量为 10^4 b/s，信道带宽为 3 kHz，如果要将信道带宽提高到 10 kHz，所需要的信号噪声比约为多少？

第2章 数字通信系统

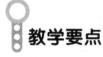

教学要点

- 数字通信系统模型：基带、频带及模拟信号数字化传输系统。
- 模拟信号的数字化：A/D、D/A 转换及 PCM 30/32 路终端设备。
- 准同步数字体系：同步、异步复接及 PCM 高次群。
- 同步数字体系：SDH 的基本概念、SDH 的速率和帧结构及同步复用与映射方法。
- 数字基带传输系统：基带信号常用码型及基带传输系统性能。
- 数字频带传输系统：二进制振幅键控（2ASK）、频移键控（2FSK）及相移键控（2PSK）。

2.1 数字通信系统模型

信道中传输数字信号的系统称为数字通信系统。数字通信系统可进一步细分为数字频带传输通信系统、数字基带传输通信系统、模拟信号数字化传输通信系统。

2.1.1 数字频带传输通信系统

数字通信的基本特征是消息或信号具有"离散"或"数字"的特性，从而使数字通信具有许多特殊的问题。在数字通信中，强调已调参量与代表消息的数字信号之间有一一对应关系。

数字通信中存在几个突出问题：

（1）当数字信号传输时，信道噪声或干扰所造成的差错，原则上是可以控制的。这是通过差错控制编码来实现的。于是，就需要在发送端增加一个编码器，而在接收端相应需要一个解码器。

（2）当需要实现保密通信时，可对数字基带信号进行"扰乱"（加密），此时在接收端就必须进行解密。

（3）由于数字通信传输是一个接一个按一定节拍传送的数字信号，因而接收端必须有一个与发送端相同的节拍，否则就会因收发步调不一致而造成混乱。

另外，为了表述消息内容，基带信号都是按消息特征进行编组的，于是在收发之间一组组编码的规律也必须一致，否则接收时消息的真正内容将无法恢复。在数字通信中，称节拍一致为"位同步"或"码元同步"，而称编组一致为"群同步"或"帧同步"，故数字通信中还必须有"同步"这个重要问题。

数字频带传输通信系统模型如图 2-1 所示，图中同步环节没有示出，这是因为同步贯穿于通信系统的整个过程中，在此主要强调信号流程的部分。

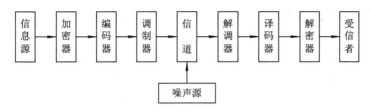

图 2-1　数字频带传输通信系统模型

需要说明的是，图 2-1 中的调制器/解调器、加密器/解密器、编码器/译码器等环节，在具体通信系统中是否全部采用，要取决于具体设计条件和要求。但在一个系统中，如果发送端有调制/加密/编码，则接收端必须要有解调/解密/译码。通常把具有调制器/解调器的数字通信系统称为数字频带传输通信系统。

2.1.2　数字基带传输通信系统

与频带传输系统相对应，没有调制器/解调器的数字通信系统称为数字基带传输通信系统，其模型如图 2-2 所示。

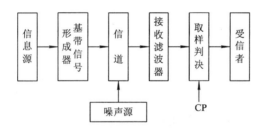

图 2-2　数字基带传输通信系统模型

图 2-2 中的基带信号形成器可能包括编码器、加密器以及波形变换等，接收滤波器亦可能包括译码器、解密器等。

2.1.3　模拟信号数字化传输通信系统

上面论述的数字通信系统中，信源输出的信号均为数字基带信号，实际上，在日常生活中大部分信号（如语音信号）为连续变化的模拟信号。要实现模拟信号在数字系统中的传输，则必须在发送端将模拟信号数字化，即进行 A/D 转换；在接收端须进行相反的转换，即 D/A 转换。模拟信号数字化传输通信系统模型如图 2-3 所示。

图 2-3　模拟信号数字化传输通信系统模型

2.1.4　数字通信的主要优缺点

数字通信的优缺点都是相对于模拟通信而言的。

1. 数字通信的主要优点

（1）抗干扰、抗噪声性能好。在数字通信系统中，传输的是数字信号。以二进制为例，信号的取值只有两个，这样发送端传输的及接收端需要接收和判决的电平也只有两个值，若"1"码时取值为 A，"0"码时取值为 0，传输过程中由于信道噪声的影响，必然会使波形失真。在接收端恢复信号时，首先对其进行抽样判决，再确定是"1"码还是"0"码，并再生"1""0"码的波形。因此只要不影响判决的正确性，即使波形有失真也不会影响再生后的信号波形。而在模拟通信中，如果模拟信号叠加上噪声，即使噪声很小，也很难消除。

数字通信抗噪声性能好，还表现在微波中继（接力）通信时，它可以消除噪声积累。这是因为数字信号在每次再生后，只要不发生错码，它仍然像信源中发出的信号一样，没有噪声叠加在上面。因此即使中继站再多，数字通信仍具有良好的通信质量。而模拟通信中继时，只能增加信号能量（对信号放大），而不能消除噪声。

（2）差错可控。数字信号在传输过程中出现的错误（差错），可通过纠错编码技术来控制。

（3）易加密。与模拟信号相比，数字信号容易加密和解密，因此数字通信的保密性好。

（4）易于与现代技术相结合。由于计算机技术、数字存储技术、数字交换技术以及数字处理技术等现代技术飞速发展，许多设备、终端接口均是处理数字信号的，因此极易与数字通信系统相连接。正因为如此，数字通信才得以高速发展。

2. 数字通信的缺点

（1）频带利用率不高。数字通信中，数字信号占用的频带宽。以电话为例，一路数字电话一般要占据 20～60 kHz 的带宽，而一路模拟电话仅占用约 4 kHz 带宽。如果系统传输带宽一定，模拟电话的频带利用率要高出数字电话的 5～15 倍。

（2）需要严格的同步系统。数字通信中，要准确地恢复信号，必须要求接收端和发送端保持严格同步。因此，数字通信系统及设备一般都比较复杂，体积较大。

随着数字集成技术的发展，各种中、大规模集成器件的体积不断减小，加上数字压缩技术的不断完善，数字通信设备的体积将会越来越小。随着科学技术的不断发展，数字通信的两个缺点也越来越显得不重要了。实践表明，数字通信是现代通信的发展方向。

2.2 时分多路复用(TDM)

在数字通信中，模拟信号的数字传输或数字基带信号的多路传输一般都采用时分多路复用(Time Division Multiplexing，TDM)方式来提高系统的传输效率。

2.2.1 TDM 的基本原理

在模拟信号的数字传输中，抽样定律告诉我们，一个频带限制在 0 到 f_x 以内的低通模拟信号 $x(t)$ 可以用时间上离散的抽样值来传输，抽样值中包含 $x(t)$ 的全部信息。当抽样频率 $f_s \geqslant 2f_x$ 时，可以从已抽样的输出信号中用一个带宽为 $f_x \leqslant B \leqslant f_s - f_x$ 的理想低通滤波器不失真地恢复出原始信号。

由于单路抽样信号在时间上离散的相邻脉冲间有很大的空隙，因此如果在空隙中插入若干路其他抽样信号，只要各路抽样信号在时间上不重叠并能区分开，那么一个信道就有可能同时传输多路信号，达到多路复用的目的。这种多路复用称为时分多路复用，简称时分复用。下面以 PAM 为例说明 TDM 的原理。

假设有 N 路 PAM 信号进行时分多路复用，其 TDM 系统框图如图 2-4 所示，TDM 波形如图 2-5 所示。各种信号首先通过相应的低通滤波器(LPF)使之变为带限信号，然后送到抽样电子开关。电子开关每 T_s 将各路信号依次抽样一次，这样 N 个样值按先后顺序错开插入抽样间隔 T_s 之内，最后得到的复用信号是 N 个抽样信号之和，如图 2-5(d)所示。各路信号脉冲间隔为 T_s，各路复用信号脉冲的间隔为 T_s/N。由各个消息构成单一抽样的一组脉冲称为一帧，一帧中相邻两个脉冲之间的时间间隔称为时隙，未被抽样脉冲占用的时隙称为保护时间。

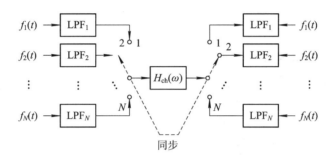

图 2-4　TDM 系统框图

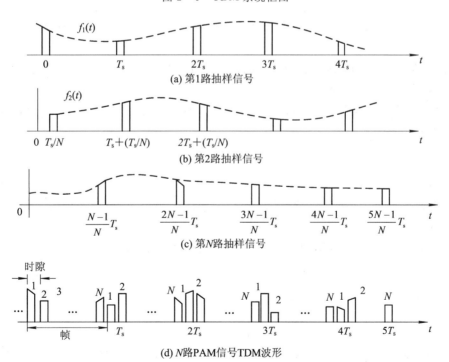

图 2-5　TDM 波形

在接收端，合成的多路复用信号先由与发送端同步的分路转换开关区分出不同路的信号，把各路信号的抽样脉冲序列分离出来，再用低通滤波器恢复各路所需要的信号。

多路复用信号可以直接送到某些信道传输，也可以经过调制变换成适合于某些信道传输的形式再进行传输。传输接收端的任务是将接收到的信号经过解调或经过适当的反变换恢复出原始多路复用信号。

2.2.2　TDM 信号的带宽及相关问题

1. 抽样速率 f_s、抽样脉冲宽度 τ 与复用路数 N 的关系

由抽样定理可知，抽样速率 $f_s \geqslant 2f_x$。以话音信号 $x(t)$ 为例，通常取 f_s 为 8 kHz，即抽样周期 $T_s = 125\ \mu s$，抽样脉冲的宽度 τ 要比 125 μs 还小。

对于 N 路时分复用信号，在抽样周期 T_s 内要顺序地插入 N 路抽样脉冲，而且各个脉冲间要留出一些空隙作为保护时间。若取保护时间 t_g 和抽样脉冲宽度 τ 相等，则抽样脉冲的宽度 $\tau = T_s/(2N)$，N 越大，τ 就越小，但 τ 不能太小。因此，时分复用的路数也不能太多。

2. 信号带宽 B 与路数 N 的关系

时分复用信号的带宽有不同的含义。一般情况下从信号本身具有的带宽来考虑，TDM 信号是一个窄脉冲序列，它应具有无穷大的带宽，但其频谱的主要能量集中在 $0 \sim (1/\tau)$ 以内。因此，从传输主要能量的观点来考虑，可得

$$B = \frac{1}{\tau} \sim \frac{2}{\tau} = 2Nf_s \sim 4Nf_s \qquad (2-1)$$

如果不考虑传输复用信号的主要能量，也不要求脉冲序列的波形不失真，只要求传输抽样脉冲序列的包络，那么只要幅度信息没有损失，脉冲形状的失真就无关紧要，因为抽样脉冲的信息携带在幅度上。

根据抽样定律，一个频带限制在 f_x 的信号，只要有 $2f_x$ 个独立的信息抽样值，就可用带宽 $B = f_x$ 的低通滤波器恢复其原始信号。N 个频带都是 f_x 的复用信号，它们的独立对应值为 $2Nf_x = Nf_s$。如果将信道表示为一个理想的低通滤波器，那么为了防止组合波形丢失信息，传输带宽必须满足

$$B \geqslant \frac{Nf_s}{2} = Nf_x \qquad (2-2)$$

式(2-2)表明，N 路信号时分复用时，Nf_x 每秒钟的信息可以在 $Nf_s/2$ 的带宽内传输。总的来说，带宽 B 和 Nf_s 成正比。对于话音信号，抽样速率 f_s 一般取 8 kHz，因此，路数 N 越大，带宽 B 就越大。

式(2-2)中的 Nf_x 与频分复用 SSB 所需要的带宽 $N\omega_m$ 是一致的。

3. 时分复用信号仍然是基带信号

时分复用后得到的总和信号仍然是基带信号，只不过这个总和信号的脉冲速率是单路抽样信号的 N 倍，即

$$f = Nf_s \qquad (2-3)$$

式(2-3)的信号可以通过基带传输系统直接传输，也可以经过频带调制后在频带传输信道中进行传输。

4. 时分复用系统必须严格同步

在 TDM 系统中，发送端的转换开关与接收端的分路开关要严格同步，否则系统就会

出现紊乱。实现同步的方法与脉冲调制的方式有关。

2.2.3　时分复用的 PCM 通信系统

PCM 和 PAM 的区别在于 PCM 要在 PAM 的基础上量化和编码，把 PAM 中的抽样值量化后编为 k 位二进制代码。图 2-6 表示一个只有三路 PCM 复用的方框图，即 TDM - PCM 方框图。

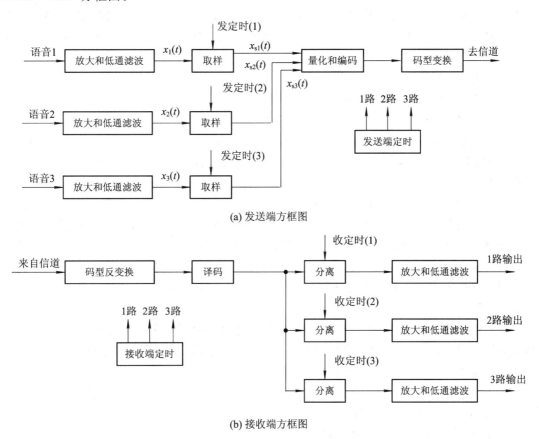

(a) 发送端方框图

(b) 接收端方框图

图 2-6　TDM - PCM 方框图

图 2-6(a)画出了发送端方框图。话音信号经过放大和低通滤波后得 $x_1(t)$、$x_2(t)$、$x_3(t)$；然后经过抽样得三路 PAM 信号 $x_{s1}(t)$、$x_{s2}(t)$、$x_{s3}(t)$，它们在时间上是分开的，由各路发定时取样脉冲控制；三路 PAM 信号一起加到量化和编码器上进行编码，每个 PAM 信号的抽样脉冲经量化后编为 k 位二进制代码；编码后的 PCM 代码经码型变换，变为适合于信道传输的码型，然后经过信道传到接收端。

图 2-6(b)为接收端方框图。接收端收到信码后首先经过码型反变换；然后加到译码器进行译码，译码后是三路合在一起的 PAM 信号；再经过分离电路把各路 PAM 信号区分出来；最后经过放大和低通滤波还原为话音信号。

TDM - PCM 的信号代码在每一个抽样周期内有 Nk 个，N 为路数，k 为每个抽样值编码时编的码位数。因此码元速率 $Nkf_s = 2Nkf_x$(Baud)，实际应用带宽 $B = Nkf_s$。

2.2.4　PCM 30/32 路典型终端设备

PCM 30/32 路终端设备在脉冲调制多路通信中是一个基群设备。它可组成高次群，也可独立使用，可与市话电缆、长途电缆、数字微波系统和光纤等传输信道连接，作为有线或无线电话的时分多路终端设备。PCM 30/32 路终端设备的介绍如下。

（1）时隙分配。在 PCM 30/32 路的制式中，抽样周期为 1/8000＝125 μs，称为一个帧周期，即 125 μs 为一帧。一帧内要时分复用 32 路，每路占用的时隙为 125/32＝3.9 μs，称为 1 个时隙。因此一帧有 32 个时隙，按顺序编号为 TS_0，TS_1，…，TS_{31}。时隙的使用分配如下：

① TS_1～TS_{15}、TS_{17}～TS_{31} 为 30 个话路时隙。

② TS_0 为帧同步码、监视码时隙。

③ TS_{16} 为信令（振铃、占线、摘机等各种标志信号）时隙。

（2）话路比特的安排。每个话路时隙内要将样值编为 8 位二元码，每个码元占 3.9 μs/8＝488 ns，称为 1 比特，编号为 x_1～x_8。第 1 比特为极性码，第 2～4 比特为段落码，第 5～8 比特为段内码。

（3）TS_0 时隙的比特分配。为了使收发两端严格同步，每帧都要传送一组特定标志的帧同步码组或监视码组，分偶帧和奇帧传送。帧同步码组为"0011011"，占用偶帧 TS_0 的第 2～8 比特位。第 1 比特供国际通信用，不使用时发送"1"码。奇帧比特分配的第 3 位为帧失步告警用，以 A_1 表示，同步时送"0"码，失步时送"1"码。为避免奇帧 TS_0 的第 2～8 比特位出现假同步码组，第 2 比特位规定为监视码，固定"1"。第 4～8 比特位供国内通信用，目前暂定为"1"。

（4）TS_{16} 时隙的比特分配。若将 TS_{16} 时隙的码位按时间顺序分配给各话路传送信令，则需要用 16 帧组成一个复帧，分别用 F_0，F_1，…，F_{15} 表示，复帧周期为 2 ms，复帧频率为 500 Hz。复帧中各子帧的 TS_{16} 分配如下：

① F_0 帧：第 1～4 比特位传送复帧同步码"0000"；第 6 比特位传送复帧失步对局告警信号 A_2，同步为"0"，失步为"1"；第 5、第 7、第 8 比特位传送"1"码。

② F_1～F_{15} 各帧的 TS_{16} 时隙，前 4 比特传 1～15 话路信令信号，后 4 比特传 16～30 话路的信令信号。

2.3　准同步数字体系（PDH）

在数字通信网中，为了扩大传输容量和提高传输效率，总是把若干个小容量低速数字流合并成一个大容量高速数字流，然后通过高速信道传到对方后再分开，这就是数字复接。完成数字复接功能的设备称为数字复接终端或数字复接器。

根据不同的需要和传输能力，传输系统应具有不同话路数和不同速率的复接，以形成一个系列，由低级向高级复接，这就是准同步数字体系（Plesiochronous Digital Hierarchy，PDH）。采用准同步数字系列（PDH）的系统，是在数字通信网的每个节点上都分别设置高精度的时钟，这些时钟的信号都具有统一的标准速率。尽管每个时钟的精度都很高，但还是有一些微小的差别。为了保证通信的质量，要求这些时钟的差别不能超过规定的范围。

因此，这种同步方式严格来说不是真正的同步，而是"准同步"。准同步数字体系(PDH)有两大系列：

(1) PCM 24 路系列：北美、日本使用，基群速率为 1.544 Mb/s。

(2) PCM 30/32 路系列：欧洲、中国使用，基群速率为 2.048 Mb/s。

PDH 系统的优点主要有三个：易于构成通信网，便于分支与插入，具有较高的传输效率；可视电话、电视信号以及频分制信号可与高次群相适应；可与多种传输媒介的传输容量相匹配，如电缆、同轴电缆、微波、波导、光纤等。

2.3.1　数字复接的概念和方法

PCM 复用方法与数字复接方法是不同的，分别描述如下：

(1) PCM 复用方法：直接将多路信号编码复用。基群 30/32 路就是例子，但对高次群不适合。高次编码速率快，对编码器元件精度要求高，不易实现，所以，高次群一般不采用。

(2) 数字复接方法：将几个低次群在时间的空隙上叠加合成高次群。

图 2-7 是数字复接系统的方框图，从图中可见，数字复接设备包括复接器和分接器，复接器是把两个以上的低速数字信号合并成一个高速数字信号的设备；分接器是把高速数字信号分解成相应的低速数字信号的设备。一般把两者做成一个设备，简称为数字复接器。

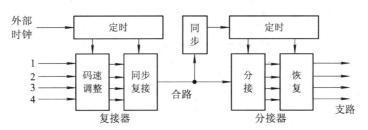

图 2-7　数字复接系统方框图

复接器由定时、码速调整和同步复接单元组成；分接器由同步、定时、分接和恢复单元组成。

在复接器中，复接单元输入端上各支路信号必须是同步的，即数字信号的频率与相位是完全确定的关系。只要使各支路数字脉冲变窄，将相位调整到合适位置，并按照一定的帧结构排列起来，即可实现数字合路复接功能。如果复接器输入端的各支路信号与本机定时信号是同步的，那么就称为同步复接器；若不是同步的，则称为异步复接器；如果输入支路数字信号与本机定时信号标称速率相同，但实际上有一个很小的容差，则这种复接器称为准同步复接器。

在图 2-7 中，码速调整单元的作用是把各准同步的输入支路的数字信号的频率和相位进行必要的调整，形成与本机定时信号完全同步的数字信号。若输入信号是同步的，则只需调整相位。

复接的定时单元在内部时钟或外部时钟的控制下产生复接需要的各种定时控制信号；调整单元及同步复接单元受定时单元控制，将合路数字信号和相应的时钟同时送给分接器；分接器的定时单元受合路时钟控制，因此它的工作节拍与复接器定时单元同步。

分接器定时单元产生的各种控制信号与复接器定时单元产生的各种控制信号是类似的：同步单元从合路信号中提出帧定时信号，再用它去控制分接器定时单元；同步分接单元受分接定时单元控制，把合路分解为支路数字信号；受分接器定时单元控制的恢复单元把分解出的数字信号恢复出来。

数字复接的特点：复接后速率提高了，但各低次群的编码速率没有变换。

2.3.2 同步复接与异步复接

1. 数字复接的实现

数字复接的实现方法分为按位复接和按字复接，图 2 - 8 为数字复接的示意图。图 2 - 8(a)为一次群(基群)的示意图。

1) 按位复接

方法：每次复接各低次群的一位编码形成高次群。图 2 - 8(b)是四路信号按位复接的示意图。

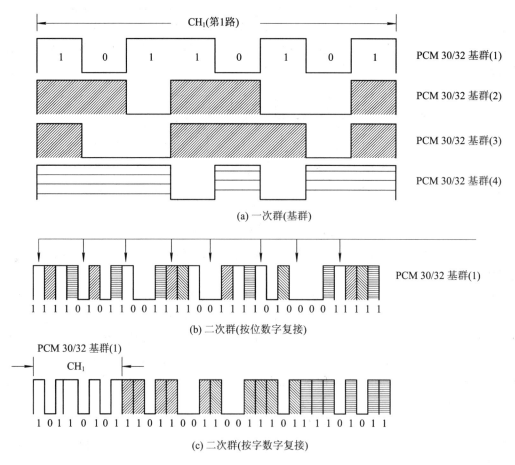

图 2 - 8　数字复接的示意图

结果：复接后每位码的间隔是复接前各支路的 1/4，即高次群的速率提高到复接前的 4 倍。

优点：复接电路存储量小、简单易行，在 PDH 中大量使用。

不足：数字复接破坏了一个字节的完整性，不利于以字节（即码字）为单位的处理和交换。

2）按字复接

方法：每次复接按低次群的一个码字形成高次群。图 2-8(c)是四路信号按字复接的示意图。

优点：每个支路都要设置缓冲存储器，有较大的存储容量，可保证一个字的完整性，有利于按字处理和交换。同步 SDH 中大多采用这种方法。

2. 数字复接的同步

数字复接的同步可解决下面两个问题：

（1）同步：被复接的几个低次群数码率相同。

（2）复接：不同系统的低次群往往数码率不同，原因是各晶体振荡频率不相同。

不同步带来的问题是：如果直接将几个低次群进行复接，就会产生重叠和错位，且在接收端不可能完全恢复。图 2-9 是两路信号不同步产生重叠和错位的示意图。

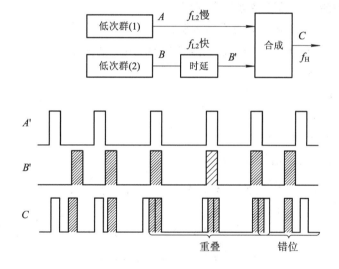

图 2-9　两路信号不同步产生重叠和错位的示意图

结论：数码速率不同的低次群信号不能直接复接，同步就意味着使各低次群数码率相同且符合高次群帧结构的要求。

数字复接同步是系统与系统的同步，亦称为系统同步。

3. 同步复接

同步复接是由一个高稳定的主时钟来控制被复接的几个低次群，使这几个低次群的数码率统一在主时钟的频率上可直接复接。同步复接方法的缺点是一旦主时钟发生故障，相关的通信系统将全部中断，所以它只限于局部地区使用。

1）码速变换与恢复

码速变换：为使复接器、分接器正常工作，在码流中插入附加码，不仅可使系统码速相等，而且能够在接收端分接。

附加码：如对端告警、邻站监测、勤务联系等公务码。

移相：复接之前进行延时处理。

缓冲存储器：完成码速变换和移相。

以一次群复接成二次群为例，如图 2-10 所示。

二次群速率：8448 kb/s。

基群变换速率：8448/4＝2112 kb/s。

码速变换：为插入附加码留下空位，且将码速由 2048 kb/s 提高到 2112 kb/s。

插入码之后的子帧长度：$L_s=(2112\times10^3)\times T=(2112\times10^3)\times(125\times10^{-6})=264$ bit。

插入比特数：L_s-256（原来码）$=264-256=8$ bit。

插入 8 bit 的平均间隔时间（按位复接）：256/8＝32 bit。

码速恢复：去掉发送端插入的码元，将各支路速率由 2112 kb/s 还原成 2048 kb/s。

复接过程：慢写快读。

写入：基群 2048 kb/s。

读出：2112 kb/s。

起始：读脉冲滞后写脉冲将近一个周期。

第 32 次读：读写几乎同时，没有写入脉冲时空一比特。

周而复始，每 32 位加插一个空位，构成 2112 kb/s 的速率。

分接过程：快写慢读。

写入：2112 kb/s。

读出：2048 kb/s。

起点：读写几乎同时。

第 33 位读：读到写入信号 32 位。

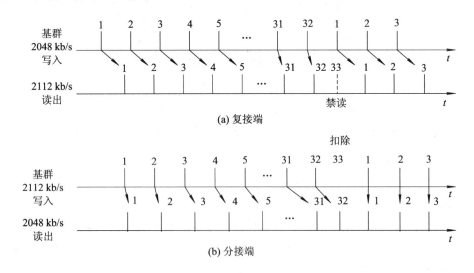

图 2-10　码速变换与恢复

分接器已知信号第 33 位是插入码位，写入时扣除了该处一个写入脉冲，从而在写入第 33 位后的第 1 位后，读出时钟第 32 位后的第 1 个脉冲，然后回到起点。如此循环下去，2112 kb/s 恢复成了 2048 kb/s。

同步复接系统结构的发送部分如图 2 - 11 所示。

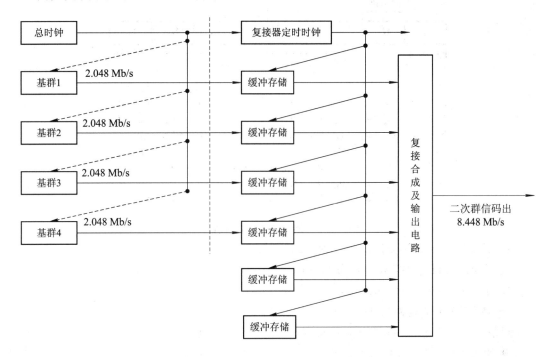

图 2 - 11　同步复接系统结构的发送部分

同步复接系统结构的接收部分如图 2 - 12 所示。

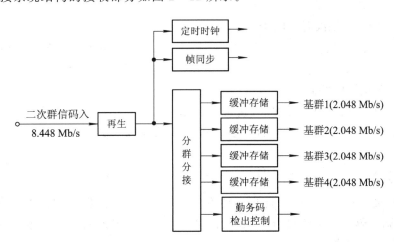

图 2 - 12　同步复接系统结构的接收部分

复接端的作用：时钟一致，支路时钟、复接时钟来自同一时钟源；各支路码率严格相等（2048 kb/s）；缓存器完成各支路的码速变换；复接合成完成各支路合路，并在所留空位插入附加码（包括帧同步码）。

分接端的作用：时钟从码流中提取，产生复接定时；帧同步完成收发间步调一致；分群分接 4 个支路信号，并检出勤务码；缓冲存储器扣除各自支路附加码，恢复原信号。

2）同步二次群的帧结构

同步二次群的帧结构如图 2 - 13 所示。

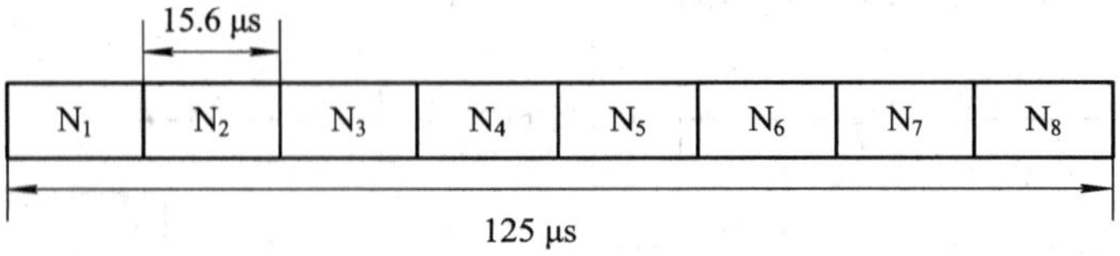

N₁	N₂	N₃	N₄	N₅	N₆	N₇	N₈

15.6 μs

125 μs

$$
\begin{array}{llll}
N_1: & 1 & 1 & 0 & 1 & a_1 & b_1 & c_1 & d_1 & \cdots & a_{32} & b_{32} & c_{32} & d_{32} \\
N_2: & \alpha_1 & \alpha_2 & \alpha_3 & \alpha_4 & a_{33} & b_{33} & c_{33} & d_{33} & \cdots & a_{64} & b_{64} & c_{64} & d_{64} \\
N_3: & A_{01} & A_{02} & A_{03} & A_{04} & a_{65} & b_{65} & c_{65} & d_{65} & \cdots & a_{96} & b_{96} & c_{96} & d_{96} \\
N_4: & \alpha_1 & \alpha_2 & \alpha_3 & \alpha_4 & a_{97} & b_{97} & c_{97} & d_{97} & \cdots & a_{128} & b_{128} & c_{128} & d_{128} \\
N_5: & 0 & 0 & 1 & 0 & a_{129} & b_{129} & c_{129} & d_{129} & \cdots & a_{160} & b_{160} & c_{160} & d_{160} \\
N_6: & \alpha_1 & \alpha_2 & \alpha_3 & \alpha_4 & a_{161} & b_{161} & c_{161} & d_{161} & \cdots & a_{192} & b_{192} & c_{192} & d_{192} \\
N_7: & \beta_1 & \beta_2 & \beta_3 & \beta_4 & a_{193} & b_{193} & c_{193} & d_{193} & \cdots & a_{221} & b_{221} & c_{221} & d_{221} \\
N_8: & \alpha_1 & \alpha_2 & \alpha_3 & \alpha_4 & a_{225} & b_{225} & c_{225} & d_{225} & \cdots & a_{256} & b_{256} & c_{256} & d_{256}
\end{array}
$$

图 2-13 同步二次群的帧结构

共八段：N₁、N₂、N₃、N₄、N₅、N₆、N₇、N₈。

二次群的 1 帧长：125 μs，可分为八段。

每段长：125 μs/8＝15.625 μs。

每段内信码（4 个基群）：(256/8)×4＝128 码元。

每段插入 4 个码元，每段内信码共有：128＋4＝132 码元。

1 帧码元共有：132×4＝1056 码元。

1 帧共插码元：4×8＝32 码元。

N₁：插 1101。

N₅：插 0010——二次群帧同步码。

N₂、N₄、N₆、N₈：α_1、α_2、α_3、α_4 的速率为 4 bit/125 μs＝32 kb/s，供四路勤务电话使用。

N₇：供勤务电话呼叫码。

N₃：A_{01}——二次群对端告警码（正常"0"，失步"1"），A_{02}——数据用，A_{03}——待定。

a、b、c、d 分别为 4 个基群的码元，1 帧共有 4×32×8＝1024 原基群码元（不包含附加码）。

4. 异步复接

由于各低次群使用自己的时钟且时钟不一致，因此各低次群的数码率不完全相同（不同步），需要调整码速使它们同步后再进行复接。PDH 大多采用这种复接方法。图 2-14 为异步复接与分解示意图。

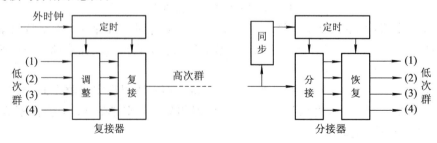

图 2-14 异步复接与分解示意图

数字复接器：把 4 个低次群（支路）合成一个高次群。

数字复接器组成：定时系统——提供统一的时钟给设备；码速调整——使各支路码速一致，即同步（分别调整）；复接单元——将低次群合成高次群。

数字分接器：把高次群分解成原来的低次群。

数字分接器组成：定时单元——从接收信号中提取定时；同步单元——使分接器时钟与复接器基准时钟同频、同相，达到同步；分接单元——将合路的高次群分离成同步支路信号；恢复系统——恢复各支路信号为原来的低次群。

采用正码速调整与恢复，将 2048 kb/s 调为 2112 kb/s 的原理图如图 2-15 所示。

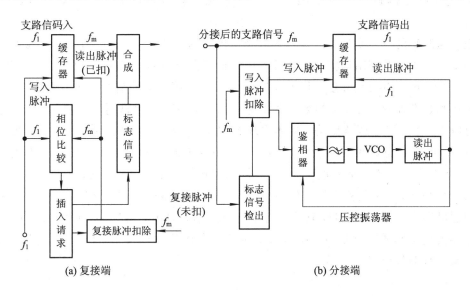

图 2-15　正码速调整与恢复

码速调整装置：各支路单独调整，将准同步码流变成同步码流。

准同步码流：标称数码率相同，瞬时数码率不同的码流。

缓冲存储器：码速调整的主体。

f_1：写入脉冲的频率，与输入支路的数码率相等。

f_m：读出脉冲的频率，与缓存器支路信码输出速率相等。因为是正码速，所以 $f_m > f_1$。

复接过程：f_1 送相位比较（与 f_m 比较，f_m 起始滞后一个周期）；f_m 复接脉冲送扣除电路（扣与不扣由插入请求决定，请求时扣，不请求不扣），已扣的 f_m 送相位比较（与 f_1 比较）且作为读出脉冲；缓存器输出的 f_m 码流有空闲（扣除造成），防止空读；插入请求使标志信号合成插入；合成电路将 f_m 和标志信号合在一起。

相位比较：当 f_1 和 f_m 相位几乎相同时，有输出。

码速恢复装置：将分接后的每一个同步码流恢复成原来的支路码流。

恢复过程："标志信号检出"有信号时输出；"写入脉冲 f_m 扣除"扣除 1 bit；扣除的写入脉冲将缓存输入的支路信号"插入"bit；压控振荡器将扣除 bit 的 f_m 平滑，并均匀其脉冲频率，使之为 f_1；此 f_1 作为读出脉冲取出缓存器中的信号，使得支路信码为 f_1。

5. 码速调整

异步复接中的码速调整技术可分为正码速调整、正/负码速调整与正/零/负码速调整三种。其中，正码速调整应用最为普遍。正码速调整的含义是使调整以后的速率比任一支路可能出现的最高速率还要高。例如，二次群码速调整后每一支路速率均为 2112 kb/s，而一次群调整前的速率在 2048 kb/s 上下波动，但不会超过 2112 kb/s。

根据支路码速的具体变化情况，适当地在各支路插入一些调整码元，使其瞬时码速都达到 2112 kb/s（这个速率还包括帧同步、业务联络、控制等码元）是正码速调整的任务。码速恢复过程则把因调整速率而插入的调整码元及帧同步码元等去掉，恢复原来的支路码流。

正码速调整的具体实施是按规定的帧结构进行的。例如，PCM 二次群异步复接时就是按如图 2-16 所示的帧结构实现的。图 2-16(a)是复接前各支路进行码速调整的帧结构，其长度为 212 bit，共分为 4 组，每组都是 53 个比特，第 1 组的前 3 个比特 F_{11}、F_{12}、F_{13} 用于帧同步和管理控制，后 3 组的第一个比特 C_{11}、C_{12}、C_{13} 作为码速调整控制比特，第 4 组第 2 比特 V_1 作为码速调整比特。具体实现的时候，在第 1 组的末端进行是否需要调整的判决（即比相），若需要调整，则在 C_{11}、C_{12}、C_{13} 位置上插入 3 个"1"码，V_1 仅仅作为速率调整比特，不带任何信息，故其值可为"1"，也可为"0"；若不需调整，则在 C_{11}、C_{12}、C_{13} 位置上插入 3 个"0"码，V_1 位置仍传送信码。那么，根据什么来判断需要调整或不需要调整呢？这个问题可用图 2-17 来说明，输入缓存器的支路信码是由时钟频率 2048 kHz 写入的，而从缓存器读出信码的时钟是由复接设备提供的，其值为 2112 kHz，由于写入慢，读出快，因此在某个时刻就会把缓存器读空。

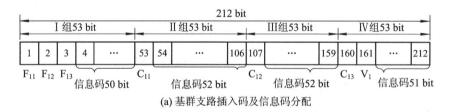

(a) 基群支路插入码及信息码分配

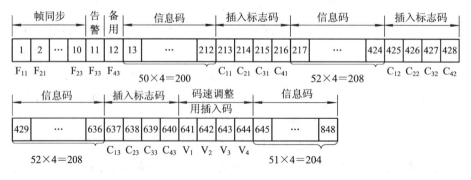

(b) 二次群帧结构

图 2-16　异步复接二次群帧结构

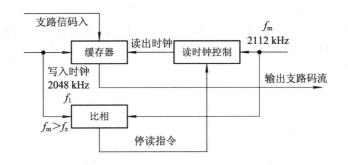

图 2-17　正码速调整原理

一次群插入码和信息码如图 2-16(a)所示。

第 1~3 bit：$F_{11}F_{12}F_{13}$——同步、告警、备用码。

第 4~53 bit：信息比特 50 位。

第 55~106 bit：信息比特 52 位。

第 108~159 bit：信息比特 52 位。

第 162~212 bit：信息比特 51 位。

第 54 bit、107 bit、160 bit：C_{11}、C_{12}、C_{13}，标志位。

第 161 bit：插入或信息码。

212 bit＝信息位 205(6)＋插入比特 7(6)。

异步复接二次群如图 2-16(b)所示。

帧周期：100.38。

帧长：212×4＝848 bit。

(最少)信息码：205×4＝820 bit。

(最多)插入码：7×4＝28 bit。

第 1~10 bit：$F_{11}F_{21}F_{31}F_{41}F_{12}F_{22}F_{32}F_{42}F_{13}F_{23}$＝1111010000——帧同步码。

第 11 bit：F_{33}——告警码 1 bit。

第 12 bit：F_{43}——备用码 1 bit。

第 213~216 bit、425~428 bit、637~640 bit：插入标志码。

第 641~644 bit：信息码或插入码。

第 131~212 bit、217~424 bit、429~636 bit、645~848 bit：信息码(最少)205×4＝820 bit。

接收端分接过程就是去除发端插入的码元，称为"消插"或"去塞"。

判断基群 161 位有无插入的方法为"三中取二"：当各路三个标志有两个以上"1"，则有 V_i 插入；当各路三个标志有两个以上"0"，则无 V_i 插入。

正确判断概率为：误码率为 P_e，正确率为 $1-P_e$；一个错两个对的概率(有三种情况)为 $3P_e(1-P_e)^2$；三个全对的概率为 $(1-P_e)^3$。

总正确判断概率：$3P_e(1-P_e)^2+(1-P_e)^3=1-3P_e^2+2P_e^3$。

通过图 2-17 中的比较器可以做到缓存器快要读空时发出一个指令，命令在 2112 kHz 时钟停读一次，使缓存器中的存储量增加，而这一次停读就相当于使图 2-16(a) 的 V_1 比特位置没有置入信码而只是一位作为码速调整的比特。图 2-16(a) 所示的帧结构的意义就是每 212 bit 比相一次，即做一次是否需要调整的判决。若判决结果需要停读，则 V_1 是调整比特；若不需要停读，则 V_1 仍然是信码。这样一来就把在 2048 kb/s 上下波动的支路码流都变成同步的 2112 kb/s 码流。

在复接器中，每个支路都要经过正码速的调整。由于各支路的读出时钟都是由复接器提供的同一时钟 2112 kHz，所以经过调整，4 个支路的瞬时数码率都会相同，即均为 2112 kb/s，故一个复接帧长为 8448 bit，其帧结构如图 2-16(b) 所示。

图 2-16(b) 是由如图 2-16(a) 所示的 4 个支路比特流按比特复接的方法复接而得到的。所谓按比特复接，就是将复接开关每旋转一周，在各个支路取出一个比特。也有按字复接的，即开关旋转一周，在各支路上取出一个字节。

在分接侧码速恢复时，需要识别 V_1 到底是信码还是调整比特：如果是信码，则将其保留；如果调整比特，则将其舍弃。这可通过 C_{11}、C_{12}、C_{13} 来决定。因为复接时已约定，若比相结果无须调整，则 C_{11}、C_{12}、C_{13} 为 000；若比相结果需调整，则 C_{11}、C_{12}、C_{13} 为 111。所以码速恢复时，根据 C_{11}、C_{12}、C_{13} 是 111 还是 000 就可以决定 V_1 应舍去还是保留。

从原理上讲，要识别 V_1 是信码还是调整比特，只要 1 位码就够了，这里用 3 位码主要是为了提高可靠性。如果用 1 位码，这位码传错了，就会导致对 V_1 的错误处置。例如，用 "1" 表示有调整，"0" 表示无调整，经过传输若 "1" 错成 "0"，就会把调整比特错当成信码；反之，若 "0" 错成 "1"，就会把信码错当成调整比特而舍弃。现在用 3 位码，采用大数判决，则 "1" 的个数比 "0" 多时认定是 3 个 "1" 码；反之，则认定是 3 个 "0" 码。这样即使传输中错一位码，也能正确判别 V_1。

在大容量通信系统中，高次群失步必然会引起低次群的失步。所以为了使系统能可靠工作，四次群异步复接调整控制比特 C_j 为 5 个，五次群的 C_j 为 6 个（二、三次群都是 3 个比特）。这样安排的结果是：由于误码而导致对 V_1 比特的错误处理的概率就会更小，从而保证了大容量通信系统的稳定可靠工作。

2.3.3 PCM 高次群

1. PCM 三次群

三次群帧结构如图 2-18 所示。

总话路数：$120 \times 4 = 480$ 个。

速率 $= 34.368$ Mb/s。

三次群复接过程如下：

(1) 将 4 个标称速率 8448 kb/s → 8592 kb/s。

(2) 再进行复接成三次群。

调整后的三次群的总比特数为 384 bit，分成 4 组，每组 96 bit；帧周期 $= 384/8592 = 44.69(\mu s)$；384 bit $= 3$(同步)$+3$(标志)$+1$(插入信息)$+(93+95+95+94)$(信息)。

码长 $= 384 \times 4 = 1536$ bit。

帧周期 $= 44.69$ μs。

（最少）信息位 $= 377 \times 4 = 1508$ bit。

（最多）插入码 $= 28$ bit。

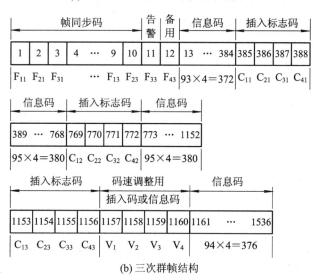

(a) 二次群码速调整后码位安排示意图

(b) 三次群帧结构

图 2-18　三次群帧结构

前 10 bit 帧同步码：1111010000。

第 11 位：告警。

第 12 位：备用。

（最多）插入：4 bit($V_1 \sim V_4$)。

标志码：$3 \times 4 = 12$ bit。

2. PCM 四次群

四次群帧结构如图 2-19 所示。

总话路数：$480 \times 4 = 1920$ 个。

速率：$34.816 \times 4 = 139.264$ Mb/s。

帧长度：$732 \times 4 = 2928$ bit 三次群调速后。

帧周期：$(732 \times 4)/(34.816 \times 4) \approx 21.02$ μs。

（最少）信息位：$722 \times 4 = 2888$ bit。

（最多）插入：40 bit。

第 12 bit：帧同步码——1111010000。

第 13 bit：对告。

第 14～16 bit：备用。

4 bit：插入码或原信息。

标志码：$5 \times 4 = 20$ bit。

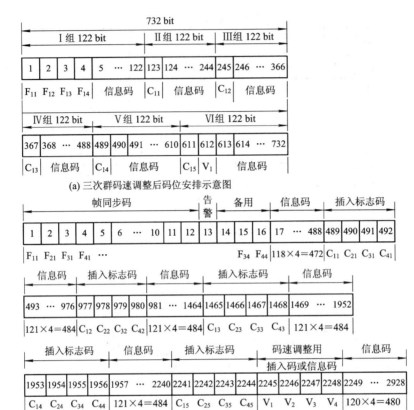

(a) 三次群码速调整后码位安排示意图

(b) 四次群帧结构

图 2-19 四次群帧结构

3. PCM 五次群

五次群帧结构如图 2-20 所示。

总话路数：$1920 \times 4 = 7680$ 个。

速率：$141.248 \times 4 = 564.992$ Mb/s。

四次群：139.264 Mb/s→正码速调整为 141.248 Mb/s。

帧长度：$672 \times 4 = 2688$ bit。

帧周期：$(672 \times 4)/(141.248 \times 4) \approx 4.76 \ \mu s$。

第 1～12 bit：五次群帧同步码——111110100000。

第 2305 bit：告警。

第 2306～2308 bit：备用。

插入码：4 bit。

标志码：$5 \times 4 = 20$ bit。

（最少）信息位：$662 \times 4 = 2648$。

（最多）插入：40 bit。

4. 高次群数字复接

国际上两大系列的准同步数字体系构成更高速率的二、三、四、五次群如表 2-1 所示。

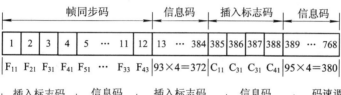

(a) 四次群码速调整后码位安排示意图

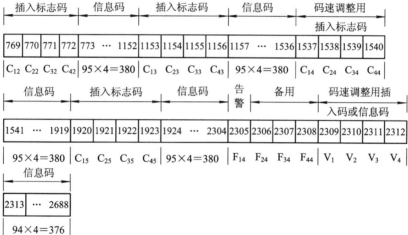

(b) 五次群帧结构

图 2-20 五次群帧结构

表 2-1 准同步数字体系速率系列和复用路数

群路等级		一次群(基群)	二次群	三次群	四次群	五次群
T 体 系	北美	T1 25 路 1.544 Mb/s	T2 96(24×4)路 6.312 Mb/s	T3 672(96×7)路 44.736 Mb/s	T4 4032(672×6)路 274.176 Mb/s	T5 8064(4032×2)路 560.160 Mb/s
	日本			T3 480(96×5)路 32.064 Mb/s	T4 1440(480×3)路 97.728 Mb/s	T5 5760(1440×4)路 397.200 Mb/s
E 体 系	欧洲中国	E1 30 路 2.048 Mb/s	E2 120(30×4)路 8.448 Mb/s	E3 480(120×4)路 34.368 Mb/s	E4 1920(480×4)路 139.264 Mb/s	E5 7680(1920×4)路 565.148 Mb/s

在表 2-1 中，二次群（以 30/32 路作为一次群）的标准速率 8448 kb/s＞2048×4＝8192 kb/s。其他高次群复接速率也存在类似情况。这些多出来的码元是用来解决帧同步、业务联络以及控制等问题的。

复接后的大容量高速数字流可以通过电缆、光纤、微波、卫星等信道传输，而且光纤将取代电缆，卫星将利用微波段传输信号。因此，大容量的高速数字流主要是通过光纤和微波来传输的。通过对经济效益分析表明，二次群以上的数字通信用光纤、微波传输都是合算的。

基于 30/32 路系列的数字复接体系（E 体系）的结构如图 2-21 所示。

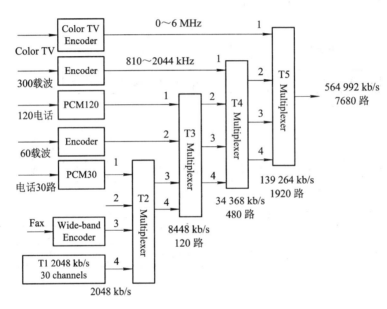

图 2-21 PCM 30/32 路系列数字复接体系（E 体系）

目前的复接、分接器采用了先进的通信专用超大规模集成芯片 ASIC，所有数字处理均由 ASIC 完成。其优点是设备体积小，功耗低（每个系统功耗仅为 13 W），可靠性高，故障率低，同时具有计算机监测接口，便于集中维护。

5. 高次群接口码型

要求：与基带传输时对码型的要求类似。线路与机器、机器与机器的接口必须使用协议的同一种码型。一至四次群接口速率与码型如表 2-2 所示。

表 2-2 群接口速率与码型

群路等级	一次群（基群）	二次群	三次群	四次群
接口速率/（kb/s）	2048	8448	34 368	139 264
接口码型	HDB₃	HDB₃	HDB₃	CMI

2.4 同步数字体系（SDH）

在以往的电信网中，PDH 设备得到了广泛应用，这是因为 PDH 体系对传统的点到点通信有较好的适应性。而随着数字通信技术的迅速发展，点到点的直接传输越来越少，大部分数字传输都要经过转接，因此，PDH 系列也不能适应现代电信业务的开发以及现代化电信网管理的需要了。同步数字体系(Synchronous Digital Hierarchy，SDH)就是为适应这种新的需要而出现的。

2.4.1 SDH 的基本概念

20 世纪 80 年代中期以来，光纤通信在电信网中获得了广泛应用，其应用范围已逐步从长途通信、市话局间中继通信转向用户入网。光纤通信优良的宽带特性、传输性能和低廉价格使之成为电信网的主要传输手段。然而，随着电信网的发展和用户要求的提高，光纤通信中的传统准同步(PDH)数字体系暴露出一些固有的弱点，即：

(1) 欧洲、北美等地区和日本等国规定话音信号编码率各不相同，给国际互通造成了困难。

(2) 没有世界性的标准光接口规范，导致各厂家自行开发的专用接口(包括码型)只有通过光/电变换成标准电接口(G.703 建议)才能互通，从而限制了连网应用的灵活性，也增加了网络运营成本。

(3) 低速支路信号不能直接接入高速信号通路上去。例如，目前低速支路多数采用准同步复接，而且大多数采用正码速调整来形成高速信号，且结构复杂。

(4) 系统运营、管理与维护能力受到限制。

为了克服 PDH 的上述缺点，ITU 以美国 AT&T 提出的同步光纤网(SONET)为基础，经过修改与完善，使之适应于欧美两种数字系列，然后将它们统一于一个传输构架之中，并取名为同步数字系列(SDH)。

SDH 是由一些网络单元(如终端复用器 TM、分插复用器 ADM、同步数字交叉连接设备 SDXC 等)组成的在光纤上进行同步信息传输、复用交叉连接的网络，其优点是：

(1) 具有全世界统一的网络节点接口(NNI)。

(2) 有一套标准化的信息结构等级，称为同步传输模块(STM-1、STM-4、STM-16 和 STM-64)。

(3) 帧结构为页面式，具有丰富的用于维护管理的比特。

(4) 所有网络单元都具有标准光接口。

(5) 有一套灵活的复用结构和指针调整技术，允许现有的准同步数字体系、同步数字体系和 B-ISDN 信号进入其帧结构，因而具有广泛的适应性。

(6) 采用大量软件进行网络配置和控制，使得其功能开发、性能改变较为方便，可适应将来的不断发展。

为了比较 PDH 和 SDH，这里以从 140 Mb/s 码源中分插一个 2 Mb/s 支路信号的任务为例来加以说明，其工作过程如图 2-22 所示。

由图 2-22 可知，为了从 140 Mb/s 码源中分插一个 2 Mb/s 支路信号，PDH 需要经过 140/34 Mb/s、34/8 Mb/s 和 8/2 Mb/s 三次分接。

SDH 的通用特点为：由基本复用单元组成，有若干中间复用步骤；业务信号的种类包括两大基本系列的各次群速率；STM-N 的复用过程为映射、定位、复用三个步骤；复用技术为指针调整空位。

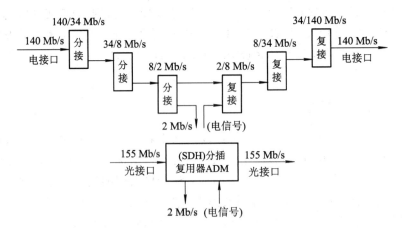

图 2-22 分插信号流图的比较

SDH 的核心特点是：同步复用、标准光接口和强大的网络管理能力。

2.4.2 SDH 的速率和帧结构

在 SDH 中，信息是以"同步传输模块（Synchronous Transport Module，STM）"的结构形式传输的。一个同步传输模块（STM）主要由信息有效负荷和段开销（Section Over Head，SOH）组成块状帧结构。

SDH 最基本的模块信号是 STM-1，其速率是 155.520 Mb/s。更高等级的 STM-N 是将基本模块信号 STM-1 同步复用、字节间插的结果。其中，N 为正整数，可以取 1，4，16，64。ITU-T G.707 建议规范的 SDH 标准速率如表 2-3 所示。

表 2-3　SDH 标准速率

等级	STM-1	STM-4	STM-16	STM-64
速率/(Mb/s)	155.520	622.080	2488.320	9953.280

STM-N 的帧结构如图 2-23 所示。它有 270×N 列 9 行，即帧长度为 270×N×9 个字节或 270×N×9×8 个比特。帧重复周期为 125 μs。

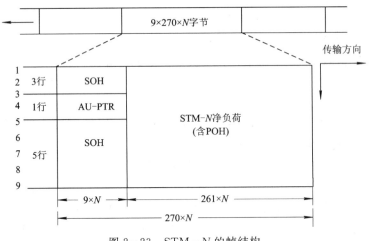

图 2-23　STM-N 的帧结构

STM-N 有三个主要区域,即段开销(SOH)、管理单元指针(AU-PTR)和信息净负荷(Pay Load)。图 2-23 中(1~9)×N 列的第 1~3 行和第 5~9 行是段开销信息;第 4 行用于管理单元指针;其余的用于信息净负荷。

1. 段开销

段开销分两个部分:第 1~3 行为再生段开销 RSOH,与再生器功能相关。第 5~9 行为复用段开销 MSOH,与管理单元群(AUG)的组合和拆解相关。SOH 中所含字节主要用于网络的运行、管理、维护和指配(OAM&P),以保证信息正确灵活地传输。

2. 管理单元指针

AU-PTR 位于帧结构左边的第四行,其作用是指示净负荷区的第一个字节在 STM-N 帧内的准确位置,以便接收时能正确分离净负荷区。

3. 净负荷

STM-1 的净负荷是指可真正用于通信业务的比特,净负荷量为 8 比特/字节×261 字节×9 行 = 18 792 比特。另外,该区域还存放着少量可用于通道维护管理的通道开销(POH)字节。

对于 STM-1 而言,帧长度为 270×9 个字节或 270×9×8 = 19 440 比特,帧周期为 125 μs,其比特速率为 270×9×8/125×10^{-6} = 155.520 Mb/s。STM-N 的比特速率为 270×9×N×8/125×10^{-6} = 155.520N Mb/s。

2.4.3　同步复用结构

同步复用与映射方法是 SDH 最具有特色的内容之一。它能使数字复用由 PDH 固定的大量硬件配置转换为灵活的软件配置。

在 SDH 中,采用同步复用法和利用净负荷指针技术来表示在 STM-N 帧内的净负荷的准确位置。SDH 的一般复用结构如图 2-24 所示,它是由一些基本复用、映射单元组成的,有若干中间复用步骤的复用结构。各种业务信号复用进 STM-N 帧的过程都要经历映射(Mapping)、定位(Aligning)和复用(Multiplexing)三个步骤。其中,采用指针调整定位技术取代 125 μs 缓存器来校正支路频差和实现相位对准是复用技术的一项重大改革。

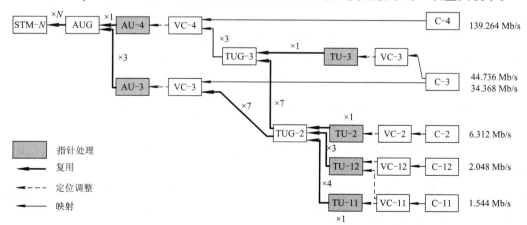

图 2-24　SDH 的一般复用结构

映射是一种在 SDH 边界处使支路信号适配进虚容器的过程（用细线箭头标出），虚容器的信息结构每帧长 125 μs 或 500 μs，即各种速率的 PDH 信号分别经过码速调整装入相应的标准容器，再加进低阶或高阶通道开销（POH）形成虚容器负荷。

定位是一种将帧偏移信息收进支路单元或管理单元的过程，即以附加于虚容器上的支路单元指针（或管理单元指针）指示和确定低阶虚容器帧的起点在支路单元（或高阶虚容器帧的起点在管理单元）净负荷中的位置。当发生相对帧相位偏差使虚容器帧起点浮动时，指针值随之调整，从而保证指针值准确指示信息结构起点在虚容器帧中的位置。

复用是一种使多个低阶通道的信号适配进高阶通道或者把多个高阶通道层信号适配进复层的过程，即把 TU 组织进高阶 VC 或把 AU 组织进 STM – N。由于经 TU 和 AU 指针处理后的各 VC 支路已相位同步，所以此复用过程为同步复用。

图 2-24 中单元的名称及作用分别如下：

(1) 容器(C)。容器是一种用来装载各种速率业务信号的信息结构。容器的种类有五种：C-11、C-12、C-2、C-3、C-4，其输入比特率分别为 1.544 Mb/s、2.048 Mb/s、6.312 Mb/s、34.368 Mb/s 或 44.736 Mb/s、139.264 Mb/s。参与 SDH 复用的各种速率的业务信号都要经过码速调整等适配技术装进一个恰当的标准容器之中。已装载的标准容器又作为虚容器(VC)的净负荷。

(2) 虚容器(VC)。虚容器是用来支持 SDH 的通道层连接的信息结构，它是 SDH 通道的信息终端。虚容器有低阶 VC 和高阶 VC 之分，前端的 VC-11、VC-12、VC-2、C-3 为低阶虚容器；后端的 C-3、C-4 为高阶虚容器。虚容器的信息结构由通道开销和标准容器的输出组成，即

$$VC-n = C-n + VC-n \text{ POH}$$

(3) 支路单元(TU)。支路单元是提供低阶通道层和高阶通道层之间适配的信息结构，其信息 TU-n(n=11, 12, 2, 3) 由一个相应的低阶 VC-n 信息净负荷和一个相应的支路单元指针 TU-n PTR 组成。TU-n PTR 指示 VC-n 净负荷起点在支路帧中的偏移，即

$$TU-n = VC-n + TU-n \text{ PTR}$$

(4) 支路单元组(TUG)。支路单元组是由一个或多个在高阶 VC 净负荷中占据固定且确定位置的支路单元组成的。

(5) 管理单元(AU)。管理单元是提供高阶通道层和复用通道层之间适配的信息结构，有 AU-3 和 AU-4 两种管理单元。管理单元信息 AU-n(n=3, 4) 由一个相应的高阶 VC-n 信息净负荷和一个相应的管理单元指针 AU-n PTR 组成，TU-n PTR 指示 VC-n 净负荷起点在 TU 帧内的位置。AU 指针相对于 STM-N 帧的位置是固定的，即

$$AU-n = VC-n + AU-n \text{ PTR}$$

(6) 管理单元组(AUG)。管理单元组是由一个或多个在 STM-N 净负荷中占据固定且确定位置的支路单元组成。

(7) 同步传输模块(STM)。基本帧模块 STM-1 的信号速率为 155.520 Mb/s，更高阶的 STM-N(N=4, 16, 64, …) 由 STM-1 信号以同步复用方式构成。

当各种 PDH 速率信号输入到 SDH 时，首先要进入标准容器 C-n(n=11, 12, 2, 3,

4)，进入容器的信息结构为后接的虚容器 VC-n 组成与网络同步的信息有效负荷，这个过程就是映射过程。

　　TUG 可以混合不同容量的支路单元，增强了传输网络的灵活性。VC-4/3 中有 TUG-3 和 TUG-2 两种支路单元组。一个 TUG-2 由一个 TU-2 或 3 个 TU-12 或 4 个 TU-11 按字节交错间插组合而成；一个 TUG-3 由一个 TU-3 或 7 个 TU-2 按字节交错间插组合而成。一个 VC-4 可容纳 3 个 TUG-3；一个 VC-3 可容纳 7 个 TUG-2。

　　一个 AUG 由一个 AU-4 或 3 个 AU-3 按字节交错间插组合而成。在 N 个 AUG 的基础上再附加上段开销 SOH 便可形成最终的 STM-N 帧结构。

　　在图 2-24 所示的复用映射结构中可知，从一个有效信息负荷到 STM-N 的复用路线不是唯一的，但对于一个国家和地区而言，其复用路线必须是唯一的。我国的光同步传输网技术体制规定以 2 Mb/s 为基础的 PDH 系列作为 SDH 的有效负荷，并选用 AU-4 复用路线，其基本复用映射结构如图 2-25 所示。

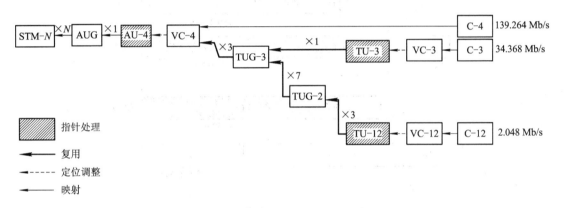

图 2-25　我国的 SDH 基本复用映射结构

　　我国在 PDH 中应用最广的是 2 Mb/s 和 140 Mb/s 支路接口，一般不用 34 Mb/s 支路接口。这是因为一个 STM-1 只能映射进 3 个 34 Mb/s 支路信号，而将 4 个 34 Mb/s 支路信号复用成 140 Mb/s 后再映射进 STM-1 更为经济。

　　下面以 2.048 Mb/s 转换为 STM-N 速率来说明信号的映射、定位、复用过程，如图 2-26 所示。

　　(1) 映射过程。

　　将 2.048 Mb/s 送入 C-12，加上 VC-12 POH 后成为 VC-12。

　　VC-12 复帧结构：复帧周期为 500 μs，结构为 4×(4×9-1)字节，速率为

$$4 \times (4 \times 9 - 1) \times 8 \times 2000 = 2.240 \text{ Mb/s}$$

　　(2) 定位过程。

　　将 VC-12 加上 TU-12 PTR 后成为 TU-12。

　　TU-12 复帧结构：帧周期为 500 μs，结构为 4×(4×9-1)+4(定位)字节，速率为

$$[4 \times (4 \times 9 - 1) + 4] \times 8 \times 2000 = 2.304 \text{ Mb/s}$$

　　(3) 复用过程。

　　① 3 个 TU-12 复用为 TUG-2。TUG-2 的周期为 125 μs，速率为

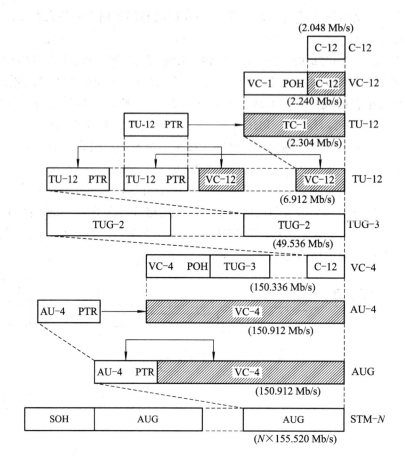

图 2 - 26　从 2.048 Mb/s 支路信号到 STM - N 的过程

$$9 \times 12 \times 8 \times 8000 = 6.912 \text{ Mb/s}$$

② 7 个 TU - 2 复用为 TUG - 3。TUG - 3 的周期为 125 μs，速率为

$$[(9 \times 12 \times 8) \times 7 + 9 \times 2 \times 8] \times 8000 = 49.536 \text{ Mb/s}$$

③ 3 个 TU - 3 加上 VC - 4 POH 和 2 列固定插入成为 VC - 4。VC - 4 的周期为 125 μs，速率为

$$[9 \times (86 \times 3 + 3) \times 8] \times 8000 = 150.336 \text{ Mb/s}$$

⑤ 定位。VC - 4 加上 AU - 4 PTR 后成为 AU - 4。AU - 4 的速率为

(VC - 4 比特数 + AU - 4 PTR 比特数) $\times 8000 = \{[9 \times (86 \times 3 + 3) \times 8] + 9 \times 8\} \times 8000$

$$= 150.912 \text{ Mb/s}$$

⑤ 复用。将 AU - 4 置入 AUG，速率不变；将 AUG 加上 SOH 成为 STM - 1。STM - 1 的速率为

AUG 速率 + SOH 速率 = 150.912 Mb/s + 9 × 8 × 8 × 8000 Mb/s = 155.520 Mb/s

这样就构成了 STM - 1 的速率。STM - 1 的帧结构为 9 行 × 270 列个字节，每字节为 8 比特，帧频为 8000 Hz。所以 STM - 1 的最终速率为

$$9 \times 270 \times 8 \times 8000 = 155.520 \text{ Mb/s}$$

STM - N 的速率为

$$N \text{ 个 AUG 速率} + \text{SOH 速率} = 155.520N \text{ Mb/s}$$

2.4.4 映射的方法

映射是一种在 SDH 边界处使支路信号适配进 VC 的过程，即各种速率先经过码速调整装入 C - n 中，再加入相应的 VC - n POH 形成 VC - n。

1. 高阶通道开销(HPOH)

高阶通道开销位于 VC - 3、VC - 4 帧结构的第一列，有 9 个字节，即 J1、B3、C2、G1、F2、H4、F3、K3、N1，分别如图 2 - 27、图 2 - 28 所示。

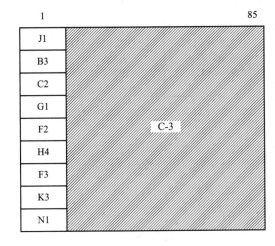

图 2 - 27 VC - 3 通道开销(POH)

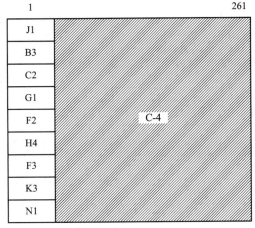

图 2 - 28 VC - 4 通道开销(POH)

加入通道开销后，VC - 3 速率为 $9 \times 85 \times 8 \times 8000$ Mb/s，VC - 4 速率为 $9 \times 261 \times 8 \times 8000$ Mb/s。

9 字节功能：J1——通道踪迹字节；B3——通道 BIP - 8 码；C2——信号标识字节；G1——通道状态字节；F2、F3——通道使用者字节；H4——通道使用者字节；K3——自动保护倒换 APS 指令(前 4 bit)，备用字节(后 4 bit)；N1——网络操作者使用。

2. 低阶通道开销(LPOH)

低阶通道开销位于 VC - 1x、VC - 2 的一个复帧各基帧的头一个字节。VC - 1x、VC - 2 复帧结构的 POH 由 V5、J2、N2、K4 组成。加入 POH 的 VC - 12 复帧结构如图 2 - 29 所示。低阶通道开销有多种不同形式的复帧，适应不同容量的净负荷在网中传输。

低阶通道开销的功能：V5——通道状态功能；J2——通道踪迹字节；N2——网络操作者使用；K4(b1～b4)——APS 通道；K4(b5～b7)——远端缺陷指示；K4(b8)——备用。

多种复帧形式的说明如下：

(1) C - 12 复帧：由 4 个 C - 12 基帧(125 μs)映射到 VC - 12 复帧(500 μs)。

(2) C - 12 复帧参数：周期为 500 μs，帧频为 2000 Hz，结构为 $4 \times (9 \times 4 - 2)$ 字节，速率为 $4 \times (9 \times 4 - 2) \times 8 \times 2000$ Mb/s。

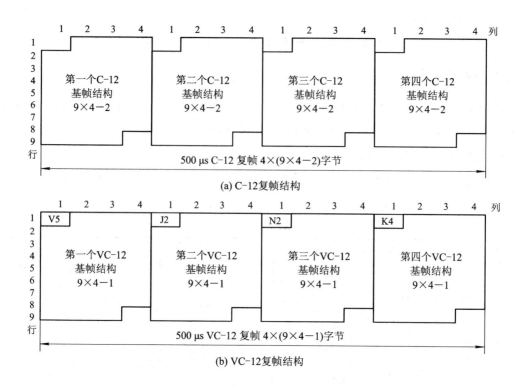

(a) C-12复帧结构

(b) VC-12复帧结构

图 2-29 加入 POH 的 VC-12 复帧结构

（3）VC-12 复帧：在 4 个基帧的开头加上 LPOH 4 个字节，就可形成 VC-12 复帧。

（4）VC-12 复帧参数：周期为 $500~\mu s$，帧频为 2000 Hz，结构为 $4\times(9\times4-1)$ 字节，速率为 $4\times(9\times4-1)\times8\times2000$ Mb/s。

（5）C-11 复帧参数：周期为 $500~\mu s$，帧频为 2000 Hz，结构为 $4\times(9\times3-2)$ 字节，速率为 $4\times(9\times3-2)\times8\times2000$ Mb/s。

（6）VC-11 复帧参数：周期为 $500~\mu s$，帧频为 2000 Hz，结构为 $4\times(9\times3-1)$ 字节，速率为 $4\times(9\times3-1)\times8\times2000$ Mb/s。

（7）C-2 复帧参数：周期为 $500~\mu s$，帧频为 2000 Hz，结构为 $4\times(9\times12-2)$ 字节，速率为 $4\times(9\times12-2)\times8\times2000$ Mb/s。

（8）VC-2 复帧参数：周期为 $500~\mu s$，帧频为 2000 Hz，结构为 $4\times(9\times12-1)$ 字节，速率为 $4\times(9\times12-1)\times8\times2000$ Mb/s。

3. 映射举例

1）139.264 Mb/s 支路信号（H-4）的映射

方法：异步映射，浮动模式。

（1）139.264 Mb/s 支路信号装入 C-4。

方法：正码速调整异步装入。

C-4 的子帧结构：容量大于 139.264 Mb/s；每行为 20×13 字节＝260 字节；周期为 $125~\mu s$。

特点：每行为一子帧；每个子帧为一个速率调整单元，分为 20×13 字节块；每块的第一个字节依次为 W、X、Y、Y、Y、X、Y、Y、Y、X、Y、Y、Y、X、Y、Y、Y、X、Y、Z。其中：

$$W=IIIIIIII,\ X=CRRRRROO,\ Y=RRRRRRRR,\ Z=IIIIIISR$$

I 表示信息比特；O 表示开销比特；R 表示固定插入非信息比特；C 表示正码速调整控制比特；S 表示正码速调整中调整的位置。

例如，C - 4 子帧＝260 字节＝260×8 比特＝2080 比特，那么，就有 I 为 1934 比特，O 为 10 比特，R 为 130 比特，C 为 5 比特，S 为 1 比特（为调整比特）。

发送端：CCCCC＝00000 时，S＝I，无须插入比特；CCCCC＝11111 时，S＝R（为调整比特），接收端将会剔出 R。

当 S＝I 时，C - 4 信息速率取得最大值 IC_{max}，即

$$IC_{max}=(1934+1)\times9\times8000=139.320\ \text{Mb/s}$$

当 S＝R 时，C - 4 信息速率取得最小值 IC_{min}，即

$$IC_{min}=(1934+0)\times9\times8000=139.248\ \text{Mb/s}$$

所以，139.264 Mb/s 支路信号的速率调整范围为

$$139.264\pm15\times10^{-6}=139.261\ \text{Mb/s}\sim139.266\ \text{Mb/s}$$

（2）C - 4 装入 VC - 4。

方法：在 C - 4 的 9 个子帧前分别插入 VC - 4 POH 字节 J1、B3、C2、G1、F2、H4、F3、K3、N1 即可构成 VC - 4 帧。

结构：(260＋1)×9。

周期：125 μs。

速率：261×9×8×8000＝150.336 Mb/s。

139.264 Mb/s 支路信号（H - 4）的映射过程如图 2 - 30 所示。

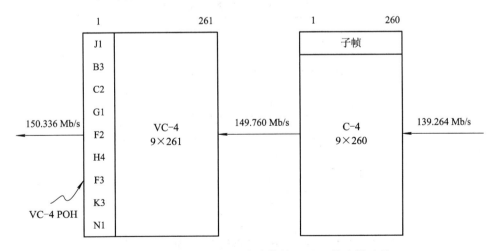

图 2 - 30　139.264 Mb/s 支路信号（H - 4）的映射过程

2）2.048 Mb/s 支路信号（H - 12）的映射

特点：异步映射，比特同步、字节同步均可；均需要复帧形式；异步映射需进行码速调

整；同步映射不需要进行码速调整。

异步映射的过程如下：

（1）将 2.048 Mb/s 装入 4 个基帧组成的复帧 C-12 中。

C-12 基帧：周期＝125 μs；结构为 9×4-2 字节。

C-12 复帧：周期＝500 μs；结构为 4×（9×4-2）字节。

（2）标称 2.048 Mb/s 的速率比实际偏高或偏低时，需要进行码速调整。

（3）在 C-12 复帧中加入 VC-1 POH 字节 V5、J2、N2、K4 可构成复帧 VC-12，即

$$VC-12 总比特＝4×8（VC-1 POH）＋1023（信息）＋6（C1C2）＋1（调整 S2）$$
$$＋12（POH）＋46（固定插入 R）$$
$$＝4×（9×4-1）×8＝1120 比特$$

正码速调整：当 C1C2C3＝000 时，S2 是 I；当 C1C2C3＝111 时，S2 是调整比特。

2.048 Mb/s 支路信号的异步映射成 VC-12（复帧）的原理图如图 2-31 所示。

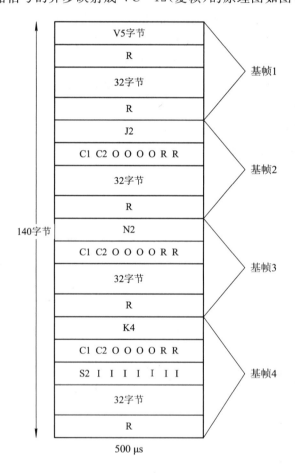

图 2-31　2.048 Mb/s 支路信号的异步映射成 VC-12（复帧）

低阶通道开销（LPOH）位置示意图如图 2-32 所示。

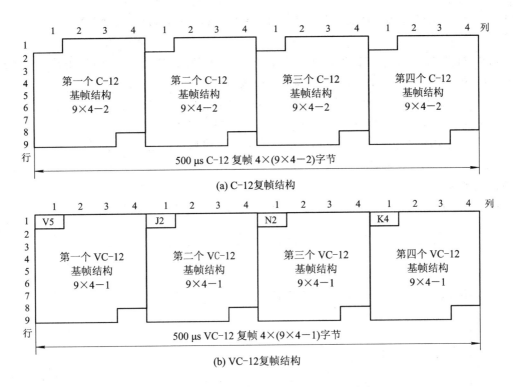

(a) C-12复帧结构

(b) VC-12复帧结构

图 2-32 低阶通道开销(LPOH)位置示意图

2.4.5 定位

定位的作用：将帧偏移信息收进 TU 和 AU。

定位的步骤如下：

(1) 在 VC 上附加 TU-PTR 或 AU-PTR 指针指示。

(2) 确定低阶 VC 在 TU 净负荷中的起点位置或确定高阶 VC 在 AU 净负荷中的起点位置。

(3) 发现相位偏差，帧起点浮动时，指针随之调整，以保证指针准确指示 VC 帧的起点位置。

指针的作用如下：

(1) 网络同步时，指针用于同步信号间的校准。

(2) 网络失去同步时，指针用于频率和相位的校准；异步工作时，指针用于频率跟踪校准。

(3) 容纳网络中的频率抖动和漂移。

1. VC-4 在 AU-4 中的定位

1) AU-4 PTR

VC-4 进入 AU-4 时，应加上 AU-4 PTR，即 AU-4＝VC-4＋AU-4 PTR。AU-4 PTR 的位置位于 VC-4 前 9 列第 4 行的对应位置。

内容为

$$AU-4 \ PTR = H1YYH21^*1^*H3H3H3$$

式中：Y＝1001SS11，SS 为未规定比特；1* ＝11111111；H1H2 ＝ NNNN SS ID IDIDI-DID。

NNNN 是 NDF 新数据标识；SS 是指针标识；IDIDIDIDID 是 10 个 bit 指针值，I 增加比特，D 减少比特；3 个 H3 用于 VC 帧速率调整。

10 个 bit 调整 VC－4 净负荷 9×261＝2349 字节的具体过程如下：

（1）每 3 个字节为一调整单位，共有 2349/3＝783 调整单位。

（2）ID 比特共有 2^{10} ＝1024 个值，足以表示 783 调整单位。

（3）783 调整单位分别用 0 0 0，1 1 1，2 2 2，…，781 781 781，782 782 782 指针调整单位序列表示。

图 2－33 中 000 的位置从 AU－4 PTR 后的第一个调整单位算起。

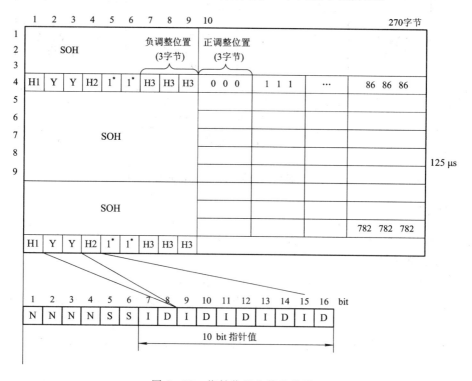

图 2－33 指针位置和偏移编号

2）速率调整

（1）正调整。

① 假定 VC－4 的前 3 个字节在 000 位置，即指针为 0。

② 当 VC－4 速率小于 AU－4 速率时，应提高 VC－4 的速率。

③ 在 VC－4 的第一个字节 J1 前插入 3 个伪字节，放在 000 指针位置上。

④ 指针格式中的 NNNN 由稳定态 0110 变为调整态 1001，10 个 bit 指针值中的 I 全部反转，由 0000000000 变为 1010101010。

⑤ VC－4 在时间上向后推移一个调整单位，10 bit 指针加 1，由 0000000000 变为 0000000001。VC－4 的前 3 个字节后移至 111 位置。

⑥ 正码速调整的相邻两次操作间隔要大于 3 帧。调整一次指针应在下 3 帧内保持不

变，第四帧方可再调整，NNNN 重新恢复稳定值。

说明：指针的最大值为 782，+1 后恢复为 0。

（2）负调整。

① 假定 VC-4 的前 3 个字节在 000 位置，即指针为 0。

② 当 VC-4 速率大于 AU-4 速率时，应降低 VC-4 的速率。

（3）将 VC-4 的前 3 个字节左移放在 AU-4 PTR 的 H3H3H3 位置上。

（4）指针格式中的 NNNN 由稳定态 0110 变为调整态 1001，10 个 bit 指针值中的 D 全部反转，由 0000000000 变为 0101010101。

（5）VC-4 在时间上向前推移一个调整单位，10 bit 指针减 1，由 0000000000 变为 1100001110（782）。

（6）负码速调整的相邻两次操作间隔要大于 3 帧。调整一次指针应在下 3 帧内保持不变，第四帧方可再调整，NNNN 重新恢复稳定值。

说明：指针的最小值为 0，-1 后恢复为 782。

3）举例

（1）假定上一稳定帧指针为 6：

$$NNNN\ SS\ 10\ bit = \underline{0110}\ \underline{10}\ \underline{0000000110}$$

式中：0110 表示稳定态；10 表示 AU-4；0000000110 表示指针为 6。

（2）本帧速率偏差，正调整：

$$NNNN\ SS\ 10\ bit = \underline{1001}\ \underline{10}\ \underline{\overline{1010101010}}$$

式中：1001 表示调整态；10 表示 AU-4；1010101010 中 I 反转为 1。

（3）确定了新的指针后，进入稳定态：

$$NNNN\ SS\ 10\ bit = \underline{0110}\ \underline{10}\ \underline{0000000111}$$

式中：0110 表示调整态；10 表示 AU-4；0000000111 表示新的指针为 7。

指针调整小结如表 2-4 所示。

表 2-4　指针调整小结

N	N	N	N	S	S	I	D	I	D	I	D	I	D	I	D
新数据标识（NDF）表示所载净负荷容量有变化。 净负荷无变化时，NNNN 为正常值"0110"。 在净负荷有变化的那一帧，NNNN 反转为"1001"，即 NDF。 NDF 出现的那一帧指针值随之改变为指示 VC 新位置的新值，称为新数据；若净负荷不再变化，则下一帧 NDF 又返回到正常值"0110"并至少在 3 帧内不做指针值增减操作				AU 类别对于 AU-4 SS=10		10 个 bit 指针值。 AU-4 指针值为 0~782。指针值指示了 VC 帧的首字节 J1 与 AU 指针中最后一个 H3 字节间的偏移量。 指针调整规则： （1）在正常工作时，指针值确定了 VC-4 帧在 AU-4 帧内的起始位置，NDF 设置为"0110"。 （2）若 VC 帧速率比 AU 帧速率低，5 个 I 比特反转表示要做正帧频调整，该 VC 帧的起始点后移，下帧中的指针值是先前指针值加 1。 （3）若 VC 帧速率比 AU 帧速率高，5 个 D 比特反转表示要做负帧频调整，负调整位置 H3 用 VC 的实际信息数据重写，该 VC 帧的起始点前移，下帧中的指针值是先前指针值减 1。 （4）当 NDF 出现更新值 1001 时，表示净负荷容量有变，指针值也要做相应的增减，然后 NDF 回归正常值 0110。 （5）指针值完成一次调整后，至少停 3 帧方可有新的调整。 （6）接收端对指针解码时，除仅对连续 3 次以上收到的前后一致的指针进行解读外，将忽略任何指针的变化									

2. VC‑12 在 TU‑12 中的定位

1）TU‑12 指针

V1、V2、V3、V4 分别为 TU‑12 基帧的指针。在 VC‑12 基帧结构的基础上加入指针即可构成 TU‑12。VC‑12 基帧结构和 TU‑12 指针位置如图 2‑34 所示。

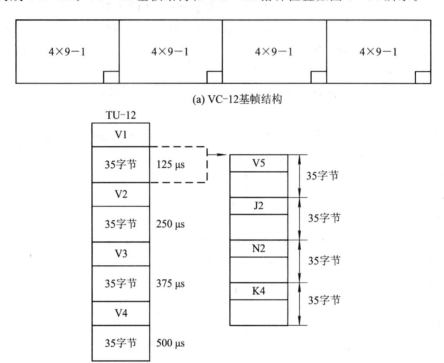

(a) VC-12基帧结构

(b) TU-12指针位置

图 2‑34   VC‑12 基帧结构及 TU‑12 指针位置

在图 2‑34 中，有

$$V1V2 = \underline{NNNN}\,\underline{SS}\,\underline{IDIDIDIDID}$$

式中：<u>NNNN</u>表示 NDF 新数据标识；<u>IDIDIDIDID</u>表示 10 个比特指针值，I 增加比特，D 减少比特；<u>SS</u>表示指针标识，于是

$$SS = 10 \rightarrow TU\text{‑}12,\ SS = 11 \rightarrow TU\text{‑}11,\ SS = 00 \rightarrow TU\text{‑}2$$

2）TU‑12 指针调整原理

TU‑12 指针调整原理与 AU‑4 原理相同。区别是 TU‑12 只有一个调整字节，而 AU‑4 有 4 个调整字节。

2.4.6   复用

复用使多个低阶通道层的信号适配进高阶通道，或者把多个高阶通道层信号适配进复用层，即以字节交错间插方式把 TU 组织进高阶 VC 或把 AU 组织进 STM‑N。

SDH 复用为同步复用。TU 和 AU 指针处理后的各 VC 支路已经相位同步。

1. TU－12 复用进 TUG－2，再复用进 TUG－3

（1）3 个 TU－12 按字节间插复用进 1 个 TUG－2；1 个 TU－12 基本帧；9 行×4 列＝36 字节；1 个 TUG－2：9 行×12 列＝108 字节。

（2）7 个 TUG－2 按字节间插复用进 1 个 TUG－3；TUG－3 的前两列为插入字节，所以，TUG－3 共有

$$9 行×(12×7＋2)列＝9 行×86 列字节$$

TU－12 复用进 TU－2，再复用进 TUG－3 的过程如图 2－35 所示。

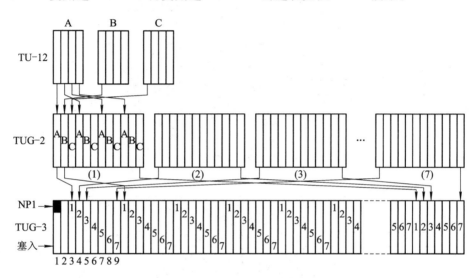

图 2－35　TU－12 复用进 TU－2 再复用进 TUG－3 的过程

2. 3 个 TUG－2 复用进 VC－4

VC－4 共有

$$9 行×(3×86＋1＋2)列＝9 行×261 列$$

式中：括号内的 1 表示在第 1 列插入的 POH 信号；2 表示在第 2、第 3 列插入固定字节 POH 信号。3 个 TUG－3 复用进 VC－4 的过程如图 2－36 所示。

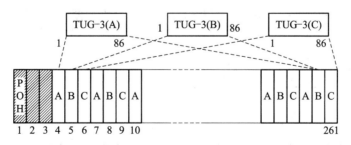

图 2－36　3 个 TUG－3 复用进 VC－4 的过程

3. AU－4 复用进 AUG

因为 AU－4＝VC－4＋AU－4 PTR，即将 VC－4 加上管理单元指针后就成为 AU－4，而 AU－4 和 AUG 之间有固定的相位关系，所以将 AU－4 直接置入 AUG 即可。VC－4 复用进 AUG 的过程如图 2－37 所示。

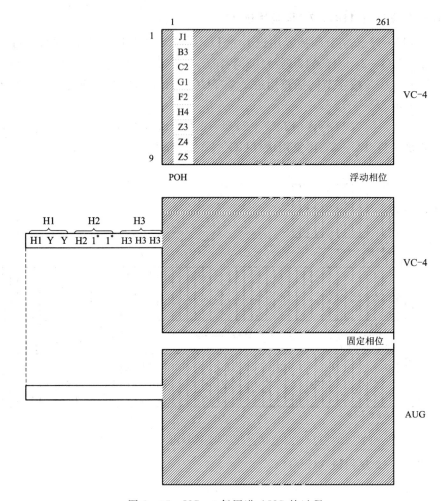

图 2-37 VC-4 复用进 AUG 的过程

4. N 个 AUG 复用进 STM-N 帧

N 个 AUG 按字节间插复用,再加上 SOH 形成 STM-N 帧,N 个 AUG 与 STM-N 帧有确定的相位关系。N 个 AUG 复用进 STM-N 的过程如图 2-38 所示。

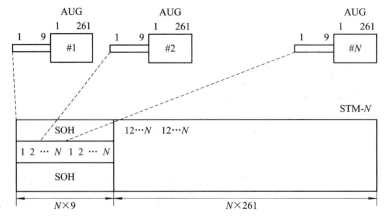

图 2-38 N 个 AUG 复用进 STM-N 的过程

5．2.048 Mb/s 信号复用、定位、映射过程回顾

1）映射

2.048 Mb/s(进入)→C-12(加 VC-12 POH)→VC-12。

VC-12 复帧：帧周期为 500 μs，结构为 4×(4×9-1)，速率为

$$4 \times (4 \times 9 - 1) \times 8 \times 2000 = 2.240 \text{ Mb/s}$$

2）定位

VC-12(加 TU-12 PTR)→TU-12。

TU-12 复帧：帧周期为 500 μs，结构为 4×(4×9-1)+4(定位)，速率为

$$[4 \times (4 \times 9 - 1) + 4] \times 8 \times 2000 = 2.304 \text{ Mb/s}$$

3）复用

(1) 3×TU-12(复用)→TUG-2：TUG-2 周期为 125 μs，速率为

$$9 \times 12 \times 8 \times 8000 = 6.912 \text{ Mb/s}$$

(2) 7×TU-2(复用)→TUG-3：TUG-3 周期为 125 μs，速率为

$$[(9 \times 12 \times 8) \times 7 + 9 \times 2 \times 8] \times 8000 = 49.536 \text{ Mb/s}$$

(3) 3×TU-3(加 VC-4 POH 和 2 列固定插入)→VC-4：VC-4 周期为 125 μs，VC-4 的速率为

$$[9 \times (86 \times 3 + 3) \times 8] \times 8000 = 150.336 \text{ Mb/s}$$

(4) 定位。VC-4(加 AU-4 PTR)→AU-4：AU-4 速率为

$$(VC\text{-}4 \text{ 比特数} + AU\text{-}4 \text{ PTR 比特数}) \times 8000 = \{[9 \times (86 \times 3 + 3) \times 8] + 9 \times 8\} \times 8000$$
$$= 150.912 \text{ Mb/s}$$

(5) 复用。AU-4(置入)→AUG，速率不变；AUG(加上 SOH)→STM-1，STM-1 速率为

$$AUG \text{ 速率} + SOH \text{ 速率} = 150.912 \text{ Mb/s} + 9 \times 8 \times 8 \times 8000 \text{ b/s} = 155.520 \text{ Mb/s}$$

即 STM-1 速率为 70×9×8×8000=155.520 Mb/s。

2.5　数字基带传输系统

为了在传输信道中获得优良的传输特性，一般要将信码信号变化为适合于信道传输特性的传输码(又称为线路码)，即进行适当的码型变换。对于传输码型的选择，主要考虑以下几点：

(1) 码型中低频、高频分量尽量少。

(2) 码型中应包含定时信息，以便定时提取。

(3) 码型变换设备要简单可靠。

(4) 码型应具有一定检错能力，若传输码型有一定的规律性，则可根据这一规律性来检测传输质量，以便做到自动监测。

(5) 编码方案对发送消息类型没有任何限制，应适合于所有的二进制信号。这种与信源的统计特性无关的特性称为对信源具有透明性。

(6) 误码增值低。

(7) 编码效率高。

2.5.1 数字基带信号的常用码型

数字基带信号的常用码型如图 2－39 所示。

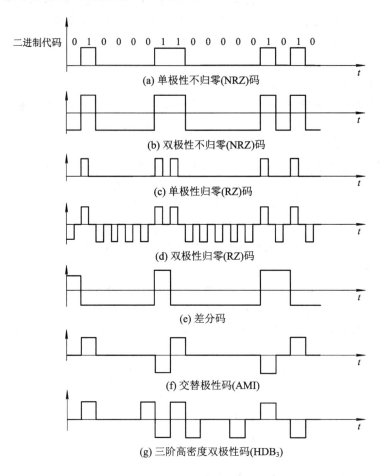

图 2－39　数字基带信号的常用码型

1. 单极性不归零码

单极性不归零(NRZ)码如图 2－39(a)所示。此方式中"1"和"0"分别对应正电平和零电平，或负电平和零电平。在表示一个码元时，电压均无须回到零，故称不归零码，它有如下特点：

（1）发送能量大，有利于提高接收端信噪比。

（2）在信道上占用频带较窄。

（3）有直流分量，将导致信号的失真与畸变，且由于直流分量的存在，无法使用一些交流耦合的线路和设备。

（4）不能直接提取位同步信息。

（5）接收单极性 NRZ 码的判决电平应取"1"码电平的一半。由于信道衰减或特性随各种因素变化时，接收波形的振幅和宽度容易变化，因而判决门限不能稳定在最佳电平上，使抗噪性能变坏。

根据单极性 NRZ 码的特点，基带数字信号传输中很少采用这种码型，它只适合极短距离传输。

2. 双极性不归零码

双极性不归零(NRZ)码如图 2-39(b)所示。在此编码中，"1"和"0"分别对应正、负电平，其特点除与单极性 NRZ 码特点(1)、(2)、(4)相同外，还有以下特点：

(1) 从统计平均的角度来看，"1"和"0"数目各占一半时无直流分量，但当"1"和"0"出现概率不相等时，仍有直流成分。

(2) 接收端判决门限为 0，设置容易并且稳定，因此抗干扰能力强。

(3) 可以在电缆等无接地线上传输。

由于双极性 NRZ 码的特点，有时也把它作为线路码来用。近年来，随着 100 Mb/s 高速网络技术的发展，双极性 NRZ 码的优点(特别是信号传输带宽窄)受到人们关注，并成为主流编码技术。但在使用时，为解决提取同步信息和含有直流分量的问题，先要对双极性 NRZ 码进行一次预编码，再实现物理传输。

3. 单极性归零码

单极性归零(RZ)码如图 2-39(c)所示，在传送"1"码时发送 1 个宽度小于码元持续时间的归零脉冲；在传送"0"码时不发送脉冲。其特征是所用脉冲宽度比码元宽度窄，即还没有到一个码元终止时刻就回到零值，因此称为单极性归零码。脉冲宽度 τ 与码元宽度 T_b 之比 τ/T_b 叫占空比。单极性 RZ 码与单极性 NRZ 码比较，主要优点是可以直接提取同步信号。此优点虽不意味着单极性归零码能广泛应用到信道上传输，但它却是其他码型提取同步信号须采用的一个过渡码型，即对于适合信道传输但又不能直接提取同步信号的码型，可先变为单极性归零码，再提取同步信号。

4. 双极性归零码

双极性归零(RZ)码构成原理与单极性归零码相同，如图 2-39(d)所示。"1"和"0"在传输线路上分别用正脉冲和负脉冲表示，且相邻脉冲间必有零电平区域存在。因此，在接收端根据接收波形归于零电平便知道一比特信息已接收完毕，以便准备下一比特信息的接收。所以，在发送端不必按一定的周期发送信息。可以认为正负脉冲前沿起了启动信号的作用，后沿起了终止信号的作用，因此可以经常保持正确的比特同步，即收发之间无须特别定时，且各符号独立地构成起止方式，此方式也称为自同步方式。此外，双极性归零码也具有双极性不归零码的抗干扰能力强及码中不含直流成分的优点。所以，双极性归零码得到了比较广泛的应用。

5. 差分码

差分码是利用前后码元电平的相对极性来传送信息的，是一种相对码。对于"0"差分码，它是利用相邻前后码元电平极性改变表示"0"，不变表示"1"。而"1"差分码则是利用相邻前后码元极性改变表示"1"，不变表示"0"，如图 2-39(e)所示。这种方式的特点是：即使接收端收到的码元极性与发送端完全相反，也能正确地进行判决。

上面所述的 NRZ 码、RZ 码及差分码都是最基本的二元码。

6. 交替极性码

交替极性码(AMI)的名称较多，如双极方式码、平衡对称码、信号交替反转码等。此方式是单极性方式的变形，即把单极性方式中的"0"码与零电平对应，而"1"码对应发送极性交替的正、负电平，如图 2-39(f)所示。这种码型实际上把二进制脉冲序列变为三电平的符号序列（故称为伪三元序列），它具有如下优点：

（1）在"1""0"码不等概率情况下，无直流成分，且零频附近低频分量小。因此，对具有变压器或其他交流耦合的传输信道来说，不易受隔直特性影响。

（2）即使接收端收到的码元极性与发送端完全相反，也能正确判决。

（3）只要进行全波整流就可以变为单极性码。如果交替极性码是归零的，则变为单极性归零码后就可提取同步信息。北美系列的一、二、三次群接口码均使用经扰码后的 AMI 码。

7. 三阶高密度双极性码

前面所述 AMI 码有一个很大的缺点，即连"0"码过多时提取定时信号困难。这是因为在连"0"时 AMI 输出均为零电平，连"0"码这段时间内无法提取同步信号，而前面非连"0"码时提取的位同步信号又不能保持足够的时间。为了克服这一弊病可采取几种不同的措施，而广泛为人们所接受的解决办法是采用高密度双极性码。三阶高密度双极性（HDB$_3$）码就是一系列高密度双极性码（HDB$_1$、HDB$_2$、HDB$_3$ 等）中最重要的一种，HDB$_3$ 码的波形如图 2-39(g)所示。其编码原理是这样的：首先把消息变成 AMI 码；然后检查 AMI 的连"0"情况，当无 3 个以上连"0"串时，这时的 AMI 码就是 HDB$_3$ 码，当出现 4 个或 4 个以上连"0"时，将每 4 个连"0"小段的第 4 个"0"变换成"1"码。这个由"0"码改变来的"1"码称为破坏脉冲（符号），用符号 V 表示，而原来的二进制码元序列中所有的"1"码称为信码，用符号 B 表示。

当信码序列中加入破坏脉冲以后，信码 B 和破坏脉冲 V 的正负必须满足如下两个条件：

（1）B 码和 V 码各自都应始终保持极性交替变化的规律，以便确保编好的码中没有直流成分。

（2）V 码必须与前一个码（信码 B）同极性，以便和正常的 AMI 码区分开来。如果这个条件得不到满足，那么应该在 4 个连"0"码的第一个"0"码位置上加一个与 V 码同极性的补信码，用符号 B'表示。此时 B 码和 B'码合起来保持条件(1)中信码极性交替变换的规律。

下面(a)、(b)、(c)等分别表示一个二进制码元序列、相应的 AMI 码以及信码 B 和破坏脉冲 V 等的位置。根据以上两个条件，在上面举的例子中假设第一个信码 B 为正脉冲，用 B+表示，它前面一个破坏脉冲 V 为负脉冲，用 V-表示。这样根据上面两个条件可以得出 B 码、B'码和 V 码的位置以及它们的极性，如(d)所示。(e)则给出了编好的 HDB$_3$码。其中，+1 表示正脉冲，-1 表示负脉冲。

```
(a) 代码：    0  1   0  0  0  0   1   1    0  0  0  0   0   1    0  1   0
(b) AMI码：   0  +1  0  0  0  0   -1  +1   0  0  0  0   0   -1   0  +1  0
(c) B 和 V：  0  B   0  0  0  V   B   B    0  0  0  V   0   B    0  B   0
(d) B'：      0  B+  0  0  0  V+  B-  B+   B- 0  0  V-  0   B+   0  B-  0
(e) HDB₃：    0  +1  0  0  0  +1  -1  +1   -1 0  0  -1  0   +1   0  -1  0
```

是否添加补信码 B'还可根据如下规律来决定：当(c)中两个 V 码间的信码 B 的数目是偶数时，应该把后面的这个 V 码所表示的连"0"段中第一个"0"变为 B'，其极性与前面相邻

B 码极性相反，V 码极性做相应变化。如果两 V 码间的 B 码数目是奇数，则无须加补信码 B′。

在接收端译码时，由两个相邻同极性码找到 V 码，同极性码中后面那个码就是 V 码。由 V 码向前的第 3 个码如果不是"0"码，表明它是补信码 B′。把 V 码和 B′码去掉后留下的全是信码，把它全波整流后得到的是单极性码。

HDB₃ 编码的步骤可归纳如下：

(1) 从信息码流中找出 4 连"0"，使 4 连"0"的最后一个"0"变为"V"（破坏码）。

(2) 使两个"V"之间保持奇数个信码 B，如果不满足，使 4 连"0"的第一个"0"变为补信码 B′；若满足，则无须变换。

(3) 使 B 连同 B′按"+1""−1"交替变化，同时 V 也要按"+1""−1"规律交替变化，且要求 V 与它前面的相邻的 B 或者 B′同极性。

解码的步骤如下：

(1) 找 V。从 HDB₃ 码中找出相邻两个同极性的码元，后一个码元必然是破坏码 V。

(2) 找 B′。V 前面第 3 位码元如果为非零，则表明该码是补信码 B′。

(3) 将 V 和 B′还原为"0"。将其他码元进行全波整流，即将所有"+1""−1"均变为"1"，这个变换后的码流就是原信息码。

HDB₃ 的优点是无直流成分，低频成分少，即使有长连"0"码时也能提取位同步信号；其缺点是编译码电路比较复杂。HDB₃ 是 ITU 建议欧洲系列一、二、三次群的接口码型。

2.5.2 数字基带传输系统的性能

1. 数字基带传输系统的基本框图

数字基带传输系统的基本框图如图 2−40 所示。它通常由脉冲形成器、发送滤波器、信道、接收滤波器、抽样判决器与码元再生器等组成。

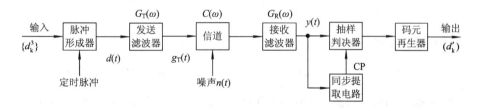

图 2−40 数字基带传输系统的基本框图

发送滤波器的传递函数为 $G_T(\omega)$，它的作用是将输入的矩形脉冲变换成适合信道传输的波形。这是因为矩形波含有丰富的高频成分，若直接送入信道传输，容易产生失真。基带传输系统信道的传递函数为 $C(\omega)$，通常采用电缆、架空明线等。信道既传送信号，同时又因存在噪声和频率特性不理想对数字信号造成损害，使波形产生畸变，严重时会发生误码。接收滤波器的传递函数为 $G_R(\omega)$，它是接收端为了减小信道特性不理想和噪声对信号传输的影响而设置的，其主要作用是滤除带外噪声并对已接收的波形均衡，以便抽样判决器正确判决。总的传输函数 $H(\omega)$ 为

$$H(\omega) = G_T(\omega)C(\omega)G_R(\omega)$$

$$(2-4)$$

2. 无码间串扰的基带传输系统

要消除码间串扰，最好让前一个码元的波形在到达后一个码元抽样判决时刻已衰减到 0，如图 2-41(a)所示的波形，但这样的波形不易实现。因此比较合理的是采用如图 2-41 (b)所示的波形，虽然到达 t_0+T_b 以前并没有衰减到 0，但可以让它在 t_0+T_b、t_0+2T_b 等后面码元取样判决时刻正好为 0。但考虑到实际应用时，定时判决时刻不一定非常准确，如果像图 2-41(b)这样的 $h(t)$ 尾巴拖得太长，当定时不准时，任一个码元都要对后面好几个码元产生串扰，或者说后面任一个码元都要受到前面几个码元的串扰。因此，除了要求 $h[(j-k)T_b+t_0]=0$ 以外，还要求 $h(t)$ 适当衰减得快一些，即尾巴不要拖得太长。

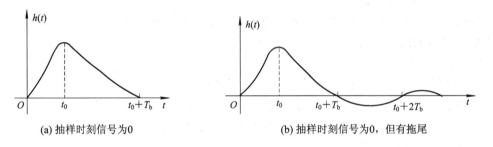

(a) 抽样时刻信号为0   (b) 抽样时刻信号为0，但有拖尾

图 2-41　理想的传输波形

理想基带传输系统的传输特性具有理想低通特性，其传输函数为

$$H(\omega)=\begin{cases}1（或其他常数） & |\omega|\leqslant\dfrac{\omega_b}{2}\\[2mm]0 & |\omega|>\dfrac{\omega_b}{2}\end{cases} \tag{2-5}$$

如图 2-42(a)所示，其带宽为

$$B=\frac{\dfrac{\omega_b}{2}}{2\pi}=\frac{f_b}{2}\ （\text{Hz}）$$

对其进行傅立叶反变换，得

$$h(t)=\frac{1}{2\pi}\int_{-\infty}^{\infty}H(\omega)\mathrm{e}^{\mathrm{j}\omega t}\,\mathrm{d}\omega=\int_{-2\pi B}^{2\pi B}\frac{1}{2\pi}\mathrm{e}^{\mathrm{j}\omega t}\,\mathrm{d}\omega=2BS_a(2\pi Bt) \tag{2-6}$$

$h(t)$ 是个抽样函数，如图 2-42(b)所示。从图中可以看到，$h(t)$ 在 $t=0$ 时有最大值 $2B$，而在 $t=k/(2B)$（k 为非零整数）的诸瞬间均为 0。因此，只要令 $T_b=1/(2B)$，也就是码元宽度为 $1/(2B)$，就可以满足式(2-6)在取样点信号为 0 的要求，在接收端当 $k/(2B)$ 时刻(忽略 $H(\omega)$ 造成的时间延迟)抽样值中无串扰值积累，从而消除码间串扰。

由此可见，如果信号经传输后整个波形发生变化，只要其特定点的抽样值保持不变，那么用再次抽样的方法(在抽样判决电路中完成)，就可以准确无误地恢复原始信码，这就是奈奎斯特第一准则(又称为第一无失真条件)的本质。在图 2-42 所示的理想基带传输系统中，各码元之间的间隔 $T_b=\dfrac{1}{2B}$ 称为奈奎斯特间隔，码元的传输速率 $R_B=\dfrac{1}{T_b}=2B$ 称为奈奎斯特速率。

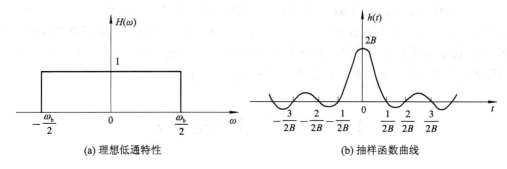

(a) 理想低通特性　　　　　　　　(b) 抽样函数曲线

图 2-42　理想基带传输系统的 $H(\omega)$ 和 $h(t)$

因为

$$h(kT_b) = \frac{1}{2\pi} \int_{-\infty}^{\infty} H(\omega) e^{j\omega kT_b} \, d\omega$$

把上式的积分区间用角频率间隔 $2\pi/T_b$ 分割,如图 2-43 所示,则可得

$$h(kT_b) = \frac{1}{2\pi} \sum_i \int_{\frac{(2i-1)}{T_b}\pi}^{\frac{(2i+1)}{T_b}\pi} H(\omega) e^{j\omega kT_b} \, d\omega$$

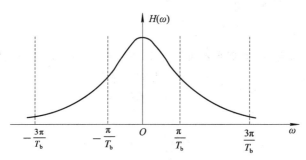

图 2-43　$H(\omega)$ 的分割

变换后

$$h(kT_b) = \frac{1}{2\pi} \int_{-\frac{\pi}{T_b}}^{\frac{\pi}{T_b}} \sum_i H\left(\omega + \frac{2\pi i}{T_b}\right) e^{j\omega kT_b} \, d\omega$$

式中:$\sum_i H\left(\omega + \dfrac{2\pi i}{T_b}\right)$ 已经把 $H(\omega)$ 的分割各段平移到 $-\dfrac{\pi}{T_b} \sim \dfrac{\pi}{T_b}$ 的区间对应叠加求和,因此,它仅存在于 $|\omega| \leqslant \dfrac{\pi}{T_b}$ 内。由于前面已讨论了式(2-5)的理想低通传输特性满足无码间串扰的条件,则令

$$H_{eq}(\omega) = \sum_i H\left(\omega + \frac{2\pi i}{T_b}\right) = \begin{cases} T_b & |\omega| \leqslant \dfrac{\pi}{T_b} \\ 0 & |\omega| > \dfrac{\pi}{T_b} \end{cases}$$

或

$$H_{eq}(f) = \sum_i (f + if_b) = \begin{cases} \dfrac{1}{f_b} & |f| \leqslant \dfrac{f_b}{2} \\ 0 & |f| > \dfrac{f_b}{2} \end{cases} \tag{2-7}$$

式(2-7)称为无码间串扰的等效特性。它表明，把一个基带传输系统的传输特性$H(\omega)$分割为$2\pi/T_b$宽度，如果各段在$[-\pi/T_b, \pi/T_b]$区间内能叠加成一个矩形频率特性，那么它在以f_b速率传输基带信号时，就能做到无码间串扰。因此，如果不考虑系统的频带，而从消除码间串扰来说，基带传输特性$H(\omega)$的形式并不是唯一的。

2.6 数字频带传输系统

2.6.1 二进制振幅键控(2ASK)

1. 2ASK 的基本原理

振幅键控（也称为幅移键控）记作 ASK(Amplitude Shift Keying)，或称其为开关键控（通断键控），记作 OOK(On Off Keying)。二进制数字振幅键控通常记作 2ASK。

根据线性调制的原理，一个二进制的振幅键控信号可以表示成一个单极性矩形脉冲序列与一个正弦型载波的相乘，即

$$e(t) = \left[\sum_n a_n g(t - nT_b) \right] \cos\omega_c t \tag{2-8}$$

式中：$g(t)$为持续时间为T_b的矩形脉冲；ω_c为载波频率；a_n为二进制数字，有

$$a_n = \begin{cases} 1 & \text{（出现的概率为 } P\text{）} \\ 0 & \text{（出现的概率为 } 1-P\text{）} \end{cases} \tag{2-9}$$

若令

$$s(t) = \sum_n a_n g(t - nT_s) \tag{2-10}$$

则式(2-8)变为

$$e(t) = s(t) \cos\omega_c t \tag{2-11}$$

实现振幅调制的一般原理框图如图 2-44 所示。

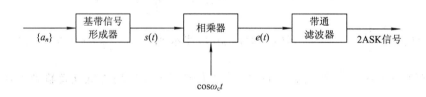

图 2-44 实现振幅调制的一般原理框图

图 2-44 中，基带信号形成器把数字序列$\{a_n\}$转换成所需的单极性基带矩形脉冲序列$s(t)$，$s(t)$与载波相乘后即把$s(t)$的频谱搬移到$\pm f_c$附近，实现了 2ASK。带通滤波器滤出所需的已调信号，防止带外辐射的影响。

2ASK 信号之所以称为 OOK 信号，是因为振幅键控的实现可以用开关电路来完成。开关电路以数字基带信号为门脉冲选通载波信号，从而在开关电路输出端得到 2ASK 信号。

产生 2ASK 信号的原理框图及 2ASK 信号的波形图如图 2-45 所示。

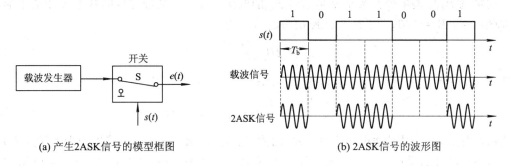

(a) 产生2ASK信号的模型框图　　　　　　(b) 2ASK信号的波形图

图 2 - 45　产生 2ASK 信号的原理框图及波形图

2. 2ASK 信号的功率谱及带宽

若用 $G(f)$ 表示二进制序列中一个宽度为 T_b、高度为 1 的门函数 $g(t)$ 所对应的频谱函数，$P_s(f)$ 为 $s(t)$ 的功率谱密度，$P_o(f)$ 为已调信号 $e(t)$ 的功率谱密度，则有

$$P_o(f) = \frac{1}{4}\left[P_s(f+f_c) + P_s(f-f_c)\right] \tag{2-12}$$

对于单极性 NRZ 码，当 1、0 等概率时，2ASK 信号功率谱密度可以表示为

$$P_o(f) = \frac{1}{16}\left[\delta(f+f_c) + \delta(f-f_c)\right] + \frac{1}{16}T_b\left[\mathrm{Sa}^2\pi T_b(f+f_c) + \mathrm{Sa}^2\pi T_b(f-f_c)\right]$$

$$\tag{2-13}$$

由此画出 2ASK 信号的功率谱示意图，如图 2 - 46 所示。

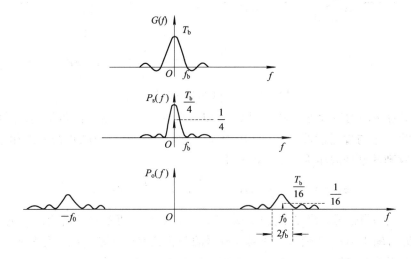

图 2 - 46　2ASK 信号的功率谱示意图

由图 2 - 46 可见：

(1) 因为 2ASK 信号的功率谱密度 $P_o(f)$ 是相应的单极性数字基带信号功率谱密度 $P_s(f)$ 形状不变地平移至 $\pm f_c$ 处形成的，所以 2ASK 信号的功率谱密度由连续谱和离散谱两部分组成。它的连续谱取决于数字基带信号基本脉冲的频谱 $G(f)$；它的离散谱是位于 $\pm f_c$ 处的一对频域冲激函数，这意味着 2ASK 信号中存在着可作载频同步的载波频率 f_c 的成分。

(2) 上面所述的 2ASK 信号实际上相当于模拟调制中的调幅（AM）信号。因此，2ASK

信号的带宽 B_{2ASK} 是单极性数字基带信号 B_g 的两倍。当数字基带信号的基本脉冲是矩形不归零脉冲时，$B_g = 1/T_b$，于是 2ASK 信号的带宽为

$$B_{2ASK} = 2B_g = \frac{2}{T_b} = 2f_b \tag{2-14}$$

因为系统的传码率 $R_B = 1/T_b$(Bd)，所以 2ASK 系统的频带利用率为

$$\eta_B = \frac{1/T_b}{2/T_b} = \frac{f_b}{2f_b} = \frac{1}{2} \quad (Bd/Hz) \tag{2-15}$$

这意味着用 2ASK 方式传送码元速率为 R_B 的数字信号时，要求该系统的带宽至少为 $2R_B$(Hz)。

2ASK 信号的优点是易于实现，其缺点是抗干扰能力不强。2ASK 信号主要应用在低速数据传输中。

3. 2ASK 信号的解调

2ASK 信号的解调有两种方法：包络解调法（非相干解调法）和相干解调法。

(1) 包络解调法的原理方框图如图 2-47 所示。带通滤波器恰好使 2ASK 信号完整地通过，包络检测后，输出其包络。低通滤波器的作用是滤除高频杂波，使基带包络信号通过。抽样判决器的功能包括抽样、判决及码元形成，有时又称为译码器。定时抽样脉冲是很窄的脉冲，通常位于每个码元的中央位置，其重复周期等于码元的宽度。不计噪声影响时，带通滤波器输出为 2ASK 信号，即 $y(t) = s(t)\cos\omega_c t$，包络检波器输出为 $s(t)$，经抽样、判决后将码元再生，即可恢复出数字序列 $\{a_n\}$。

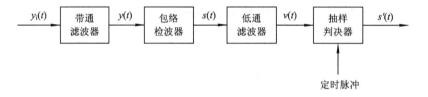

图 2-47　2ASK 信号的包络解调

(2) 相干解调法的原理方框图如图 2-48 所示。相干解调就是同步解调。同步解调时，接收机要产生一个与发送载波同频同相的本地载波信号，称其为同步载波或相干载波，利用此载波与收到的已调波相乘，相乘器输出为

$$z(t) = y(t) \cdot \cos\omega_c t = \frac{1}{2}s(t) + \frac{1}{2}s(t)\cos 2\omega_c t$$

式中：第一项是基带信号，第二项是以 $2\omega_c$ 为载波的成分，两者的频谱相差很远。$s(t)$ 经低通滤波后，即可输出 $s(t)/2$ 信号。低通滤波器的截止频率应与基带数字信号的最高频率相等。由于噪声影响及传输特性不理想，因此低通滤波器输出波形将会有失真，经抽样判决、整形后则可再生数字基带脉冲。

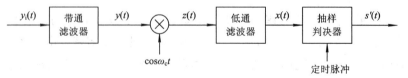

图 2-48　2ASK 信号的相干解调

2ASK 信号包络的非相干解调与相干解调有以下几点区别：

（1）相干解调比非相干解调容易设置最佳判决门限电平。因为相干解调时最佳判决门限仅是信号幅度的函数，而非相干解调时最佳判决门限是信号和噪声的函数。

（2）最佳判决门限时，r 一定，$P_{e相} < P_{e非}$，即信噪比一定时，相干解调的误码率小于非相干解调的误码率；P_e 一定时，$r_{相} < r_{非}$，即系统误码率一定时，相干解调比非相干解调对信号的信噪比要求低。由此可见，相干解调系统的抗噪声性能优于非相干解调系统的抗噪声性能。这是由于相干解调利用了相干载波与信号的相关性，起了增强信号、抑制噪声作用的缘故。

（3）相干解调需要插入相干载波，而非相干解调则不需要。因此，相干解调时设备要复杂一些，而非相干解调时设备要简单一些。

一般而言，对于 2ASK 系统，大信噪比条件下使用包络检测，即非相干解调，而小信噪比条件下使用相干解调。

2.6.2　二进制频移键控(2FSK)

1. 2FSK 的基本原理

数字频率调制又称为频移键控，记作 FSK(Frequency Shift Keying)。二进制频移键控记作 2FSK。数字频移键控是用载波的频率来传送数字消息的，即用所传送的数字消息控制载波的频率。由于数字消息只有有限个取值，因此相应地，作为已调的 FSK 信号的频率也只能有有限个取值。那么，2FSK 信号便是符号"1"对应于载频 ω_1，而符号"0"对应于载频 ω_2（与 ω_1 不同的另一载频）的已调波形，而且 ω_1 与 ω_2 之间的改变是瞬间完成的。

从原理上讲，数字调频可用模拟调频法来实现，也可用键控法来实现，后者较为方便。2FSK 键控法就是利用受矩形脉冲序列控制的开关电路对两个不同的独立频率源进行选通。图 2-49 所示是 2FSK 信号的原理框图及波形图。图中，$s(t)$ 为代表信息的二进制矩形脉冲序列，$e_o(t)$ 是 2FSK 信号。

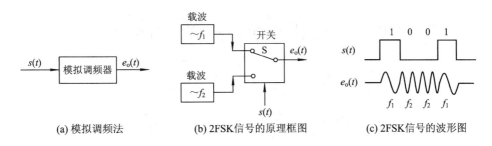

(a) 模拟调频法　　　　(b) 2FSK信号的原理框图　　　(c) 2FSK信号的波形图

图 2-49　2FSK 信号的产生及波形

根据以上对 2FSK 信号的产生原理的分析，已调信号的数字表达式可以表示为

$$e_o(t) = \left[\sum_n a_n g(t - nT_s)\right]\cos(\omega_1 t + \varphi_n) + \left[\sum_n \overline{a_n} g(t - nT_s)\right]\cos(\omega_2 + \theta_n) \quad (2-16)$$

式中：$g(t)$ 为单个矩形脉冲；T_s 为脉宽；φ_n、θ_n 分别是第 n 个信号码元的初相位；a_n 的表达式为

$$a_n = \begin{cases} 0 & (\text{概率为 } P) \\ 1 & (\text{概率为 } 1-P) \end{cases} \qquad (2-17)$$

$\overline{a_n}$ 是 a_n 的反码，若 $a_n=0$，则 $\overline{a_n}=1$，若 $a_n=1$，则 $\overline{a_n}=0$，于是

$$\overline{a_n} = \begin{cases} 1 & (\text{概率为 } P) \\ 0 & (\text{概率为 } P-1) \end{cases} \qquad (2-18)$$

一般来说，键控法得到的 φ_n、θ_n 与序号 n 无关，反映在 $e_o(t)$ 上，仅表现出当 ω_1 与 ω_2 改变时其相位是不连续的；而用模拟调频法时，由于 ω_1 与 ω_2 改变时 $e_o(t)$ 的相位是连续的，因此 φ_n、θ_n 不仅与第 n 个信号码元有关，φ_n 与 θ_n 之间也应保持一定的关系。

频率键控法又称为频率转换法，它采用数字矩形脉冲控制电子开关，使电子开关在两个独立的振荡器之间进行转换，从而在输出端得到不同频率的已调信号。如果在两个码元转换时刻，前后码元的相位不连续，则称这种类型的信号为相位不连续的 2FSK 信号。其原理框图及各点波形图如图 2-50 所示。

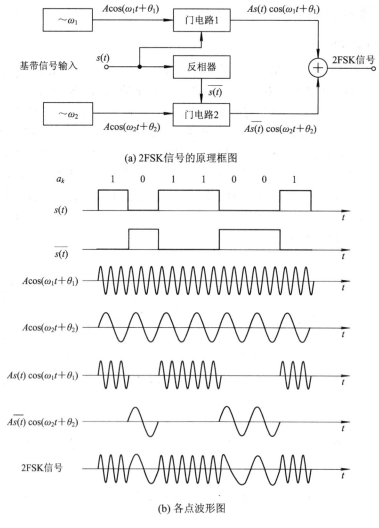

(a) 2FSK信号的原理框图

(b) 各点波形图

图 2-50 相位不连续的 2FSK 信号的原理框图和各点波形图

由图 2 - 50 可知,数字信号为"1"时,正脉冲使门电路 1 接通,门电路 2 断开,输出频率为 f_1;数字信号为"0"时,门电路 1 断开,门电路 2 接通,输出频率为 f_2。如果产生 f_1 和 f_2 的两个振荡器是独立的,则输出 2FSK 信号的相位是不连续的。这种方法的特点是转换速度快,波形好,频率稳定度高,电路不甚复杂,故得到了广泛应用。

2. 2FSK 信号的功率谱及带宽

2FSK 信号的功率谱有两种情况。下面首先介绍相位不连续的 2FSK 功率谱及带宽。

1) 相位不连续的 2FSK 情况

根据前面对相位不连续的 2FSK 信号产生原理的分析,可视其为两个 2ASK 信号的叠加,其中一个载波为 f_1,另一个载波为 f_2。其信号表达式为

$$e(t) = e_1(t) + e_2(t) = s(t)\cos(\omega_1 t + \varphi_1) + \overline{s(t)}\cos(\omega_2 t + \varphi_2) \qquad (2-19)$$

式中:

$$s(t) = \sum_n a_n g(t - nT_b)$$

$\overline{s(t)}$ 为 $s(t)$ 的反码,而 a_n 的表达式为

$$a_n = \begin{cases} 0 & (\text{概率为 } P) \\ 1 & (\text{概率为 } 1-P) \end{cases}$$

于是,相位不连续的 2FSK 功率谱可写为

$$P_o(f) = P_1(f) + P_2(f)$$

当 $P = 1/2$ 时,考虑 $G(0) = T_b$,则信号的单边功率谱为

$$P_o(f) = \frac{T_b}{8}\{\mathrm{Sa}^2[\pi(f-f_1)T_b] + \mathrm{Sa}^2[\pi(f-f_2)T_b]\} + \frac{1}{8}[\delta(f-f_1) + \delta(f-f_2)]$$

$$(2-20)$$

相位不连续的 2FSK 信号的功率谱曲线如图 2 - 51 所示。由图可见:

(1) 不连续 2FSK 信号的功率谱与 2ASK 信号的功率谱相似,同样由离散谱和连续谱两部分组成。其中,连续谱与 2ASK 信号的相同,而离散谱是位于 $\pm f_1$、$\pm f_2$ 处的两对冲激,这表明 2FSK 信号中含有载波 f_1、f_2 的分量。

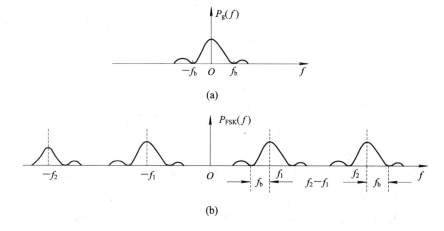

图 2 - 51　相位不连续的 2FSK 信号的功率谱

（2）若仅计算 2FSK 信号功率谱第一个零点之间的频率间隔，则该 2FSK 信号的频带宽度为

$$B_{2FSK} = |f_2 - f_1| + 2R_B = (2 + h)R_B \qquad (2-21)$$

式中：$R_B = f_b$，为基带信号的带宽；$h = |f_2 - f_1|/R_B$，为偏移率（调制指数）。

为了便于接收端解调，要求 2FSK 信号的两个频率 f_1、f_2 间要有足够的间隔。对于采用带通滤波器来分路的解调方法，通常取 $|f_2 - f_1| = (3 \sim 5)R_B$。于是，2FSK 信号的带宽为

$$B_{2FSK} \approx (5 \sim 7)R_B \qquad (2-22)$$

相应地，这时 2FSK 系统的频带利用率为

$$\eta = \frac{f_b}{B_{2FSK}} = \frac{R_B}{B_{2FSK}} = \frac{1}{7} \sim \frac{1}{5} \quad (\text{Bd/Hz}) \qquad (2-23)$$

将上述结果与 2ASK 的式（2-14）和式（2-15）相比可知，当用普通带通滤波器作为分路滤波器时，2FSK 信号的带宽约为 2ASK 信号带宽的 3 倍，而系统频带利用率只有 2ASK 系统的 1/3 左右。

2）相位连续的 2FSK 情况

直接调频法是一种非线性调制，由此获得的 2FSK 信号的功率谱不像 2ASK 信号那样，也不同于相位不连续的 2FSK 信号的功率谱，它不可直接通过基带信号频谱在频率轴上搬移，也不能用这种搬移后频谱的线性叠加来描绘。因此，对相位连续的 2FSK 信号频谱的分析是十分复杂的。图 2-52 给出了几种不同调制指数下相位连续的 2FSK 信号功率谱密度曲线。

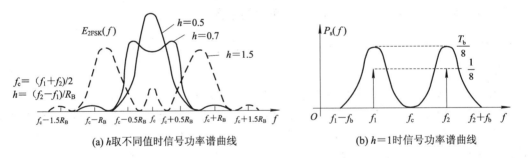

(a) h 取不同值时信号功率谱曲线 　　　(b) $h = 1$ 时信号功率谱曲线

图 2-52　相位连续的 2FSK 信号的功率谱

图 2-52 中，$f_c = (f_1 + f_2)/2$ 称为频偏，$h = |f_2 - f_1|/R_B$ 称为偏移率（也称为频移指数或调制指数），$R_B = f_b$ 是基带信号的带宽。

由图 2-52 可以看出：

（1）功率谱曲线关于频偏（标称频率）f_c 对称。

（2）当偏移量（调制指数）h 较小，如 $h < 0.7$ 时，信号能量集中在 $f_c \pm 0.5R_B$ 范围内；当 $h < 0.5$ 时，信号能量在 f_c 处出现单峰值，并在其两边平滑地滚降，在这种情况下，2FSK 信号的带宽小于或等于 2ASK 信号的带宽，约为 $2R_B$。

（3）信号功率谱随着 h 的增大而扩展，并逐渐向 f_1、f_2 两个频率集中。当 $h > 0.7$ 后，将明显地呈现双峰；当 $h = 1$ 时，达到极限情况，这时双峰恰好分开，并在 f_1 和 f_2 位置上出现了两个离散谱线，如图 2-51(b)所示。继续增大 h 值，两个连续功率谱 f_1、f_2 中间就会出现有限个小峰值，且在此间隔内频谱还出现了零点。但是，当 $h < 1.5$ 时，相位连续的 2FSK 信号的带宽虽然比 2ASK 信号的带宽，但还是比相位不连续的 2FSK 信号的带宽要窄。

（4）当 h 值较大时（大约在 $h>2$ 以后），将进入高指数调频。这时，信号功率谱扩展到较宽频带，且与相位不连续的 2FSK 信号的频谱特性基本相同。当 $|f_2-f_1|=mR_B$（m 为正整数）时，信号功率谱将出现离散频率分量。

将相干解调与包络（非相干）解调的误码率进行比较，可以得出以下几点结论：

（1）两种解调方法均可工作在最佳门限电平。

（2）当输入信号的信噪比 r 一定时，相干解调的误码率小于非相干解调的误码率；当系统的误码率一定时，相干解调比非相干解调对输入信号的信噪比要求低。所以，相干解调时的抗噪声性能优于非相干解调。但当输入信号的信噪比 r 很大时，两者的差别不明显。

（3）相干解调时，需要插入两个相干载波，因此电路较为复杂，但包络检测就无须相干载波，因而电路较为简单。一般而言，大信噪比时常用包络检测法，小信噪比时才用相干解调法，这与 2ASK 的情况相同。

2.6.3　二进制相移键控（2PSK）

数字相位调制又称为相移键控，记作 PSK（Phase Shift Keying）。二进制相移键控记作 2PSK，多进制相移键控记作 MPSK。相移键控是利用载波振荡相位的变化来传送数字信息的，通常又分为绝对相移（PSK）和相对相移（DPSK）两种。本节将对二进制和多进制的绝对相移和相对相移的实现方法、频谱特性以及带宽问题进行介绍，并将两种相移的特点加以比较。由于相对相移的优点突出，实际应用较多，因而它是本章需要掌握的重点。

1. 绝对码和相对码

绝对码和相对码是相移键控的基础。绝对码是以基带信号码元的电平直接表示数字信息的，如假设高电平代表"1"，低电平代表"0"，如图 2-53 中的 $\{a_n\}$ 所示。相对码（就是差

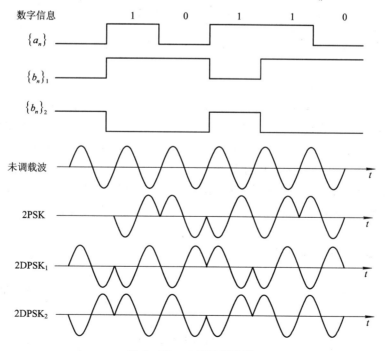

图 2-53　二相调相波形

分码)是用基带信号码元的电平相对前一码元的电平有无变化来表示数字信息的。假如相对电平有跳变表示"1"，无跳变表示"0"，由于初始参考电平有两种可能，因此相对码也有两种波形，如图 2-53 中的 $\{b_n\}_1$、$\{b_n\}_2$ 所示。显然 $\{b_n\}_1$、$\{b_n\}_2$ 相位相反，当用二进制数码表示波形时，它们互为反码。上述对相对码的约定也可做相反的规定。

绝对码和相对码是可以互相转换的，实现的方法就是使用模二加法器和延迟器(延迟一个码元宽度 T_b)，如图 2-54 所示。图 2-54(a)是把绝对码变成相对码的方法，称其为差分编码器，实现的功能是 $b_n = a_n \oplus b_{n-1}$($n-1$ 表示 n 的前一个码)；图 2-54(b)是把相对码变为绝对码的方法，称其为差分译码器，实现的功能是 $a_n = b_n \oplus b_{n-1}$。

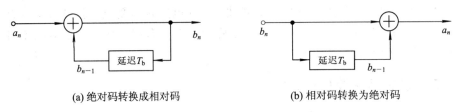

(a) 绝对码转换成相对码　　　　　　(b) 相对码转换为绝对码

图 2-54　绝对码与相对码的互相转换

1) 绝对相移

绝对相移是利用载波的相位偏移(指某一码元所对应的已调波与参考载波的初相差)直接表示数据信号的相移方式。假如规定：已调载波与未调载波同相表示数字信号"0"，已调载波与未调载波反相表示数字信号"1"，如图 2-53 中的 2PSK 波形，此时的 2PSK 已调信号的表达式为

$$e(t) = s(t) \cos\omega_c t \qquad (2-24)$$

式中：$s(t)$ 为双极性数字基带信号，其表达式为

$$s(t) = \sum_n a_n g(t - nT_b) \qquad (2-25)$$

式中：$g(t)$ 是高度为 1、宽度为 T_b 的门函数；a_n 的表达式为

$$a_n = \begin{cases} +1 & (\text{概率为 } P) \\ -1 & (\text{概率为 } 1-P) \end{cases} \qquad (2-26)$$

为了作图方便，一般取码元宽度 T_b 为载波周期 T_c 的整数倍(这里令 $T_b = T_c$)，取未调载波的初相位为 0。由图 2-53 可见，2PSK 各码元波形的初相相位与载波初相相位的差值直接表示数字信息，即相位差为 0 表示数字"0"，相位差为 π 表示数字"1"。

值得注意的是，在相移键控中往往用矢(向)量偏移(指一码元初相与前一码元的末相差)表示相位信号。调相信号的矢量表示如图 2-55 所示。在 2PSK 中，若未调载波 $\cos\omega_c t$ 为参考相位，则矢量 A 表示所有已调信号中具有 0 相(与载波同相)的码元波形，它代表码元"0"，矢量 B 表示所有已调信号具有 π 相(与载波反相)的码元波形，可用数字式 $\cos(\omega_c t + \pi)$ 来表示，它代表码元"1"。

图 2-55　二相调相信号的矢量表示

当码元宽度不等于载波周期的整数倍时，已调载波的初相（0 或 π）不直接表示数字信息（"0"或"1"），必须与未调载波比较才能看见它所表示的数字信息。

2）相对相移

相对相移是利用载波的相对相位变化表示数字信号的相移方式。所谓相对相位，是指本码元初相与前一码元末相的相位差（即向量偏移）。有时为了讨论问题方便，也可用相位偏移来描述。在这里，相位偏移指的是本码元的初相与前一码元（参考码元）的初相的相位差。当载波频率是码元速率的整数倍时，向量偏移与相位偏移是等效的，否则是不等效的。

假如规定已调载波（2DPSK 波形）相对相位不变表示数字信号"0"，相对相位改变 π 表示数字信号"1"，如图 2 - 53 所示。由于初始参考相位有两种可能，因此相对相移波形也有两种形式，如图 2 - 53 中的 2DPSK$_1$、2DPSK$_2$ 所示，显然，两者的相位相反。然而，可以看出，无论是 2DPSK$_1$ 还是 2DPSK$_2$，数字信号"1"总是与相邻码元相位突变相对应，数字信号"0"总是与相邻码元相位不变相对应。还可以看出，2DPSK$_1$、2DPSK$_2$ 对 $\{a_n\}$ 来说都是相对相移信号，然而它们又分别是 $\{b_n\}_1$、$\{b_n\}_2$ 的绝对相移信号。因此，我们说相对相移在本质上就是对由绝对码转换而来的差分码的数字信号序列的绝对相移。那么，2DPSK 信号的表达式与 2PSK 的表达式（2 - 24）、表达式（2 - 25）、表达式（2 - 26）应完全相同，不同的只是式中的 $s(t)$ 信号所表示的差分码数字序列。

2DPSK 信号也可以用矢量表示，矢量图如图 2 - 55 所示。此时的参考相位不是初相为零的固定载波，而是前一个已调载波码元的末相。也就是说，2DPSK 信号的参考相位不是固定不变的，而是相对变化的，矢量 A 表示本码元初相与前一码元末相的相位差为 0，它代表"0"，矢量 B 表示本码元初相与前一码元末相的相位差为 π，它代表"1"。

2. 2PSK 信号的产生与解调

1）2PSK 信号的产生

用数字基带信号 $s(t)$ 控制门电路，选择不同相位的载波输出，其原理框图如图 2 - 56 所示。此时，$s(t)$ 通常是单极性的。$s(t)=0$ 时，门电路 1 通，门电路 2 闭，输出 $e(t)=\cos\omega_c t$；$s(t)=1$ 时，门电路 2 通，门电路 1 闭，输出 $e(t)=-\cos\omega_c t$。

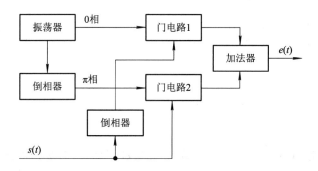

图 2 - 56　相位选择法产生 2PSK 信号

2) 2PSK 信号的解调

2PSK 信号的解调不能采用分路滤波、包络检测的方法，只能采用相干解调的方法（又称为极性比较法），其方框图如图 2-57(a)所示。通常本地载波是用输入的 2PSK 信号经载波信号提取电路产生的。

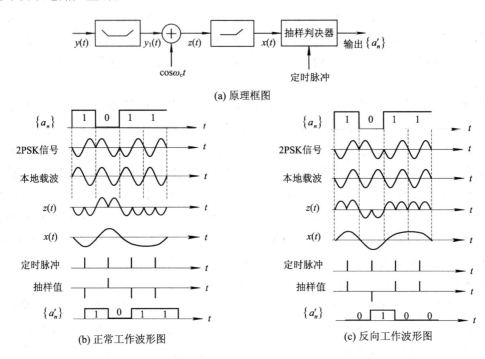

(a) 原理框图

(b) 正常工作波形图   (c) 反向工作波形图

图 2-57 2PSK 信号的解调

当不考虑噪声时，带通滤波器的输出可表示为

$$y_1(t) = \cos(\omega_c t + \varphi_n) \qquad (2-27)$$

式中：φ_n 为 2PSK 信号某一码元的初相。当 $\varphi_n=0$ 时，代表数字"0"；当 $\varphi_n=\pi$ 时，代表数字"1"。

与同步载波 $\cos\omega_c t$ 相乘，输出为

$$z(t) = \cos(\omega_c t + \varphi_n)\cos\omega_c t = \frac{1}{2}\cos\varphi_n + \frac{1}{2}\cos(2\omega_c t + \varphi_n) \qquad (2-28)$$

低通滤波器的输出为

$$x(t) = \frac{1}{2}\cos\varphi_n = \begin{cases} \dfrac{1}{2} & (\varphi_n = 0) \\[2mm] -\dfrac{1}{2} & (\varphi_n = \pi) \end{cases} \qquad (2-29)$$

根据发送端产生 2PSK 信号时 φ_n（0 或 π）代表数字信息（0 或 1）的规定以及接收端 $x(t)$ 与 φ_n 关系的特性，抽样判决器的判决准则必须为

$$\begin{cases} x > 0 & （判为"0"） \\ x \leqslant 0 & （判为"1"） \end{cases} \qquad (2-30)$$

式中：x 为抽样时刻的值。2PSK 信号调解的正常工作波形图如图 2-57(b)所示。

我们知道，2PSK 信号是以一个固定初相的未调载波为参考的。因此，解调时必须有与此同频同相的同步载波。如果同步不完善，存在相位偏差，就容易造成错误判决，称为相位模糊。如果本地参考载波倒相，变为 $\cos(\omega_c t + \pi)$，则低通输出 $x(t) = -(\cos\varphi_n)/2$，判决器输出数字信号全错，与发送数码完全相反，这种情况称为反向工作，反向工作波形图如图 2-57(c)所示。绝对移相的主要缺点是容易产生相位模糊，造成反向工作，这也是它实际应用较少的主要原因。

3. 2DPSK 信号的产生与解调

1) 2DPSK 信号的产生

由于 2DPSK 信号对绝对码 $\{a_n\}$ 来说是相对移相信号，对相对码 $\{b_n\}$ 来说则是绝对移相信号，因此只需在 2PSK 调制器前加一个差分编码器，就可产生 2DPSK 信号，其原理框图如图 2-58(a)所示。数字信号 $\{a_n\}$ 经差分编码器，把绝对码转换为相对码 $\{b_n\}$，再用直接调相法产生 2DPSK 信号。极性变换器把单极性 $\{b_n\}$ 码变成双极性信号，且负电平对应 $\{b_n\}$ 的 1，正电平对应 $\{b_n\}$ 的 0。图 2-58(b)所示的差分编码器输出的两路相对码(互相反相)分别控制不同的门电路实现相位选择，产生 2DPSK 信号。这里差分码编码器由与门及双稳态触发器组成，输入码元宽度是振荡周期的整数倍。设双稳态触发器的初始状态为 $Q=0$，其波形如图 2-58(c)所示。与图 2-53 相比，这里输出的 $e(t)$ 为 2DPSK$_2$；若双稳态触发器的初始状态为 $Q=1$，则输出 $e(t)$ 为 2DPSK$_1$。

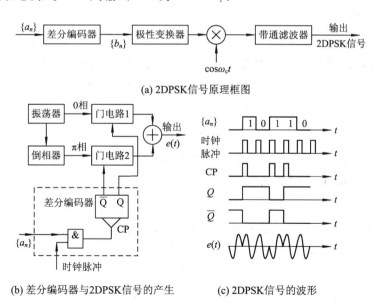

(a) 2DPSK信号原理框图

(b) 差分编码器与2DPSK信号的产生　　(c) 2DPSK信号的波形

图 2-58　2DPSK 信号的产生

2) 2DPSK 信号的解调

极性比较-码变换法是 2PSK 解调加差分译码，其方框图如图 2-59 所示。2DPSK 解调器将输入的 2DPSK 信号还原成相对码 $\{b_n\}$，再由差分译码器把相对码转换成绝对码，输出

$\{a_n\}$。前面提到，2PSK 解调器存在"反向工作"问题，那么 2DPSK 解调器是否也会出现"反向工作"问题呢？回答是不会。这是由于当 2DPSK 解调器的相干载波倒相时，使输出的 b_n 变为 $\overline{b_n}$（b_n 的反码）。然而差分译码器的功能是 $b_n \oplus b_{n-1} = a_n$，b_n 反向后，使等式 $\overline{b_n} \oplus \overline{b_{n-1}} = a_n$ 成立，仍然能够恢复出 a_n。因此，即使相干载波倒相，2DPSK 解调器仍然能正常工作（读者可以试画波形图来说明）。由于相对移相无"反向工作"问题，因此该法得到了广泛的应用。

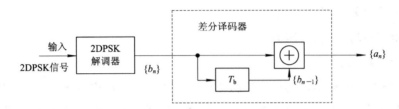

图 2-59　极性比较-码变换法解调 2DPSK 信号

由于极性比较-码变换法解调 2DPSK 信号时先对 2DPSK 信号用相干检测 2PSK 信号办法解调，得到相对码 b_n，然后将相对码通过码变换器转换为绝对码 a_n，显然，此时的系统误码率可从两部分来考虑：首先，码变换器输入端的误码率可用相干解调 2PSK 系统的误码率来表示；最终的系统误码率在此基础上再考虑差分译码误码率即可。

差分译码器将相对码变为绝对码，即对前后码元做出比较后进行判决，如果前后码元都错了，判决反而不错。所以，正确接收的概率等于前后码元都错的概率与前后码元都不错的概率之和，即

$$P_e P_c + (1 - P_e)(1 - P_e) = 1 - 2P_e + 2P_e^2$$

设 2DPSK 系统的误码率为 P_e'，因此，P_e' 等于 1 减去正确接收概率，即

$$P_e' = 1 - [1 - 2P_e + 2P_e^2] = 2(1 - P_e)P_e \qquad (2-31)$$

在信噪比很大时，P_e 很小，式(2-31)可近似写为

$$P_e' \approx 2P_e = \text{erfc}(\sqrt{r}) \qquad (2-32)$$

由此可见，差分译码器总是使系统误码率增加，通常认为增加一倍。

4. 2PSK 与 2DPSK 系统的比较

2PSK 与 2DPSK 系统的比较如下：

(1) 检测这两个系统时，判决器均可工作在最佳门限电平(零电平)。

(2) 2DPSK 系统的抗噪声性能不及 2PSK 系统。

(3) 2PSK 系统存在"反向工作"问题，而 2DPSK 系统不存在"反向工作"问题。

在实际应用中，用于传输的数字调相信号绝大部分是 DPSK 信号。

2.6.4　二进制数字调制系统的性能比较

与基带传输方式相似，数字频带传输系统的传输性能也可以用误码率来衡量。采用不同的调制方式及检测方法时，系统的误码率公式如表 2-5 所示。

表 2－5　数字调制系统的误码率公式

调 制 方 式		误 码 率 公 式
2ASK	相干	$P_e = \dfrac{1}{2}\mathrm{erfc}\left(\sqrt{\dfrac{r}{4}}\right)$
	非相干	$P_e \approx \exp\left(-\dfrac{r}{4}\right)$
2PSK	相干	$P_e = \dfrac{1}{2}\mathrm{erfc}(\sqrt{r})$
2DPSK	相位比较	$P_e = \dfrac{1}{2}\exp(-r)$
	极性比较	$P_e \approx \mathrm{erfc}(\sqrt{r})$
2FSK	相干	$P_e = \dfrac{1}{2}\mathrm{erfc}\left(\sqrt{\dfrac{r}{2}}\right)$
	非相干	$P_e = \dfrac{1}{2}\exp\left(-\dfrac{r}{2}\right)$

表 2－5 中的公式是在下列条件下得到的：

(1) 二进制数字信号"1"和"0"是独立且等概率出现的。

(2) 信道加性噪声 $n(t)$ 是零均值高斯白噪声，单边功率谱密度为 n_0。

(3) 通过接收滤波器 $H_R(\omega)$ 后的噪声为窄带高斯噪声，其均值为零，方差为 σ_n^2，则

$$\sigma_n^2 = \frac{1}{2\pi}\int_{-\infty}^{\infty}\frac{n_0}{2}\mid H_R(\omega)\mid^2 \mathrm{d}\omega \tag{2-33}$$

(4) 由接收滤波器引起的码间串扰很小，可以忽略不计。

(5) 接收端产生的相干载波的相位误差为 0。

解调器输入端的功率信噪比定义为

$$r = \frac{\left(\dfrac{A}{2}\right)^2}{\sigma_n^2} = \frac{A^2}{2\sigma_n^2} \tag{2-34}$$

式中：A 为输入信号的振幅；$(A/\sqrt{2})^2$ 为输入信号的功率；σ_n^2 为输入噪声的功率。

图 2－60 给出了各种二进制调制的误码率曲线。由公式和曲线可知，2PSK 相干解调的抗白噪声能力优于 2ASK 和 2FSK 相干解调。在相同误码率条件下，2PSK 相干解调所要求的信噪比 r 比 2ASK 和 2FSK 要低 3 dB，这意味着发送信号的能量可以降低一半。

总体来说，二进制数字传输系统的误码率与信号形式（调制方式）、噪声的统计特性、解调及译码判决方式有关。无论采用何种方式、何种检测方法，其共同点是输入信噪比增

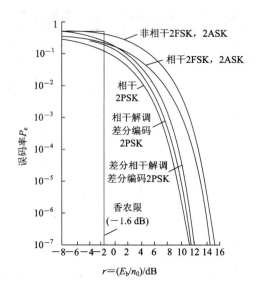

图 2-60 二进制调制的误码率曲线

大时，系统的误码率就降低；反之，误码率增大。由此可得出的结论如下所示。

（1）对于同一调制方式、不同检测方法，相干检测的抗噪声性能优于非相干检测。但是，随着信噪比 r 的增大，相干检测与非相干检测的误码性能的相对差别越不明显，误码率曲线越靠拢。另外，相干检测系统的设备比非相干检测系统的设备要复杂。

（2）对于同一检测方法、不同调制方式，有以下几点：

① 相干检测时，在相同误码率条件下，信噪比 r 要求 2PSK 比 2FSK 小 3 dB，2FSK 比 2ASK 小 3 dB。非相干检测时，在相同误码率条件下，信噪比 r 要求 2DPSK 比 2FSK 小 3 dB，2FSK 比 2ASK 小 3 dB。

② 2ASK 要严格工作在最佳判决门限电平较为困难，其抗振幅衰落的性能差。2FSK、2PSK、2DPSK 的最佳判决门限电平为 0，容易设置，均有很强的抗振幅衰落性能。

③ 2FSK 的调制指数 h 通常大于 0.9，此时在相同传码率条件下，2FSK 的传输带宽比 2PSK、2DPSK、2ASK 的传输带宽宽，即 2FSK 的频带利用率最低。

小　　结

脉冲编码调制是目前最常用的模拟信号数字传输方法之一，它将模拟信号变换为编码的数字信号，变换过程经过抽样、量化、编码。由于量化过程中不可避免地引入一定误差，因此会带来量化噪声。为了减小量化噪声，提高小信号的信噪比，扩大动态范围，通常采用压扩技术。如果增加量化级数，也可以使量化噪声减小，但此时不仅码位数要增加，要求系统带宽相应增大，设备也会变得复杂。

TDM 是指数字基带信号传输中各路信号按不同的时隙进行传输，其频域特性是混叠的。TDM 信号的带宽与取样速率及复用路数有关，TDM 系统需要严格的同步。但总体来说，TDM 系统使用数字逻辑器件，对滤波器特性要求不高，应用较为广泛，多用于数字通信。

准同步数字体系(PDH)对不同话路数和不同速率进行复接,形成一个系列。准同步数字体系有两种 PDH 传输制式:一种是 30/32 路制式,在中国和欧洲一些国家使用;另一种是 24 路制式,在日本和北欧一些国家使用。

根据复接器输入支路数字信号是否与本地定时信号同步,可将复接分为同步复接和异步复接,而绝大多数异步复接都属于准同步复接。准同步复接有正码速调整、负码速调整和正/零/负码速调整。

SDH 是由一些网络单元组成的,且在光纤上进行同步信息传输、复用和交叉连接的网络。SDH 有一套标准化的信息结构等级(即同步传递模块),并且全世界有统一的速率,其帧结构为页面式的。SDH 最主要的特点是:同步复用、标准的光接口和强大的网络管理能力,而且 SDH 与 PDH 完全兼容。

SDH 复用结构显示了将 PDH 各支路信号通过复用单元复用进 STM - N 帧结构的过程。我国主要采用的是将 2.048 Mb/s、34.368 Mb/s 及 139.264 Mb/s PDH 支路信号复用进 STM - N 帧结构。SDH 的基本复用单元包括标准容器 C、虚容器 VC、支路单元 TU、支路单元组 TUG、管理单元 AU 和管理单元组 AUG。将 PDH 支路信号复用进 STM - N 帧的过程要经历映射、定位和复用三个步骤。

数字基带传输是数字通信技术的基础。数字频带传输不同于数字基带传输的地方在于它包含有调制和解调,因调制和解调的方式不同,数字频带系统具有不同的性能。数字调制与模拟调制的差别是调制信号为数字基带信号,根据被调参数不同,有振幅键控(ASK)、频移键控(FSK)和相移键控(PSK)三种基本方式。

思考与练习 2

2-1　SDH 帧结构分哪几个区域?各自的作用是什么?

2-2　通过 STM-1 帧结构计算 STM-1、SOH 和 AU-PTR 的速率。

2-3　简述数字复接原理。

2-4　数字复接器和分接器的作用是什么?

2-5　准同步复接和同步复接的区别是什么?

2-6　为什么数字复接系统中二次群的速率不是一次群(基群)的速率的 4 倍?

2-7　采用什么方法可以形成 PDH 高次群?

2-8　为什么复接前首先要解决同步问题?

2-9　数字复接的方法有哪几种?PDH 采用的是哪一种?

2-10　为什么同步复接要进行码速变换?简述同步复接中的码速变换与恢复过程。

2-11　异步复接中的码速调整与同步复接中的码速变换有什么不同?

2-12　在异步复接码速调整过程中,每个一次群在 $100.38~\mu s$ 内插入几个比特?

2-13　异步复接二次群的数码率是如何算出的?

2-14　为什么说异步复接二次群的一帧中最多有 28 个插入码?

2-15　PCM 零次群称为什么?PCM 一至四次群的接口码型分别是什么?

2-16 网络节点接口的概念是什么？

2-17 SDH 的特点有哪些？

2-18 由 STM-1 帧结构计算出：

(1) STM-1 的速率。

(2) SOH 的速率。

(3) AU-PTR 的速率。

2-19 在 STM-1 帧结构中，C-4 和 VC-4 的容量分别占百分之多少？

2-20 简述 139.264 Mb/s 支路信号复用映射进 STM-1 帧结构的过程。

2-21 映射的概念是什么？

2-22 定位的概念是什么？指针调整的作用是什么？

2-23 同步复接二次群一帧中有 4 比特的传输勤务电话的呼叫码，计算其传输速率。

2-24 重叠和错位的概念有何区别？

2-25 STM-1 的传输速率是多少？最大容量是多少个 2 M 口？

2-26 VC-12 含有多少个 2 M 口？传输速率是多少？

2-27 C-12 传输速率是多少？TU-12 传输速率是多少？

2-28 画出 2.048 Mb/s 支路的异步映射图。

2-29 画出 VC-4 到 STM-1 的映射图。

2-30 画出下列各种容器的结构图并计算其速率。

C-4：周期=125 μs，结构为 260×9；

C-3：周期=125 μs，结构为 84×9；

C-2：复帧周期=500 μs，结构为 4×(12×9-2)；

C-12：复帧周期=500 μs，结构为 4×(4×9-2)；

C-11：复帧周期=500 μs，结构为 4×(3×9-2)。

2-31 画出下列各种虚容器的结构图并计算其速率。

VC-4：周期=125 μs，结构为 261×9；

VC-3：周期=125 μs，结构为 85×9；

VC-2：复帧周期=500 μs，结构为 4×(12×9-1)；

VC-12：复帧周期=500 μs，结构为 4×(4×9-1)；

VC-11：复帧周期=500 μs，结构为 4×(3×9-1)。

2-32 画出下列各种 TU 和 AU 的结构图并计算其速率。

AU-4：周期=125 μs，结构为 261×9+9；

AU-3：周期=125 μs，结构为 87×9+3；

TU-3：复帧周期=125 μs，结构为 85×9+3；

TU-2：复帧周期=500 μs，结构为 4×(4×9)；

TU-12：复帧周期=500 μs，结构为 4×(4×9)；

TU-11：复帧周期=500 μs，结构为 4×(3×9)。

2-33 随机二进制数字序列的比特宽度为 T_b，经过理想抽样后送到图 2-61 的几种滤波器中，哪几种会产生码间串扰？哪几种不会产生码间串扰？

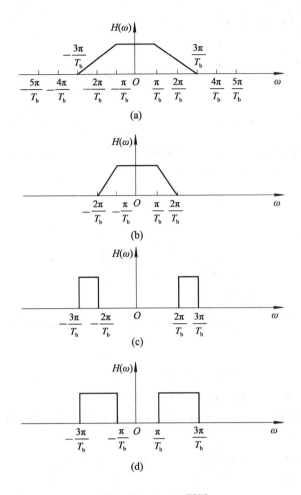

图 2－61　2－33 题图

2－34　什么是码间串扰？它是怎样产生的？有什么不好的影响？应该怎样消除或减小？

2－35　已知滤波器的 $H(\omega)$ 具有如图 2－62 所示的特性（码元速率变化时特性不变），当采用以下码元速率时（假设码元经过了理想抽样才加到滤波器）：

a. 码元速率 $f_b = 1000$ Bd。

b. 码元速率 $f_b = 4000$ Bd。

c. 码元速率 $f_b = 1500$ Bd。

d. 码元速率 $f_b = 3000$ Bd。

（1）哪种码元速率不会产生码间串扰？

（2）哪种码元速率不能用？

（3）哪种码元速率会引起码间串扰，但还可以用？

（4）如果滤波器的 $H(\omega)$ 改为图 2－63，重新回答（1）、（2）、（3）的问题。

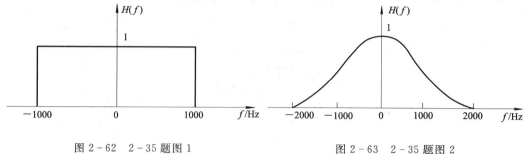

图 2-62　2-35 题图 1　　　　　　　　图 2-63　2-35 题图 2

2-36　为了传送码元速率 $R_B = 10^3$ Bd 的数字基带信号，试问系统采用如图 2-64 所示的哪一种传输特性较好？简要说明其理由。

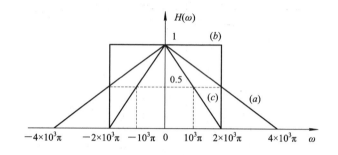

图 2-64　2-36 题图

2-37　数字载波调制与连续模拟调制有什么异同点？

2-38　画出 2ASK 系统的方框图，并说明其工作原理。

2-39　画出频率键控法产生 2FSK 信号和包络检测法解调 2FSK 信号时系统的方框图及波形图。

2-40　试画出 2PSK 系统的方框图，并说明其工作原理。

2-41　试画出 2DPSK 系统的方框图，并说明其工作原理。

2-42　简述振幅键控、频移键控和相移键控三种调制方式各自的主要优点和缺点。

2-43　设发送的数字信息序列为 011011100010，试画出 2ASK 信号的波形示意图。

2-44　已知 2ASK 系统的传码率为 1000 Bd，调制载波为 $A\cos 140\pi \times 10^6 t$。

（1）求该 2ASK 信号的频带宽度。

（2）若采用相干解调器接收，请画出解调器中的带通滤波器和低通滤波器的传输函数幅频特性示意图。

2-45　已知数字信息 $\{a_n\} = 1011010$，分别以下列两种情况画出 2PSK、2DPSK 及相对码 $\{b_n\}$ 的波形。

（1）码元速率为 1200 Bd，载波频率为 1200 Hz。

（2）码元速率为 1200 Bd，载波频率为 1800 Hz。

2-46　设某相移键控信号的波形如图 2-65 所示。

（1）若此信号是绝对相移信号，它所对应的二进制数字序列是什么？

（2）若此信号是相对相移信号，且已知相邻相位差为 0 时对应"1"码元，相位差为 π 时对应"0"码元，则它所对应的二进制数字序列又是什么？

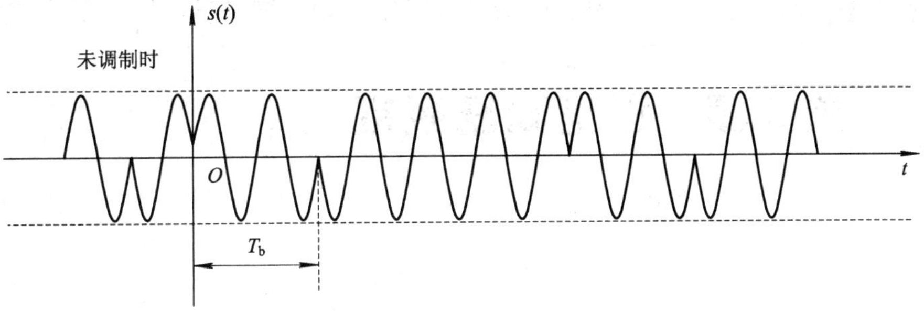

图 2-65　2-46 题图

2-47　若载频为 2400 Hz，码元速率为 1200 Bd，发送的数字信息序列为 010110，试画出 $\Delta\varphi_n = 270°$ 代表"0"码，$\Delta\varphi_n = 90°$ 代表"1"码的 2DPSK 信号波形（注：$\Delta\varphi_n = \varphi_n - \varphi_{n-1}$）。

第 3 章 通信网络技术

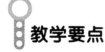

教学要点

- 概述：通信网络的组成、分类、功能及发展。
- 通信网基础：拓扑结构、协议及链路选择与控制。
- 通信网相关技术：交换技术及信令与接口技术。
- 无线通信网络：组成方式、蜂窝网络以及核心网和接入网。

3.1 概   述

通信的目的是进行消息的传递。众多的用户要想相互通信，就必须依靠由传输介质和交换设备组成的网络来完成信息的传输和交换，这样的网络，我们称为通信网。通信网是让许多互相连接的用户能交换信息的由硬件和软件组成的系统，硬件通常包括终端设备、信道和交换机等，软件通常包括信令、协议和标准等。

3.1.1 通信网的组成

一个最简单的通信网至少由三部分组成：交换系统、传输系统和终端设备。三者的关系如图 3-1 所示。

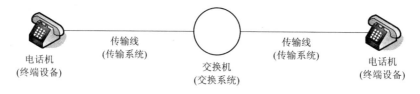

图 3-1 交换系统、传输系统和终端设备的关系

（1）交换系统的作用是在两个或几个指定的终端设备之间（也可以是交换机与交换机之间）建立接续。

（2）传输系统的作用是利用传输媒体（架空线、电缆、光缆、微波或卫星等）把电信号从甲地传到乙地。

（3）终端设备可以是电话机，也可以是非电话机设备。

图 3-2 所示为采用卫星、微波、电缆、光纤、明线等多种通信手段进行通信的传统的通信网。

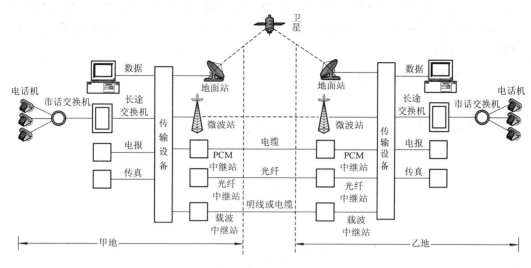

图 3-2 传统的通信网

3.1.2 通信网的分类

随着电信市场的开放，各种电信新技术层出不穷，极大地推动了现有通信网络和业务的发展。除传统的公用电话通信网外，又出现了计算机通信网、移动通信网、卫星通信网、ISDN 和 ATM 网、用户接入网以及为优化和支持上述通信网而产生的智能网。因此，现代通信网是一个复杂、庞大的体系，其分类方法很多，从不同角度考虑，有以下几种类型。

1. 按网络结构分类

通信网的网络结构（即网络拓扑）是指网络在物理上的连通性问题，根据节点（如交换机）互连的不同方法，可构成多种类型的结构。常见的网络结构有六种，即树型结构、星型结构、环型结构、网状结构、总线结构和蜂窝结构。

2. 按网络交换技术分类

现代通信网都是用交换设备将各用户连接起来的，即网内用户间通过交换机实行信息交换。根据通信业务的需要以及通信技术的发展，交换技术可分为电路交换与信息交换两大类，这两大类又可进一步细分，如图 3-3 所示。

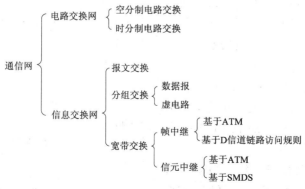

图 3-3 通信网按交换技术分类

交换是通信网的重要支撑,它经历了从空分到时分,从低速到高速,从模拟到数字,从电交换到光交换,从面向话路到面向多媒体的过程。可以说,交换的发展进程代表了通信网的发展过程。

3. 按网络服务的业务分类

1) 电话通信网

电话通信网可以进一步细分,如图 3-4 所示。

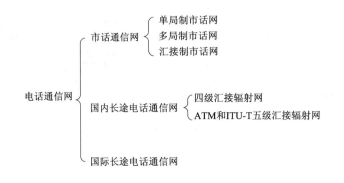

图 3-4 电话通信网分类

2) 数据通信网

目前,数据通信网的主要内容是计算机通信网。计算机通信网由主机(或工作站)与通信子网构成。根据网络结构及所采用的数据传输技术,通信子网可分为交换通信网和广播通信网两大类。

(1) 交换通信网。在交换通信网中,不共有一条传输线路的两节点间不能直接进行通信,只能经过中间节点的交换来传送数据。

(2) 广播通信网。在广播通信网中,所有节点共享传输介质,网中任何一个节点发送到网上的信息,可被网中所有其他节点接收,而不需中间节点进行交换。

计算机通信子网按网络覆盖范围大小又可分为局域网(LAN)、城域网(MAN)、广域网(WAN)三大类。局域网的覆盖范围为几米到 10 km,常用于某一个单位内部的计算机网络;城域网的覆盖范围为 30~150 km(通常指一座城市),目前习惯上将城域网划归局域网;广域网的覆盖范围则大得多,超越国界,直至全球。

Internet 是一个高速数据网络集,是一个以统一标准协议(TCP/IP)连接全球的计算机通信网,它允许全球千百万人同时相互通信,共享资源。

3) 移动通信网

移动通信网是通信网的一个主要分支,其信息交流机动、灵活、迅速、可靠,具有广阔的发展前景。移动通信网分类如图3-5 所示。

现代移动通信网按照网络的覆盖范围和工作方式又可分为宽域网和局域网、双向

图 3-5 移动通信网分类

对话式蜂窝公共移动通信、单向或双向对话式专用移动通信、单向接收式无线电寻呼、家用无绳电话及无线电本地用户环路网、集群移动通信等。

4) 卫星通信网

卫星通信是指利用人造卫星作中继站转发无线电信号，在两个或多个地面站之间进行的通信。卫星通信属于宇宙无线电通信的一种，工作在微波频段，是一种"视距"通信。由于卫星处于电离层之外的空间，地面上发射的电磁波必须穿透电离层到达卫星；同样，从卫星到地面上的电磁波也必须穿透电离层。在无线电频段中只有微波频段符合这一条件，因此卫星通信使用微波频段。目前，大多数卫星通信系统选择在下列频段工作：

(1) UHF 波段(400/200 MHz)。

(2) L 波段(1.6/1.5 GHz)。

(3) C 波段(6.0/4.0 GHz)。

(4) X 波段(8.0/7.0 GHz)。

(5) K 波段(14.0/12.0，14.0/11.0，30/20 GHz)。

由于 C 波段的频段较宽，又便于利用成熟的微波中继通信技术，且天线尺寸也较小，因此，卫星通信最常用的是 C 波段。

卫星通信网传送的信号可以是声音、数据或图像。卫星通信网以其传输容量大，覆盖面宽的特点广泛应用于国际和国内通信、广播电视、定位系统等领域。

目前，通信卫星的种类繁多，可按不同的标准进行分类。下面我们给出几种卫星种类：

(1) 按卫星的结构可分为无源卫星和有源卫星两类。无源卫星是运行在特定轨道上的球形或其他形状的反射体，没有任何电子设备，靠其金属表面对无线电波进行反射来完成信号中继任务。目前，所有的通信卫星都是有源卫星，一般多采用太阳能电池和化学能电池作为能源。有源卫星可以部分地补偿在空间传输所造成的信号损耗。

(2) 按通信卫星的运行轨道可分为赤道轨道卫星(是指轨道平面与赤道平面夹角 $\varphi = 0°$)、极轨道卫星($\varphi = 90°$)和倾斜轨道卫星($0° < \varphi < 90°$)。所谓轨道，是指卫星在空间运行的路线，如图 3−6 所示。

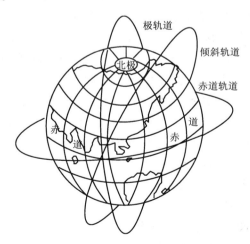

图 3−6　通信卫星运行轨道

(3) 按卫星离地面最大高度 h 的不同可分为低高度卫星($h < 5000$ km)、中高度卫星

（5000 km＜*h*＜20 000 km）和高高度卫星（*h*＞20 000 km）。

（4）按卫星与地球上任一点的相对位置的关系可分为同步卫星和非同步卫星。

同样地，卫星通信系统根据不同的标准也可有以下不同的分类：

（1）按多址技术可分为 FDMA 卫星网、TDMA 卫星网、SDMA 卫星网、CDMA 卫星网和随机接入（ALOHA）卫星网等。其中，最常用的是把公用信道用频分多址（FDMA）或时分多址（TDMA）划分成多个子信道，每对通信用户占用其中两个子信道（上、下行）来实现相互双向通信。

（2）按卫星制式可分为静止卫星通信系统、随机轨道卫星通信系统和低轨道卫星（移动）通信系统。

（3）按通信覆盖区域的范围划分为国际卫星通信系统、国内卫星通信系统和区域卫星通信系统。

（4）按用户性质可分为公用（商用）卫星通信系统、专用卫星通信系统和军用卫星通信系统。

（5）按业务范围可分为固定业务卫星通信系统、移动业务卫星通信系统、广播业务卫星通信系统和科学实验卫星通信系统。

（6）按基带信号制式可分为模拟卫星通信系统和数字卫星通信系统。

（7）按运行方式可分为同步卫星通信系统和非同步卫星通信系统。

5）综合业务数字网（ISDN）

前面介绍的每一种通信网都是为某一种专门的业务而设计的，它们的传输速率和特性各不相同。虽然某些数据通信业务在几个不同的网络中同时存在，但不同的网络中的数据终端是互不兼容的，它们之间的互通只有通过特殊的网关设备才能实现。长期以来，这种分别建立、操作和控制的网络导致了人力和物力的巨大浪费。综合业务数字网实现了用单一网络来提供各种不同类型的业务，其特点如下：

（1）提供端到端的数字连接。

（2）支持一系列广泛的业务（包括数字语音、数据、文字、图像在内的各种综合业务）。

（3）为用户进网提供一组有限标准的多用途入网接口。

业务综合化和网络宽带化是通信网发展的方向和目标。以异步转移模式（ATM）为核心技术的宽带综合业务数字网可以灵活地支持现有的和将来可能出现的各种业务，能达到很高的网络资源利用率，是目前最先进的一种通信网络。

由于借助于分组交换网，ISDN 在处理能力上将会有所增强，而分组交换子网将会和电路交换网分开。ISDN 的目标是通过一套公用的标准接口，针对上述业务，对用户实现综合接入。ISDN 各种接口是基于 ISDN 以下各类信道配置的：

（1）用于用户信息接入的 64 kb/s 的 B 信道。

（2）用于用户信息和用户信令接入的 16 kb/s 或 64 kb/s 数据信道，即 D 信道。

（3）384 kb/s 的 H0 信道。

（4）1.536 Mb/s 的 H11 基群（T1）信道。

（5）1.920 Mb/s 的 H12 基群（E1）信道。

上面基于 PCM - A 律或 *μ* 律、4 kHz 话音带宽、8 kHz 抽样速率，每量化样本编成 8 bit 码字，从而构成一个 64 kb/s 话路（时隙）。

4．按经营网络的主管部门分类

1）公用网

公用网又称为公众网，是由国家通信主管部门经营管理的向全社会开放的通信网。

2）专用网

专用网是根据各专业部门内部通信需要而组成的内部通信网。专业网只为本专业部门服务，有各行业自己的特点，如军用通信网、公安通信网、铁路通信网、电力通信网、银行通信网等。

3.1.3　通信网的功能

1．对现代通信网的要求

电信工业的变化日新月异，对设计现代通信网提出了如下要求：

（1）多样化信源。要求现代通信网能同时传输语音、电报、传真、电视、计算机数据以及其他各种数据。

（2）多样化传输手段。要求现代通信网综合应用电缆、光缆、移动无线电、卫星、微波中继等传输手段。

（3）广泛使用计算机。现代通信网信息的普遍数字化、传输速率的提高以及对通信网的管理和控制都要依靠计算机技术才能实现。

（4）采用先进的交换技术。为适应宽带业务需求，现代通信网应积极采用帧中继和ATM等先进的交换设备。

2．现代通信网的构成

现代通信网的硬件设备由各种业务的用户终端、交换中心、集中器、连接器以及连接它们之间的传输线路组成。软件由各种标准、信令、协议来实现各种业务在网络中运行的管理和网络性能的支撑。

此外，现代通信网与传统通信网的区别在于，前者除了有传递各种用户信息的业务网之外，还有若干支撑网，以使网络更优化。

1）业务网

业务网是现代通信网的主体，它向用户提供诸如电话、电报、传真、数据、图像等各种电信业务。通常业务网也称为用户信息网。

业务网按其功能可分为用户接入网、交换网和传输网三个部分。其中，用户接入网是一个适用于各种业务和技术、有严格规定并以较高功能角度描述的网络概念，它负责将电信业务透明地传送到用户，即用户通过接入网的传输，能灵活地接入到不同的电信业务节点上。

2）支撑网

支撑网是在业务网的基础上，为增强业务网功能，保证全网服务质量，快速、方便、经济、灵活地提供新的电信业务而设置的附加网络结构。支撑网包括信令网、同步网、管理网和智能网。

（1）信令网。信令网是专门用来传送信令的公共网络，可实现网络节点间信令的传输和转接。

（2）同步网。为提高数字信号传输的完整性，必须使数字设备中的时钟速率同步。同步网的功能就是使全网中的数字交换系统和数字传输系统工作于相同的时钟频率。

（3）管理网。在业务网中，为防止由于某一路由或局站（节点）的阻塞而引起全网阻塞，必须对网络实行自动监控。管理网的功能就是对网络运行进行实时监测，保证网络安全运行，控制异常状态的扩散，同时做好网络设备的调度，以达到在任何情况下，最大限度地使用网络中一切可以利用的设备。

（4）智能网。智能网是在7号信令网的基础上发展起来的，它应用智能因素对网络资源进行动态分配，使网络结构的灵活性增大，从而使用户对网络的控制能力增强。

3. 现代通信网的功能

现代通信网应具备以下几种功能：

（1）协议变换。现代通信网使具有不同字符、码型、格式、信令、协议、控制方法的终端用户能互相"听懂"对方。

（2）寻址。现代通信网被传输的信息有地址标明，使之具备寻址能力，能够正确到达目的地。

（3）路由选择。现代通信网具有在网络发送节点和目的节点间选择一条最佳通路的能力。

（4）分组装拆（PAD）。现代通信网在信息发送端，由PAD将用户数据进行编号、打包或分组；在信息接收端，PAD按其原样再组装成用户信息。

3.1.4 通信网的发展方向

一个多世纪以来，通信网的发展大致经历了三大阶段：

第一阶段是以传输语音发展起来的模拟电话网。

第二阶段是以传输数字信号为主的数字、数据网。在这个阶段，通信网采用脉冲编码调制（PCM）技术和同步转移模式（STM）技术实现了数字传输与数字交换的综合。

第三阶段是以移动通信为主的移动通信网。第一代移动通信网采用模拟方式，在很短的几年内，移动通信就从模拟方式发展到数字方式（第二代数字移动通信网）。20世纪90年代，基于时分多路复用的北美D-AMPS（先进移动电话系统）和欧洲的GSM（全球移动通信系统）相继问世，紧接着又出现了基于码分多址（CDMA）的移动手机。现在第三代移动通信系统IMT2000已经出现。

通信网体系结构的变迁速度之快是惊人的，下一步的目标就是实现综合各种业务的宽带综合业务数字网——B-ISDN，即终端设备向数字化、智能化、多功能化发展；传输链路向数字化、宽带化发展，采用光缆、微波、卫星作为传输介质，提供全球范围的活动图像、高速数据等业务；交换设备向适合B-ISDN的ATM机发展。以光交换为主体的更深一层的网络技术也是研究和发展的方向。总之，未来的通信网正在向着数字化、可视化、综合化、智能化、个人化的方向发展，最终实现全球一网。

1. 数字化

数字化就是在通信网中全面使用数字技术，包括数字传输、数字交换和数字终端等，从而形成数字网，以满足大容量、高速率、低误差的要求。

2. 可视化

除传统的传真业务外,可视图文(Videotext)业务也在逐渐普及,用以向人们提供电子购物、新闻检索、经济信息等业务;可视电话与会议电视等交互型视频通信业务,亦在逐步进入人们的生活和工作。

3. 智能化

智能化是指在通信网中引进更多的智能部件,形成智能网,以提高网络的应变能力,动态分配网络资源,并自动适应各类用户的需要。智能网将改变传统的网络结构,对网络资源进行动态分配,使网络能方便地引进新业务,并使用户具有控制网络的能力。

4. 综合化

将声音、图像、数据等多种信息源的业务综合在一个数字通信网中传送,可大大减少网络资源的浪费,并且给用户带来极大的便利,用户只需提出一次申请,用一条用户线和一个号码即可完成不同种类业务的通信。综合化的通信网不但能满足人们目前对电话、传真、广播电视、数据和各种新业务的需要,而且能满足未来人们对信息服务的更高要求。

5. 个人化

实现个人通信的网络称为个人通信网(PCN)。所谓个人化,是指个人拥有的电话号码是全球唯一的,可在全世界通用。个人通信是人类企图实现的理想通信方式,它是在宽带综合业务数字网的基础上,以无线移动通信网为主要接入手段、智能网为核心的最高层次的通信网,它表明任何个人在全球跨越多个网络时,可在任何时间、任何地理位置的任何一个固定的或移动的终端上发起或接受呼叫。这将大大地解放个人,使其具备极大的灵活性。

目前,个人化通信的发展还处在初级阶段。国际电信联盟(ITU－T)提出的第三代移动通信系统 IMT2000 将成为人类社会迈向个人化通信时代和实现智能业务的重要里程碑。为了实现全人类无约束地自由通信,全球一网将是通信网发展的必然趋势。

3.2　通信网络体系结构

为了解决不同系统、不同网络的互连问题,网络体系结构和协议必须走国际标准化的道路。通过对网络体系结构的基本概念和 ISO/OSI 网络体系结构的介绍,可以使大家认识到网络体系结构在通信网络中的重要地位。

3.2.1　网络体系结构的基本概念

网络体系结构是指为了完成计算机之间的通信,把每个计算机互连的功能划分成定义明确的层次,规定了同层次进程通信的协议及相邻层之间的接口及服务。将这些层、同层次进程通信的协议及相邻层之间的接口统称为网络体系结构。体系结构是一个抽象的概念,它不涉及具体的实现细节,体系结构的说明必须提供足够的信息,以便网络设计者能为每一层编写完全符合相应协议的程序。

1. 层、子系统与实体

分层是进行系统分解的最好方法之一。对于计算机网络这样一个复杂的系统而言，ARPA 网络研制经验表明，分层法是设计体系结构的一种有效技术。层次型体系结构所带来的好处主要有以下三点：

（1）各层相对独立，彼此不需要知道各自的实现细节，而只需要了解该层通过层间接口提供的服务。当某一层发生变更时，只要接口关系保持不变，就不会对该层的上下各层产生影响，而且也不会影响各层采用例行的技术来实现。

（2）易于实现和维护。这是由于系统已被分解为相对简单的若干层次的缘故。

（3）易于标准化。因为每一层的功能和所提供的服务均已有精确的说明。

美国 IBM 公司于 1974 年首先提出了世界上第一个网络体系结构 SNA。此后，许多公司也相继发表了自己的网络体系结构，如 DEC 公司的 DNA、Burroughs 公司的 BNA、Honeywell 公司的 DSA 等。总之，网络体系结构的出现，大大推动了计算机网络的发展。

图 3-7 为三个开放系统互连在一起的情况。而每一个开放系统均可分为多层，而每一层称为一个子系统。显然，每个子系统会与上、下相邻的子系统进行交互作用，这种作用是通过子系统之间的公共边界进行的。在所有的互连开放系统中，位于同一水平行（即同层）上的子系统构成了 OSI 的对等层（Peer Layer）。对各层次可做如下描述：除了最高层和最低层外，任何一层都可称为（N）层，意即"第 N 层"；与（N）层相邻的上层和下层分别称为（N+1）层和（N-1）层。这种对层次的描述方法也适用于其他概念，如（N+1）协议、（N）实体、（N）功能、（N-1）服务等。

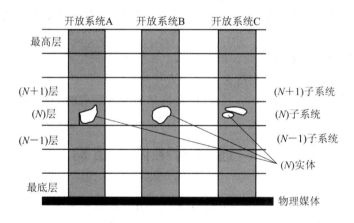

图 3-7　三个开放系统互连在一起的情况

实体（Entity）表示进行发送或接收信息的硬件或软件进程。因此，每一层都可看成由若干个实体组成。一个子系统内可以包含一个或一个以上的实体。位于不同子系统的对等层交互实体称为对等实体。

2. 服务、协议和服务访问点

在同一开放系统中，（N）实体可以通过层间边界与上相邻的（N+1）实体和下相邻的（N-1）实体进行直接通信。然而，位于不同开放系统中的对等实体，没有这种直接通信的能力，它们之间的通信是借助相邻的低层及其下面各层的通信来实现的。也就是说，对等实体间的通信是通过下相邻的对等实体的通信来完成的。

不同开放系统对等实体间的通信，需要(N)实体向相邻的上一层(N+1)实体提供一种能力，这种能力称为(N)服务。接受(N)服务的相邻上一层的实体，即(N+1)实体，称为(N)服务用户或(N)用户。这样(N+1)实体请示(N)实体提供的(N)服务来完成与其对等实体间的通信。同理，(N)实体也需要请求(N-1)实体提供的(N-1)服务来完成与其对等实体间的通信。依次类推，直至最低层。最低层的两个对等实体则通过连接它们的物理媒体直接进行通信。

确定两个对等(N)实体通信行为规则的集合称为(N)协议。(N)服务用户只能看见(N)服务，却无法看见(N)协议的存在，即(N)协议对(N)服务用户是透明的。服务与协议的概念如图 3-8 所示。

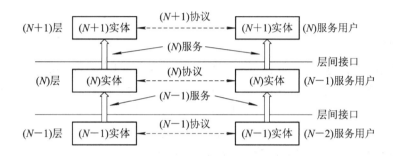

图 3-8　服务与协议的概念

由图 3-8 可见，服务是同一开放系统中相邻层之间的操作，协议则是不同开放系统的对等实体之间进行"虚"通信所必须遵守的规定。服务和协议虽是两个不同的概念，但两者之间密切相关。因为(N)服务就是利用(N-1)服务以及按(N)协议与对等实体交互信息来实现的，即服务是由协议支持的。

对于层间通信，通信双方都必须遵守事先约定的规则。通常我们把那些为进行网络中的数据交换而建立的规则、标准或约定，统称为网络协议。网络协议不仅要明确所交换的数据格式，而且还要对事件发生的次序(即同步)做出周到的过程说明。一个网络协议主要由下面三个部分组成。

(1) 语义：规定通信双方彼此之间准备"讲什么"，即确定协议元素的类型。

(2) 语法：规定通信双方彼此之间"如何讲"，即确定协议元素的格式。

(3) 同步：规定通信双方彼此之间的"应答关系"，即确定通信过程中的状态变化，此项可用状态来描述。

由此可见，网络协议是计算机网络体系结构不可缺少的组成部分。

(N)实体向(N+1)实体提供服务的交互处，称为(N)服务访问点(Service Access Point，SAP)，该 SAP 位于(N)层与(N+1)层之间的界面上，是(N)实体与(N+1)实体进行交互连接的逻辑接口。服务访问点有时也称为端口(Port)或插口(Socket)。每一个 SAP 都被赋予一个唯一的标识地址。

在同一开放系统的相邻两层之间允许存在多个 SAP。一个(N+1)实体可以连接到一个或多个(N)SAP 上，这些(N)服务访问点又可连接到相同的或不同的(N)实体上。一个服务访问点一次只能连接一个(N)实体和一个(N+1)实体。服务访问点与实体的连接关系如图 3-9 所示。

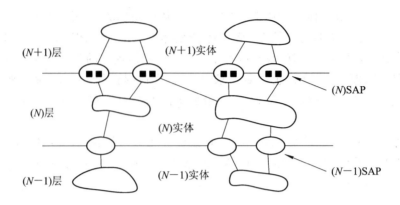

图 3-9　服务访问点与实体的连接关系

3. 服务原语

相邻子系统内的实体通过服务访问点发送或接收服务原语（Service Primitive）进行交互作用。（N）服务原语可以由（N）实体向（N+1）实体发送，或由（N+1）实体向（N）实体发送。ISO/OSI 规定了每一层均可使用的服务原语有以下四种类型。

（1）请求（Request）：由（N+1）实体发往（N）实体，表示（N+1）实体请求（N）实体提供指定的（N）服务，如请求建立连接、请示数据传送等。

（2）指示（Indication）：由（N）实体发往（N+1）实体，表示（N）实体发生了某些事件，如接收到远地对等实体发来的数据等。

（3）响应（Response）：由（N+1）实体发往（N）实体，表示对（N）实体最近一次送来指示的响应。

（4）证实（Confirm）：由（N）实体发往（N+1）实体，表示该（N+1）实体所请示的服务已经完成，予以确认。

图 3-10 给出了两个开放系统的服务用户使用这四种类型服务原语的情况，这里采用的是时间表示法，图中带圈的数字表示各类服务原语的先后发生次序，图中的服务提供者为两个开放系统的（N）层及其以下各层。

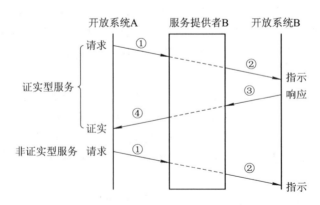

图 3-10　证实型服务与非证实型服务

以上这四种类型的服务原语可用于不同的场合，如建立连接、数据传送和断开连接等。从使用原语的角度来看，服务有证实型和非证实型之分。证实型服务的每次服务都要用到这四种类型的服务原语,而非证实型服务只使用前两种类型的服务原语。由图 3 - 10 可见,证实型服务要求服务用户双方完整地交互一次,这需花费较多的时间,但能提高其可靠性。因此,建立连接的服务应属于证实型服务,而数据传送和断开连接一般采用非证实型服务就可满足要求了。

一个完整的服务原语应包含三个基本组成部分,即原语名字、原语类型和原语参数。前两者一般用英文字母表示,其间用圆点或空格隔开,原语参数则可用英文或中文表示,并用括号括起来。例如,请求建立传输连接的服务原语可写成:

T - CONNECT. Request(被叫地址,主叫地址,加速数据选择,服务质量,用户数据)

以上介绍的服务原语是 OSI 模型中的一个抽象概念,其具体实现是通过中断、函数调用、系统调用或者操作系统内核提供的进程控制机制来完成的。

4. 数据单元

在 OSI 环境中,对等实体按协议进行通信,相邻层实体按服务进行通信,这些通信都是以数据单元作为信息传递单位来进行的。OSI 模型中规定了下述三种类型的数据单元:

(1) 服务数据单元(Service Data Unit,SDU)。相邻层实体间传送信息的数据单元称为服务数据单元。$(N+1)$ 层与 (N) 层之间传送信息的服务单元记为 (N)SDU。(N)SDU 实际上是确保 (N) 服务传输需要的逻辑单元。

(2) 协议数据单元(Protocol Data Unit,PDU)。对等实体间传送信息的数据单元称为协议数据单元。(N) 层的协议数据单元记为 (N)PDU。(N)PDU 由两部分组成:(N) 用户数据,记为 (N)UD;(N) 协议控制信息,记为 (N)PCI。如果某层的协议数据单元只用于控制,则协议数据单元中的用户数据可省略,此时只有该层的 PCI。

(3) 接口数据单元(Interface Data Unit,IDU)。相邻层实体通过层间服务访问点交互信息的数据单元称为接口数据单元,(N) 层的接口数据单元记为 (N)IDU。(N)IDU 也由两部分组成:一部分是 $(N+1)$ 实体与 (N) 实体交互的数据,称为接口数据,记为 (N)ID;另一部分是为了协调 $(N+1)$ 实体与 (N) 实体的交互操作而附加的控制信息,这些控制信息称为接口控制信息,记为 (N)ICI。由于接口控制信息只在交互信息通过服务访问点时才起作用,所以,接口数据单元通过服务访问点后就可以将其取掉。

图 3 - 11 给出了上述三种数据单元的简单关系。由图 3 - 11 可见,$(N+1)$PDU 是借助 (N)SDU 通过 (N)SAP 传送到 (N) 层的,此时 (N)SDU 就相当于 (N) 层的用户数据,对它加上 (N)PCI 后便构成了 (N)PDU,这样 $(N+1)$PDU 似乎等同于 (N)SDU,实际上,$(N+1)$PDU 与 (N) SDU 不一样长的情况也是存在的。有时发送方需要将数个 $(N+1)$PDU 拼接成一个 (N)SDU,而在接收方对等实体则需要将一个 (N)SDU 分割成数个 $(N+1)$PDU 的操作。另外,当 (N)SDU 较长而 (N) 协议所要求的 (N)PDU 较短时,就要对 (N)SDU 进行分段处理,分别加上各自的协议控制信息,构成多个 (N)PDU,而在接收方则要进行相应的合段操作。还需指出的是,图 3 - 11 仅表示 $(N+1)$ 实体与 (N) 实体交互 (N)SDU 时,一个 (N)SDU 正好等于一个 (N)ID 的情况,事实上,也可能出现一个 (N)SDU 等于数个 (N)ID 的情况,此时,$(N+1)$ 实体与 (N) 实体之间就需要通过数次交互 (N)IDU 才能实现传送 (N)SDU。

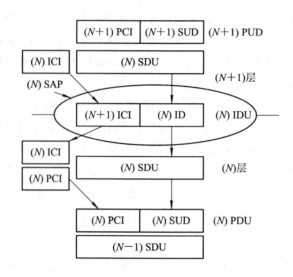

图 3 - 11　OSI 系统中三种数据单元的关系

5. 对等实体间的通信

不同开放系统中的对等实体间的通信是借助于相邻的低层及其下面各层的通信来实现的，这种通信在时序上要经历以下三个阶段。

1）建立连接阶段

当位于不同开放系统同一$(N+1)$层的两个$(N+1)$实体需要通信时，必须先在其相邻的低层即(N)层利用(N)协议建立一种逻辑联系，这种联系称为(N)连接。建立一个(N)连接应包括下列内容：

（1）指出为$(N+1)$实体提供通信服务的(N)实体名。

（2）指出(N)实体向$(N+1)$实体提供服务的访问点，即(N)SAP。

（3）指出$(N+1)$实体要求(N)实体提供服务的服务质量以及其他有关性能（如流量控制、加速服务等）。

在建立(N)连接时，两个(N)实体均应处于能够连接的协议状态。另外，(N)层的对等实体间的通信也可以借助于建立$(N-1)$连接来实现，而且这样的过程可以一直递归利用到互连的媒体为止。

2）数据交换阶段

建立了(N)连接的对等$(N+1)$实体，可分别通过与它相连的某个访问点(N)SAP 实现该$(N+1)$实体之间的数据交换。数据交换是(N)层为其提供的一种服务。其实，这种服务是(N)层及以下各层所提供的一种综合服务能力，但由于(N)层以下提供的服务被(N)层所屏蔽，因此，$(N-1)$层及以下各层所提供服务对$(N+1)$实体是透明的。实际上，可以将(N)连接看成是为$(N+1)$实体之间提供的一条逻辑通路，而$(N+1)$实体间的数据交换就是通过这条逻辑通路来进行的。通常为了提高数据交换的速度，这种(N)数据交换服务可以是非证实型服务。

3）释放连接阶段

当两个对等的$(N+1)$实体完成了数据交换之后，任何一方的$(N+1)$实体都可以请示释放它们之间的(N)连接，以中止通信联系，这一过程称为正常释放(N)连接。正常释放

(N)连接是一种非证实型服务。在执行断开连接的过程中，当接收方(N)实体收到同等(N)实体发来的断开连接请求后，除了向上一层的($N+1$)实体发送断开连接指示服务原语外，还必须在(N)实体内部随即产生一个(N)协议数据单元，作为对收到的断开连接请示的确认返回给发送方的(N)实体，从而完成释放(N)连接的协议交换工作。

除了正常释放连接外，还存在有序释放连接和异常释放连接两种情况。有序释放连接是通信双方协商式的释放连接，而异常释放连接是因(N)服务用户和(N)服务提供者发现了异常情况，不能再保持(N)连接上的数据交换，要求立即释放(N)连接的一种过程。

6. 服务的类型

两个对等实体间的通信与服务的类型有关，从通信的角度看，服务可分为两大类，即面向连接的服务和无连接的服务。

面向连接的服务，是指两个对等实体在进行数据交换之前，必须先建立连接，当数据交换结束后，应终止或释放这种连接关系。由于面向连接的服务具有建立连接、数据交换和释放连接三个阶段以及按序传送数据的特点，因此面向连接的服务在网络层上又称为虚电路服务。面向连接服务虽然因建立连接/释放连接而增加了通信开销，但却能提供可靠的有序服务，因此它比较适合于在一定时期内向同一个目的地连续发送多个报文的情况。

无连接服务是指两个对等实体之间的通信无须先建立一个连接，就可以进行数据交换。无连接服务显示了灵活方便和传递迅速的优点，但却存在报文丢失、重复及失序的可能性。无连接服务比较适合于传送少量零星报文的场合。无连接服务有以下三种类型：

(1) 数据报。数据报的特点是服务简单，通信开销少，发完就结束通信，不需要接收端做出任何响应。数据报服务适用于一般电子邮件，特别适用于广播和组播服务。

(2) 证实交付，又称为可靠的数据报服务。这种服务要求提供服务的层对每一个报文产生一个证实发给用户，因此它只保证报文已经发出，但不能保证远端目的站已经收到该报文。这种服务如同挂号的电子邮件。

(3) 请求回答。这种类型的数据报要求接收端用户对收到的一个报文向发送用户回送一个应答报文。如果接收端发现报文有误，则响应一个表示有差错的报文。当然，双方发送的报文都可能存在报文丢失的现象。这种服务适用于事务处理和查询服务的场合。

3.2.2　ISO/OSI 网络体系结构

1. OSI/RM 的制定

20 世纪 70 年代出现的公司级网络体系结构推动了计算机网络的发展，但是不同公司生产的计算机之间却很难相互通信，因为它们的网络体系结构是不一样的。为了更充分地发挥计算机网络的效益，就必须制定一个国际标准，以解决不同厂家生产的计算机互通的问题。

国际标准化组织(ISO)于 1984 年正式制定了标准化的开放系统互连参考模型 OSI/RM(即 ISO 7498)。ISO 曾对开放系统做原始的定义："开放系统是对与开放系统互连(OSI)有关的实系统在参考模型中诸方面的一种表征。而实开放系统是指一个完整的系统或网络，它在与其他实系统通信时，遵循 OSI 标准"。这里的实系统是指能够执行信息处理和信息传送的自治整体，是一台或多台计算机以及与该计算机有关的软件、外围设备、终端、操作员、物理过程、信息传送手段等的集合。当这种实系统与其他实系统通信时，能够遵守 OSI 标准，则称该系统为实开放系统。由于一个实开放系统的各种功能并非都与互连有关，在讨论开放系统互连参考模型中的系统时，我们将实开放系统中与互连有关的部分称为开放系统。必须指出的是，这个定义的重要之处在于：它指出了只要遵循 OSI 标准的实系统，就可以和位于世界上任何专设并遵循 OSI 标准的其他实系统进行通信。

ISO 提出 OSI/RM 的意义在于：第一、它从计算机与通信的角度提出了系统的开放性问题；第二、将开放系统与系统互连互通联系在一起，为今后开放系统的发展指明了方向，奠定了基础。不过，这里需要特别指出的是，开放系统或者开放系统互连参考模型都是一种抽象的概念。

在 OSI/RM 制定过程中，对问题的处理采用了层次型体系结构的方法，这里的 OSI 采用三级抽象，它们分别是体系结构、服务定义和协议规范。这三级抽象之间的关系如图 3 - 12 所示。图 3 - 12 中，OSI 体系结构也就是 OSI 参考模型，它是网络系统在功能上和概念上的抽象模型，是三级抽象中最高一级的抽象概念。描述 OSI 体系结构的文件 ISO 7498 定义了一个七

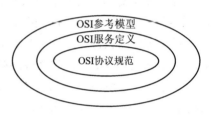

图 3 - 12　OSI 的三级抽象示意图

层模型，用来进行进程之间的通信，它是作为一个概念性的框架来协调各层标准的制定。OSI 服务定义是较低一级的抽象概念，它较详细地定义了每一层所提供的服务。某一层的服务是指该层及其以下各层通过层间的抽象接口提供给更高一层服务的一种能力。但是，各种服务与这些服务的具体实现无关。另外，各种服务还要定义层间的抽象接口，以及各层为进行层间交互所要用到的服务原语。OSI 协议规范是 OSI 标准中最低级的抽象概念。每一层的协议规范都精确地说明控制信息的内容以及解释这些信息的过程。

2. 分层原则及各层的主要功能

1）分层的原则

分层法是处理复杂问题的一种有效方法，但要真正做到正确地将网络体系分层却不是一件容易的事，目前尚难总结出一套最佳的网络体系结构分层原则。如何分层一般可遵照以下几个主要原则：

（1）当必须有一个不同等级的对象时，应设立一个相应的层次。

（2）对每一层的功能应当有确切的定义。

（3）层间接口要清晰。选择层间边界时，应尽量使通过该界面的信息流量最少。

（4）层的数目应适当。层数太少，可能会引起层间功能划分不够明确，造成个别层次的协议太复杂。层数太多，则会使体系结构过于复杂，给描述和完成各层的拆装任务增加不少困难。

2）各层的主要功能

OSI 参考模型采用七个层次体系结构，如图 3 - 13 所示。

（1）物理层。物理层是 OSI 参考模型的最底层。物理层为通信提供物理链路，实现比特流的透明传输。物理层考虑的是怎样才能在连接各种计算机的传输媒体上传输数据的比特流，而不是

图 3 - 13　OSI 参考模型

连接计算机的具体物理设备或具体传输介质。目前网络中的物理设备和传输介质种类很多，通信手段也有许多，物理层的作用是尽可能地屏蔽掉这些差异，使其上面的数据链路层感觉不到这些差异，这样就可以使数据链路层只需考虑如何完成本层的功能，而不必关心具体的传输介质。

物理层定义了四个重要特性，即机械特性、电气特性、功能特性和规程特性，以便建立、维护和拆除物理连接，它定义了接口的大小、形状，信号线的种类、功能，信号电压的大小和宽度以及它们之间的关系等。例如，规定"1"和"0"的电平值、一个比特的时间宽度、连接器的插脚个数、每个插脚所代表的信号意义等。

（2）数据链路层。数据链路层是在物理层提供的比特流服务基础上，建立相邻节点间的数据链路，传输按一定格式组织起来的位组合，即数据帧。

数据链路层最重要的作用是通过一些数据链路层协议，在不太可靠的物理链路上实现可靠的数据传送。具体地说，主要功能是链路管理、帧的装配与分解、帧同步、流量控制、差错控制、将数据和控制信息区分开、透明传输以及寻址等。

数据链路层提供了网络中相邻节点间透明的、可靠的信息传输，透明表示它对要传送的信息内容和格式不做限制；可靠表示在该层进行的是无差错传输，无差错不是指传输中不出差错，而是指在数据链路层必须提供对数据传输中的差错进行有效的检测和控制功能。

（3）网络层。数据链路层只能解决相邻节点间的数据传输问题，而不能解决两台主机之间的数据传输问题，因为两台主机之间的通信通常要经过许多段链路，涉及链路选择、流量控制等问题。当通信的双方经过两个或更多的网络时，还存在网络互连问题。

网络层的功能是提供源站到目的站的信息传输服务，负责由一个节点到另一个节点的路径选择。网络层在通信子网中传输的是报文分组（也称为信息"包"，是具有地址标识和网络层协议信息的格式化信息组），它向传输层提供信息包传输服务，使传输实体不必知道任何数据传输技术和用于连接系统的交换技术。

网络层为了向传输层提供整个网络上任意两个节点之间数据传输通路，需要解决包括建立、维护以及结束两个节点之间的联系和由此而引起的路径选择、流量控制、阻塞和死锁等问题。

（4）传输层。传输层的作用是为会话层用户提供一个端到端（即主机到主机）的透明的数据传输服务，它是一个端到端的层次，为网络体系结构中的关键一层。高层用户可以直接利用传输层提供的服务进行端到端的数据传输。对于会话层而言，传输层使高层看不见通信子网的存在以及通信子网的替换或技术改造。传输层的数据传送单位是报文。当报文长度大于分组时，应先将长报文化分为若干短报文组，再交给网络层进行传输。

当高层用户请求建立一条传输虚通信连接时，传输层通过网络层在通信子网中建立一条独立的网络连接。如果需要较高的吞吐量，传输层也可以建立多条网络连接来支持一条传输连接，起到分流（Splitting）的作用；反之，若需节省通信开销，传输层可以将多条传输连接合用一条网络连接，达到复用的目的。传输层还负责端到端的差错控制和流量控制。

（5）会话层。会话层允许不同主机上的各种进程之间进行会话，并参与管理，它是一个进程到进程的层次。会话层管理和协调进程间的对话，它管理对话关系并确定其采用双工或半双工工作方式，提供在数据流中插入同步点的机制，以便在网络发生故障时只要重传最近一个同步点以后的数据，而不必重传全部数据。会话层及其以上层次的数据传送单位，一般都统称为报文。

（6）表示层。表示层主要为上层用户解决用户信息的语法问题。为了让不同的计算机采用不同的编码方法来表示用户的抽象数据类型和数据结构，表示层管理这些抽象的数据结构，并把计算机内部的表示形式转换成网络通信中采用的表示形式。数据加（解）密和数据压缩也是表示层提供的表示变换功能之一。

（7）应用层。应用层是 OSI 参考模型的最高层，它为特定类型的网络应用提供访问 OSI 环境的手段。由于网络应用的要求较多，所以应用层最复杂，所包含的应用层协议也最多。例如，报文处理系统，文件传送、存取和管理，虚终端协议，远程数据库访问，目录服务，事务处理等。

3. 开放系统互连环境

开放系统互连环境（Open System Interconnection Environment，OSIE）是指那些与系统互连有关的部分，也就是 OSI 参考模型所描述的范围。

图 3-14 表示计算机 A 和计算机 B 经过数据通信网（两个交换节点）进行通信的情况，即开放系统互连环境。两个计算机和数据通信网组成了一个实系统环境，该环境包含了两个计算机终端与通信子网所组成的网络环境。在一个实系统环境中，与系统互连有关的部分就是 OSI 环境。属于 OSI 环境的有：计算机中 OSI/RM 的七个层次和数据通信网中交换节点下面的三个层次。而计算机中与互连无关的部分（如用户应用进程）以及数据通信网的物理媒体都不属于 OSI 环境。通常将数据通信网提供数据中继功能的开放的交换节点称为中继开放系统。中继开放系统对中继的信息不做加工，只负责传送，所以一般只含 OSI 低层的三个层次，有的甚至只有两个层次。

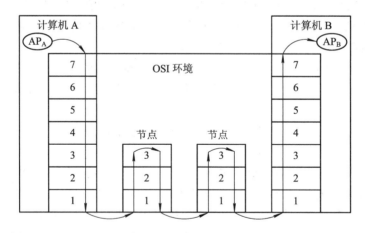

图 3-14　开放系统互连环境

应用进程之间数据的传输如图 3-15 所示。应用进程首先通过本地系统管理模块启动一个能够调用 OSI 环境所提供服务的模块，将所需传送的数据从发送端的第七层，加上该层的控制信息，变成了下一层的数据单元，第六层收到这个数据单元后，加上该层的控制信息，再交给第五层，依次下传到第一层；然后通过网络物理媒体传送到接收端，接收端再从第一层上传到第七层；最终到达应用进程。在上述过程中，对于用户或它的应用进程来说，它只能见到它自己的本地系统管理模块和通过第七层看到对方用户的映像。因而，A 应用进程似乎是直接把数据交给了应用进程 B。实际上，传送数据的具体细节，诸如数据格式和传送速率的匹配、流量控制、差错控制、路由选择等，用户是看不到的，这些都是 OSI 向用户提供的功能。

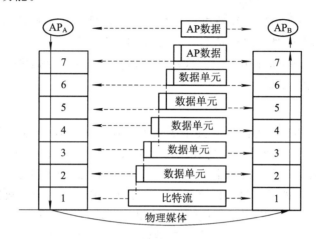

图 3-15 应用进程之间数据的传输

3.2.3 Internet 网络体系结构

Internet 起源于 ARPANET，在其发展过程中，为了完成异构网络的互连，采用了 TCP/IP(Transmission Control Protocol/Internet Protocol)协议分层体系。TCP/IP 协议于 20 世纪 70 年代末开始被研究开发。1983 年初，ARPANET 完成了向 TCP/IP 协议的全部转换工作，同年，美国加州大学伯克利分校推出了内含 TCP/IP 的第一个 BSD UNIX 系统，大大地推动了 TCP/IP 的应用和发展。现在，TCP/IP 已广泛应用于各种网络中，不论是局域网还是广域网都可以用 TCP/IP 来构造网络环境。Windows NT、Netware 等一些著名的网络操作系统都将 TCP/IP 纳入其体系结构中，而以 TCP/IP 为核心协议的 Internet 更加促进了 TCP/IP 的应用和发展，TCP/IP 已成为事实上的国际标准。

TCP/IP 协议分层体系包含四个功能层，即应用层、传输层、网际层和网络接口层，它与 OSI/RM 的对应关系如图 3-16 所示。其中，网络接口层相当于 OSI 的物理层和数据链

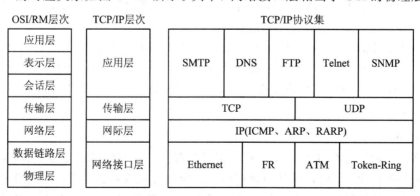

图 3-16 TCP/IP 协议分层体系与 OSI/RM 的对应关系

路层；网际层与 OSI 网络层相对应；传输层包含 TCP 和 UDP 两个协议，与 OSI 传输层相对应；应用层包含了 OSI 会话层、表示层和应用层功能，主要定义了远程登录、文件传送及电子邮件等应用。

1. 网络接口层

TCP/IP 协议不包含物理层和数据链路层协议，它只定义了各种物理网络与 TCP/IP 之间的网络接口，这些物理网络包括多种广域网（如 ARPANET、ATM、FR、X.25 公用数据网等）以及各种局域网（如 Ethernet、Token–Ring 等）。网际层提供了专门的功能以解决与各种网络物理地址的转换。

2. 网际层

网际层是因特网实现异构网络互连最关键的一层，又称为 IP 层，包含四个重要的协议，即 IP、ICMP、ARP 和 RARP，它使用网际协议（Internet Protocol）使不同物理网络在逻辑上互连起来，从而完成主机和主机之间的"端到端"IP 数据报传输的连通。网际层向上一层（传输层）提供统一的无连接型网络服务，并且对它的上层完全屏蔽掉了下层物理网络的具体细节和差异，从而为应用系统创建了开放的互连环境。网际层的主要功能是由 IP 协议提供的。IP 除了提供端到端的分组发送功能外，还提供了很多扩充功能，如用以标识网络号及主机节点号的地址功能；为了克服数据链路层帧大小的限制，网际层还提供了数据分段和重新组装的功能，使得较大的 IP 数据报能以较小的分组在网络上传输；根据传送层的传送请求，完成对数据的发送与接收；对网际数据报进行识别、寻径和检验；处理网际传输中的路由、流量控制、拥塞预防等问题。

网际层的另一个重要服务是在互相独立的局域网上建立互连网络。在互连网络中，连接两个以上网络的节点称为路由器（在 TCP/IP 中，有时也称为网关），网间的报文根据它的目的地址通过路由器传送到另一个网络。

3. 传输层

传输层是实现主机进程之间的"端到端"可靠数据传输的层次，又称为 TCP 层，与 OSI/RM 中定义的传送层基本相同。在这一层中定义了以下两个端到端传送协议：

（1）传输控制协议（Transfer Control Protocol，TCP）。传输控制协议是一个可靠的面向连接的数据传送协议，它完成因特网内主机到主机之间流式数据的无差错的传输控制过程，包括对数据流的分段与重装、端到端流量控制、差错检验与恢复、目标进程的识别等操作。

（2）用户数据报协议（User Data Protocol，UDP）。用户数据报协议是一个不可靠的、无连接的、直接面向多种应用业务的数据报传送协议。例如，网络控制和管理性的数据业务、客户/服务器模式的查询响应数据业务以及语音和视频数据业务等。UDP 是实现高效、快速响应的重要协议。

4. 应用层

因特网的应用层与 OSI/RM 中的应用层差别很大，它不仅包括了从 OSI/RM 的会话层以上三层的所有功能，而且还延伸到包括本地应用进程本身。我们可以这样认为，在传输层以下是开放的网络环境，即人们习惯说的"TCP/IP 网络环境"，那么，应用层就是指这个网络环境以外的，但又要直接利用网络环境的一切应用系统或应用程序。

因特网的应用层主要是包括了一系列应用系统的协议。例如，远程终端协议 Telnet、文件传送协议 FTP、简单邮件传输协议 SMTP、简单网络管理协议 SNMP 以及超文本传输协议 HTTP 等。

Internet 网络体系结构是一个既简洁又很实际的分层方法，它把网络层以下的部分留给了各个物理网络，而用户只需考虑对各种子网的接口关系，简化了高层部分而形成单一的应用层，并将应用层功能一直延伸到主机的应用进程（即包括完整的应用程序），而不像 OSI/RM 那样应用层只涉及应用服务接口。

3.2.4　IPv4

IPv4 是 IP 的第四版，是第一个被广泛使用的网络协议，也是构成现今互联网技术基石的协议，其报文头的结构如图 3-17 所示。1981 年，Jon Postel 在 RFC 791 中定义了 IP，IPv4 可以运行在各种各样的底层网络上，如端对端的串行数据链路（PPP 和 SLIP）、卫星链路等。

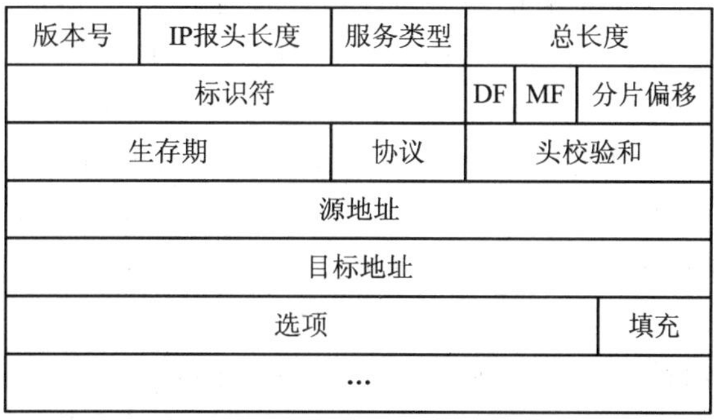

版本号	IP报头长度	服务类型	总长度		
标识符			DF	MF	分片偏移
生存期		协议	头校验和		
源地址					
目标地址					
选项				填充	
...					

图 3-17　IPv4 报文头的结构

IP 报文头主要包括以下字段：

（1）版本号（Version）：4 bit 字段，指出当前使用的 IP 版本。

（2）IP 报头长度：数据报协议头长度，32 bit，指向数据起点，正确协议头的最小值为 5。

（3）服务类型：8 bit 指出上层协议对处理当前数据分组所期望的服务质量，并对数据按照重要级别进行分配。这 8 bit 字段用于分配优先级、延迟、吞吐量以及可靠性。

（4）总长度：指定整个 IP 数据分组的字节长度，包括数据和协议头，其最大值为 65 535 byte。

（5）标识符：包含一个整数，用于识别当前数据分组。该字段由发送端分配，主要用途是帮助接收端集中数据分组分片。

（6）标志：由 3 bit 字段构成。其中，两个低比特（DF 与 MF）控制分片，中间比特（DF）指出数据分组是否可进行分片。低比特（MF）指出在一系列分片数据分组中数据分组是否最后的分片。第三比特即最高比特，目前还没有规定其用途。

（7）分片偏移：13 bit 字段，指出与源数据分组起始端相关的分片数据位置。通过分片偏移，目标节点可重组多个 IP 报文以重建源数据分组。

（8）生存期：是一种计数器，丢弃数据分组的每个点值依次减 1 直至减少为 0。TTL 为 0 时，数据分组将被丢弃，这样避免数据分组转发陷入无止境的环路。

（9）协议：指出在 IP 地址过程完成之后，由哪种上层协议接收导入数据分组。

（10）头校验和：确保 IP 协议头的完整性。由于某些协议头字段在转发过程中发生改变（如生存期），这就需要在每次转发后重新计算和检验。

（11）源地址：源主机 IP 地址，长度为 32 bit。

（12）目标地址：目标主机 IP 地址，长度为 32 bit。

（13）选项：允许 IP 支持各种选项，如安全性。

（14）填充：为满足报文头最小长度而可能添加的字段，不承载任何有用的信息。

IPv4 并不区分作为网络终端的主机和网络中的中间设备（如路由器）之间的差别。每台计算机可以既作为主机又作为路由器，路由器用来连接不同的网络。IPv4 技术既适用于局域网（LAN）也适用于广域网。一个 IP 分组从发送方出发，到接收方收到，往往要穿过由路由器连接的、许许多多、不同的网络。每个路由器都拥有如何传递 IP 分组的知识，这些知识记录在路由表中。路由表中的记录了到不同网络的路径，在这里每个网络都被看成一个目标网络。路由表中的记录由路由协议管理，可能静态地记录（如由网络管理员写入），也有可能由路由协议动态地获取。有的路由协议可以直接在 IP 上运行。常用的路由协议有路由器信息协议（Routing Information Protocol，RIP）、开放式最短路径优先协议（Open Shortest Path Fast，OSPF）、中介系统对中介系统协议（Intermediate System-Intermediate System，IS-IS）和边界网关协议（Border Gateway Protocol，BGP）。在网络负荷很重或者出错的情况下，路由器可以将收到的 IP 分组丢弃。在网络负荷较重时，同样一个 IP 分组有可能由路由器决定走不同的路径。路由器对每一个 IP 分组都是单独选择路由，这也提高了 IP 通信的可靠性。但仅是 IP 层上的分组传输，并不能保证完全可靠。IP 分组可能会丢失、可能会有重复的 IP 分组被接收方收到、可能会走不同的路径，不能保证先发先至，接收方收到的可能是被分割了的 IP 分组。在 IP 之上再运行 TCP 则是为了解决这些问题，并提供了一个可靠的数据通路。

随着接入 Internet 计算机数量的不断增加，IP 地址资源也就愈加显得捉襟见肘。事实上，除了中国教育和科研计算机网（CERNET）外，一般用户几乎申请不到整段的 C 类 IP 地址。在其他 ISP 那里，即使是拥有几百台计算机的大型局域网用户申请 IP 地址时，所分配的地址也不过只有几个或十几个 IP 地址。显然，这样少的 IP 地址根本无法满足网络用户的需求，于是就产生了网络地址翻译（NAT）技术。

借助于 NAT，私有（保留）地址的内部网络通过路由器发送数据分组时，私有地址被转换成合法的 IP 地址，一个局域网只需使用少量 IP 地址（甚至是 1 个）即可实现私有地址网络内所有计算机与 Internet 的通信。

NAT 将自动修改 IP 报文的源 IP 地址和目的 IP 地址，IP 地址校验则在 NAT 处理过程中自动完成（对于 ICMP，NAT 自动完成地址转换）。有些应用程序将源 IP 地址嵌入到 IP 报文的数据部分中，所以还需要同时对报文进行修改，以匹配 IP 头中已经修改过的源 IP 地址。否则，在报文数据都分别嵌入 IP 地址的应用程序就不能正常工作。

NAT 的实现方式有三种，即静态转换、动态转换和端口多路复用，其分述如下：

（1）静态转换是指将内部网络的私有 IP 地址转换为公有 IP 地址，IP 地址对是一对一的，并且保持不变，如某个私有 IP 地址只可转换为某个公有 IP 地址。借助静态转换可以实现外部网络对内部网络中某些特定设备（如服务器）的访问。

(2) 动态转换是指将内部网络的私有 IP 地址转换为公用 IP 地址时，IP 地址对是不确定的，而且是随机的，所有被授权访问 Internet 的私有 IP 地址可随机转换为任何指定的合法 IP 地址。也就是说，只要指定哪些内部地址可以进行转换以及用哪些合法地址作为外部地址时，就可以进行动态转换。动态转换可以使用多个合法外部地址集。当 ISP 提供的合法 IP 地址略少于网络内部的计算机数量时，可以采用动态转换的方式。

(3) 端口多路复用(Port Address Translation，PAT)是指改变外出数据分组的源端口并进行端口转换。采用端口多路复用方式，内部网络的所有主机均可共享一个合法外部 IP 地址实现对 Internet 的访问，从而可以最大限度地节约 IP 地址资源；同时，又可隐藏网络内部的所有主机，有效避免来自 Internet 的攻击。因此，目前网络中应用最多的就是端口多路复用方式。

3.2.5 IPv6

IPv6 分组由 IPv6 分组头(40 byte 固定长度)、扩展分组头和上层协议数据单元三部分组成，其报文头的结构如图 3-18 所示。

<table>
<tr><td>版本号</td><td colspan="2">业务流类别</td><td colspan="2">流标签</td></tr>
<tr><td colspan="2">净荷长度</td><td colspan="2">下一个头</td><td>跳数限制</td></tr>
<tr><td colspan="5">源地址(128 bit)</td></tr>
<tr><td colspan="5">目标地址(128 bit)</td></tr>
</table>

图 3-18　IPv6 报文头的结构

IPv6 分组扩展分组头中的分段分组头中指明了 IPv6 分组的分段情况。其中，不可分段部分包括 IPv6 分组头、Hop-by-Hop 选项分组头、目的地选项分组头(适用于中转路由器)和路由分组头；可分段部分包括认证分组头、ESP 协议分组头、目的地选项分组头(适用于最终目的地)和上层协议数据单元。需要注意的是，在 IPv6 中，只有源节点才能对负载进行分段。

IPv6 数据分组的分组头长度固定为 40 byte，如果去掉了 IPv4 中一切可选项，就只包括 8 个必要的字段，因此，尽管 IPv6 地址长度为 IPv4 的 4 倍，但 IPv6 分组头长度仅为 IPv4 分组头长度的 2 倍。其中的各个字段分别如下：

(1) 版本号：4 bit，IP 协议版本号，值为 6。

(2) 业务流类别：8 bit，指示 IPv6 数据流通信类别或优先级，功能类似于 IPv4 的服务类型(ToS)字段。

(3) 流标签：20 bit，IPv6 新增字段，标记需要 IPv6 路由器特殊处理的数据流。该字段用于某些对连接服务质量有特殊要求的通信，如音频或视频等实时数据传输。在 IPv6 中，同一信源和信宿之间可以有多种不同的数据流，彼此之间以非“0”流标记区分。如果不要求路由器做特殊处理，则该字段值置为“0”。

(4) 净荷长度。16 bit 负载长度。负载长度包括扩展头和上层 PDU，16 位最多可表示 65 535 byte 负载长度。超过这一字节数的负载，该字段值置为“0”，使用扩展头逐个跳段选项中的巨量负载选项。

（5）下一个头：8 bit，识别紧跟 IPv6 头后的分组头类型，如扩展头（有的话）或某个传送层协议头（如 TCP、UDP 或 ICMPv6）。

（6）跳数限制：8 bit，类似于 IPv4 的 TTL（生命期）字段。IPv6 用分组在路由器之间的转发次数来限定分组的生命期。分组每经过一次转发，该字段减 1，减到 0 时就把这个分组丢弃。

（7）源地址：128 bit，发送方主机地址。

（8）目的地址：128 bit，在大多数情况下，目的地址即信宿地址。但如果存在路由扩展头的话，目的地址就可能是发送方路由表中下一个路由器接口。

IPv6 分组头设计中对原 IPv4 分组头所做的一项重要改进就是将所有可选字段移出 IPv6 分组头，置于扩展头中。由于除 Hop-by-Hop 选项扩展头外，其他扩展头不受中转路由器检查或处理，这样就能提高路由器处理包含选项的 IPv6 分组的性能。

通常一个典型的 IPv6 分组没有扩展头。仅当需要路由器或目的节点做某些特殊处理时，才由发送方添加一个或多个扩展头。与 IPv4 不同的是，IPv6 扩展头长度任意，不受 40 byte 的限制，以便日后扩充新增选项，这一特征加上选项的处理方式使得 IPv6 选项能得以真正的利用。为了提高处理选项头和传送层协议的性能，扩展头总是 8 byte 长度的整数倍。

IPv6 的一个重要目标是支持节点即插即用。也就是说，能够将节点插入 IPv6 网络并且不需要任何人为干预即可自动配置它。IPv6 支持以下类型的自动配置：

（1）全状态自动配置。此类型的配置需要某种程度的人为干预，因为它需要动态主机配置协议（DHCPv6）服务器，以便用于节点的安装和管理。DHCPv6 服务器提供配置信息节点的列表，并维护状态信息，以便服务器知道每个在使用中的地址的使用时间长度以及该地址何时可供重新分配。

（2）无状态自动配置。此类型配置适合于小型组织和个体。在此情况下，每一主机根据接收的路由器广告的内容确定其地址。通过使用 IEEE EUI-64 标准来定义地址的网络 ID 部分，可以合理假定该主机地址在链路上是唯一的。

不管地址是采用何种方式确定的，节点都必须确认其可能地址对于本地链路是唯一的，这是通过将邻居请求消息发送到可能的地址来实现的。如果节点接收到任何响应，则它就知道该地址已在使用中，这时它就需要用其他的地址。

小　　结

为了实现不同地理位置之间的信息交流，就必须建立通信网。随着信息源的多样化，通信网正由传统的电话网向综合业务数字网发展。

本章主要介绍了现代通信网的构成和功能以及现代通信网基本理论和相关技术，内容包括：通信网的组成、体系结构、网络体系分层结构、IPv4 协议、IPv6 协议以及通信网的传输技术、交换技术、信令与接口技术等。

思考与练习 3

3-1　通信网是如何分类的？

3-2　简述现代通信网的构成和功能。

3-3　试举例说明现代通信网的特征。

3-4　通信网的拓扑类型有哪些？举例说明其应用场合。

3-5　简述通信网的分层结构并说明什么是 OSI 参考模型。

3-6　通信网协议有什么意义？简述 TCP/IP 协议的体系结构。

3-7　与 IPv4 相比较，IPv6 最大的优势是什么？

3-8　IPv4 的报头结构有什么特点？其可在哪些层上运行？

3-9　IPv6 的报头结构有什么特点？其扩展头长度有何特点？

第 4 章 大数据和云计算技术

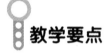

教学要点

- 大数据的概念。
- 云计算的概念。
- 大数据和云计算融合的必然趋势。

大数据(Big Data)也称为巨量资料,指的是所涉及的资料量规模巨大到无法通过目前的主流软件工具,在合理时间内达到撷取、管理、处理并整理成为帮助企业经营决策的资讯。大数据需要特殊的技术来有效地处理大量的经历时间内的数据。适用于大数据的技术包括大规模并行处理(MPP)数据库、数据挖掘电网、分布式文件系统、分布式数据库、云计算平台、互联网和可扩展的存储系统。

云计算相当于我们的计算机和操作系统,将大量的硬件资源虚拟化之后再进行分配使用。整体来看,未来的趋势是,云计算作为计算资源的底层支撑着上层的大数据处理,而大数据的发展趋势是实时交互式的查询效率和分析能力,即动一下鼠标就可以在秒级操作 PB(2^{50} B)级别的数据。

本质上,云计算与大数据的关系是静与动的关系。云计算强调的是计算,这是动的概念;而数据则是计算的对象,是静的概念。如果结合实际应用,则前者强调的是计算能力,而后者看重的是存储能力。大数据需要处理海量数据的能力(如数据获取、清洁、转换、统计等),其实就是强大的计算能力。另外,云计算的动也是相对而言的,如基础设施即服务中的存储设备提供的主要是数据存储能力,所以可谓是动中有静。

4.1 大数据的概念

大数据就是指所涉及的资料量规模巨大,无法在规定时间内通过常规软件工具对其内容进行撷取、管理和处理的数据集合。大数据需要满足"4V",即数据量(Volume)大、数据的种类(Variety)多、数据的增长及处理速度(Velocity)快、数据蕴藏价值(Value)大这四个基本特征。

(1) 数据量大是指数据的采集、存储和计算的量都非常大,大数据通常是指 10 TB(1 TB=2^{40} B)以上规模的数据量。造成数据量增大的原因有很多,例如,很多监控和传感设备的使用,使我们感知到更多的事务,这些事务的数据将被部分或者完全存储;(移动)通信设备的使用,使得交流的数据量成倍增长;基于互联网和社会化网络应用的发展,数以亿计的用户每天产生大量的数据。大数据是不断增长且没有限定的，今天的数据可能比昨天大，明天的数据可能比今天大。尽管太字节（TB，2^{40} B）、拍字节（PB，2^{50} B）、艾字节（EB，2^{60} B）、泽字节（ZB，2^{70} B）、尧字节（YB，2^{80} B）……的数据很大，但仍不是大数据。其实，大量是客观存在的，只不过以前我们无法将其充分利用。

（2）数据种类多是指数据的种类和来源较多，如多种传感器、智能设备、社交网络等。数据的种类包括结构化、半结构化和非结构化数据，包括图片、音频、视频、地理位置等多类型的数据。数据种类多实际上就是具有多个时段（历史的、现在的）、多种媒体、多个来源、异构（结构化、半结构化、非结构化）的数据。

（3）数据的增长及处理速度快是指数据每分每秒都在爆炸性地增长，而对数据的处理速度的要求也很高，数据的快速动态的变化使得流式数据成为大数据的重要特征，对大数据的处理要求具有较强的时效性，能够实时地查询、分析、推荐等。

（4）数据蕴藏价值大是指在海量的数据中，存在着巨大的可被挖掘的商业价值。然而，由于数据总量的不断增加，数据的单位价值密度却相对较低，因此如何通过强大的数据挖掘算法，结合企业的业务逻辑来从海量数据中获取有用的价值是大数据要解决的重要问题。大数据技术的战略意义不在于掌握庞大的数据信息，而在于对这些含有意义的数据进行专业化处理。换言之，如果把大数据比作一种产业，那么这种产业实现盈利的关键就在于提高对数据的"加工能力"，通过"加工"实现数据的"增值"。

除了上述的四个主要特征外，大数据与传统的数据处理技术最明显的一个区别是大数据的处理要求是在线的。例如，用户在使用某一网站或应用时，需要及时地把用户行为数据传送给企业，并通过相应的数据处理或数据挖掘算法，分析出用户的行为特征，并根据处理结果对用户进行精准的内容推荐或行为预测，在提升用户体验的同时，增加用户黏度，为企业带来更多的商业价值，而离线的数据处理，则不能满足这一需求。在线实时处理也是大数据发展的重要趋势和特点。

大数据的总体架构包括三层，即数据存储层、数据处理层和数据分析层。类型复杂和海量由数据存储层解决，快速和时效性要求由数据处理层解决，价值由数据分析层解决。

（1）数据存储层。数据有很多分法，有结构化、半结构化、非结构化数据，也有元数据、主数据、业务数据，还可以分为 GIS、视频、文件、语音、业务交易类各种数据。传统的结构化数据库已经无法满足数据多样性的存储要求，因此在 RDBMS 基础上增加了两种类型：一种是 HDFS（Hadoop 分布式文件系统），可以直接应用于非结构化文件存储；另一种是 No SQL 类数据库，可以应用于结构化和半结构化数据存储。

从存储层的搭建来说，关系型数据库、NoSQL 数据库和 HDFS 分布式文件系统三种存储方式都需要。业务应用可根据实际的情况选择不同的存储模式，但是为了业务的存储和读取方便，可以对存储层进一步封装，形成一个统一的共享存储服务层，以简化这种操作。对用户来讲，其并不关心底层存储细节，只关心数据的存储和读取的方便性，通过共享数据存储层可以实现在存储上的应用和存储基础设置的灵活性的要求。

（2）数据处理层。数据处理层主要解决的问题在于数据存储出现分式后带来的数据处理上的复杂度，以及海量存储后带来的数据处理上的时效性要求。在传统的云相关技术架构上，可以将 Hive、Pig 和 Hadoop - MapReduce 框架相关的技术内容全部划入到数据处理层的能力。MapReduce 只是实现了一个分布式计算的框架和逻辑，而真正的分析需求的拆分、分析结果的汇总和合并还是需要 Hive 层的能力整合，最终的目的很简单，即支持分布式架构下的时效性要求。

（3）数据分析层。数据分析层是挖掘大数据的价值所在，而价值的挖掘核心又在于数据的分析和挖掘。但数据分析层的核心仍然在于传统的 BI 分析的内容，包括数据的维度分析、数据的切片、数据的上钻和下钻、Cube 等。

数据分析只关注两个内容：首先是传统数据仓库下的数据建模，在该数据模型下需要支持上面各种分析方法和分析策略；其次是根据业务目标和业务需求建立的 KPI 指标体系，对应指标体系的分析模型和分析方法。解决了这两个问题就可以解决数据分析的问题。

传统的 BI 分析通过大量的 ETL 数据抽取和集中化，形成一个完整的数据仓库，而基于大数据的 BI 分析，并没有一个集中化的数据仓库，或者数据仓库本身也是分布式的，即使 BI 分析的基本方法和思路并没有变化，但是落地到执行的数据存储和数据处理方法却发生了大变化。

从技术上看，大数据与云计算的关系就像一枚硬币的正反面。大数据必然无法用单台的计算机进行处理，而必须采用分布式计算架构。大数据的特色在于对海量数据的挖掘，但它必须依托云计算的分布式处理、分布式数据库、云存储和/或虚拟化技术。

大数据最核心的价值就是对于海量数据进行存储和分析。相比现有的其他技术而言，大数据的"廉价、迅速、优化"这三方面的综合成本是最优的。

4.1.1　大数据处理分析的六大工具

大数据分析就是在研究和分析大量数据的过程中，寻找模式相关性和其他有用的信息，帮助企业更好地适应变化，并做出更明智的决策。

1. Hadoop

Hadoop 是一个能够对大量数据进行分布式处理的软件框架，是以一种可靠、高效、可伸缩的方式进行处理的。Hadoop 是可靠的，因为它假设计算元素和存储会失败，因此它可维护多个工作数据副本，确保能够针对 Hadoop 是高效的，且以并行的方式工作，通过并行处理加快处理速度；Hadoop 还是可伸缩的，能够处理 PB 级数据。此外，Hadoop 依赖于社区服务器，因此它的成本比较低，任何人都可以使用。

Hadoop 是一个能够让用户轻松架构和使用的分布式计算平台，用户可以轻松地在 Hadoop 上开发和运行处理海量数据的应用程序。Hadoop 主要有以下几个优点：

（1）高可靠性。Hadoop 按位存储和处理数据的能力值得人们信赖。

（2）高扩展性。Hadoop 是在可用的计算机集簇间分配数据并完成计算任务的，这些集簇可以方便地扩展到数以千计的节点中。

（3）高效率。Hadoop 能够在节点之间动态地移动数据，并保证各个节点的动态平衡，因此处理速度非常快。

（4）容错性。Hadoop 能够自动保存数据的多个副本，并且能够自动将失败的任务重新分配。

Hadoop 带有用 Java 语言编写的框架，因此运行在 Linux 生产平台上是非常理想的。Hadoop 上的应用程序也可以使用其他语言编写，如 C++。

2. HPCC

HPCC（High Performance Computing and Communications，高性能计算与通信）是

1993 年由美国科学、工程、技术联邦协调理事会向国会提交的"重大挑战项目：高性能计算与通信"的报告，又被称为 HPCC 计划，即美国总统科学战略项目，其目的是通过加强研究与开发解决一批重要的科学与技术挑战问题。HPCC 是美国为实施"信息高速公路"而实施的计划，该计划的实施耗资百亿美元，其主要目标是：开发可扩展的计算系统及相关软件，以支持太位级网络传输速率，开发千兆比特网络，扩展研究和教育机构及网络连接能力。该项目主要由五部分组成：

（1）高性能计算机系统（HPCS）：内容包括今后几代计算机系统的研究、系统设计工具、先进的典型系统及原有系统的评价等。

（2）先进软件技术与算法（ASTA）：内容包括巨大挑战问题的软件支撑、新算法设计、软件分支与工具、计算及高性能计算研究中心等。

（3）国家科研与教育网络（NREN）：内容包括中继站及 10 亿位级传输的研究与开发。

（4）基本研究与人类资源（BRHR）：内容包括基础研究、培训和课程教材，通过长期的调查，在可升级的高性能计算中来增加被调查人员的创新意识流，通过高性能的计算训练和通信，增加人员之间的联络，以此来提供必需的基础架构支持调查和研究活动。

（5）信息基础结构技术和应用（IITA）：目的在于保证美国在先进信息技术开发方面的领先地位。

3. Storm

Storm 是自由的开源软件，是一个分布式的、容错的实时计算系统。Storm 可以非常可靠地处理庞大的数据流，用于处理 Hadoop 的批量数据。Storm 比较简单，支持多种编程语言，使用起来非常有趣。Storm 由 Twitter 开源而来，其他知名的应用企业包括 Groupon、淘宝、支付宝、阿里巴巴、乐元素、Admaster 等。

Storm 有许多应用领域，包括实时分析、在线机器学习、不停顿的计算、分布式 RPC（远程调用协议，一种通过网络从远程计算机程序上请求服务）、ETL（Extraction-Transformation-Loading，数据抽取、转换和加载）等。Storm 的处理速度惊人：经测试，每个节点每秒钟可以处理 100 万个数据元组。Storm 是可扩展、容错的，很容易设置和操作。

4. Apache Drill

为了帮助企业用户寻找更为有效的加快 Hadoop 数据查询的方法，Apache 软件基金会发起了一项名为"Drill"的开源项目。Apache Drill 实现了 Google's Dremel。

据 Hadoop 厂商 MapR Technologies 公司产品经理 Tomer Shiran 介绍，"Drill"已经作为 Apache 孵化器项目来运作，并将面向全球软件工程师持续推广。

该项目将会创建出开源版本的谷歌 Dremel Hadoop 工具（谷歌使用该工具来为 Hadoop 数据分析工具的互联网应用提速），而"Drill"将有助于 Hadoop 用户实现快速查询海量数据集的目的。

"Drill"项目其实也是从谷歌的 Dremel 项目中获得的灵感：该项目帮助谷歌实现了海量数据集的分析处理，包括分析抓取 Web 文档、跟踪安装在 Android Market 上的应用程序数据、分析垃圾邮件、分析谷歌分布式构建系统上的测试结果等。

通过开发"Drill"开源项目，组织机构将建立 Drill 所属的 API 接口和灵活、强大的体系架构，从而帮助支持广泛的数据源、数据格式和查询语言。

5. Rapid Miner

Rapid Miner 是世界领先的数据挖掘解决方案，它的数据挖掘任务涉及范围广泛，包括各种数据艺术，能简化数据挖掘过程的设计和评价。

Rapid Miner 的功能和特点有：免费提供数据挖掘技术和库；100％用 Java 代码（可运行在操作系统上）；数据挖掘过程简单、强大和直观；内部 XML 保证了以标准化的格式来表示交换数据挖掘过程；可以用简单脚本语言自动进行大规模进程；多层次的数据视图，确保数据有效和透明；图形用户界面的互动原型；命令行（批处理模式）自动大规模应用；Java API（应用编程接口）；简单的插件和推广机制；强大的可视化引擎满足许多尖端的高维数据的可视化建模；400 多个数据挖掘运营商支持。

耶鲁大学已成功地将 Rapid Miner 应用在许多不同的应用领域，包括文本挖掘、多媒体挖掘、功能设计、数据流挖掘、集成开发的方法和分布式数据挖掘。

6. Pentaho BI

Pentaho BI 平台（简称 Pentaho 平台，包括 BI 平台）不同于传统的 BI 产品，它是一个以流程为中心的、面向解决方案（Solution）的框架，其目的在于将一系列企业级 BI 产品、开源软件、API 等组件集成起来，方便商务智能应用的开发。Pentaho BI 的出现使得一系列面向商务智能的独立产品（如 Jfree、Quartz 等）能够集成在一起，构成复杂的、完整的商务智能解决方案。

Pentaho BI 平台的 Pentaho Open BI 套件是核心架构和基础，它是以流程为中心的，其中枢控制器是一个工作流引擎。工作流引擎使用流程定义来定义在 BI 平台上执行的商业智能流程。流程可以很容易地被定义，也可以添加新的流程。BI 平台包含组件和报表，用以分析这些流程的性能。目前，Pentaho 的主要组成元素包括报表生成、分析、数据挖掘和工作流管理等。这些组件通过 J2EE、Web Service、SOAP、HTTP、Java、JavaScript、Portals 等技术集成到 Pentaho 平台中来。Pentaho 的发行主要以 Pentaho SDK 的形式进行。

Pentaho SDK 包含五个部分：Pentaho 平台、Pentaho 示例数据库、可独立运行的 Pentaho 平台、Pentaho 解决方案示例和一个预先配置好的 Pentaho 网络服务器。其中，Pentaho 平台是 Pentaho SDK 最主要的部分，囊括了 Pentaho 平台源代码的主体；Pentaho 示例数据库为 Pentaho 平台的正常运行提供的数据服务，包括配置信息、Solution 相关的信息等，对于 Pentaho 平台来说，它不是必需的，因为通过配置可以用其他数据库服务来取代它；可独立运行的 Pentaho 平台是 Pentaho 平台独立运行模式的示例，它演示了如何使 Pentaho 平台在没有应用服务器支持的情况下独立运行；Pentaho 解决方案示例是一个 Eclipse 工程，用来演示如何为 Pentaho 平台开发相关的商业智能解决方案。

Pentaho BI 平台构建于服务器、引擎和组件的基础之上，提供了系统的 J2EE 服务器、安全门户系统、工作流、规则引擎、图表、协作、内容管理、数据集成、分析和建模功能。这些组件的大部分是基于标准的，可使用其他产品替换。

4.1.2 大数据在我国的未来之路

1. 大数据的基本特点

（1）数据体量巨大，从 TB 级别跃升到 PB 级别。

（2）数据类型繁多，如前面提到的网络日志、视频、图片、地理位置信息等。

（3）价值密度低。以视频为例，连续不间断监控过程中，可能有用的数据仅仅有一两秒。

（4）处理速度快。这一点与传统的数据挖掘技术有本质的不同。物联网、云计算、移动互联网、车联网、手机、平板电脑、PC 以及遍布地球各个角落的各种各样的传感器，无一不是数据的来源或者承载的方式。

2. 我国大数据的变革之路

国务院发布的《促进大数据发展行动纲要》（以下简称《纲要》）将大数据发展确立为国家战略。党的十八届五中全会明确提出了实施"互联网＋"行动计划，发展分享经济，实施国家大数据战略。大力发展工业大数据和新兴产业大数据，利用大数据推动信息化和工业化深度融合，从而推动制造业网络化和智能化，正成为工业领域的发展热点。明确工业是大数据的主体，工业大数据的价值正是在于其为产业链提供了有价值的服务，提升了工业生产的附加值。工业大数据的最终作用是为工业的发展、为工业企业的转型升级提供有价值的服务。要顺利实现中国制造 2025 的目标，中国工业企业必须做好两件事："顶天"，即掌握高端装备行业的工业数据，在高端制造领域完全实现中国智造；"立地"，即掌握中国制造行业的工业大数据，通过运用工业大数据，提升中国制造企业的效益，实现节能降耗，进一步提升中国制造产品质量。为了确保"顶天立地"目标的实现，必须狠抓人才、知识、工具三方面的工作。目前，美国在信息物理系统方面尚缺乏大约 19 万名工程师，而中国的人才缺口更大；此外，大数据知识开放和工具升级也很迫切。

4.2　云计算的基本概念

云计算（Cloud Computing）是基于互联网的相关服务的增加、使用和交付模式，通常涉及通过互联网来提供动态易扩展且经常是虚拟化的资源。"云"是网络、互联网的一种比喻说法。过去在图中往往用"云"来表示电信网，后来也用来表示互联网和底层基础设施的抽象。狭义的云计算是指 IT 基础设施的交付和使用模式，通过网络以按需、易扩展的方式获得所需资源；广义的云计算是指服务的交付和使用模式，通过网络以按需、易扩展的方式获得所需服务，这种服务可以是 IT 和软件、互联网相关，也可以是其他服务，它意味着计算能力也可作为一种商品通过互联网进行流通。可以概括地说："云计算通过网络提供可伸缩的廉价的分布式计算能力。"

云计算是一个新名词，却不是一个新概念。云计算这个概念从互联网诞生以来就一直存在。很久以前，人们就开始购买服务器存储空间，然后把文件上传到服务器存储空间里保存，需要的时候再从服务器存储空间里把文件下载下来，这和 Dropbox 或百度云的模式没有本质上的区别，它们只是简化了这一系列操作而已。

从技术上看，大数据无法用单台的计算机进行处理，必须采用分布式计算架构，它的特色在于对海量数据的挖掘，但它必须依托云计算的分布式处理、分布式数据库、云存储和虚拟化技术。

云计算是世界各大搜索引擎及浏览器数据收集、处理的核心计算方式，推动着网络数据时代进入更加人性化的历史阶段。

云计算是商业化的超大规模分布式计算技术，即用户可以通过已有的网络将所需要的庞大的计算处理程序自动分拆成无数个较小的子程序，再交由多部服务器所组成的更庞大的系统，经搜寻、计算、分析之后将处理的结果回传给用户。

最简单的云计算技术在网络服务中已经随处可见并为我们所熟知，如搜寻引擎、网络信箱等，使用者只要输入简单指令即可获得大量信息。而在未来的云计算的服务中，它就不仅仅是只做资料搜寻工作，还可以为用户提供各种计算技术、数据分析等的服务。通过云计算，人们利用手边的 PC 和网络就可以在数秒之内处理数以千万计甚至亿计的信息，得到和"超级计算机"同样强大效能的网络服务，获得更多、更复杂的信息计算的帮助。例如，分析 DNA 的结构、基因图谱排序、解析癌症细胞等。就普通百姓常用而言，在云计算下，未来的手机、GPS 等移动装置都可以发展出花样翻新、目不暇接的各种应用服务。

4.2.1　折叠广义的云计算和狭义的云计算

狭义的云计算是指 IT 基础设施的交付和使用模式，通过网络以按需、易扩展的方式获得所需的资源（硬件、平台、软件）。提供资源的网络被称为"云"，"云"中的资源在使用者看来是可以无限扩展的，并且可以随时获取、按需使用、随时扩展、按需付费，这种特性经常被称为像水电一样使用的 IT 基础设施。广义的云计算是指服务的交付和使用模式，是通过网络以按需、易扩展的方式获得所需的服务，这种服务可以是 IT 和软件、互联网相关的，也可以是任意其他的服务。

当云计算系统运算和处理的核心是大量数据的存储和管理时，云计算系统中就需要配置大量的存储设备，那么云计算系统就会转变成一个云存储系统，因此云存储是一个以数据存储和管理为核心的云计算系统。

1. 主要特点

通过使计算分布在大量的分布式计算机上，而非本地计算机或远程服务器中，不仅使企业数据中心的运行与互联网更相似，也使得企业能够将资源切换到需要的应用上，根据需求访问计算机和存储系统。好比从古老的单台发电机模式转向了电厂集中供电的模式一样，这意味着计算能力也可以作为一种商品进行流通，就像煤气、水电一样取用方便、费用低廉，而最大的不同在于它是通过互联网进行传输的。

折叠的核心观点：2016 年板块的核心驱动力将下沉为技术革新，从人脸识别到人工智能、虚拟现实到量子通信，创新的技术将进一步深化商业模式的变革。

易拓云指出：云计算是技术驱动的核心，是商业模式变革的基础。云计算的 IT 架构变革使得"互联网＋"、大数据战略蓬勃发展，庞大的计算能力使得深度学习/人工智能商业化进程加速。云计算是板块技术驱动的核心，其基础设施建设在未来 3～5 年内将维持高景气度；同时云计算所实现的应用线上化、数据资产化、服务生态化，也将成为商业模式变革的基础。

2. 折叠云计算的发展

折叠云计算的好处是：① 安全，云计算提供了最可靠、最安全的数据存储中心，用户不用担心数据丢失、病毒入侵等麻烦；② 方便，云计算对用户端的设备要求较低，使用方便；③ 数据共享，云计算可以轻松实现不同设备间的数据与应用共享；④ 无限可能，云计算为我们使用网络提供了无限多的可能。

在我国，云计算发展非常迅猛。在前瞻网《2015－2020 年中国云计算产业发展前景与投资战略规划分析报告前瞻》中有相关内容：2008 年 5 月 10 日，IBM 在中国无锡太湖新城科教产业园建立的中国第一个云计算中心投入运营；2008 年 6 月 24 日，IBM 在北京 IBM 中国创新中心成立了第二家中国的云计算中心——IBM 大中华区云计算中心；2008 年 11 月 28 日，广东电子工业研究院与东莞松山湖科技产业园管委会签约，广东电子工业研究院将在东莞松山湖投资 2 亿元建立云计算平台；2008 年 12 月 30 日，阿里巴巴集团旗下子公司阿里软件与江苏省南京市政府正式签订了 2009 年战略合作框架协议，2009 年初在南京建立国内首个"电子商务云计算中心"，首期投资额达上亿元人民币；世纪互联推出了 Cloud Ex 产品线，包括完整的互联网服务"Cloud Ex Computing Service"、基于在线存储虚拟化的"Cloud Ex Storage Service"、供个人及企业进行互联网云端备份的数据保全服务等系列互联网云计算服务；中国移动研究院做云计算的探索起步较早，已经完成了云计算中心试验。

到"十三五"初期，云计算的重大设备、核心软件、支撑平台等方面突破一批关键技术，形成了自主可控的云计算系统解决方案、技术体系和标准规范，在若干重点区域、行业中开展了典型应用示范，实现了云计算产品与服务的产业化，积极推动了服务模式创新，培养了创新型科技人才，构建了技术创新体系，引领了云计算产业的深入发展，使我国云计算技术与应用达到了国际先进水平。预计随着国家的扶持以及企业投入力度的进一步加大，中国云计算从概念到大规模应用将指日可待。

4.2.2　云计算的工具与服务

1. 云计算的十大工具

(1) Cloudability。工具类型为云成本分析。

(2) S3 生命周期追踪器、EC2 预留探测器、RDS 预留探测器。工具类型为云优化。

(3) AtomSphere。工具类型为云集成。

(4) Enstratius。工具类型为云基础设施管理。

(5) Informatica Cloud 2013 春季版。工具类型为云数据集成。

(6) Cloud Hub。工具类型为云集成服务。

(7) Chef。工具类型为云配置管理。

(8) Puppet。工具类型为云配置管理。

(9) Right Scale Cloud Management。工具类型为云管理。

(10) Agility Platform。工具类型为企业云管理。

2. 几种云计算服务

(1) 折叠 IaaS(Infrastructure as a Service)：基础设施即服务。消费者通过 Internet 可以从完善的计算机基础设施中获得服务。IaaS 为客户提供的能力是提供处理能力、存储能力、网络和其他基本计算资源，客户可以使用这些资源部署或运行他们自己的软件，如操作系统或应用程序。虽然客户无法管理和控制底层云基础设施，但却可以控制操作系统，存储和部署应用程序，或拥有有限的网络组件控制权。

(2) 折叠 SaaS(Software as a Service)：软件即服务。SaaS 是一种通过 Internet 提供软

件的模式，用户无须购买软件，而是向提供商租用基于 Web 的软件来管理企业经营活动。

（3）折叠 PaaS(Platform as a Service)：平台即服务。PaaS 实际上是指将软件研发的平台作为一种服务，以 SaaS 的模式提交给用户，因此 PaaS 也是 SaaS 模式的一种应用。但是，PaaS 的出现可以加快 SaaS 的发展，尤其是加快 SaaS 应用的开发速度。PaaS 改变了传统的应用交付模式，促进了分工的进一步专业化，细分了开发团队和运维团队，将极大地提高未来软件交付的效率。

4.2.3 云计算的前景

1. 折叠云建站

云建站是随着云计算技术成熟兴起的一种新型整合式技术平台，面对有初级建站经验基础的人员，通常采用知名的 IaaS 提供商服务作为基础设施提供网络设备、服务器；同时提供云端开发平台，开发者在平台中编写网站模板代码，运行在浏览器中的开发器提供代码高亮、代码智能感知、数据接口等本地开发中也经常用到的辅助开发功能。与传统开发模式不同的是，模板开发完成后不需要将代码上传到 FTP 虚拟空间，因为整套系统与云基础设施相连，代码可直接无缝提交到云主机上，只要将域名解析到云主机即可上线，为开发者节省了大量开发环境部署、服务器搭建、代码上传的时间。云建站是一种提供代码级别的定制性，以云计算为基础设施，低投入、高品质、省时、省心的新型建站方式。

云建站平台是集开发环境、分布式文件存取、服务器部署等于一体的云端 Web 开发平台。平台通过简单易学的模板语言允许开发者对网站进行 100% 的前端样式定制设计，底层架构和基础设施提供防火墙、缓存、负载均衡、故障转移、CDN 文件 I/O 等来保障网站的安全性、高性能和高可用。

通常云建站在开发时是完全免费的，只有在正式上线时才会收费。网站创建时系统将分配免费的二级域名绑定到开发网站，在绑定正式域名之前网站可以通过该二级域名在互联网上被访问到。

开发者可以通过开发平台对网站的所有页面、模板源代码、图片添加、编辑和删除等开发定制操作。开发平台中提供完善的代码高亮支持，常用前端类库等大大降低了开发者对平台和模板语言的学习成本。随着语法智能提示、可拖拽设计的控件库、在线图片处理等辅助开发工具的推出，可实现 Web 的快速开发，进一步降低了 Web 开发成本。

因此，云建站平台中开发流程与主流开发方式差不多，但是所有步骤不是在开发者本地完成，而是在云端完成。开发者可以从模板库中直接套用现成模板建站，之后在模板基础上进行二次开发满足定制化需求；也可以只创建空网站，自行定制开发页面。

2. 折叠云物联

"物联网就是物物相连的互联网"有两层意思：① 物联网的核心和基础仍然是互联网，是在互联网基础上延伸和扩展的网络；② 其用户端延伸和扩展到了任何物品与物品之间，进行信息交换和通信。

随着物联网业务量的增加，对数据存储和计算量的需求将带来对"云计算"能力的要求：① 云计算，在物联网的初级阶段，从计算中心到数据中心，PoP 即可满足需求；② 在物联网的高级阶段，可能出现 MVNO/MMO 营运商（国外已存在多年），需要虚拟化云计算技术、SOA 等技术的结合实现互联网的泛在服务，即 EaaS(Everything as a Service)。

3. 折叠云安全

云安全(Cloud Security)是一个从"云计算"演变而来的新名词。云安全的策略构想是：使用者越多，每个使用者就越安全，因为如此庞大的用户群，足以覆盖互联网的每个角落，只要某个网站被挂马或某个新木马病毒出现，就会立刻被截获。

云安全通过网状的大量客户端对网络中软件行为的异常进行监测，获取互联网中木马、恶意程序的最新信息，推送到服务器端进行自动分析和处理，再把病毒和木马的解决方案分发到每一个客户端。

4. 折叠云存储

云存储是在云计算(Cloud Computing)概念上延伸和发展出来的一个新概念，是指通过集群应用、网格技术或分布式文件系统等功能，将网络中大量各种不同类型的存储设备通过应用软件集合起来协同工作，共同对外提供数据存储和业务访问功能的一个系统。当云计算系统运算和处理的核心是大量数据的存储和管理时，云计算系统中就需要配置大量的存储设备，那么云计算系统就转变成为一个云存储系统，因此云存储是一个以数据存储和管理为核心的云计算系统。

5. 折叠云通信

云通信(Cloud Communication)是云计算技术在通信领域的一种推广应用解决方案。云通信技术主要是对 IaaS、PaaS、SaaS 等云计算技术应用层次进行分析提取的基础上，将智能云、云存储、云交互、云数据、弹性云计算、云分享等云计算技术应用到传统的通信行业，实现对传统通信技术的革命性改造，让通信技术进入云应用及大数据管理时代，这对于提升用户体验，创造用户满意度有着非常重要的意义。在通信云技术领域，公共云和私有云技术成为两种不同的云应用选择。

6. 折叠云游戏

云游戏是以云计算为基础的游戏方式。在云游戏的运行模式下，所有游戏都在服务器端运行，并将渲染完毕后的游戏画面压缩后通过网络传送给用户。在客户端，用户的游戏设备不需要任何高端处理器和显卡，只需要基本的视频解压能力就可以了。现今来说，云游戏还没有成为家用机和掌机界的联网模式，因为至今 X360 仍然在使用 LIVE，PS 是 PS NETWORK，Wii 是 Wi-Fi。但是几年后或十几年后，云计算成为网络发展的终极方向的可能性非常大。如果这种构想能够成为现实，那么主机厂商将变成网络运营商，他们不需要不断投入巨额的新主机研发费用，而只需要拿这笔钱中的很小一部分去升级自己的服务器就行了，但是达到的效果却相差无几。对于用户来说，他们可以省下购买主机的开支，但是得到的却是顶尖的游戏画面(当然对于视频输出方面的硬件必须过硬)。用户可以想象一台掌机和一台家用机拥有同样的画面，家用机和我们今天用的机顶盒一样简单，甚至家用机可以取代电视的机顶盒而成为次时代的电视收看方式。

7. 折叠云教育

视频云计算应用在教育行业的实例：流媒体平台采用分布式架构部署，分为 Web 服务器、数据库服务器、直播服务器和流服务器，如有必要可在信息中心架设采集工作站搭建网络电视或实况直播应用。在各个学校已经部署录播系统或直播系统的教室配置流媒体功能组件，这样录播实况可以实时传送到流媒体平台管理中心的全局直播服务器上，同时录播的学校本色课件也可以上传存储到教育局信息中心的流存储服务器上，方便今后的检索、点播、评估等各种应用。

8. 折叠云会议

云会议是基于云计算技术的一种高效、便捷、低成本的会议形式。使用者只需要通过互联网界面，进行简单易用的操作，便可快速、高效地与全球各地团队及客户同步分享语音、数据文件及视频，而会议中数据的传输、处理等复杂技术由云会议服务商帮助使用者进行操作。

目前，国内云会议主要集中在以 SaaS（软件即服务）模式为主体的服务内容，包括电话、网络、视频等服务形式，基于云计算的视频会议就称为云会议。云会议是视频会议与云计算的完美结合，给用户带来了最便捷的远程会议体验。及时语移动云电话会议，是云计算技术与移动互联网技术的完美融合，通过移动终端进行简单的操作，使用户可随时随地高效地召集和管理会议。

9. 折叠云社交

云社交（Cloud Social）是一种物联网、云计算和移动互联网交互应用的虚拟社交应用模式，以建立著名的"资源分享关系图谱"为目的，进而开展网络社交。云社交的主要特征就是把大量的社会资源统一整合和评测，构成一个资源有效池向用户按需提供服务，参与分享的用户越多，能够创造的利用价值就越大。

近年来云计算作为一个新的技术趋势已经得到了快速的发展。云计算已经彻底改变了一个前所未有的工作方式，也改变了传统软件工程企业。以下是云计算目前发展最受关注的几大方面：

（1）云计算扩展投资价值。云计算简化了软件、业务流程和访问服务，比以往传统模式改变更多，帮助企业操作和优化他们的投资规模。在相同的条件下，企业正扩展他们的IT 能力，这将会帮助企业带来更多的商业机会。

（2）混合云计算的出现。企业使用云计算（包括私人和公共）来补充他们的内部基础设施和应用程序。专家预测，这些服务将优化业务流程的性能。采用云服务是一个新开发的业务功能。

（3）以云为中心的设计。目前组织设计作为云计算迁移的元素正在不断增多。这意味需要优化云计算的经验的企业将优先采用云技术。这是一个趋势，预计增长会随着云计算的扩展到不同的行业。

（4）移动云服务。未来一定是移动、这样或那样的方式。数量上升显著的移动设备——平板电脑、iPhone 和智能手机在移动中发挥了更多的作用。更多的云计算平台和API 服务将成为移动云服务。

（5）云安全。通常人们会担心他们在云端的数据安全。正因为此，用户应该期待看到更安全的应用程序和技术。许多新的加密技术、安全协议在未来会越来越多地呈现出来。

4.3　大数据和云计算融合的必然趋势

4.3.1　大数据发展现状

1. 国际发展现状

《纽约时报》在 2012 年 2 月的一篇专栏中提到,"大数据"时代已经降临,在商业、经济及其他领域中,决策将日益基于数据和分析而做出,而并非基于经验和直觉。

2012 年 3 月 29 日,美国政府启动"Big Data Research and Development Initiative"计划,6 个部门拨款 2 亿美元,争取增加 100 倍的分析能力从各种语言的文本中抽取信息。这是一个标志性事件,说明继集成电路和互联网之后,大数据已成为信息科技关注的重点。英国政府宣布投资 1.89 亿英镑推进大数据和节能计算;法国政府在《数字化路线图》中列出了五项将会大力支持的战略性高新技术,将投入 1150 万欧元进行支持,而"大数据"就是其中一项;印度全国软件与服务企业协会预计印度大数据行业规模在 3 年内将达到 12 亿美元,政府将积极支持……

2013 年 6 月,日本正式公布了新 IT 战略——"创建最尖端 IT 国家宣言"。宣言全面阐述了 2013—2020 年间以发展开放公共数据和大数据为核心的日本新 IT 国家战略。

2013 年 7 月,在甲骨文(Oracle)全球大会上,甲骨文总裁马克·赫德(Mark Hurd)宣布,将加大对中国区的投入,甲骨文在中国的第四个研发中心——上海研发中心已经建成,将很快投入使用。此次投入的主攻方向是云计算、大数据、商业智能(BI)。

英特尔公司高级副总裁兼数据中心及互联系统事业部总经理柏安娜表示,英特尔未来将会大力发展数据中心领域的芯片技术。

至此全球掀起了一股大数据的浪潮。

大数据是继云计算、物联网之后 ICT 产业界又一次颠覆性的技术变革。根据 IDC 研究显示,全球数据量大约每两年翻一番,到 2020 年将达 35 ZB,如果把 35 ZB 的数据全部刻录到容量为 9 GB 的光盘上,其叠加的高度将达 233 万千米,相当于在地球与月球之间往返三次。

大数据时代的来临使人类第一次有机会和条件,在非常多的领域和非常深入的层次获得和使用全面数据、完整数据和系统数据,深入探索现实世界的规律,获取过去不可能获取的知识,得到过去无法企及的商机,这将对我们的社会和生活产生莫大的影响。就当下而言,大数据已经不再只是纸上谈兵,而是渐渐渗入了我们的生活,而且大数据产业已成为全球高科技产业竞争的前沿领域,以美国、日本以及欧洲等国家为代表的全球发达国家,正在展开以大数据为核心的新一轮信息战略。

2. 国内发展趋势

国内大数据紧跟国际发展,且形势逐渐升温。国内大数据市场规模在迅速扩展,2013 年被业界誉为中国的大数据元年。

中国有着庞大的人群和应用市场,复杂性高,充满变化,如此庞大的用户群体,构成了世界上最为庞杂、繁复的数据。解决这种由大规模数据引起的问题,探索以大数据为基础的解决方案，是中国产业升级、效率提高的重要手段。

2012 年，中国大数据的产值达到 120 亿美元。随着从事数据的机构和相关企业的增多，今后国内数据采集成本也会降低。例如，基因数据库分析的相关数据，5 年前 100 万美元才可以买到，现在只要 1000 美元就足够了。

整体来看，如果说美国宣称自己尚处于大数据开发的初级阶段的话，那么中国的大数据则处于雏形阶段。目前来说，我国的大数据开发以及应用还仅仅局限在商业领域中，尤其以百度、阿里巴巴、腾讯、新浪等互联网公司为代表，他们可以利用多年来积累的数据优势进行自主开发。制造业的代表海尔集团这两年也在强调大数据的应用，快速响应客户，感知客户需求。

2013 年，上海公布的"汇计划"指出，今后 3 年的具体目标之一是开发一批具有产业核心竞争力的大数据软件产品；2013 年 4 月底，阿里巴巴以 5.86 亿美元入股新浪，声称"双方将在用户账户互通、数据交换、在线支付、网络营销等领域进行深入合作，并探索基于数亿的用户与阿里巴巴电子商务平台的数亿消费者有效互动的社会化电子商务模式"。在视频领域，收购了 PPS 的爱奇艺也在布局大数据。在社交领域，腾讯朋友网可以说是一个比较成功的案例。

2013 年以来，大数据概念股逆市上扬，累计涨幅达 47.8%。根据行业分类细分，"大数据"主要涉及七大领域，包括数据处理和分析环节及综合处理、语音识别、视频识别、商业智能软件、数据中心建设与维护、IT 咨询和方案实施、信息安全，这些领域将共享高成长盛宴。

实际上，各行业对大数据也有着现实的需求：中国工商银行拥有 2.2 亿用户和 6 亿个账户，每日处理多达 2 亿个交易；中国石油集中统一信息系统管理 8600 万吨/年的成品油销售业务，年处理 3450 万张单据；中国航信目前运行着超过 2000 台硬件设备，事务处理能力为 11 000TNX/s，每天为 100 万旅客提供订票离港服务；阿里巴巴集团拥有的数据达到 30 PB(1 PB＝2^{20} GB)，规模全球领先……

数据已成为与自然资源、人力资源同样重要的战略资源，隐含巨大的价值，且已引起科技界和企业界的高度重视。如果我们能够有效地组织和使用大数据，人们将得到更多的机会发挥科学技术对社会发展的巨大推动作用，孕育着前所未有的机遇。

4.3.2 大数据条件与运作模式

大数据的原理很简单，在统计学中，样本选取得越多，得到的统计结果就越接近真实的结果。海量的数据充斥世界，如果能将它们"提纯"并迅速生成有用信息，无异于掌握了一把能打开另一个世界的"钥匙"。

越来越多的政府、企业正逐步意识到这座隐藏在数据山脉中的"金矿"，数据分析能力正成为各种机构的核心竞争力。目前，几乎所有世界级的互联网企业，无论社交平台之争还是电商价格大战，都有大数据的影子。

1. 大数据条件

大数据需要庞大的数据积累以及深度的数据挖掘和分析。大数据要想落地，必须有两个条件：一是丰富的数据源；二是强大的数据挖掘分析能力。

Google 公司通过大规模集群和 MapReduce 软件，每个月处理的数据量超过 400PB；

百度每天大约要处理几十 PB 数据，大多要实时处理，如微博、团购、秒杀；Facebook 注册用户超过 8.5 亿，每月上传 10 亿张照片，每天生成 300TB 日志数据；淘宝网有 3.7 亿会员，在线商品有 8.8 亿个，每天交易数千万个，产生约 20TB 数据；Yahoo 的数据量：Hadoop 云计算平台有 34 个集群，超过 3 万台机器，总存储容量超过 100PB。这些海量的数据正是大数据落地的前提，为分析工作做好准备。

从大数据中挖掘更多的价值，需要运用灵活的、多学科的方法。目前，源于统计学、计算机科学、应用数学和经济学等领域的技术已经开发并应用于整合、处理、分析和形象化大数据。一些面向规模较小、种类较少的数据开发技术，也被成功应用于更多元的大规模的数据集。依靠分析大数据来预测在线业务的企业已经并持续自主开发相关技术和工具。随着大数据的不断发展，新的方法和工具正不断被开发。

麦肯锡认为，可专门用于整合、处理、管理和分析大数据的关键技术主要包括BigTable、商业智能、云计算、Cassandra、数据仓库、数据集市、分布式系统、Dynamo、GFS、Hadoop、HBase、MapReduce、Mashup、元数据、非关系型数据库、关系型数据库、R 语言、结构化数据、非结构化数据、半结构化数据、SQL、流处理、可视化技术等。

2. 大数据运作模式

现有大数据的运作模式主要有以下三种：

(1) 像亚马逊、谷歌和 Facebook 这类公司，因其拥有大量的用户信息，通过对用户信息的大数据分析解决自己公司的精准营销和个性化广告推介等问题。这类公司将改变营销学的根基，精准营销和个性化营销将有针对性地找到用户，多重渠道的营销手段将逐渐消失。

(2) 像 IBM 和惠普这类公司，通过整合大数据的信息和应用，给其他公司提供"硬件＋软件＋数据"的整体解决方案。这类公司将改变公司的管理理念和策略制定方式，没有数据分析支撑的决定将越来越不具有可靠性。

(3) 新兴的创业公司则通过出售数据和服务更有针对性地提供单个解决方案，这些公司更接近于把大数据商业化、商品化的模式。这类公司将大数据商品化，这将带来继门户网站、搜索引擎、社交媒体之后的新一波创业浪潮和产业革命，并会对传统的咨询公司产生强烈的冲击。

云计算技术是目前解决大数据问题集最有效的手段。云计算提供了基础架构平台，大数据应用在这个平台上运行。大数据是未来的行业发展趋势，其发展势头已势不可挡，而Hadoop 作为更大规模分布式计算和存储离线处理集群的代表，在 2013 年更是红遍了全球。广大开发者应抓住大数据机遇，选择更适合的平台技术，借助最优的解决方案，利用大数据开发出更智能、更个性化的新一代应用，并最终实现应用经济的转型升级。

4.3.3　大数据安全

1. 大数据遭遇"安全门"

大数据像一枚硬币，有着两面性：一方面，它将催生新型科技公司、吸纳科技人才就业，并为企业发展转型提供新机遇；另一方面，它给个人、企业甚至国家带来了个人隐私危机、重构信息安全、竞争力差距拉大、数据产权争端等诸多挑战。

一项研究发现，2005—2009年，美国被盗用的数据数量增加了30％。因此，政府在赋予企业在更大范围使用数据以获取潜在收益的同时，应减轻公众对隐私和个人信息安全的担忧。随着大数据时代的来临，信息安全、数据泄露的问题频频发生，对于企业来说，能够在信息安全防护中快速地找出威胁源头是至关重要的。

2013年6月至7月，"棱镜门"事件可谓触动了人们脑中关于隐私本就绷紧的神经。斯诺登，这位除奥巴马以外全球最知名的美国人，曝出了美国国家安全局对全球信息以及个人隐私进行窃听的丑闻。可能大家觉得这只不过是对信息的监控，对安全起不到实质性影响。但据某军事专家称："美国损失一个斯诺登就相当于损失10个装甲师的兵力。"他所掌握的数据要是被其他国家所利用就会对美国安全构成严重威胁，数据就能够成为真实的"武器"。

也许有人会说信息安全对个人并无什么影响，其实不然，个人隐私也是数据的一种，一旦泄露也会给个人带来很多麻烦。例如，在淘宝搜索"家居装饰材料"，淘宝会在用户能见到的页面中提供一些家居材料的广告，这些广告能够为用户提供更好的选择，同时也能带动相关商家的交易，可谓一举两得。倘若这些信息被一些装修公司掌握，那么用户的电话、电脑中就会出现不知道多少骚扰电话与营销广告。可以说，数据对个人的影响也很深远。

2. 大数据安全靠管理

关于大数据的安全，坦率地讲，任何一种安全，关键因素还是管理手段，特别是对密钥的管理，这将影响整个加密过程。大数据的应用诉求将促使商业模式变革，并对技术架构形成冲击，营运模式也将产生变化。

所以，为适应大数据时代的到来，应尽快制定信息公开法以加强网络信息保护，界定数据挖掘、利用的权限和范围，使得大数据的挖掘和利用依法推进：应当既鼓励面向群体、服务社会的数据挖掘，又要防止侵犯个体隐私；既提倡数据共享，又要防止数据被滥用。

4.3.4 大数据时代的机遇与挑战

1. 大数据带来大变革

大数据给很多不同的行业带来了深刻的变革，主要表现在创造透明度方面，即通过一些可控的实验发现新的需求，对用户进行细分以及为客户定制服务等。更重要的是，大数据孕育了新的商业模式，数据成为企业资产负债表上非常重要的一项。例如，在医疗卫生行业，能够利用大数据避免过度治疗、减少错误治疗和重复治疗，从而降低系统成本、提高工作效率，改进和提升治疗质量；在公共管理领域，能够利用大数据有效推动税收工作开展，提高教育部门和就业部门的服务效率；在零售业领域，通过在供应链和业务方面使用大数据，能够改善和提高整个行业的效率；在市场和营销领域，能够利用大数据帮助消费者在更合理的价格范围内找到更合适的产品以满足自身的需求，提高附加值。

过去的几十年，全世界一直大力发展信息科学技术和产业，但主要的工作还是电子化和数字化。现在以数据为主的大数据时代已经到来，战略需求正在发生重大转变：关注的重点落在数据（信息）上，计算机行业要转变为真正的信息行业，即从追求计算速度转变为追求大数据处理能力；软件也从以编程为主转变为以数据为中心。

大数据分析技术不仅是促进基础科学发展的强大杠杆，也是许多行业技术进步和企业发展的推动力。大数据的真正意义并不在于大带宽和大存储，而在于对容量大且种类繁多的数据进行分析并从中萃取大量有价值的信息。只要能够掌握大数据并且能够进行实时分析，就能有效地改变交通、运输、能源、医疗等产业，进而创造庞大的商机。

2. 大数据的国家战略

大数据不仅是企业竞争和增长的引擎，而且对于提高发达国家和发展中国家的生产率、创新能力和整体竞争力都有着重要的作用。政策制定者必须认识到利用大数据可以刺激经济的下一波增长。

在大数据中心建设上，应将大数据管理上升到国家战略层面，从国家战略层面予以重视。特别要强调以下几点：

（1）政府应由责任部门牵头进行专项研究，从国家层面通盘考虑我国大数据发展的战略。

（2）大数据从数据生成、信息收集到数据的发布、分析和应用，牵涉到各个层面。目前，我国在数据的收集、使用上还存在一定的法律空白和欠缺，为保证大数据中心建设的持续健康发展，应通过立法或立规，来妥善处理政府、企业信息公开与公民隐私权利保护之间的矛盾，重点是推动数据公开和加强隐私保护。

（3）应重视人才培养。在大数据处理环节中，数据人才是能否点燃大数据价值的关键。大数据时代更要呼唤创新型人才：据盖特纳咨询公司预测，大数据将为全球带来 440 万个 IT 新岗位和上千万个非 IT 岗位；中国能理解与应用大数据的创新人才更是稀缺资源，这方面的人才缺口更大。

3. 大数据的新时代挑战

作为大数据与人工智能技术的具体应用，金融云、教育云等多个行业都将面临全新的技术挑战。数据在互联网时代发挥的作用取决于数据量、处理速度、存储能力和应用场景。目前大数据市场的数据规模已达百亿级别，而在传统互联网时代，大多数公司是没有足够的资源去大规模处理这些数据的。

大数据技术的挑战如下：

（1）处理大量数据。

（2）利用大数据技术来分析数据，帮助用户做出决策。

（3）快速更新数据，以提供更好的用户体验。

（4）使工作变得更轻松，更有效率。

（5）可以分析大量数据，并从中找到有用信息，进而改进业务。

大数据时代对计算机基础技术的要求越来越高，我们需要在大数据存储、处理、分析方面进行突破。

（1）服务器端：要能够迅速从大量数据中搜索出所需要的数据，并将其分析结果呈现出来。比如，百度通过网络上的关键词了解到用户需要解决的问题是什么，进而开展针对性的搜索。这就是大数据处理中心的作用。

（2）移动端：移动终端有了更多功能，让我们能随时随地获取信息。例如：微信公众号能实现信息与人的连接；地图软件能帮助用户了解周围都有什么、自己所处的位置；手机购物更方便快捷；在出行时使用滴滴等打车软件可以使出行更方便。

（3）Web 端：网页数据量大，时效性强，容易被篡改，需要使用分布式存储技术来解决问题。

（4）其他系统：大数据处理系统必须实现多个平台(比如微信小程序、微博小程序和百度 App 等)间的互联互通、资源共享等功能。

4. 云计算与大数据的融合发展

在数字化快速发展的时代，企业和组织面临着前所未有的挑战与机遇。作为一种新型的决策方式，数字化决策正在逐渐成为企业在激烈竞争环境中取得优势的关键。数字化决策是指基于数据和事实进行决策的方式，它具有科学、精准、高效等优点。在数字化决策过程中，云计算与大数据相互补充，共同为决策提供强大的支持。例如，在商业智能领域，企业可以利用云计算技术搭建大数据分析平台，对海量数据进行快速、准确的分析，进而制订更具针对性的营销策略和业务优化方案。

云计算是一种按需提供的计算服务，通过互联网提供基础设施和应用程序。它包括云服务、云存储等方面，为企业提供了灵活、高效的资源解决方案。在数字化决策中，云计算的主要作用在于提供稳定、快速、安全的计算环境，帮助企业快速处理大量数据，提高决策效率。

大数据则是指无法在一定时间范围内用常规软件工具进行捕捉、管理和处理的数据集合。大数据包括结构化、半结构化和非结构化数据，具有数据体量大、产生速度快、处理难度高的特点。在数字化决策中，大数据的主要作用在于提供全面、准确、翔实的数据支持，帮助企业深入挖掘市场趋势，精准定位用户需求，从而制订更为科学合理的决策。

总之，云计算与大数据在数字化决策中发挥着相辅相成的作用。随着数字化时代的不断发展，二者的互补作用将愈发显著。未来，我们有理由相信，云计算与大数据的结合将进一步推动数字化决策的发展，为企业和组织在日益激烈的竞争环境中创造更多价值。

首先，云计算将继续为企业提供强大的计算支持，帮助其快速处理和分析大规模数据。同时，随着云计算技术的不断演进，企业可以更加灵活地根据业务需求调整资源的使用，实现成本效益最大化。

其次，大数据将在数据挖掘和分析方面发挥更重要的作用。通过对海量数据的深入挖掘和分析，企业可以更加准确地把握市场趋势和消费者需求，进而制订更为精准的决策。同时，大数据还可以帮助企业及时发现业务运营中的问题，优化流程并降低成本。

再者，云计算与大数据的结合将推动数字化决策的智能化发展。利用云计算和大数据技术，企业可以构建智能决策支持系统，实现数据的实时分析、预测和优化。这将极大地提高企业的决策效率和准确性，助力企业在激烈的市场竞争中脱颖而出。

此外，随着物联网、人工智能等技术的不断发展，云计算与大数据的互补作用还将进一步增强，帮助企业实现对海量数据的实时采集、处理和分析，为决策提供更为全面、准确的信息支持，进一步推动数字化决策的科学化、精准化和智能化发展。未来，企业需要充分利用云计算与大数据的优势，不断提升数字化决策的水平，才能在在激烈的市场竞争中保持领先地位。

5. 云计算与大数据的应用场景

1）在互联网金融证券业的应用

在大数据时代，大量的金融产品和服务都是通过网络和云服务的方式来提供和展示的，所以移动网络将逐渐成为大数据金融服务的一个主要渠道。随着法律、监管政策的完善和技术的发展，支付结算、网贷、P2P、众筹融资、资产管理、现金管理、产品销售、金融咨询等都将以云服务的方式提供，金融实体店将受到冲击，其功能也将弱化转型，消费模式逐步向社区和体验模式过渡。

大数据带来的变化，首先是风险管理理念和工具的调整。风险定价和客户评价理念将会以真实、高效、自动、准确为基础，形成客户的精准画像。基于数据挖掘的客户识别和分类将成为风险管理的主要手段，动态、实时的监测而非事后的回顾式评价将成为风险管理的主要手段。

其次，大数据可以大大降低金融产品和服务中消费者与提供者之间的信息不对称，基于此可以逐步实现业务流程的自主信息化，结合时间、人物、产品路径将信息精准推送给有需求的人群，使金融业务实现高效率、低成本。

再次，大数据使得产品更加安全可控，也更令人满意。精准数据定位模式对消费者而言，是安全可控、可受的。可控，是指双方的风险可控；可受，是指双方的收益（或成本）和流动性是可接受的。同时，高效贴心的服务还能提升用户满意度。

最后，大数据将促进行业的泛在化。金融供给将不再是传统金融业者的专属领地，许多具备大数据技术应用能力的企业都会涉足或介入金融行业。有趋势表明，银行与非银行间、证券公司与非证券公司间、保险公司与非保险公司间的界限会非常模糊，金融企业与非金融企业间的跨界融合将成为常态。

2）在通信运营领域的应用

目前，通信运营商正面临着 5G 时代的全面到来。5G 提供了更大的带宽、更快的速度和更低的延迟，其技术将有助于运营商掌握全量的客户的移动数据。手机购物、视频直播、移动电影/音乐下载、手机游戏、即时通信、移动搜索、移动支付等移动业务及云服务将会有更大的爆发式增长。这些技术及服务在为我们创造了前所未有的新体验的同时，也为通信运营商挖掘用户数据价值提供了大数据的视角。数据共享、数据分析、数据挖掘、数据应用已经成为通信运营商的发展新模式，基于移动数据的商业洞察力和价值发掘是未来通信运营的竞争核心。

据统计，全球百余家电信运营商和近万家关联企业有一半都在制订大数据战略和实施大数据业务转型，这是一个必然的发展方向。他们通过提高数据收集、数据分析和利用的能力，打造全新的产业链和商业生态圈，以摆脱管道的传统经营模式，将收取管道的建设费和过路费弱化，对管道内容进行粗加工和深加工，转而销售价值密度高的数据成品和数据半成品。依托数据服务将已经松散和疏远的客户关系重新变得紧密，维护客户的黏性和忠诚度，提升客户满意度，才能实现从通信运营商到数据服务商的转型升级。

通信运营商必须在技术上将通信和信息技术进一步紧密结合，发展自己的核心技术和基础技术，摒弃原有的经营理念，凭借数据分析和挖掘来了解客户流量业务的消费习惯，识别客户消费的地理位置，洞察客户接触不同信息的渠道，打造基于大数据的数据服务模式，以全新的商业理念，服务于所有同移动和通信相关的行业和领域，确保所提供的数据服务内容是其他行业升级的要素组成部分。只有这样才能真正地实现可持续的发展。

3）在物流行业的应用

物流运输系统承载着全国经济流通的重大任务。在移动互联网和国际贸易、电商、网购充分发展的现代社会，物流更是与生产和生活息息相关，既需要保障安全、快捷、高效，又需要降低成本。其中，物流的运载类型、监控调度、路径规划、油耗乃至于司机的配属、相关的仓储配送等都影响着行业的效率和成本。在"互联网＋"的环境下，智慧物流成为业界一致的追求，以大数据为基础的智慧物流在效率、成本、用户体验等方面将具有极大的优势，也将从根本上改变目前物流运行的模式。

在美国，运输业是高度分散的行业，没有哪一家运输企业的市场份额会超过 3％。可见，如何从竞争对手中脱颖而出，比拼的不仅是效率，更是用较低的运营成本通过切实有效的方法实现单位货运的利益最大化。美国的物流运输公司 US Xpress 通过引入大数据技术，掀起了运营行业的革新。

随着传感器越来越廉价，GPS 定位越来越准确，社交网络急速发展，US Xpress 通过一系列技术手段实现了油耗、胎压、引擎运行状况、当前位置信息甚至司机的博客抱怨等相关数据的收集，并进行整合分析，以提早发现货车故障，及时进行维护，同时全面掌握所有车辆的位置信息，合理地进行调度。最终通过大数据分析，US Xpress 实现了美国一流的车队管理体系，提高了生产力，降低了油耗，实现了每年至少百万美元的运营成本的缩减。

在国内，京东在智慧物流领域也率先进行了探索和实践。京东在 B2C 自营和电商平台上采集和积累了大量的用户数据、商品数据和供应商数据，此外还有其物流大数据系统——青龙系统所积累的仓储和物流以及用户的地理数据和习惯数据，这些数据可以很好地支持一些精准的模型。京东智慧物流包括四个层面，具体见表 4－1。

表 4－1　京东智慧物流

功　能	说　明
数据展示	大数据结合青龙系统，展示整体运行状况，及时掌握物流运营情况
时效评估	通过数据和建模，判断机构、片区、分拣中心站点的健康度，KPI 数据也非常可靠
预测	通过利用历史消费、浏览数据和仓储、物流数据建模，对单量进行预测，可以进行设备、人员调配、实时预警等
决策	智能选址建站、路由优化

京东作为一家具有电商、供应商、物流等能力的综合性平台，有综合的数据，把这些数据结合起来，在可控的前提下进行决策，除了可提升效率和节约成本外，还能够给消费者提供更好的体验。

4）在公安系统的应用

大数据的应用和发展可以帮助公共服务更好地优化模式，提升社会安全保障能力和面对突发情况的应急能力。作为大数据方面的开拓者——美国，在应用大数据来治理社会和稳定社会方面的成绩显著。

美国国家安全局(NSA)建立了全球最大规模的数据监测和分析网络，对用户通话记录进行分析，监控可能发生的恐怖事件。NSA 通过对美国电信运营商 Verizon 提供的通话数据进行图谱分析，研究用户之间的关系，完成了包含 4.4 万亿个节点、70 万亿个关联的图谱。NSA 具有强大的数据采集和分析能力，综合利用各种信息，包括通话、交通、购物、交友、电子邮件、聊天记录、视频等，可以识别恐怖分子，在恐怖行为发生前进行预警，在事后进行分析排查。

同时，利用大数据也可预防犯罪案件的发生。美国加利福尼亚州圣克鲁兹市使用犯罪预测系统对可能出现犯罪的重点区域、重要时段进行预测，并安排巡警巡逻。在所预测的犯罪事件中，有 2/3 真的发生。系统投入使用一年后，该市入室行窃减少了 11％，偷车减少了 8％，抓捕率上升了 56％。美国纽约市的警察局也推出了基于大数据的犯罪预防与反恐技术——领域感知系统，可以快速混合与分析从数千台闭路摄像机、911 呼叫记录、车牌识别器、辐射传感器及历史犯罪记录中获取的实时数据。

在我国，大数据也逐步应用到人脸识别、行为识别、安全及突发事件预警、跨省协同等领域。2021 年，在北京市西城区街头，智能机器人警察开始执勤，这些机器人警察配备有摄像头、扬声器、报警灯等，科技感十足，增强了市民的安全感。

5）在互联网行业的应用

互联网和现代技术作为生产要素投入到生产实践中，而数据生产要素的替代性和成长性远远超出了预期，促使互联网行业呈现出了前所未有的变革和发展速度及维度。

大数据背景下的新型互联网以及新型互联网形势下的大数据，正向社会的各个角落渗透，对国计民生、社会发展和全球的经济运行产生了深刻的影响和变革，而其核心是大数据价值的深入挖掘和大数据价值的全面应用。互联网＋政务能够让市民和企业办事只跑一次，后面打通了各个政府部门的数据和业务流程。如前所述，互联网＋金融已经变革了金融的运行方式和服务方式；互联网＋民生能够让老百姓随时随地享受到医疗健康、保险、教育、旅游、文化娱乐等的好处。而面向大众的互联网应用和云计算、大数据的结合，更是渗透到了我们生活和工作的方方面面。

在互联网搜索引擎领域，云计算和大数据的核心技术的发源地就是谷歌、Yahoo、微软等企业。正是为了方便处理其后台海量的网页文档及索引，才诞生了 GFS、Hadoop、MapReduce 等系统。而随着互联网门户网站的崛起，也诞生了互联网广告这一吸金利器。微软自 2007 年就开始了精准广告平台及算法的研发，针对微软全球 30 多亿的用户，建立用户的行为、兴趣、爱好、情绪等各方面的画像，然后再根据用户浏览和搜索的上下文，进行精准的广告推送和服务推荐，取得了良好的广告投放效果。

领英作为互联网人力资源的龙头企业，大约 90％ 的 Top100 企业都在使用其服务。领英在 2010 年成立了独立的数据分析部门，由此部门进行的深度数据分析最后成为推动其产品、营销、服务等各部门创新的动力。数据分析推动了用户的增长、用户的体验和数据的增长之间的良性循环，进而又形成了新的解决方案和产品，也带动了领英好几倍的业务规模增长。

在互联网短视频领域，之前处于风口浪尖的抖音及其海外版 TikTok 是如何征服全球用户的呢？这也是大数据的功劳。抖音主要采用 PGC＋UGC 的运营模式，依靠精确的算法取得完美的平衡与流量的持续性，提升用户的参与度，打造出抖音短视频的影响力。抖音有个人界面、关注区域和推荐区域三个部分，用户可以从这三部分里寻找到自己的兴趣点，通过个人界面录制独具特色的专属小视频，然后进行发布。各个区域的用户之间都是网状连接，用以增强用户互动和黏性。抖音后台独特的分析、推荐、传播算法可以让优质和特色内容迅速形成一种病毒式传播。一系列抖音神曲的迅速走红带动了全球的抖音热潮。

通过以上案例可以看到，互联网应用几乎都采用云服务的模式，结合多种大数据的存储、处理和计算模式，其中推荐算法起到了比较大的作用。在信息越来越碎片化、消费节奏越来越快的时代，服务的快捷、精准对于互联网企业维持竞争力、扩大规模和影响力起着至关重要的作用，这也是云计算和大数据发挥其核心价值的主战场。

小　　结

本章简要介绍了大数据的概念、大数据处理分析的六大工具及大数据的未来之路；同时论述了云计算的概念、折叠广义的云计算和狭义的云计算、云计算的工具与服务及云计算的前景；根据大数据和云计算的发展趋势，进一步阐述了大数据和云计算融合的问题，包括大数据发展现状、大数据条件与运作模式、大数据安全以及大数据时代的机遇与挑战，这对于指导大数据和云计算在我国的实践有一定的借鉴作用。

思考与练习 4

4-1　什么是大数据？

4-2　大数据有哪几个特征？

4-3　大数据存在哪几个方面的问题？

4-4　大数据处理分析的工具有哪些？

4-5　什么是云计算？

4-6　云计算的云服务有哪些？

4-7　简述大数据与云计算之间的关系。

4-8　大数据和云计算发展融合的趋势是什么？

4-9　简述大数据时代的机遇与挑战。

4-10　国家大数据战略的基本内容是什么？

4-11　简述大数据和云计算在我国的发展前景。

第 5 章　扩频抗干扰通信系统

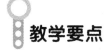

教学要点

- 扩频通信概述：概念、特点、理论及类型。
- 直接序列扩频系统：基本原理、扩频及解扩。
- 跳频扩频通信系统：基本原理、数学模型、跳频及解跳。
- 跳时系统：基本原理。
- 混合扩展频谱系统：FH/DS、FH/TH 及 TH/DS 混合系统。

扩频通信是应用频谱展宽技术实现加密、选址通信的一门新学科，它是一种具有多址功能、抗干扰能力强的通信方式，是传统通信方式的重大突破和飞跃，其优点是传统通信方式无法比拟的。扩频通信之所以得到迅速发展并且自成体系，其基本原因有两个方面：一是社会需要，特别是军事上的迫切需要；二是电子器件的发展，尤其是大规模、超大规模集成电路的研制成功，为扩频通信进入实用阶段奠定了物质基础。

5.1　扩频通信概述

5.1.1　扩频通信的概念

扩频通信就是扩展频谱(Spread Spectrum，SS)通信，它最初应用于军事导航和军事通信系统中。第二次世界大战末期，通过扩展频谱的方法达到抗干扰的目的已为雷达工程师们所熟知。在随后的数年中，出于提高通信系统抗干扰性能的需要，扩频技术的研究得以广泛开展，并且出现了许多其他的应用，例如降低能量密度、高精度测距、多址接入等。

传统的无线通信系统的射频信号带宽与信息本身带宽是相近的，如调幅信号所传送的话音信息，其信号带宽为话音信息带宽的两倍，电视的图像信息带宽虽然是几兆赫，但传输射频信号带宽也只是信息带宽的一倍多，这些称为窄带通信。

调频信号的频谱包含有载波分量及无穷多的边频分量。边频分量以 ω_c 为间隔对称分布在载频的两侧，具有一定带宽。当调制指数 $m_f = (\Delta\omega/\omega_m) \ll 1$ 时，调频信号为窄带；当调制指数 $m_f \gg 1$ 时，调频信号为宽带。

所谓扩频通信，是指系统所传输的信号被扩展至一个很宽的频带。扩频通信所传递信息的信号带宽远远大于原始信息本身的带宽。

通常规定：如果信息带宽为 B，扩频信号带宽为 f_{ss}，则扩频信号带宽与信息带宽之比

f_{SS}/B 称为扩频因子。

当 $f_{SS}/B=1\sim2$，即射频信号带宽略大于信息带宽时，称为窄带通信；当 $f_{SS}/B>40$，即射频信号带宽大于信息带宽时，称为宽带通信；当 $f_{SS}/B>100$，即射频信号带宽远大于信息带宽时，称为扩频通信。

本章研究的扩展频谱是指占用的传输带宽远大于传输同样信息所需的最小带宽的情形。通常所说的扩频系统需要满足以下几个条件：

（1）信号占用的带宽远远超出发送信息所需的最小带宽。

（2）扩频是由扩频信号实现的，扩频信号通常称为编码信号，与数据无关。

（3）接收端解扩是将接收到的扩频信号与扩频信号的同步副本通过相关处理完成的。

标准的调制方式，如频率调制、脉冲编码调制等虽然也扩展了原始信号的频谱，但它们并不完全满足上述条件，因此不能称为扩频系统。扩频通信是用高速码元序列信号调制载波，把信号频谱扩展到更宽的频带，使被传输的信号幅度低于噪声电平，这就大大提高了通信的隐蔽性和抗干扰能力。例如，高速码元序列的时钟为 4 MHz，$f_{SS}=10$ MHz，而信息带宽 $B=10$ kHz，则 $f_{SS}/B=1000$。也可以用各种码序列来控制产生载频的频率合成器的频率变化，使电台工作频率在一个较宽频带内随机跳变。

扩频通信是经过两次调制、解调而实现的通信系统，除了必要的传统信息调制外，在高频信道中增加了一次码控调制。这样做是使信息被嵌在控制码中，其好处是：

（1）使电台传输的信息除语音信号外，也可以传输数字信息。

（2）用数字码调制信息就可以进行信息加密。

（3）使传输信息的信号能量分散，大大提高了系统的抗干扰能力，增强了通信的隐蔽性。

（4）码控二次调制解调过程可以利用各种码型来进行选址通信，实现个人用户选择通信。

5.1.2　扩频通信的特点

扩频通信之所以得到应用和发展，成为近代通信发展的方向，是因为它具有独特的性能，其主要特性如下。

1. 抗干扰能力强

由于扩频系统利用了扩展频谱技术，在接收端对干扰频谱能量加以扩散，对信号频谱能量压缩集中，因此，在接收机的输出端就得到了信噪比的增益，这样的扩频通信机制，可以在很小的信噪比情况下进行通信，甚至可在信号比干扰信号低得多的条件下实现可靠通信。这种"去掉干扰"能力的功能，是扩频通信的主要优点之一。

当接收机本地解扩码与收到的信号码完全一致时，将所需要的信号恢复到未扩频前的原始带宽，而其他任何不匹配的干扰信号被接收机扩散到更宽的频带，从而使落入到信息带宽范围的干扰强度被大大降低了，当通过窄带滤波器（带宽为信息带宽）时，就全部抑制了滤波器的带外干扰信号。

扩频系统的抗干扰性能，决定于系统对信号与噪声功率的压缩和扩展处理的比值，该处理增益越大，则系统抗干扰能力就越强。

系统对高斯白噪声干扰、正弦波干扰（瞄准式干扰）、邻码干扰以及脉冲干扰均有较强的抗干扰能力，对多径效应的影响不敏感。扩频系统对瞄准式干扰有独特的抵抗效能，这对于电子对抗是很有利的。

　　扩频抗干扰系统的思想是，通信链路中有许多正交信号坐标点或维度可供选择，在任一时段只选用其中的一个很小的子集。我们假定干扰者无法确定当前使用的信号子集，例如，对于带宽 B，持续时间 T 的信号，可以证明其信号维数约为 $2BT$，而系统的误码率性能只是信噪比 S/N 的函数。在功率无限的高斯白噪声环境下，扩频（增大了 $2BT$ 的值）并没有带来性能的提升。但是，功率固定且有限的干扰台只能在有限的频带内施放噪声干扰，而且，不能确定信号坐标点所处的信号空间的位置，因此只有从下列两种方式中选择其一：

　　(1) 向系统使用的信号坐标点施放等强度的干扰，结果是落在每一坐标点上的干扰噪声功率很小。

　　(2) 在某些信号坐标上施放高强度的干扰，也可以理解为在各个坐标点上施加强度不一的干扰。

　　图 5 - 1 为白噪声环境（如图 5 - 1(a)所示）和人为干扰噪声环境（如图 5 - 1(b)所示）下的扩频效果示意图。扩频前的原始信号功率谱密度用 $G(f)$ 表示，扩频后的扩频信号功率谱密度用 $G_{\mathrm{SS}}(f)$ 表示。

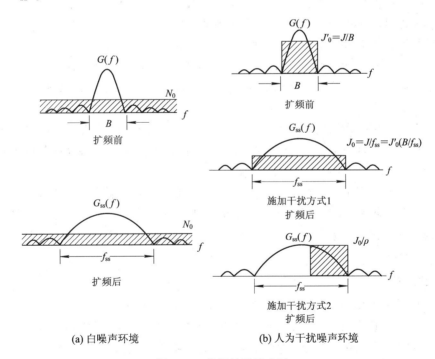

图 5 - 1　扩频效果示意图

　　在图 5 - 1(a)中，白噪声的单边功率谱密度 N_0 在扩频（信号带宽由 B 扩展到 f_{ss}）之后保持不变，其平均功率（功率谱密度曲线下的面积）是无限的。因此，在这里频谱的扩展并没有带来性能的提升。

　　图 5 - 1(b)所示的是扩频前的信号受到干扰的情形。设接收到的干扰功率为 J，则干扰功率谱密度 $J_0' = J/B$。而在扩频之后，干扰台选择前述的两种方式之一实施干扰。方式 1

的结果是干扰噪声功率谱密度 J_0 在整个扩展频谱上降低（乘以因子 B/f_{ss}），此时，$J_0=J/f_{ss}$ 称为宽带干扰噪声谱密度；方式 2 受到干扰的信号坐标范围减小，但是，干扰噪声谱密度可能由 J_0 增加到 $J_0/\rho(0<\rho\leqslant1)$，$\rho$ 是干扰带宽与扩频带宽的比值。如果干扰施放的坐标选择不当，干扰的效果就会大打折扣。通信可选择的信号维数越高（或者说信号坐标范围越大），对干扰者来说，进行有效干扰的难度就越大，因此抗干扰的性能就越好。另外需要指出，上述扩频信号与非扩频信号性能的比较，都是在信号总平均功率相等的前提下完成的。由于功率谱密度曲线下的面积是表示总平均功率，因此在扩频前后功率谱密度曲线下的面积应当相等。

2. 可随机接入、任意选址

扩频通信的另一个主要特点就是可以进行选址通信，组网方便，适合机动灵活的战术通信。

（1）将扩展频谱技术与正交编码方法结合起来，可以构成码分选址通信。为了区别不同用户，使用不同的正交地址码，在同一载频、同一时间内，容许多对电台同时工作，或者用数码控制跳频器，随机地变换信号载频。不同的用户，可用不同的载频跳变规律（称为跳频圈）相互区分，故在同一频带内，可容许很多不同地址号码的电台，各电台号码可以随机改变，还可以用微处理机软件程序进行控制。若想变更电台号码，只要给电台内微处理器送入相应的程序即可。所以，扩频通信是一个多地址通信系统，而且地址号码可以随机变动。

（2）扩频通信具有共用信道自动选呼能力。每个用户有自己的号码，可以自由选呼其他各个用户，呼叫中自动接续，不需人工交换，如同自动电话一样使用方便。在同一信道内，若几十对电台同时通话，可以做到互不影响。目前，已经实现了 60～70 个用户同时通话。

（3）由于组成多址通信时，网内并不需要各电台严格同步，因此，网内可随机接入电台，增加用户数，可随时随地增减电台号码。各个通信系统也便于用微处理机进行信息处理与自动交换控制。

（4）如果单纯从窄带信息被扩展为宽带信号来看，扩频通信似乎是频带利用率很低，但实际上，由于扩频码实现了码分多址，地址数可以由几百个增加到几千个，虽然每个用户占用的时间是有限的，但是用户对可以同时占用同一频带，这就有效地利用了频带，大大提高了频带的利用率。

3. 安全通信

扩频通信是一个比较安全、可靠的通信系统，其原因如下：

（1）信号功率密度低。扩频发送端对要传送的信息进行了频谱扩展，其频谱分量的能量被扩散，使信号功率密度降低，近似于噪声。这个系统可在信噪比低于 $-20\sim-14$ dB 下进行通信，从而使信号具有低幅度、隐蔽性好的优点。满足这种特殊要求的系统称为低检测概率（Low Probability of Detection，LPD）或低截获概率（Low Probability of Intercept，LPI）通信系统。此类系统的设计使得除既定接收者以外的任何一方，检测到信号的难度尽可能地大。要实现这样的系统，需采用最小的信号功率和最佳的信号方案，使得信号被检测到的概率尽量低。在扩频系统中，与传统的调制方式相比，信号被扩展到很宽的坐标上，信号功率在扩频域内分布较为稀疏并接近均匀，因此，扩频信号在抗干扰的同时，还具有难以被察觉的优点。对于不知道同步扩频信号的接收者而言，扩频信号好像"埋藏在噪声中"一样难以检测。

（2）数字信息易加密。由于扩频通信可以传送数字信号，因此当把模拟信号变换成数字信号时，数字信号不但加密很方便，而且数字加密的密级也较高，保密性能强，通信信息不易被窃取。扩频通信电台地址采用伪随机编码，可以进行数字加密，在接收端如不掌握发送端信号随机码的规律，是接收不到信号的，收到的只是一片噪声。而即便是知道了地址码，解出了加密的发射信息信号，如果不了解密钥，不采取相应的解密措施，还是听不懂对方的讲话，解不出正确的数字、文字符号，所以扩频通信的安全性较好。

（3）通信不易被破坏。扩频通信体制具有很高的抗干扰能力，尤其对瞄准式干扰具有特别有效的抵制功能，在电子战对抗中有很强的抗干扰能力，要企图封锁和压制这个系统的通信是比较困难的，所以扩频通信的可靠性较好。

4. 距离分辨率高

扩频信号可用于测距和定位。利用脉冲在信道中的传输时延可以计算出传播距离，时延测量的不确定度与脉冲信号带宽成反比。不确定度 Δt 与脉冲上升时间成正比，即与脉冲信号带宽 B 成反比，即

$$\Delta t = \frac{1}{B} \tag{5-1}$$

因此，带宽 B 越大，测距的精度就越高。在高斯信道中，对单个脉冲的一次性测量是不可靠的，扩频技术中通常采用极性不断变化的长序列编码信号（如 2PSK 调制信号）代替单个脉冲。接收端对接收序列与本地移位序列进行相关检测，即可精确测定时延和距离。

通过对宽带扩谱信号的相关检测，可以使扩谱系统具有很高的距离鉴别力。众所周知，信号的检测性能取决于信号的能量，扩谱信号实质上可看成是连续波信号。因而，扩谱信号易于解决作用距离远和距离鉴别力高的矛盾，并且不可模糊测速，可用于抗多路径干扰。

5. 信息传输方便灵活

当扩频通信系统所传输的信息是模拟信息时，对扩频的跳频电台，可以直接调制传输，也可以将模拟信号经 A/D 变换成数字信号，然后送到跳频系统或码分直扩系统传送。利用这样的系统就能够完成通信、自动控制和遥测。

扩频通信系统基本上是一个数字通信系统，大部分电路采用数字电路，可以实现集成化。集成电路体积小，功耗低，电气性能稳定可靠。用集成电路模块组成的系统可满足移动通信的要求。由于系统传送的是数字信号，系统的终端便于与微处理机相连接，可以直接进行人-机对话，实现现代通信，因此，也就增加了系统使用的功能。

扩频通信采用不同的正交编码来区分收发信号，实现双工，利用数字间隙可接收信号。若在通信系统中有转接中心时，可采用收发不同频率的异频双工，一般系统要实现同频双工都是很困难的，而对异频双工组网多址通信那就更难了。

扩频系统不但具有数字通信的特性，而且还具有抗衰落能力。这是因为扩频通信系统所传送的信号频谱已扩展得很宽，频谱密度很小，即使在传输中存在小部分频谱衰落时，也不会使信号造成严重畸变。扩频信号的功率、谱密度远比普通信号小，这样在任一窄的频率范围内，发送的功率都很低，如果信号在传播中局部频谱损耗，也不会严重影响整个

信号的传输。

以上是扩频通信的特点。但是，并不是在同一系统内必须同时利用上述的所有特点，而是可以只利用其中的某一些特点。

5.1.3 扩频通信的基本理论

扩频技术的基本理论根据是信息论中的香农（Shannon）公式。香农公式在前面已做过论述，它可用于实际的有扰连续信道。当信道受到加性高斯噪声的干扰，且信道传输信号的功率和信道的带宽受限时，无差错传输的最大信息速率 C 为

$$C = B \, \text{lb}\left(1 + \frac{S}{n_0 B}\right) = B \, \text{lb}\left(1 + \frac{S}{N}\right) \quad \text{(b/s)} \tag{5-2}$$

香农公式表明了一个信道无误差地传输信息的能力同存在于信道中的信噪比以及用于传输信息的信道带宽之间的关系。

对于干扰环境中的典型情况，当 $S/N \ll 1$ 时，有

$$\frac{C}{B} = 1.44 \frac{S}{N} \tag{5-3}$$

例如，我们希望一个系统工作于干扰比信号大 100 倍的环境中，即 $S/N = 1/100$。要求传信率是 3000 b/s，由式（5-3）可知，系统应有的带宽为

$$B = \frac{100 \times 3 \times 10^3}{1.44} \, \text{Hz} = 2.08 \times 10^5 \, \text{Hz}$$

由上式可以看出，对任意给定的信噪比，只要增加用于传输信息的带宽，理论上就可以增加在信道中无误差地传输的信息率。也就是说，对于输入一定带宽的信息，输入信噪比与信号带宽 B 可以互换。这充分说明了用一个带宽为信息带宽几百倍的宽带信号来传输信息，是可以大大提高通信系统的信噪比，增强其抗干扰能力的。这就是用扩展信号频谱方法来提高通信系统抗干扰能力的理论根据及指导思想，也是扩频通信的理论基础。

由此可见，只要将欲传输的信息先用某种方式扩展其频谱，再把接收的扩谱信号的频谱变换到原始信息带宽，就可以大大提高信噪比。

5.1.4 扩频通信系统的类型

在扩频通信系统中，除需对所传送的信息进行第一次调制处理外，还需对其调制频谱进行第二次调制，以达到扩展频谱的目的。按照频谱扩展方式的不同，扩频通信系统可分为以下几种基本形式。

1. 直接序列扩频

直接序列扩频（Direct Sequencing，DS）简称直扩。要传送的信息经伪随机序列（或称为伪噪声码）编码后对载波进行调制。在发送端直接用扩频序列去扩展信号的频谱，在接收端用相同的扩频码序列进行解扩，将展宽的频谱扩展信号还原成原始信息。因为伪随机序列的速率远大于要传送信息的速率，所以受调信号的频谱宽度将远大于要传送信息的频谱宽度，故称之为扩频。

2. 跳频

跳频（Frequency Hopping，FH）是指荷载信息的信号频率受伪随机序列的控制，快速

地在一个频段中跳变。此跳变的频段范围远大于要传送信息所占的频谱宽度，故跳频也属于扩频技术。只要收、发信双方保证时频域上的调频顺序一致，就能确保双方的可靠通信。在每一个跳频瞬间，用户所占用的信道带宽是窄带频谱。随着时间的变换，一系列瞬时窄带频谱在一个很宽的频带内跳变，形成一个很宽的跳频带宽。

3. 跳时

跳时（Time Hopping，TH）是指把每个信息码元划分成若干个时隙，此信息受伪随机序列的控制，以突发的方式随机地占用其中一个时隙进行传输。因为信号在时域中压缩其传输时间（占空比为 $1/n$），相应地在频域中要扩展其频谱宽度，所以跳时也属于扩频技术。

4. 线性调频扩频

线性调频扩频（Chirp）是指在给定脉冲持续间隔内，系统的载频线性地扫过一个很宽的频带。因为频率在较宽的频带内变化，所以信号的带宽被展宽。

5. 混合扩频

混合扩频是指几种不同的扩频方式混合应用，如直扩和跳频的结合（DS/FH）、跳频与跳时的结合（FH/TH）以及直扩、跳频与跳时的结合（DS/FH/TH）等。

在扩频系统中，直扩（DS）、跳频（FH）是两种最重要的形式，应用较普遍的是 DS 和 FH 以及二者的结合（DS/FH）。

5.2　直接序列扩频系统

直接序列扩展频谱系统是目前应用较广泛的一种扩展频谱系统。直接序列扩展频谱系统简称直接序列扩频系统或直扩系统。准确地说，这种系统应称为直接用编码序列对载波调制的系统。直接序列扩频系统中用的编码序列通常是伪随机码序列或伪噪声（PN）码。要传送的信息经数字化后变成二元数字序列，它和伪随机序列模 2 相加后成为复合码去调制载波。在直接序列扩频系统中通常对载波进行相移键控调制。为了节省发射功率和提高发射机工作效率，扩谱系统中采用平衡调制器。抑制载波的平衡调制对提高扩谱信号的抗侦破能力也有利。扩频信号采用相移键控调制后由天线发射出去。在接收机中要有一个和发射机中的伪随机码同步的本地码对接收信号进行解扩，解扩后的信号送到解调器，以取出传送的信息。

5.2.1　扩频通信的基本原理

扩频通信是一个二次调制和解扩系统。信息的调制为一次调制，扩频和解扩为二次调制和解调，采用相关解调技术还原基带信息，并在频域上扩散噪声能量，然后用带通滤波器取出基带信息，以限制噪声能量。扩频和解扩是用信码控制的。收发的调制与解调码序列必须相同，起始相位和重复周期也必须同步。

现在以伪随机码序列作为扩频函数的直扩通信为例来研究扩频通信的原理。扩频通信系统模型如图 5-2 所示。图 5-2(a)是发射系统，图 5-2（b）是接收系统。理想扩展频谱系统波形如图 5-3 所示。信源产生的信息流 $\{a_n\}$ 通过编码器输出的二进制数码为 $d(u,t)$，其中，u 表示随机变量。二进制数码中所含的两个符号的先验概率相同，均为 1/2，且两个符号相互独立，码速率也比较低，其波形如图 5-3(a) 所示。二进制数字信号 $d(u,t)$ 与如图 5-3(b) 所示的一个高速率的二进制伪随机码（伪随机码为 m 序列）$c(u,t)$ 波形相乘，得到如图 5-3(c) 所示的复合信号 $d(u,t) \cdot c(u,t)$，这就扩展了传输信息的带宽。一般伪随机码的速率是 Mb/s 的量级，有的甚至为几百 Mb/s。扩频后的 $d(u,t) \cdot c(u,t)$ 复合信号对载波调制后，通过发射机和天线送入信道中传输。发射机输出的扩频信号用 $s(u,t)$ 表示，如图 5-3(d) 所示。而 $s(u,t)$ 的射频带宽取决于伪随机码 $c(u,t)$ 的码速率。以上处理过程就达到了扩展数字信息流频谱的目的。

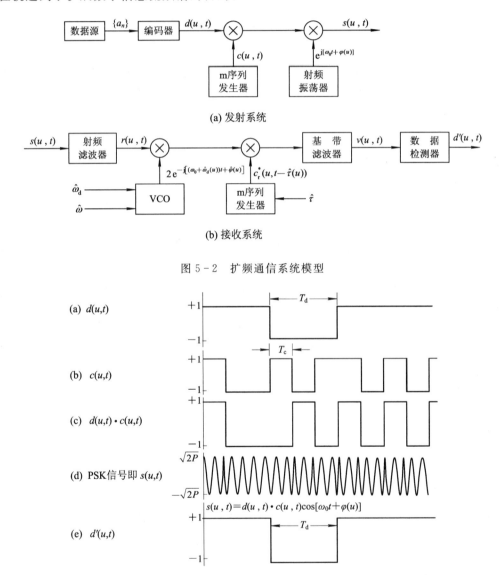

(a) 发射系统

(b) 接收系统

图 5-2 扩频通信系统模型

图 5-3 理想扩展频谱系统波形

在接收端用一个和发射端同步的伪随机码 $c_r^*(u, t - \hat{\tau}(u))$ 所调制的本地信号 $2\mathrm{e}^{-\mathrm{j}[(\omega_0 + \hat{\omega}_d(u))t + \hat{\varphi}(u)]}$，与接收端射频滤波器输出后的信号 $r(u,t)$ 进行相关处理。相关处理是将两个信号相乘，然后求其数学期望或求两个信号瞬时值相乘的积分。当两个信号相关性最佳时，得到最大的相关峰值，经数据检测器恢复出发射端的信号为 $d'(u, t)$。

扩频接收机的基带滤波器输出频谱如图 5-4 所示。若信道中存在着干扰（这些干扰包括窄带干扰、人为瞄准式干扰、单频干扰、多径干扰或码分多址信号），则它们和有用信号 $s(u, t)$ 同时进入接收机，如图 5-4(a) 所示。由于窄带噪声和多径干扰与本地扩频信号不相关，因此在相关处理中被削弱，干扰信号与本地扩频码的卷积积分其频带被扩展，也就是干扰信号的能量被扩展到整个扩频带宽内，降低了干扰电平，如图 5-4(b) 所示。相关器后的基带滤波器只输出基带信号 $d'(u, t)$ 与处在滤波器通带内的那部分干扰和噪声，这样就大大改善了系统的输出信噪比，如图 5-4(c) 所示。

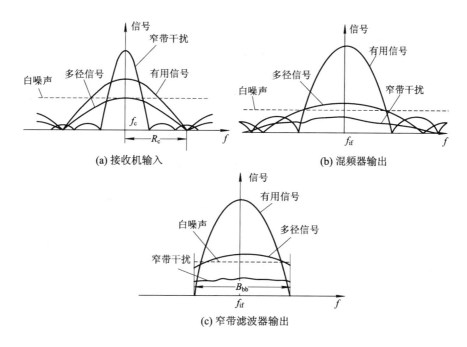

图 5-4　扩频接收机的基带滤波器输出频谱

在图 5-4 中，R_c 为伪码速率，f_c 为射频，f_{if} 为中频，B_{bb} 为基带数字信息 $d(u, t)$ 的基带带宽。从扩展频谱信号中恢复基带信号 $d(u, t)$，是利用了下列基本关系式：

$$d(u, t) \cdot c(u, t) \cdot c^*(u, t) = d(u, t) \qquad (5-4)$$

式中：$d(u, t) \cdot c(u, t)$ 是接收到的扩频信号；$c^*(u, t)$ 是本地扩频码信号，它与 $c(u, t)$ 共轭。若用序列逻辑运算，可表示为

$$d(u) \oplus c(u) \oplus c^*(u) = d(u) \qquad (5-5)$$

式(5-4)和式(5-5)是很重要的，它们是数字通信中采用伪随机码实现扩频技术的一个基本出发点。

扩频通信系统与常规通信系统相比，发射端增加了一个高速率的伪随机码，并与数字信号实现波形相乘，接收端增加了一个本地扩频码，与接收到的信号进行一次相关解扩。但经这些处理后，扩频系统就比常规的通信系统具有更强的抗人为干扰、抗窄带干扰、抗多径干扰的能力。此外，扩频通信系统还具有信息隐蔽，低的空间无线电波"通量密度"及多址保密通信等优点。

扩频技术实际上是一种具有相关接收的宽带通信技术，发送的信息分别与扩频码和射频信号调制，因此发送的射频信号的带宽远远大于信息本身的带宽。在接收端用相关检测排除干扰，把干扰扩展成低幅值的带宽频谱，再用滤波器滤除，而信号能量则经解扩后集中在带通滤波器的通带内。

5.2.2 直接序列扩频信号

直接序列调制就是用高速率的伪噪声码序列与信息码序列模 2 加（波形相乘）后的复合码序列去控制载波的相位而获得直接序列扩频信号。

在扩频技术中，通常使用两种调制：相移键控（PSK）和频移键控（FSK）。PSK 调制适合以下应用：在一段与发射信号带宽的倒数相比长得多的时间内，发射信号和接收信号之间的相位是相干的。而 FSK 调制适合发射信号和接收信号之间的相位不相干的情况。

伪噪声序列用于 PSK 调制时，所产生的已调制信号称为直接序列（DS）扩频信号；伪噪声序列用于 FSK 调制时，所产生的已调制信号称为跳频（FH）扩频信号；而伪噪声序列用于脉位调制（Pulse Position Modulation，PPM）时，所产生的已调制信号则称为跳时（TH）扩频信号。

为了节省发射功率和提高发射机的工作效率，通常使用抑制载波的双相平衡调制。采用平衡调制的另一个优点是在电子对抗战中，对方使用常规接收机检测载波比较困难。因为该载波电平远远低于由伪码调制产生的 $[\sin x/x]^2$ 频谱电平，从而提高了系统抗侦破的能力。所以，直接序列调制中一般采用双相平衡调制。图 5-5 是直接序列扩频系统的原理框图。

载波首先被数据信号 $x(t)$ 调制，调制了的数据信号再被高速（宽频）的扩频信号 $g(t)$ 进行恒包络调制，则发送信号可表示为

$$s(t) = \sqrt{2P}\cos[\cos\omega_0(t) + \theta_x(t) + \theta_g(t)] \tag{5-6}$$

式中：P 为恒包络已调载波功率；ω_0 为角频率；$\theta_x(t)$ 和 $\theta_g(t)$ 为相位调制函数，$\theta_x(t)$ 由数据决定，$\theta_g(t)$ 由扩频序列决定。

在通信原理中曾介绍过抑制载波的二进制相移键控（BPSK）调制，它的载波受数据的控制发生瞬间的 π 相位跳变，扩频序列采用 BPSK 调制，$g(t)$ 是取值为 +1 或 −1 的双极性脉冲流，则式（5-6）可表示为

$$s(t) = \sqrt{2P}x(t)g(t)\cos\omega_0 t \tag{5-7}$$

先将数据脉冲流与扩频序列相乘，再用复合的 $x(t)$ 调制载波。二进制数与脉冲电平的对应关系是：脉冲值 +1 对应二进制值"0"，脉冲值 −1 对应二进制值"1"，则 DS/BPSK 调制的二进制数据与扩频序列相乘可由模 2 加法器完成。

DS/BPSK 扩频信号的解调是通过相关器或用同步扩频序列 $g(f - \hat{T}_d)$ 对接收信号再次调制完成的，如图 5-5(c) 所示。其中，$\hat{T}_d$ 是接收端对收、发信机之间的传播延时 T_d 的估计。在不考虑噪声和干扰的情况下，相关检测器的输出信号为

$$A\sqrt{2P}x(t - T_d)g(t - \hat{T}_d)\cos[\omega_0(t - T_d) + \varphi] \tag{5-8}$$

式中：常数 A 是系统增益系数；φ 是 $(0, 2\pi)$ 上的随机相位。

由于 $g(t) = \pm 1$，所以，当 $\hat{T}_d = T_d$ 时，即接收端的编码信号与发射端的编码信号精确

同步时，乘积 $g(t-\hat{T}_d)$ 是单位 1。可见，如果接收端的扩频序列副本与扩频信号精确同步，则接收端相关器的输出是解扩后的数据已调制信号（含有延时 T_d 和随机相移 φ）。接下来只需对 BPSK 调制信号进行常规解调即可。

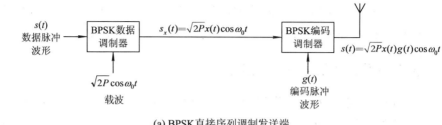

(a) BPSK直接序列调制发送端

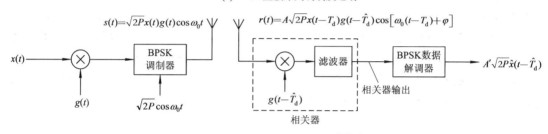

(b) 简化的BPSK直接序列发送端　　　　(c) BPSK直接序列扩频接收端

图 5-5　直接序列扩频系统的原理框图

图 5-6 是图 5-5(b) 和图 5-5(c) 所示 DS/BPSK 调制与解调的一个实例。图 5-6(a) 是二进制数据序列双极性脉冲波形的等效形式 $x(t)$，二进制数与脉冲电平的对应关系如前所述。图 5-6(b) 是二进制扩频序列脉冲波形的等效形式 $g(t)$。数据序列与编码序列的模 2 加结果 $x(t)g(t)$ 如图 5-6(c) 所示。图 5-6(d) 中的载波相位 $\theta_x(t)+\theta_g(t)$ 当 $x(t)g(t)$ 为 -1（数据与编码序列模 2 加的和为 1）时取 π，当 $x(t)g(t)$ 为 1（数据与编码序列模 2 加的和为 0）时取 0。比较图 5-6(b) 的编码波形和图 5-6(c) 的图形合成波形，可以发现扩频通信的

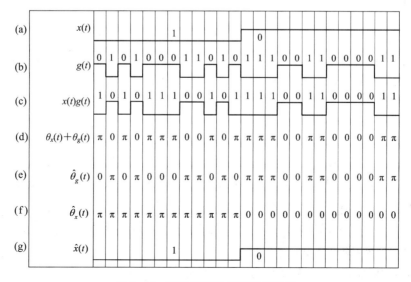

图 5-6　直接序列扩频信号传输图

信号隐藏(Signal Hiding)特性，后者将信号 $x(t)$ 隐藏其间。如果接收端不能精确地掌握扩频编码序列的副本，就很难从迅速变化的扩频信号中正确地恢复出变化相对缓慢的数据信号。图 5-6(e)所示的 $\overset{\wedge}{\theta}_g(t)$ 是接收端通过解扩编码产生的相移(0 或者 π)。图 5-6(f)是解扩($\overset{\wedge}{\theta}_x(t)$ 与 $\theta_x(t)+\theta_g(t)$ 相加)后的载波相位估计 $\overset{\wedge}{\theta}_x(t)$，此时已可以从载波相位中判断出原始数据图样。最后，通过 BPSK 解调即得到数据信号的估计值 $\hat{x}(t)$，如图 5-6(g)所示。

5.2.3 直接序列扩频信号的相关解扩

在扩频通信系统中，接收端收到的信号一般是很微弱的，信号功率通常为 $10^{-14} \sim 10^{-13}$ W，而信道中的大气噪声在扩频通带内为 10^{-13} W 左右，其他干扰噪声更大，有用信号被噪声湮没。所以，扩频接收机一般要在输入端信噪比为 $-30\sim0$ dB 条件下进行信号处理。一个设计良好的相关器允许在输入信噪比低为 $-40\sim-20$ dB 的恶劣条件下从强干扰噪声中检测出微弱信号。在扩展频谱通信中，常用信号的相干性来检测湮没在噪声中的有用信号。所谓相干性，就是指信号的某个特定标记(通常指相位)在时间坐标上有规定的时间关系，具有这种性质的信号称为相干信号。

通常假定扩频序列 $\{c_n\}$ 具有周期 N，即

$$\sum_{n=0}^{N-1} c_n c_{n+k} = N \quad (k \in \mathbf{Z}) \tag{5-9}$$

式中：$\mathbf{Z}$ 代表整数域。

理论上，扩频序列必须具备两个关键性质。第一个性质是：扩频序列应该具有近似为零的均值，即

$$\frac{1}{N}\sum_{n=0}^{N-1} c_n \approx 0 \tag{5-10}$$

第二个性质是：扩频序列的时间自相关函数应该为周期函数(称为离散时间周期自相关函数)，并且满足

$$\frac{1}{N}\sum_{n=0}^{N-1} c_n c_{n+k} = \begin{cases} 1 & (k=0) \\ 0 & (0<|k|<N) \end{cases} \tag{5-11}$$

这两个性质是理想的，但在实际应用中可近似实现。例如，m 序列就是近似具有以上两个性质的伪噪声序列，其离散时间周期自相关函数为

$$\frac{1}{N}\sum_{n=0}^{N-1} c_n c_{n+k} = \begin{cases} 1 & (k=0) \\ -\dfrac{1}{N} & (0<|k|<N) \end{cases} \tag{5-12}$$

显然，若 N 足够大，则 m 序列的均值近似等于零，其自相关函数也近似满足式(5-11)。图 5-7 给出了直接序列扩频信号的相关接收与解扩。我们先考虑单个比特 $\pm\sqrt{E_b/T}$ 的发射，其比特能量为 E_b，比特间隔(码元间隔)为 T。这个信号是一维的。

在图 5-7 中，发射机将数据比特 $d(t)$ 与二进制的 ±1"码片"序列 $p(t)$ 相乘，码片序列以速率 f_c(码片/秒)随机选取，每比特共选取 $f_c T$ 个码片。

扩频信号 $d(t)p(t)$ 的维数为 $n=f_c T$。接收信号 $r(t)$ 为

$$r(t) = d(t)p(t) + J(t) \quad (0 \leqslant t \leqslant T) \tag{5-13}$$

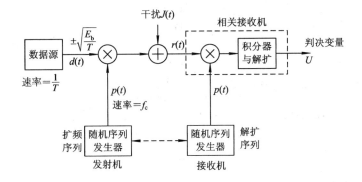

图 5 - 7 直接序列扩频信号的相关接收与解扩

接收机为相关接收机,由乘法器和积分器级联而成。接收信号 $r(t)$ 与码片序列 $\{p(t)\}$ 相乘,再对乘积做积分运算,即

$$U = \sqrt{\frac{E_b}{T}} \int_0^T r(t) p(t) \, dt \qquad (5-14)$$

这等价于求 $r(t)$ 与码片序列的互相关函数。式(5-14)中的 U 称为判决变量:若 $U>0$,则判决发射的比特为 $+\sqrt{E_b/T}$;若 $U<0$,则判决发射的比特为 $-\sqrt{E_b/T}$。

由于 $p(t)$ 是一个只取 $+1$ 或 -1 的二进制序列,所以 $p^2(t)=1$,从而得

$$r(t)p(t) = d(t)p(t)^2 + J(t)p(t) = d(t) + J(t)p(t) \qquad (5-15)$$

这说明,将接收信号 $r(t)$ 与码片序列 $p(t)$ 相乘有着双重作用:

(1) 将扩频信号 $d(t)p(t)$ 恢复到源信号 $d(t)$,这就是所谓的解扩。

(2) 将接收端的原干扰 $J(t)$ 扩频为 $J(t)p(t)$,起到压制干扰的目的。

考察被迅速变化的随机序列调制的一无穷数据序列的功率谱。具有速率 $R=1/T$ 的随机数据序列的功率谱由

$$P_d(f) = T\left(\frac{\sin(\pi fT)}{\pi fT}\right)^2 \qquad (5-16)$$

给出,而扩频序列 $d(t)p(t)$ 的功率谱为

$$P_{SS}(f) = \frac{1}{f_c}\left(\frac{\sin(\pi fT)}{\pi fT}\right)^2 \qquad (5-17)$$

数据与扩频信号的功率谱如图 5-8 所示。显然,若接收机将接收信号 $d(t)p(t)+J(t)$ 与 $p(t)$ 相乘,则得到 $d(t)+J(t)p(t)$,第一项 $d(t)$ 可以利用带宽为 $1/T=B_D(\text{Hz})$ 的滤波器抽取,而第二项 $J(t)p(t)$ 则至少扩频到频率范围 $[-f_c, f_c]$。因此,通过滤波器的干扰功率约为 $1/(f_c T)$。换句话说,数据信号 $d(t)$ 与干扰的功率比约为 $K=f_c T$,这就是扩频比或处理增益的物理意义。

我们称收、发两端伪码同步信号相乘并积分为相关解扩,而完成解扩功能的载波同步及码位同步的是一些特殊的锁相环(如平方环、科斯塔斯环、τ-抖动环和延迟锁相环)以及匹配滤波器等。讨论解扩、解跳是在假定载波及码元同步的前提下进行的。解扩用的相关器有直接式相关器和外差式相关器两种。

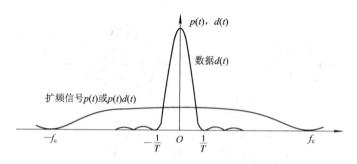

图 5 - 8 数据与扩频信号的功率谱

1. 直接式相关器

直接式相关器的解扩原理如图 5 - 9 所示。相关器接收到发射端送来的相移键控 (PSK)信号为 $f(c)g(m)$，这个信号在接收端同与发射端调制码相同的本地参考码 $g'(m)$ 相乘，其效果与发射调制互补：每当伪码序列发生 0-1 或 1-0 跳变时，输入载波相位发生 180°的跳变。如果发射机的码与本地码相同且在时间上同步，那么每当发射信号相移时，在接收信号发生 180°相位跳变处，本地参考码又使它发生一次 180°跳变，这样两个互补的相移结合就相互抵消了扩展频谱的调制，达到了解扩的目的。值得一提的是，这样的相关运算不会影响后面基带解调器对原始信息的解调。

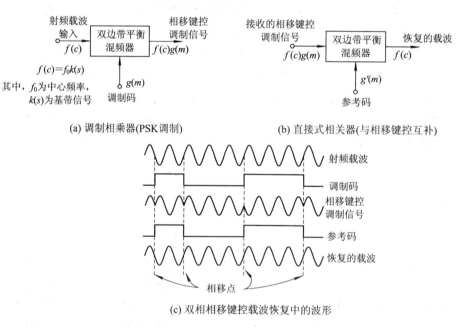

图 5 - 9 直接式相关器的解扩原理

直接式相关器的优点是结构简单，但在大多数扩谱系统中不用它，只在要求不高的简单扩谱系统中才使用它。这是因为直接式相关器中输入、输出频率一样，因而干扰信号可以绕过相关器发生泄漏。对这种泄漏的干扰信号，相关器的干扰抑制能力是不起作用的。如果相关器的相移键控已调输入信号的中心频率是 f_0，则解扩后的载波频率也是 f_0，那么一个窄带干扰信号(比有用信号强得多)就有绕过相关器直接漏出去的可能。当发生泄漏时，相关器的载波抑制能力是较差的，因为干扰载波信号不是通过相关器，而是绕过它。

所以，直接式相关解扩的抗干扰能力较差。

2. 外差式相关器

外差式相关器顾名思义就是一种相关输出信号与输入信号中心频率不同的相关器。外差式相关器的原理框图如图 5－10 所示。

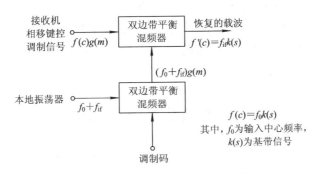

图 5－10　外差式相关器的原理框图

在相关解扩的过程中，载有信息的信号被变换到一个新的中心频率（即某个中频）上，这就避免了直接泄漏的可能性，同时也简化了接收机的设计，使外差式相关器后面的电路工作在较低的频率上，性能也较为稳定。在 DS 相关器中产生一个本地参考信号，它与所接收的 DS 信号有一个频差的复本，即差一个中频 f_{if}，而与发射端信号的区别仅仅在于本地参考信号是没有被信息码调制的。DS 外差式相关器中信号的频谱如图 5－11 所示。从频谱的搬移变换中我们能更清楚地看出外差式相关器的工作过程。

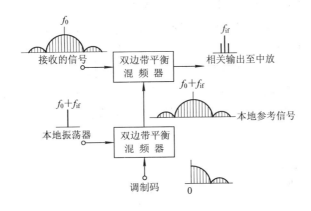

图 5－11　DS 外差式相关器中信号的频谱

图 5－11 中的本地参考信号是用与发射信号完全相同的办法来产生的，所以，当发射机与接收机不同时工作时，同一个伪码发生器可以担任发射机的调制器和接收机的本地参考信号发生器的工作。当进行收发转换时，可使用微处理器等来执行这种控制功能。

在实现相关运算时，当接收信号同本地参考信号完全对准时，相关器输出最大。如果它们之间时间上有偏移，即有定时误差，则相关器输出减小，出现相关损失，所损失的能量将转变为由有用信号和本地码相关造成的自噪声。从物理概念上说，在接收码和本地码同步的时间内，相关后输出为中频信号，而不相重叠的那部分时间内，相关后的输出或为中频但仍有相位突跳，或不再完全是中频，这取决于采用的调制方式。无论哪一种情况都会有一部分频率分量进入中放通带形成噪声。

相关器的输出噪声主要有三类：

（1）大气噪声和电路内部噪声×本地码调制。

（2）无用信号×本地码调制。

（3）有用信号×本地码调制（由码不完全同步引起）。

大气噪声和电路内部噪声通常要比无用信号小得多，这两部分噪声通常可以忽略。而无用信号在扩谱系统中将受到处理增益的抑制，因而由码同步偏移引起的噪声值得重视。这就说明在扩谱系统中对码同步应提出严格的要求。

5.3 跳频扩频通信系统

当伪噪声序列用于 FSK 调制时，所产生的已调信号称为跳频扩频（FH）信号，码控载频跳变通信就是扩频通信系统中的一种常用类型。

5.3.1 跳频通信的基本原理

跳频通信是指传输信号的载波频率按照预定规律进行离散变化的通信方式，也就是说，通信使用的载波频率被一组高速变化的码控制而随机跳变，这种控制载波变化的规律通常又称为跳频图案。从实现通信的技术角度来说，跳频是一种用码序列进行多频、选码、频移键控的通信方式，即用伪码序列构成跳频指令来控制频率合成器，并在多个频率中进行选择的移频键控，跳频系统是一种码控载频跳变的通信系统。

我们熟悉的二元移频键控 BFSK 只有两个频率 f_1 和 f_2，分别代表传号和空号。而跳频系统则要求提供几百个甚至上万个频率，它由所传信息码与伪随机码序列模 2 加（或波形相乘）的组合来构成跳频指令（图案），由它来随机选择发送频率。

跳频系统的原理框图如图 5-12 所示。跳频通信的示意图如图 5-13 所示。在发送端，信息码序列与伪随机序列调制后，按不同的跳频图案或指令去控制频率合成器，使其输出频率在信道里随机跳跃变化，如图 5-13(a)所示。在接收端，为了对输入信号解调，需要

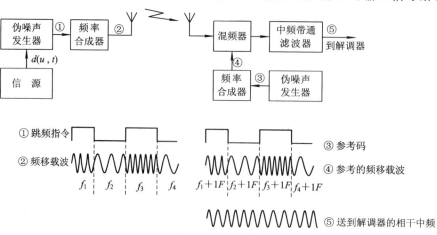

图 5-12　跳频系统的原理框图

有与发送端相同的本地伪码序列发生器构成的跳频指令去控制本地频率合成器，使其输出的跳频信号能在混频器中与接收到的跳频信号差频出一个固定的中频信号，之后经中频放大器放大及带通滤波，送到数字信息解调器恢复出原始信息。从时频域来看，多频率的移频键控信号由时频矩阵组成（每个频率的持续时间为 T），并按跳频指令的规定在时频矩阵内跳变，如图 5 - 13(b)所示。

　　为了尽可能减少邻近干扰，频率间隔应选择 $1/T$，这样频率 f_i 的谱状零值正好处于 f_{i+1} 的峰值处，即为 $f_i + (1/T)$，构成了频率的正交关系，如图 5 - 13(c)所示。因此，若取跳频频率数为 N，则跳频信号带宽等于 $B_{RF} = 1/(NT)$。理想的跳频器的输出频谱呈矩形形状，并且每个频道均具有相同的功率。

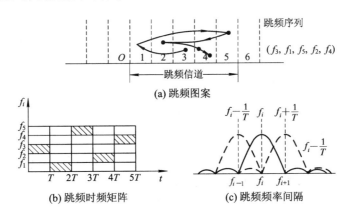

图 5 - 13　跳频通信的示意图

5.3.2　跳频通信的数学模型

　　图 5 - 14 是跳频系统的数学模型。设 $s_1(t)$ 为发送的跳频信号，有

$$s_1(t) = m(t) \cos[(\omega_0 + n\omega_T)t + \varphi_n] \tag{5-18}$$

式中：$n = 0, 1, 2, \cdots, N-1$；$\cos[(\omega_0 + n\omega_T)t + \varphi_n]$ 为输出的 FH 信号（令振幅 $A=1$）；ω_T 为 FH 合成器的跳变间隔，每跳持续时间为 T，一般取 $\omega_T = 2\pi/T$；$m(t)$ 是待传数字信息流；φ_n 为初相。

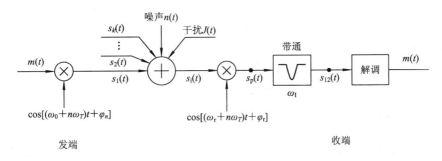

图 5 - 14　跳频系统的数学模型

　　$s_1(t)$ 在信道中与其他地址信号 $s_j(t)$、噪声 $n(t)$ 以及干扰 $J(t)$ 组合后进入接收机的信号 $s_i(t)$ 为

$$s_i(t) = s_1(t) + \sum_{j=2}^{k} s_j(t) + n(t) + J(t) \tag{5-19}$$

$s_i(t)$进入接收机与本地信号 $\cos[(\omega_r + n\omega_T)t + \varphi_r]$ 相乘后得

$$s_p(t) = \left[s_1(t) + \sum_{j=2}^{k} s_j(t) + n(t) + J(t) \right] \cos[(\omega_r + n\omega_T)t + \varphi_r] \tag{5-20}$$

式中：ω_r 为本地频率合成器的中心频率，与 ω_0 差一个中频 $\omega_{if} = 2\pi f_{if}$。

假设收发两端跳频图案已同步，把式(5-18)代入式(5-20)得

$$s_p(t) = \frac{1}{2} m(t) \{ \cos(\omega_I t + \varphi_i) + \cos[(\omega_0 + \omega_r + 2n\omega_T)t + \varphi_n + \varphi_r] \} +$$

$$\left[\sum_{j=2}^{k} s_j(t) + n(t) + J(t) \right] \cos[(\omega_r + n\omega_T)t + \varphi_r] \tag{5-21}$$

式中：$\omega_I = \omega_r - \omega_0$ 是中频；φ_r 是本地跳频信号的初相；$\varphi_i = \varphi_r - \varphi_n$。

式(5-21)中，$nT \leqslant t \leqslant (n+1)T$ 的每次跳变使混频器输出一个固定中频，经中频滤波器滤除其和频分量就得到有用信号分量为

$$s_{12}(t) = \frac{1}{2} m(t) \cos(\omega_I t + \varphi_i) \tag{5-22}$$

再把式(5-22)中的信号送入解调器中，即可解调出信息 $m(t)$。而其他地址跳频信号、干扰信号、噪声不能在每次跳频时隙内都与本地输出信号混频成固定中频。这样相乘后就落在中频带通滤波器的通带之外，自然就不会对有用信号的解调产生影响。

从上述跳频系统的物理概念可以看出，跳频系统也占用了比信息带宽要宽得多的频带。从每一瞬间来看，跳频系统只是在单一射频载波上通信；但从总体上看，它所占用带宽 $B_{RF} = 1/(NT)$，提供了抗干扰能力。

FH 必须有大量按指令码可供选用的频率，所需的频率数取决于系统差错率。例如，有 1000 个频率储备的系统，即使干扰或其他噪声均匀分布在每个可用频率上也无关紧要。如果干扰或其他噪声均匀地分布在每个频道上，则要阻塞整个跳频带宽内的通信，要求噪声功率比有用信号功率至少大 100 倍，即干扰容限为 30 dB，也就是干扰台放出 1000 W 均匀分布的干扰功率对准跳频系统。但对 FH 而言，只相当于在 B_{RF} 内每个跳频频率上受到 1 W 干扰的作用，而对于窄带干扰则会在某个瞬间的某个频率上起作用。当接收到的干扰功率大于或等于有用信号功率时，则在一信码仅用一个频率传输的情况下，引起的误码率为 1×10^{-3}，这在数字通信中是不能接受的。但如果我们采取增加冗余度的方法，则理论上总可以将这种干扰影响消除。所谓增加冗余度来达到抗干扰的目的，是指用若干个频率（一般是取奇数个）传输一比特的信息，接收机按多数准则判决。这样即使某一瞬间某些频率受到干扰，发生了错误，但只要大多数频率正确，通过多数判决，也能减小差错率。

5.3.3 双通道跳频系统

前面讨论的跳频系统属于单通道跳频系统，即无论传输的信息比特是"0"还是"1"，受调信号仅占用一个频道即可进行发送。

所谓双通道跳频，是指每一信息比特（可能是"0"或"1"）需用两个频率进行发送。其中，一个频率代表"1"，另一个频率代表"0"。因此，采用这种调制方式的跳频可能需用两个频道一起跳变，真正在传输的只是其中的一个。传输中，占用的频道称为发送通道，未

被占用的频道称为互补通道。

图 5-15 是双通道跳频的示意图。其中，画斜线的方格表示发送通道，未画斜线的方格表示互补通道，T_h 是跳频时间间隔。

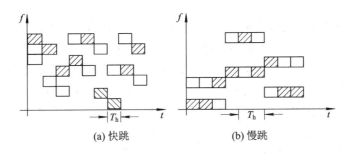

(a) 快跳　　　　　　　　　(b) 慢跳

图 5-15　双通道跳频的示意图

图 5-16 是双通道跳频系统的原理框图。

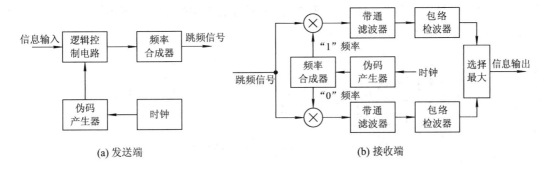

(a) 发送端　　　　　　　　　　　　(b) 接收端

图 5-16　双通道跳频系统的原理框图

双通道跳频系统的互补通道对信息的传输不起实际作用，但是，它要占用一个额外的频道，因而对通信系统的频带利用率是不利的。而且，因为接收机不知道两个通道中哪一个是当前的发送通道，所以它必须为两个通道都提供通路。倘若外部干扰串入了互补通道，就意味着干扰串入了发送通道，对接收机具有更大的威胁性。因为如果干扰串入发送通道，则虽然会产生两个信号的干涉，但并不一定会导致判决错误；而如果干扰串入互补通道，则只要干扰足够强，必将导致判决错误。在图 5-16 中，发送通道与互补通道的间距不是常数，其目的是防止破坏者在探测到发送通道的频率后也同时知道了互补通道的频率。

5.3.4　跳频信号的解调

跳频系统的调制方式应根据跳频信号的特征进行选择。通常在跳频通信系统中，接收机的本地载波要做到与外来信号的载波在相位上保持相干是很困难的。因此，扩频系统选用那些宜于用非相干检测的调制方式比较恰当，否则，会使跳频信号的解调增大难度。

有些调制方式为了压缩受调信号的频谱宽度和获得比较理想的误码特性，采用部分响应技术，并保证其载波相位在比特转换时刻具有连续而平滑的特性。可是，在跳频系统中，频率跳变的时刻正是比特转换的时刻。如果要求信号从一个频率跳到另一个频率时其相位保持连续而且平滑，这是很难做到的。因此，一些利用部分响应技术的窄带数字调制方式，在跳频系统中不宜采用。

在频率跳变接收系统中，首先要把接收的每一个频率一个码片一个码片地去掉频率跳变，把它们变换进窄带滤波器的通带内；然后再把这个去跳变信号送到信息解调器中解调出发送信息。

跳频接收机的性能与去跳变相关器后面的带通滤波器的性能密切相关，应当合理选择这一滤波器的通带，使它能选出期望信号而滤除无用信号。频率合成器的不稳定度、多普勒频移以及调制信号的不理想都会迫使滤波器通带大于最佳值，从而导致性能损失。

在二进制 FH 系统中，若数据传输采用 FSK 调制，发射一个频率表示传号，发射另一个频率表示空号，则无论是对每比特 1 个码片还是多个码片，每个码片都会送出两个频率中的一个频率。因此，接收机必须具有能同时观察这两个频率并做出抉择的能力。这就要求接收机或是双通道的，或是能先对一个信道采样，然后紧接着对另一个信道采样。

图 5 - 17 是能够同时观测两个信道的双通道接收机的原理框图和各点波形。接收的 FH 信号在接收机中分别和本地参考信号相乘，输出传号(s_1)和空号(s_2)中频信号。本地参考信号同发射信号同步跳变，这一中频信号经带通滤波器和包络检波器后送入 0/1 判决器判决，得到发送端送出的原始信息流。

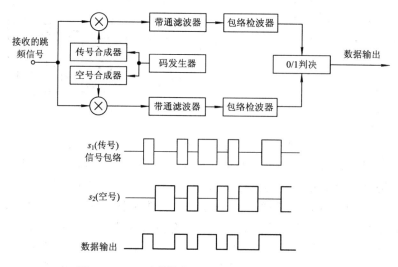

图 5 - 17　双通道接收机的原理框图和各点波形

从图 5 - 17 中可以看出，传号和空号中频脉冲流是互补的。如果以没有中频脉冲表示空号，那么就可以用一个单通道接收机代替双通道接收机，其原理框图和各点波形如图5 - 18 所示。

如果接收机中的频率合成器能比发射机中的频率合成器的跳变速度快一倍，先跳到传号频率，然后跳到空号频率，或反之，则接收机取样电路就能对两者同时取样。这种接收机的原理框图和各点波形如图 5 - 19 所示。这种采样接收机的数据输出同前两种接收机的数据输出一样，但输入带通滤波器的中频脉冲宽度只有发射的频率跳变信号宽度的一半。

对于以上三种接收机，由于输入带通滤波器的脉冲宽度不同，滤波器带宽也不同，因而接收机的性能有差别。滤波器带宽的选择还同系统是相干的还是非相干的有关，因为在这两种情况下输入滤波器的信号的频谱是不一样的。

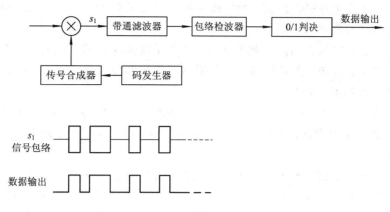

图 5-18　单通道接收机的原理框图和各点波形

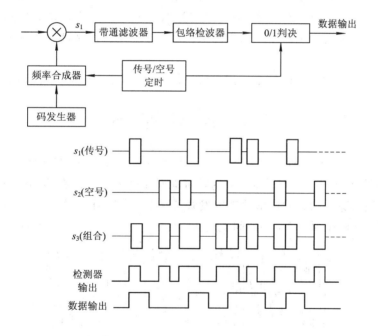

图 5-19　传号/空号采样接收机的原理框图和各点波形

5.3.5　跳频通信系统的技术特点

与传统的通信方式相比，跳频通信系统具有以下主要特点：

（1）抗干扰能力强。在电子战环境中，跳频通信系统是一种抗干扰能力较强的无线电通信系统，能有效抵抗频率瞄准式干扰，这不同于 DS 系统。DS 系统将干扰能量"均匀"地分配在被扩展的频带上，从而降低干扰的功率谱密度，而有用信号经解扩处理后能量集中于信息带宽内，确保正确无误地接收信息。而对于 FH 系统，只有当干扰频率正处于跳频频道上时才能起干扰作用。因此，瞄准式干扰对 FH 系统作用不大，反而对 DS 系统有严重的威胁。但是只要跳变的频隙数目足够多，跳频范围足够宽，也能较好地抗宽频带阻塞式干扰，对于邻近强电台干扰也有很强的抑制能力，即易于解决远近问题；只要跳变速率足够高，就能有效地躲避频率跟踪式干扰。跳频电台跳变的频隙数为数千个。频率跳变的速率通常为每秒数次至每秒数千次。

（2）具有多址组网能力和高的频带利用率。利用跳频序列的正交性，可构成跳频码分多址系统，共享频谱资源。在通信网中，采用不同的跳频序列作为地址码，发信端可根据接收端的地址码选择通信对象。

（3）具有抗衰落能力。载波频率的快速跳变具有频率分集的作用，只要跳变的频率间隔大于衰落信道的相关带宽，并且跳频驻留时间（时隙宽度）又很短，跳频通信系统就具有抗衰落的能力。

（4）易于与窄带通信系统兼容。从宏观来看，跳频通信系统是一种宽带系统；从微观看，跳频通信系统又是一种瞬时窄带系统。跳频通信系统可以使用固定频率工作，因此能与普通电台互通信息，而普通电台加装抗干扰的跳频模块，也可以变成跳频电台。跳频通信系统还易于和其他扩频系统结合构成混合扩谱系统。

（5）具有一定的保密能力。载波频率的快速跳变使得敌方难以截获信息，即使敌方截获了部分载波频率，由于跳频序列的伪随机性，敌方也无法预测跳频电台将要跳变到哪一频率。

实现频率跳变扩谱系统的技术关键是研制体积小、重量轻、跳变率高的频率合成器。

5.4 跳 时 系 统

跳时系统（TH）也是一种扩展频谱技术，主要用于时分多址（TDMA）通信。跳时即将一个信码的持续时间分成若干时隙，由伪随机编码序列控制信码在不同的时隙中发射。因此，信码是在短时隙中以高的峰值功率突发式传输的。发射时的射频信号如图 5-20 所示。发射机的启闭同伪码序列一样，在时间上是伪随机的，一般可使平均发射占空比接近 40%。

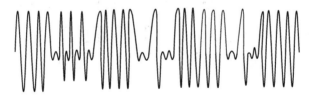

图 5-20 发射时的射频信号

通常跳时技术在扩频系统中不单独使用，而与其他扩频方式结合组成混合扩频系统。区分跳时系统与 FH 的细微差别仅在于：在 FH 中发射频率是在每个指令码的时刻内变化；而 TH 中仅在伪码序列的 1-0 跳变时启闭收发信机。图 5-21 是跳时系统的原理框图，输入信号暂时存于寄存器中，待由伪码控制的通断开关接通时，以迸发方式调制载波并发射出去。为了节约频带，高频载波的调制可以采用二相或四相调制。当接收机的伪码发生器与发来的信号同步时，发射的信号就分别从"1"门和"0"门进入脉冲检测器，经判决后输出有用信息。

跳时可用来减少时分复用系统之间的干扰，但对整个系统有严格的定时要求，以保证发射机之间的重叠最小，而且和其他扩频通信系统一样，必须选择相关特性小的伪码序列。从抑制干扰的角度来看，TH 增益较少，唯一的优点是减少了占空比。一个干扰发射机

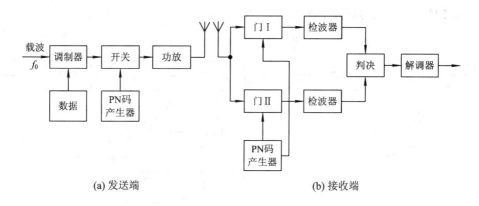

(a) 发送端　　　　　　　　　　　(b) 接收端

图 5 - 21　跳时系统的原理框图

要取得干扰效果就必须连续地发射，因为干扰机不易侦破 TH 中所使用的伪码参数。跳时系统的处理增益，按定义应该等于信码被划分成的时隙数目或占空比的倒数。

5.5　混合扩展频谱系统

　　基本的扩谱系统就是上面所讲的直扩(DS)、跳频(FH)和跳时(TH)扩频三种，它们各有优缺点，单独使用一种系统有时难以满足要求。若将两种基本的扩频方法结合起来，互相取长补短，就构成了混合扩展频谱系统，可使系统性能达到较为理想的境界。常见的混合扩展频谱系统有跳频/直扩(FH/DS)混合系统、跳频/跳时(FH/TH)混合系统、跳时/直扩(TH/DS)混合系统等。

5.5.1　跳频/直扩混合系统

　　跳频/直扩相结合的混合系统其信号频谱的特点是：扩频信号的功率谱由载波频率跳变的直接序列信号组成；占有一定带宽的直接序列信号按照跳频图案(即时频矩阵图)伪随机地出现，每个直接序列信号在发射瞬间只覆盖系统总带宽的一部分频段。采用这种混合系统能够提高抗干扰能力并简化设备，降低分机部件的技术难度，并能达到多址通信的目的。例如，若数据速率 $R_b = 4$ kb/s，要求扩谱处理增益 $G_p \geqslant 40$ dB，这就要求扩谱后射频带宽 $B_{RF} \geqslant 1000$ MHz。在采用 DS 系统时需要有 400 Mb/s 的码产生器；若采用 FH 系统，则需要有一个能产生频率数 $N = 10^4$、频率间隔 $\Delta f = 4$ kHz 的频率合成器。两者都会遇到技术实现上的困难。如果采用 FH/DS 混合系统，则选用一个 40 Mb/s 的码产生器和一个跳频数 $N = 20$、频率间隔为 40 MHz 的频率合成器就可以满足处理增益 $G_p \geqslant 40$ dB 的要求，这在技术实现上要容易得多。FH/DS 系统之所以能达到较高的处理增益，是因为 FH/DS 系统的处理增益等于 FH 处理增益 G_{FH} 和 DS 处理增益 G_{DS} 的乘积。在 FH/DS 系统中，待传送信息先用 DS 扩谱码扩展其频谱，使信息带宽 B_D 扩展到 B_{DS}，这一 DS 扩谱信号的中心频率受 FH 码的控制发生跳变，若跳频间隔大于或等于 B_{DS}，跳频数为 N，则 FH/DS 系统的射频总带宽 $B_{RF} \geqslant NB_{DS}$。根据处理增益的定义，有

$$G_{FH/DS} = \frac{B_{RF}}{B_D} \geqslant \frac{NB_{DS}}{B_D}$$

(5 - 23)

一种 FH/DS 系统的原理框图如图 5－22 所示。

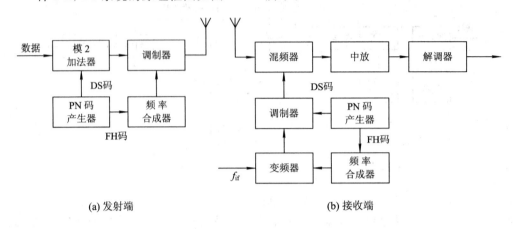

(a) 发射端　　　　　　　　　　(b) 接收端

图 5－22　FH/DS 系统的原理框图

5.5.2　跳频/跳时混合系统

跳频/跳时混合系统能有效地解决远近问题。所谓远近问题，是指在同一地域有多个收发系统同时工作于同一射频信道，邻近电台对由远地电台来的接收信号造成干扰。说明远近问题的示意图如图 5－23 所示，设 T_1 到 R_1 距离为 D，T_2 到 R_2 距离为 D，T_1 到 R_2 距离为 d，T_2 到 R_1 的距离为也是 d。T_1 和 T_2 的发射功率分别为 P_1 和 P_2。

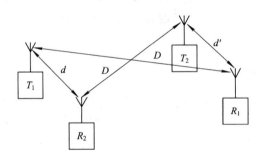

图 5－23　说明远近问题的示意图

天线 1 的增益分别用 G_{11} 和 G_{12} 表示，天线 2 的增益分别用 G_{21} 和 G_{22} 表示。为简单起见，假设 $P_1G_{12}=P_2G_{22}$，R_2 接收的 T_2 发射信号同邻近电台 T_1 的干扰信号之比 $R=d^2/D^2$。例如，$D=40$ km，$d=1$ km，$R=32$ dB，为保证 R_2 能和 T_2 正常通信，仅从邻近电台干扰考虑，接收机应当有不小于 32 dB 的处理增益。如果只采用 FH 扩谱，就要求系统有 1600 个跳频数，这将付出相当高的代价。而采用 FH/TH 混合系统可以较好地解决这样的远近问题，将各个收发信组合按时间进行划分，使所需接收的发射机与不想接收的发射机不在同一时刻发射，这样就可消除邻近电台的干扰。

5.5.3　跳时/直扩混合系统

在直接序列扩频系统中通常采用 m 序列作为扩谱码。在多址通信中 DS 系统使用的独立地址码数有可能不能满足多址和复用的要求，在这种情况下采用跳时/直扩混合系统则可以解决这个问题。由于 DS 系统中收发两端必须建立准确的同步，这就为增加 TH 技术带来了方便，只需要在 DS 系统中增加一个通断开关和一些控制电路，时间跳变码就可以从直接序列扩频码产生器得到。若直接序列扩频码由 n 级移位寄存器产生，则选择其中的 $r-i$ 级状态并行输出到一致门。当 $r-i$ 级状态全为"1"状态时，控制射频开关输出脉冲载波信号。在直接序列扩频码的一个周期中，$r-i$ 级出现全"1"状态的次数为 2^i，这就是说，在 DS 码的一个周期发射机发射 2^i 次（$1<i<n$）。由于全"1"状态的出现是伪随机的，因此发射也是伪随机的。一种 TH/DS 混合系统的原理框图如图 5-24 所示，图中接收机的通断和发射机的通断同步。

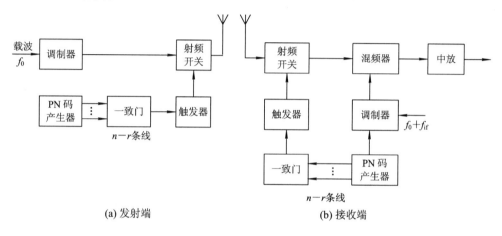

图 5-24　TH/DS 系统的原理框图

小　　结

　　本章主要介绍了扩频通信的基本概念，重点介绍了直接序列扩频系统、跳频扩频通信系统，对跳时系统和混合扩展频谱系统也作了适当的介绍，目的是让读者了解抗干扰通信技术，为后续章节打下基础。

思考与练习 5

5-1　什么是扩频通信？扩频通信与调频信号有何区别？

5-2　扩频通信的特点是什么？

5-3　扩频技术的基本理论是什么？试加以说明。

5-4　扩频通信系统的类型有哪些？

5-5　直接序列扩频系统的基本原理是什么？试举例说明。

5-6　跳频扩频通信系统的基本原理是什么？试举例说明。

5-7　在高斯噪声干扰信道中，要求在干扰噪声功率是信号平均功率 100 倍的情况下工作，传输信息速率 $R_i=3$ kb/s，所需传输带宽为多少？

5-8　设信道带宽 $B=6$ kHz，最大信息传输速率 $R_i=1$ Mb/s，所需最小信噪比为多少？

5-9 一白色高斯噪声干扰信道，信道带宽为 4 kHz，试求在信噪比 $S/N=30$ dB 的条件下，允许的最大信息传输速率为多少？

5-10 用一码速率为 $R_c=5$ Mb/s 的伪码序列进行直接序列扩频，扩频后信号带宽是多少？若信息码速率为 10 kb/s，则系统处理增益是多少？

5-11 设要求某系统在干扰噪声功率是信号功率 300 倍的环境下工作，需要多大的干扰容限？若要求输出信噪比为 10 dB，则允许的最小处理增益是多少？

5-12 一个 FH/DS 混合系统，码速率为 20 Mb/s，频率数为 100，数据信息速率为 9.6 kb/s，该系统的处理增益是多少？

第6章 微波与卫星通信系统

教学要点

- 概述：微波与卫星通信介绍。
- 微波与卫星通信的主要技术：微波信号的传播、频率配置、传输与复用、调制与解调、编解码技术、信号处理技术及卫星通信中的多址技术。
- 微波通信系统：数字微波通信系统及性能、大容量微波通信系统。
- 卫星通信系统：静止卫星、移动卫星及 VSAT 卫星通信系统，卫星通信新技术。
- GPS 定位系统：GPS 概念、系统组成及作用，GPS 定位原理。
- 微波与卫星通信技术的发展：激光技术的应用、先进通信技术卫星及宽带多媒体卫星移动通信系统。

6.1 概　　述

微波与卫星通信都工作在微波频段，它们既有共性又具备各自的特点。微波频段为 300 MHz～300 GHz，相应的波长为 1 m～0.1 mm，因此人们习惯上将微波划分为分米波、厘米波、毫米波和亚毫米波等波段，通常用不同的字母代表不同的微波波段。例如，S 代表 10 cm 波段，C 代表 5 cm 波段，X 代表 3 cm 波段，Ka 代表 8 mm 波段，U 代表 6 mm 波段，F 代表 3 mm 波段等。微波的主要特征如下：

（1）似光性。微波的波长范围为 0.1 mm～1 m，这样短的波长与地球上物体（如飞机、舰船、建筑物）的尺寸相比属于同一个数量级或小得多，故当微波照射到这些物体上时将产生强烈的反射。微波的这种特性与光线的传播特性相似，所以称微波具有"似光性"。利用这一特性可实现无线电定位。超视距微波通信就是依靠中继站进行长距离信号传输的。

（2）高频性。微波的振荡周期为 10^{-13}～10^{-9} s，利用微波的高频特性可以设计制造出微波振荡、放大与检波等微波器件，如磁控管、行波管等。同时，由于微波的频率高、频带宽、传输信息容量大，所以大信息量的无线传输大多采用微波通信。

（3）穿透性。微波照射到介质时具有良好的穿透性，云、雾、雪等对微波的传播影响小，这为微波遥感和全天候通信奠定了基础。同时，1～10 GHz、10～30 GHz、91 GHz 附近波段的微波受电离层影响较小，从而成为人类探测太空的"宇宙之窗"，为射电天文、卫星通信、卫星遥感等提供了宝贵的无线电通道。

（4）散射性。微波具有散射特性，利用这一特性可以进行远距离的微波散射通信，也可以根据散射的特征进行微波遥感。

（5）抗干扰性。由于微波的频率很高，一般自然界和电气设备产生的人为电磁干扰的频率与其差别很大，所以基本上不会影响到微波通信。

（6）热效应。当微波在有耗介质中传播时，会使介质分子相互碰撞、摩擦从而发热，微波炉就是利用这一效应制成的，同时，这一效应也成为有效的理疗方式，是微波医学的基础。

由此可见，利用微波进行通信具有频带宽、信息传输量大、抗自然和人为干扰能力强等优点，从而使微波通信技术得到了越来越广泛的应用。

微波与卫星通信可以单独组成通信系统。美国在 1962 年 7 月发射了第一颗利用微波接力方式实现越洋通信的 Telstar 卫星，首次把电视信号由美国传播到了欧洲。随后，卫星和微波技术相互促进，微波固体器件和微波集成电路的出现和发展，使卫星和微波通信技术得到了巨大的发展和广泛的应用。

6.1.1 微波通信

1. 微波中继通信

微波传输是直线进行的，但地球是一个球体，地面自然是曲面，因此微波在地面上的传播距离只能局限在视距以内，其视线传播距离取决于发射天线和接收天线的高度。设发射天线和接收天线的高度分别为 h_1 m 和 h_2 m，考虑到地球表面大气层对微波折射的影响，则视距传播距离为

$$L = 4.12(\sqrt{h_1} + \sqrt{h_2}) \quad (\text{km}) \tag{6-1}$$

视距传播距离一般为 50 km 左右。当两点距离超过 50 km 时，则必须在它们之间设立相互距离小于视线距离的多个中继站，这样就构成了微波中继通信，如图 6-1 所示。常用的微波中继转接方式有再生转接、中频转接和微波转接等几种，如图 6-2 所示。

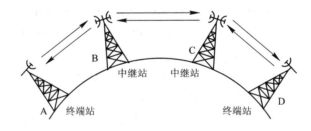

图 6-1 微波中继通信示意图

2. 数字微波通信的特点

微波通信分为模拟微波通信和数字微波通信两种方式。用于传输频分多路-调频制（FDM-FM）基带信号的系统称为模拟微波通信；用于传输数字基带信号的系统称为数字微波通信。远距离的微波中继传输一般都采用数字通信的方式。数字微波通信的优点是：

（1）抗干扰能力强，整个线路噪声不积累。

（2）保密性强，便于加密。

（3）器件便于固态化和集成化，设备体积小，耗电少。

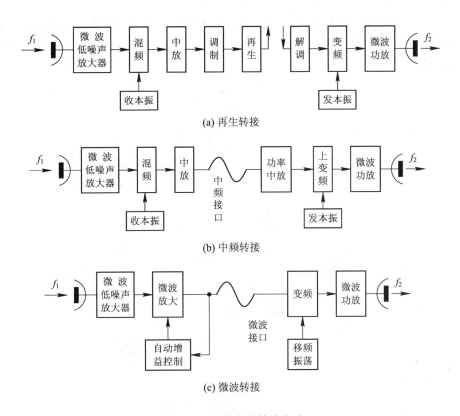

图 6 - 2　微波中继转接方式

（4）便于组成综合业务数字网（ISDN）。

数字微波通信的不足是：

（1）要求传输信道带宽较宽，因而会产生频率选择性衰落。

（2）抗衰落技术复杂。

数字微波通信系统主要由发射端、微波信道和接收端三部分构成，如图 6 - 3 所示。图 6 - 3 中，不论信源提供的信号是数字信号还是模拟信号，都将经编码器转变成符合传输要求的数字信号，再经微波信道传输，解码器将接收到的信号还原为原始信号传给信宿。

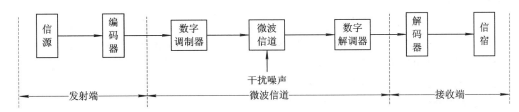

图 6 - 3　数字微波系统框图

6.1.2　卫星通信

1. 卫星通信的特点

卫星通信是指利用人造地球卫星作为中继站转发或反射无线电信号，在两个或多个地球站之间进行的通信。这里的地球站是指设在地球表面（包括地面、海洋和大气中）的无线电通信站，而用于实现通信目的的这种人造地球卫星被称为通信卫星。卫星通信实际上就是利用通信卫星作为中继站而进行的一种特殊的微波中继通信，这里主要是指静止卫星通信。卫星通信的示意图如图 6-4 所示。

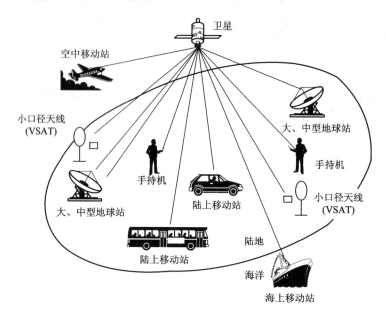

图 6-4   卫星通信的示意图

卫星通信的优点如下：

（1）通信距离远，费用与距离无关。

（2）覆盖面积大，可以进行多址通信。

（3）通信频带宽，传输容量大，适于多种业务传输。

（4）通信质量高，通信线路稳定可靠。

（5）通信电路灵活，机动性好。

（6）可以自发自收，进行监测。

卫星通信的不足如下：

（1）发射与控制技术比较复杂。

（2）地球两极为通信盲区，而且在地球的高纬度地区通信效果不好。

（3）存在星蚀和日凌中断现象。

（4）有较大的信号传输延迟和回波干扰。

（5）具有广播特性，保密措施应加强。

卫星通信的应用范围极为广泛，不仅用于传输话音、电报、数据等，还特别适用于广播电视节目的传输。

2. 卫星通信信号的传输

卫星通信线路由发端地球站，收端地球站，卫星转发器及上行、下行线传输路径组成，其组成框图如图 6-5 所示。

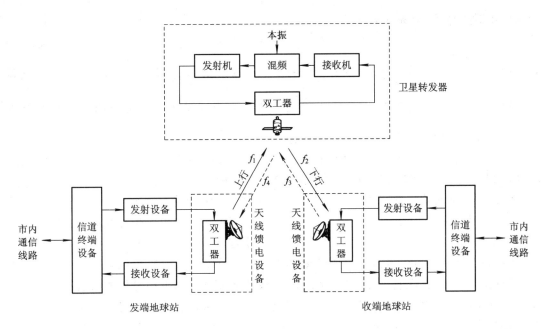

图 6-5　卫星通信线路的组成框图

卫星转发器是卫星中的通信系统,是设在空中的微波中继站,其主要功能是接收来自发端地球站的信号,然后对其进行低噪声放大,再进行混频,并对混频后的信号再进行功率放大,最后将处理后的信号送回收端地球站。由发端地球站传向卫星转发器的信号称为上行信号,由卫星转发器传向收端地球站的信号称为下行信号,上行信号和下行信号的频率是不同的,目的是防止卫星天线中产生同频信号的干扰。一个通信卫星往往有多个卫星转发器,每个卫星转发器被分配在某一工作频段中,并根据所使用的天线覆盖区域,把转发器租用或分配给处在覆盖区域内的卫星通信用户。

发端和收端地球站的组成是类似的,均由天线馈电设备、发射设备、接收设备、信道终端设备等组成。天线馈电设备把发射机输出的信号辐射给卫星,同时把卫星发来的电磁波收集起来送到接收设备。收发支路主要是靠馈源设备中的双工器来分离的,发射设备主要是将信道终端设备输出的中频信号变换成射频信号,并把射频信号放大到一定值;接收设备的任务是把接收到的来自卫星转发器的微弱射频信号先进行低噪声放大,然后变频到中频信号,供信道终端设备进行解调和其他处理。信道终端设备的基本任务是将用户设备(如电话、电话交换机、计算机、传真机等)通过传输线接口输入的信号进行处理,并将接收设备送来的信号恢复成用户的信号。

6.2　微波与卫星通信的主要技术

6.2.1　微波信号的传播

1. 微波通信

在微波信号的传播过程中,由于大气对微波不可避免地存在吸收或散射效应,因此,

传输损耗不能忽视。传输损耗 L 为

$$L = L_f - A \text{ (dB)} \tag{6-2}$$

式中：$L_f = \dfrac{P_i}{P_R} = \left(\dfrac{4\pi r}{\lambda}\right)^2 \dfrac{1}{G_i G_R}$ 称为真空中的基本传输损耗，G_i、G_R 分别为实际天线的增益系数和接收天线的增益系数；$A = 10 \lg \dfrac{E}{E_0}$ 称为信道的衰减系数，E、E_0 分别为实际场强和真空中对应的场强。

式(6-2)表明，微波通信的传输损耗包括真空中的基本损耗和实际介质损耗两部分。所以，信道的传输衰减决定于不同的传输方式和不同的传输介质。

信道的传输衰减是微波通信的主要特征，我们把这种传输衰减统称为衰落现象。衰落分为两种，即吸收型衰落和干涉型衰落。吸收型衰落主要是指由于传输介质电参数的变化使得信号在介质中的衰减特性发生相应的变化而引起的衰落；干涉型衰落主要是由随机多径干涉现象引起的衰落。衰落又有慢衰落和快衰落之分，由大气气象的随机性引起信号电平在较长时间内的起伏变化称为慢衰落；由天线传播或介质的不均匀传播而引起信号幅度和相位在较短时间内的变化称为快衰落。快衰落和慢衰落是叠加在一起共同影响传输信号的，短时间内观察快衰落表现明显，而慢衰落不易被察觉。信号的衰落现象严重地影响着微波传输系统的稳定性和可靠性，应采取有效措施加以控制。

无线电波通过介质除产生传输损耗外，由于介质的色散效应和随机多径传输效应还会产生振幅失真和相位失真。色散效应是由于不同频率的无线电波在介质中的传播速度有差别而引起的信号失真。载有信号的无线电波都占据一定的频带，当电波通过介质传播到达接收点时，由于各频率成分传播速度不同，因而不能保持原来信号中的相位关系，会引起波形失真。至于色散效应引起信号畸变的程度，则要结合具体信道的传输情况而定。多径传输也会引起信号畸变，这是因为无线电波在传播时通过两个以上不同长度的路径到达接收端，接收天线获得的信号是几个不同路径传来信号的总和。

2. 卫星通信

卫星通信是在空间技术和地面微波中继通信的基础上发展起来的，依靠大气外卫星的中继实现远程通信，其载荷信息的无线电波要穿越大气层，经过很长的距离在地面站和卫星之间传播，因此它会受到多种因素的影响。传播问题会影响带信号质量和系统性能，这也是造成系统运转中断的一个原因。因此，电波传播特性是卫星通信以及其他无线通信系统进行设计和线路设计时必须考虑的基本特性。卫星通信的电波要经过对流层、平流层、电离层和外层空间，跨越距离大，因此影响电波的传播因素有很多。

卫星通信的电波在传播中要受到损耗，其中最主要的是自由空间传播损耗，它占总损耗的大部分，其他损耗还有大气、雨、云、雪、雾等造成的吸收和散射损耗等。卫星移动通信系统还会因为受到某种阴影遮蔽而增加额外的损耗等，固定业务卫星通信系统则可通过适当选址避免这一额外的损耗。

在移动卫星通信系统中，由于移动用户的特点，使接收电波不可避免地受到山体、植被、建筑物的遮挡反射、折射而引起的多径衰落，这是不同于固定业务卫星通信的地方。海面上的船舶、海面上空的飞机还会受到海面反射等引起的多径衰落影响。固定站通信时，虽然存在多径传播，但是信号不会快衰落，只有由温度等引起的信号包络相对时间的缓慢变化，当然条件是不能有其他移动物体发射电波等情况发生。

卫星通信接收机输入端存在噪声功率，分别由内部和外部噪声源引起，其分述如下：

(1) 内部噪声来源于接收机，它是由于接收机中含有大量的电子元件，而这些电子元件由于温度的影响，其中自由电子会做无规则的运动，这些运动实际上影响了电路的工作，这就是热噪声。在理论上，如果温度降低到绝对零度，那么这种内部噪声会为零，但实际上达不到绝对零度，所以内部噪声不能消除，只能抑制。

(2) 外部噪声由天线引起，分为太空噪声和地面噪声。太空噪声来源于宇宙；地面噪声来源于大气、降雨、地面及工业活动、人为噪声等。

太阳系噪声指的是太阳系中太阳、各行星以及月亮辐射的电磁干扰被天线接收而形成的噪声，其中太阳是最大的热辐射源。只要天线不对准太阳，在静寂期太阳噪声对天线噪声影响不大，其他行星和月亮在没有高增益天线直接指向时，对天线噪声影响也不大。实际上，当太阳和卫星汇合在一起，即太阳接近地球站指向卫星的延伸时，地球站就会受到干扰，甚至造成中断；宇宙噪声指的是外空间星体的热气体及分布星际空间的物质所形成的噪声，在银河系中心的指向上达到最大值，在天空其他某些部分的指向上是很低的。宇宙噪声是频率的函数，在 1 GHz 以下时，它是天线噪声的主要成分。

大气中的电离层、对流层不但吸收电波的能量，也会产生电磁辐射而形成噪声，其中主要是氧气和蒸汽所构成的大气噪声。大气噪声是频率和仰角的函数，大气噪声在 10 GHz 以上显著增加。仰角减小时，由于电波穿越大气层的路径长度增加，因而大气噪声作用加大。降雨以及云、雾在产生电波吸收衰减的同时，也会产生噪声，称为降雨噪声。影响天线噪声温度的因素有雨量、频率、天线仰角等，我们在设计系统时应充分考虑这些因素。

6.2.2　微波与卫星通信的频率配置

1. 微波通信的频率配置

微波通信的频带很宽，几乎是普通无线电波长、中、短波各波段带宽总和的 1000 倍。为避免各种应用之间的相互干扰，同时也为了提高无线电频率资源的利用效率，人们对频率的使用进行了划分。

微波通信频率配置的基本原则是使整个微波传输系统中的相互干扰最小、频带利用率最高。频率配置应包括微波通信线路中各个微波站上多波道收、发信频率的确定，并根据选中的中频频率确定收、发本振频率。微波通信频率配置应考虑的因素有：

(1) 在一个中间站，一个单向波道的收信和发信必须使用不同频率，而且要在频率间留有足够的间隔，以避免收、发信号之间的干扰。

(2) 多波道同时工作时，相邻波道频率之间必须有足够的间隔，以免发生邻波道之间的干扰。

(3) 整个频谱安排必须紧凑合理，使给定的通信频段能得到有效的利用，并能以较高的速率传输。

(4) 多波道系统一般使用共用天线(减少微波天线塔的建设)，所以选用的频率配置方案应有利于天线共用，既能降低天线建设总投资，又能满足技术指标的要求。

(5) 不应产生镜像干扰，即不允许某一波道的发信频率等于其他波道收信机的镜像频率。

我国国家无线电委员会(CCIR)根据国际电联组织的分支机构 ITU - R 关于波道频率

配置的建议，公布了在我国使用的三种频率配置方案。

1）集体排列方案

射频波道可以分为收信和发信波道，通常的做法是将某一频段的 $2n$ 个波道分割成低端与高端两段，每段有 n 个波道，分别为 $f_1, f_2, \cdots, f_n$ 和 $f_1', f_2', \cdots, f_n'$。对某台收发信机来说，如果发信波道取低段 f_i 的话，则收信波道一定要取高端相应的 f_i'，反之亦然，如图 6-6 所示。这样 f_i 和 f_i' 就组成了一对波道，整个频段共有 n 对波道。我们还规定 $f_i' - f_i$ 为同一对波道的收、发中心频率间隔；f_0 为中心频率；n 为工作波道对的数目；Δf_B 为占用带宽，并有

$$\Delta f_B = 2(n-1)XS + YS + 2ZS \text{（MHz）} \tag{6-3}$$

式中：XS 为波道间隔；YS 为中心频率附近相邻的收、发信波道间隔；ZS 为相邻频段间的保护间隔。

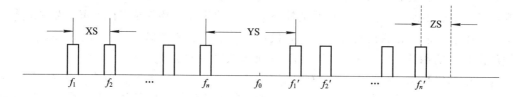

图 6-6　集体排列方案

集体排列方案的优点是收、发信频段中相邻频点的工作电平基本相同，相互影响较小，这是常用的方法。在集体排列方案中，相邻收（发）信频率间隔可以小一些，而收、发频率间隔则可以选得大一些。

2）交替波道配置方案

为了使更多的波道能够共用天线并减小系统内的干扰，现在的微波天线大多采用双极化天线。对于双极化天线和圆馈线，通常使用两种互相垂直的极化波：水平极化波和垂直极化波。由于这两种极化波互相垂直，它们相互的影响就很小了。交替波道配置方案的奇数波道和偶数波道分别使用不同的极化方法，这种方案可以减少邻道干扰。

3）同波道交叉极化方案

为了提高频谱利用率，可以采用同波道交叉极化方案。但为了更好地减少交叉极化干扰的影响，又提出了波道中心频率交替的同波道交叉极化频率复用方案。

另外，根据 CCIR 第 746 号建议，SDH 微波通信系统的射频波道配置与现有的射频波道配置方法兼容，便于 SDH 微波传输系统的推广，尽量减少对现有 PDH 微波传输系统的影响。原有 PDH 微波传输系统单波道传输的最高速率为 140 Mb/s，波道的最大带宽小于 30 MHz，而在小于 30 MHz 的波道带宽内要传输 SDH 的各个速率等级有着很大的技术难度。为了适合 SDH 微波传输的需求，CCIR 将微波波道的最大传输带宽提高到 40 MHz。加拿大北方电信采用 512QAM 调制及双波道并行传输的方法，利用两个 40 MHz 波道传输 STM-4 的信息速率。日本公司使用同波道交叉极化的方法，在一个波道中能传输 2×STM-1 的信息速率，并视 30 MHz 和 40 MHz 两种波道带宽分别使用 128QAM 和 64QAM 的调制方法，较好地实现了与 PDH 微波传输系统的兼容。

1～30 GHz 数字微波接力通信系统容量系列及射频波道配置的国家标准中规定

1.5 GHz 和 2 GHz 频段的波道带宽较窄，取 2、4、8、14 GHz 波道带宽，使用于中、小容量的信号传输速率。4、5、6 GHz 频段的电波传输条件较好，用于大容量的高速率信号传输，如 SDH 信号的传输。部分射频波道的参数配置如表 6－1 所示。

表 6－1　射频波道的频率配置

工作频段 /GHz	频率范围 /MHz	传输容量 /(Mb·s⁻¹)	中心频率 f_0/MHz	占用频率 /MHz	工作波道数 （对）n	XS /MHz	YS /MHz	同一波道收发间隔 /MHz
2	1700～1900	8.448	1808	200	6	14	49	119
2	1900～2300	34.368	2101	400	6	29	68	213
4	3400～3800	2×34.368	3592	400	6	29	68	213
4	3800～4200	139.264	4003.5	400	6	29	68	213
6	6430～7110	139.264	6770	680	8	40	60	340
7	7125～7425	8.448	7275	300	20	7	28	161
8	7725～8275	34.368	8000	500	8	29.65	103.77	311.32
11	10 700～11 700	2×34.368 139.264	11 200	1000	12	40	90	530

2. 卫星通信的频率配置

卫星通信工作频段的选择将影响到系统的传输容量、地球站发信机及卫星转发器的发射功率、天线口径尺寸及设备的复杂程度等。虽然这个频段也属于微波频段（300 MHz～300 GHz），但由于卫星通信电波传播的中继距离远，从地球站到卫星的长距离传输中，既要受到对流层大气噪声的影响，又要受到宇宙噪声的影响，因此，在选择工作频段时，应主要考虑以下因素：

（1）天线系统接收的外界干扰噪声小。

（2）电波传播损耗及其他损耗小。

（3）设备重量轻，体积小，耗电小。

（4）可用频带宽，以满足传输容量的要求。

（5）与其他地面无线系统（如微波中继通信系统、雷达系统等）之间的相互干扰尽量小。

（6）能充分利用现有的通信技术和设备。

综合考虑各方面的因素，应将工作频段选择在电波能穿透电离层的特高频段或微波频段。目前，大多数卫星通信系统选择在下列频段工作：

（1）超高频（UHF）频段——400/200 MHz。

（2）微波 L 频段——1.6/1.5 GHz。

（3）微波 C 频段——6.0/4.0 GHz。

（4）微波 X 频段——8.0/7.0 GHz。

（5）微波 Ku 频段——14.0/12.0 GHz 和 14.0/11.0 GHz。

（6）微波 Ka 频段——30/20 GHz。

从降低接收系统噪声角度考虑，卫星通信工作频段最好选在 1～10 GHz 之间，而最理想的频率在 6/4 GHz 附近。在实际应用中，国际卫星通信的商业卫星和国内区域卫星通信中大多数都使用 6/4 GHz 频段，其上行频率为 5.925～6.425 GHz，其下行频率为 3.7～4.2 GHz，卫星转发器的带宽可达 500 GHz。6/4 GHz 频段带宽较宽，便于利用成熟的微波中继通信技术。

为了不受上述民用卫星通信系统的干扰，许多国家的军用和政府用的卫星通信系统使用 8/7 GHz 频段，其上行频率为 7.9～8.4 GHz，其下行频率为 7.25～7.75 GHz。

由于卫星通信业务量的急剧增加，1～10 GHz 的无线电窗口日益拥挤，14/11 GHz 频段已得到开发和使用，其上行频率为 14～14.5 GHz，其下行频率为 10.95～11.2 GHz 和 11.45～11.7 GHz 等。

6.2.3　信号的传输与复用

在第 2 章的数字通信系统中，我们已经讨论了信号的传输方式有基带传输和频带传输两种，如在数字微波和卫星系统中就采用了频带传输方式。

目前，在长途微波通信干线中以传输数字信号为主构成数字微波通信系统，常用脉冲形式的基带序列对中频频率 70 MHz 或 140 MHz 的信号进行调制，然后再变换到微波频率进行传输。

在 SDH 数字微波通信系统中，采用多进制编码的 64QAM、128QAM、256QAM、512QAM 调制方式，同时还采用多载频的传输方式。例如，采用 4 个载频，使每个载频都用 256QAM 调制方式传输 100 Mb/s 信息，因此一个波道的 4 个载频同时传送，就可以传输 4 倍这样的信息，而其占用的频谱却与只用一个载频传输时所占用的频谱相当。这样可使数字微波朝着既扩大容量，又不占用较大信道带宽的方向发展。

卫星通信系统有单路制和群路制两种方式。所谓单路制，是指一个用户的一路信号去调制一个载波，即单路单载波（SCPC）方式；所谓群路制，是指多个要传输的信号按照某种多路复用方式组合在一起，构成基带信号，再去调制载波，即 MCPC 方式。

目前，广泛采用的多路复用方式有两种：一是频分多路复用（FDM）；二是时分多路复用（TDM）。FDM 是从频域的角度进行分析，它使各路信号在频率上彼此分开，而在时域上彼此混叠在一起；TDM 是从时域的角度进行分析，它使各路信号在时间上彼此分开，而在频域上彼此混叠在一起。

模拟信号一般采用频分多路复用（FDM）方式，它将各路用户信号采用单边带调制（SSB），将其频谱分别搬移到互不重叠的频率上，形式多路复用信号，然后在一个信道中同时传输，接收端用滤波器将各路信号分离。由于使用频率区分信号，故称为频分多路复用，简称频分复用。

在频分复用中，信道的可用频带被分成若干彼此互不重叠的频段，每路信号占据其中一个频段。为了使各路信号的频谱互不重叠，在各路信号的发送端都使用了适当的滤波器。若不考虑信道中所引入的噪声和干扰的影响，在接收端进行信息接收时，各路信号应严格地限制在本信道通带之内，这样当信号经过带通滤波器之后，就可提取出各自信道的已调波，然后通过解调器、低通滤波器，获得原信号。

频分复用系统中的主要问题在于各路信号之间存在相互干扰。这是由于系统非线性器件的影响使各路信号之间产生组合波,当其落入本波道通带之内时,就构成干扰。特别值得注意的是,在信道传输中的非线性所造成的干扰是无法消除的,因而频分复用系统对系统线性的要求很高,同时还必须合理地选择各路载波频率,并在各路载波频率带之间增加保护带宽来减小干扰。

对数字信号而言,通常采用时分多路复用方式,它将一条通信线路的工作时间周期性地分割成若干个互不重叠的时隙,分配给若干个用户,每个用户分别使用指定的时隙。这样就可以将多路信号在时间轴上互不重叠地穿插排列在同一条公共信道上进行传输。因此,在接收端可以利用适当的选通门电路在各时隙中选出各路用户的信号,然后再恢复成原来的信号。

6.2.4　信号的调制与解调

在数字微波通信系统中,常用脉冲形式的基带序列对中频频率 70 MHz 或 140 MHz 的信号进行调制,然后再变换到微波频率进行传输。

在卫星通信系统中,模拟卫星通信系统主要采用频率调制(FM),因为频率调制技术成熟,传输质量好,且能得到较高的信噪比。

在数字调制中以正弦波作为载波信号,用数字基带信号去键控正弦信号的振幅、频率和相位,便得到了振幅键控(ASK)、频移键控(FSK)和相移键控(PSK 及 DPSK)三种基本调制方式。其中,相移键控(PSK 及 DPSK)在卫星通信中使用较多。另外,正交振幅调制(QAM)、最小频移键控(MSK)和高斯最小频移键控(GMSK)也得到较多应用。

6.2.5　编解码技术

1. 信源编码技术

信源编码是指首先将话音、图像等模拟信号转换成为数字信号,然后再根据传输信息的性质,采用适当的方式进行编码。为了降低系统的传输速率,提高通信系统效率,就要对话音或图像信号进行频带压缩传输。数字微波通信系统采用的最基本的语音编码方式为标准的脉冲编码调制(PCM)方式,即以奈奎斯特抽样定理为基准,将频带宽度为 300~3400 Hz 的语音信号变换成编码速率为 64 kb/s 的数字信号,调制后经微波线路传输,在接收端进行解调,经数/模(D/A)转换恢复出原有的模拟信号。系统可以在有限的传输带宽内保证系统的误码性能,实现高质量的信号传输。

在数字卫星通信系统中实施信号频带压缩技术,可以充分利用有效的频率资源,降低传输速率。信源编码方案有很多,数字卫星通信中的编码速率为 16~64 kb/s,而移动卫星通信中的编码速率为 1.2~9.6 kb/s。在一定的编码速率下,应尽可能提高话音质量。

数字系统所采用的话音信号的基本编码方式包括三大类:波形编码、参数编码和混合编码。

波形编码是直接将时域信号变为数字代码的一种编码方式,如 PCM、ΔM、ADPCM、SBC、VQ 等。

参数编码是指以发音机制模型为基础，直接提取语音信号的一些特征参量，并对其进行编码的一种编码方式。参数编码的基本原理是根据语音产生的条件建立语音信号产生模型，然后提取语音信号中的主要参量，经编码发送到接收端；接收端经解码恢复出与发出端相应的参量，再根据语音产生的物理模型合成输出相应语音。参数编码采取的是语音分析与合成的方法，其特点是可以大大压缩数码率，因而获得了广泛的应用，当然，其语音质量与波形编码相比要差一点。

混合编码是一种综合编码方式，它吸取了波形编码和参数编码的优点，使编码数字语音中既包括语音特征参量，又包括部分波形编码信号。

无论是 PCM 信号还是 ΔM 信号，其所占带宽度均远大于模拟语音信号。因此，长期以来人们一直在进行压缩数字化语音占用频带的工作，即在相同质量指标条件下降低数字化语音的数码率，以提高数字通信系统的频带利用率。这一点对于频率资源十分紧张的超短波陆地移动通信、卫星通信系统等很有意义。

通常把编码速率低于 64 kb/s 的语音编码方法称为语音压缩编码技术，其方法有很多，如自适应差分脉码调制（ADPCM）、自适应增量调制（ADM）、子带编码（SBC）、矢量量化编码（VQ）、变换域编码（ATC）、参量编码（声码器）等。

2. 信道编码技术

信道编码是指在数据发送之前，在信息码之外附加一定比特数的监督码元，使监督码元与信息码元构成某种特定的关系，接收端根据这种特定的关系来进行检验。

信道编码不同于信源编码，信源编码的目的是提高数字信号的有效性，具体地讲就是尽可能压缩信源的冗余度，其去掉的冗余度是随机的、无规律的；而信道编码的目的在于提高数字通信的可靠性，它加入冗余码用来减少误码，其代价是降低了信息的传输速率，即以减少有效性来增加可靠性，其增加的冗余度是特定的、有规律的，故可利用它在接收端进行检错和纠错，保证传输质量。因此，信道编码技术亦称为差错控制编码技术。

差错控制编码的基本思想是通过对信息序列做某种变换，使原来彼此独立、相关性极小的信息码元产生某种相关性，这样在接收端就可利用这种特性来检测并纠正信息码元在信道传输中所造成的差错。

差错的类型可分为随机差错和突发差错两类。差错控制方式可以分为前向纠错（FEC）和自动请求重传（ARQ）两类，结合这两种方式的优点也产生了混合纠错（HEC）方式。在HEC方式中，发信端发送的码不仅能够检测错误，而且还具有一定的纠错能力。接收端信号若在码的纠错能力以内，则接收端会自动进行纠错；如果错误很多，超出了码的纠错能力，只能检测而不能纠错，则接收端通过反馈信道给发信端发送要求重发的指令，然后发信端再次发送正确的信号。

差错控制编码按照不同的功能可分为检错码和纠错码，检错码只能检测误码，不能纠错；而纠错码则兼有检错和纠错的能力，并且在发现有不可纠正的错误时还会给出错误指示。

按照信息码元和附加的监督码元之间的检验关系，差错控制编码又可分为线性码和非线性码。若信息码元与监督码元之间满足一组线性方程式，则称为线性码；反之，则称为非线性码。常用的差错控制编码一般都是线性码,线性码又包括分组码和卷积码。汉明码是 1950 年汉明提出的纠正单一随机错误的线性分组码,因其编译码器结构简单而得到了广泛的应用。分组码的重要分支循环码具有许多特殊的代数性质。BCH 码有严密的代数结构,在 SDH 微波通信设备中常常使用能纠多重错误的 BCH 码来降低传输误码率。

实际上,通信系统中除了随机差错外,还会遇到突发干扰,使一个码字内造成多个码元的连续错误,交织编码将一个纠错码的码字交织,使突发误码转换为一个纠错误字内的随机误码,因而交织码是突发差错的有效纠错码。

与分组码不同的卷积码是在任意给定的时间单元内,编码器的 n 个输出不仅与本时间单元的 k 个输出码元有关,而且与前 $m-1$ 个时间单元的输入码元有关。这里的 m 是约束度,这种约束关系使已编码序列的相邻码字之间存在着相关性,正是这一记忆特性使该序列可以看作输入序列经某种卷积运算的结果。由卷积码的相关性导出的维特比(Viterbi)译码算法是一种最佳的译码方法。由于维特比算法具有一定的克服突发错误的能力,因此,在译码、信号解调和 SDH 微波传输方面得到了广泛的应用。

6.2.6　信号处理技术

如何提高卫星系统的通信容量和传输性能是人们普遍关注的问题。正是由于近年来大规模集成电路的迅速发展,使得信号处理技术在卫星通信领域取得了巨大的进展。例如,在 TDM 移动卫星通信系统中,采用了数字话音内插(DSI)技术,从而大大地扩大了通信容量;在具有长延时的卫星线路的基带线路中采用接入回波抑制器或回波抵消器的方法,可以削弱或抵消回波的影响。本节仅就数字话音内插(DSI)技术和回波控制技术进行介绍。

1. 数字话音内插(DSI)技术

数字话音内插(DSI)技术是目前在卫星系统中广泛采用的一种技术,能够用于提高通信容量。由于在两个人通过线路进行双工通话时,总是一方讲话,而另一方在听,因而只有一个方向的话路中有话音信号,而另一方的线路则处于收听状态。就某一方的话路而言,只有一部分的时间处于讲话状态,而其他时间处于收听状态。根据统计分析资料显示,一个单方向话路实际传送话音的平均时间百分比(即平均话音激活率)通常只有 40% 左右。因而可以设想,如果采用一定的技术手段,仅仅在讲话时间段为通话者提供讲话话路,可在其空闲时间段将话路分配给其他用户,这种技术称为话音内插技术,也称为话音激活技术,它特别适用于大容量数字话音系统。

通常所使用的数字话音内插(DSI)技术包括时分话音内插(TASI)和话音预测编码(SPEC)两种方式。

时分话音内插(TASI)技术利用呼叫之间的间隙、听话而未说话以及说话停顿的空闲时间,把空闲的通路暂时分配给其他用户以提高系统的通信容量。而话音预测编码(SPEC)则是当某一个时刻样值与前一个时刻样值的 PCM 编码有不可预测的明显差异时,才发送此时刻的码组,否则不进行发送,这样便减少了需要传输的码组数量,以便有更多的容量可供其他用户使用。下面首先介绍时分话音内插的基本原理。

图 6-7 所示的是数字式话音内插系统的基本组成。从图 6-7 中可以看出,当以 N 路 PCM 信号经 TDM 复用后的信号作为输入信号时,帧内 N 个话路经话音存储器与 TDM 格式的 N 个输出话路连接,其各部分功能如下所示。

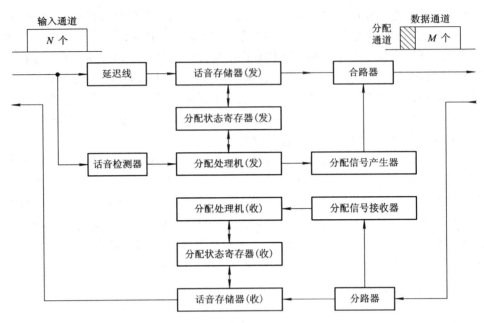

图 6-7 数字式话音内插系统的基本组成

发送端的话音检测器依次对各话路的工作状态进行检测，以判断是否有话音信号。当某话路的电平高于门限电平时，则认为该话路中有话音，否则认为无话音。若话音检测器中的门限电平能随线路上所引入的噪声电平的变化而自动地快速调节，那么就可以大大减少因线路噪声而引起的检测错误。

分配状态寄存器主要负责记录任何一个时刻、任意输入话路的工作状态以及它与其输出话路之间的连接状态。

分配信号产生器必须每隔一帧在分配话路时隙内发送一个用来传递话路间连接状态信息的分配信号，这样接收端便可根据此信号从接收信息中恢复出原输入的数字话音信号。

由于话音检测和话路分配均需要一定的时间，而且新的连接信息应在该组信码存入话音存储器之前送入分配状态寄存器，故 N 个话路的输入信号应先经过大约 16 ms 的时延来保持协调工作。

在发送端，话音检测器依次对各输入话路的工作状态加以识别，判断它们是否有语音信号通过，当某话路中有语音信号通过时，立即通知分配处理机，并由其支配分配状态寄存器在"记录"中进行搜寻。如果需为其分配一条输出通道，则立即为其寻找一条空闲的输出通道，当寻找到这样一条输出通道时，分配处理机立即发出指令，把经延迟电路时延后的该通道信码存储到话音存储器内相对应的需与之相连接的输出通道单元中，并在分配给该输出通道的时间位置"读出"该信码，同时将输入通道及与之相连的输出通道的一切新连接信息通知分配状态寄存器和分配信号产生器。如果此路一直处于讲话状态，则直至通话完毕，才能再次改变分配状态寄存器的记录。

在接收端，当数字时分话音内插接收设备收到扩展后的信码时，分配处理机则根据收到的分配信号更新接收端分配状态寄存器的"分配表"，并让各组语音信码分别存到接收端话音存储器的有关单元中，再依次在特定的时间位置进行"读操作"，恢复原输入的 N 个通路的符合 TDM 帧格式的信号，供 PCM 解调器使用。

分配信息的传送方式有两种：一种是只发送最新的连接状态信息；另一种是发送全部连接状态信息。由于在目前使用的卫星系统中经常使用第二种方式，因而我们着重讨论采用发送全部连接状态信息方式工作的系统特性。

当系统用发送全部连接状态信息来完成分配信息的传递任务时，无论系统的分配信息如何发生变化，它只负责在一个分配信息周期中实时地传送所有连接状态信息，因此其设备比较简单。但在分配话路时，如发生误码，则很容易出现错接的现象。相比起来，系统中只发送最新连接状态时的误码影响要小一些。

图 6-8 给出了音预测编码 SPEC 发端的原理图。

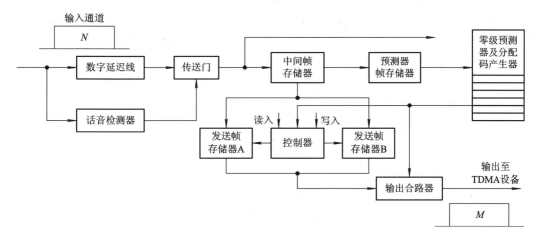

图 6-8　SPEC 发端的原理图

音频测编码 SPEC 发端的工作过程如下所示。

话音检测器依次对输入的采用 TDM 复用格式的 N 个通道编码码组进行检测，当有话音编码输入时，即打开传送门，将此编码码组送至中间帧存储器；否则传送门仍保持关闭状态。时延电路提供约 5 ms 的时延，正好与话音检测所允许的时间相同。

零级预测器将预测器帧存储器中所储存的上一次取样时刻通过该通道的那一组编码与刚收到的码组进行比较，并计算出它的差值。如果差值小于或等于某一个规定值，则认为刚收到的码组是可预测码组并将其除去；如果差值大于某一个规定值，则认为刚收到的码组是不可预测码组，随后将其送入预测器帧存储器，并代替先前一个码组，作为下次比较时的参考码组，供下次比较使用。

与此同时，又将此码组"写入"发送帧存储器，并在规定时间进行"读操作"。其中的发送帧存储器是双缓冲存储器，一半读出时另一半写入，这样便可以不断地将信码送至输出合路器。

在零级预测器中，各次比较的情况都被编成分配码（SAW），可预测用"0"表示，而不可预测用"1"表示。因此每一个通道便用 1 比特标示出来，总共 N 个通道，当 N 个比特送到合路器时，从而构成"N 个分配通道"和"M 个输出通道"的结构，并送入卫星链路。

在接收端，根据所接收到的"N 个分配通道"和"M 个输出通道"的结构，就可恢复出原发端输入的 N 通道的 TDM 帧结构。

在话音预测编码方式中，同样也存在竞争问题，有可能出现本来应发而未发的现象，而接收端却按前一码组的内容进行读操作，致使信噪比下降。只有当卫星话路数 M 较小时，采用话音预测编码方式时的 DSI 增益才稍大于时分话音内插方式时的 DSI 增益。

2. 回波控制技术

图 6-9 所示的是卫星通信线路产生回波干扰的原理图。由图 6-9 可见，在与地球站相连接的 PSTN 用户的用户线上采用二线制，即在一对线路上传输两个方向的信号，而地球站与卫星之间的信息接收和发送是由两条不同的线路（上行和下行链路）完成的，故称为四线制。由图 6-9 可以清楚地看出，通过一个混合线圈 H 实现了二线和四线的连接，当混合线圈平衡网络的阻抗 R_A（或 R_B）等于二线网络的输入阻抗 R_1 时，用户 A 便可以通过混合线圈与发射机直接相连。发射机的输出信号被送往地球站，利用其上行链路发往卫星，再经卫星转发器转发，使与用户 B 相连的地球站接收到来自卫星的信号，并通过混合线圈到达用户 B。理想情况下，收/发信号彼此分开。但当 PSTN 电话端的二/四线混合线圈处于不平衡状态时，例如 A 端 $R_1 \neq R_A$（对于 B 端 $R_2 \neq R_B$），用户 A 通过卫星转发器发送给用户 B 的话音信号中就会有一部分泄露到发送端，再发往卫星并返回用户 A，这样的一个泄露信号就是回波。

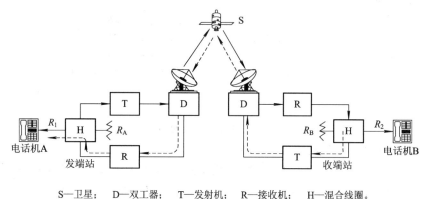

S—卫星；　D—双工器；　T—发射机；　R—接收机；　H—混合线圈。

——→ 信号传输路线；　------→ 回波传输路线

图 6-9　卫星通信线路产生回波干扰的原理图

由于卫星系统中信号传输时延较长，因而卫星终端发出的话音和收到对方泄露话音的时延也较长。这除了使使用电话线路的双方在通话时感到不自然外，更重要的是会出现严重的回波干扰。

为了抑制回波干扰的影响，需要在话音线路中接入一定的电路，这样在不影响话音信号正常传输的条件下，可将回波削弱或者抵消。图 6-10 所示的是一个回波抵消器的原理图，它用一个横向滤波器来模拟混合线圈，使其输出与接收到的话音信号的泄露相抵消，以此来防止回波的产生，而且对发送与接收通道并没有引入任何附加的损耗。

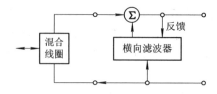

图 6-10　回波抵消器的原理图

图 6-11 所示的是一种数字式自适应回波抵消器的原理图。

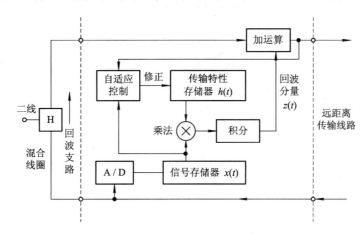

图 6-11　数字式自适应回波抵消器的原理图

数字式自适应回波抵消器的工作过程如下：

首先把从对方送来的话音信号 $x(t)$ 经过 A/D 变换成数字信号存储于信号存储器中，然后将存储于信号存储器中的信号 $x(t)$ 与存储于传输特性存储器中的回波支路脉冲响应 $h(t)$ 进行卷积积分，从而构成作为抵消用的回波分量，随后再经加法运算将回波分量从发话信号中扣除，最后便抵消掉了发话信号中经混合线圈来的回波分量 $z(t)$。

自适应控制电路可根据剩余回波分量和由信号存储器送来的信号，自动地确定 $h(t)$。通常这种回波抵消器可使回波被抵消约 30 dB，使自适应收敛时间为 250 ms。

由于数字式自适应回波抵消器可以看作一种数字滤波器，非常适合进行数字处理，因而被广泛运用于卫星系统中。

6.2.7　卫星通信中的多址技术

卫星通信的基本特点是能进行多址通信（或者说多址连接）。系统中的各地球站均向卫星发送信号，卫星将这些信号混合并做必要的处理（如放大、变频等）与交换（如不同波束之间的交换），然后向地球的某些区域分别转发。那么，用怎样的信号传输方式才能使接收站从这些信号中识别出发给本站的信号并知道该信号发自何站呢？又怎样使转发器中进行混合的各站信号间的相互干扰尽量小呢？这是多址通信首先要解决的问题，也就是多址连接方式问题。

应该指出的是，如果一个站只发送一个射频载波（或一个射频分帧），多址的概念是清楚的。但是很可能一个站会发送几个射频载波（或多个射频分帧），而我们关心的是区分出不同的射频载波或分帧，因此，有时把多址连接改称为"多元连接"似乎更恰当一些。我们应广义地来理解"多址"这一概念。

1. 实现多址连接的依据

实现多址连接的技术基础是信号分割，就是在发送端要进行恰当的信号设计，使系统中各地球站所发射的信号各有差别；而各地球站接收端则应具有信号识别的能力，能从混合的信号中选择出本站所需的信号。图 6-12 所示是多址连接的模型。

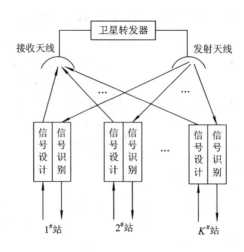

图 6-12 多址连接的模型

一个无线电信号可以用若干个参量来表征，最基本的几个参量是信号的射频频率、信号出现的时间以及信号所处的空间。信号之间的差别可集中反映在上述信号参量之间的差别上。

在卫星通信中，信号的分割和识别可以利用信号的任一种参量来实现。考虑到实际存在的噪声和其他因素的影响，最有效的分割和识别方法则是设法利用某些信号所具有的正交性来实现多址连接。图 6-13 画出了由频率 F、时间 T 和空间 S 所组成的三维坐标来表征的多址立方体。

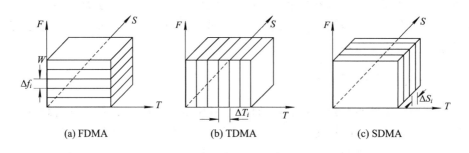

(a) FDMA   (b) TDMA   (c) SDMA

图 6-13 多址立方体

1) 频分多址（FDMA）

图 6-13(a)所示是垂直于频率轴对多址立方体切割（时间、空间不分割），这样就形成许多互不重叠的频带，这是频分多址（FDMA），即对各站所发信号的频率参量所做的分割，各信号在卫星总频带 W 内各占不同的频带 Δf_i，而它们在时间上可重叠，并且可最大限度地利用空间（即使用覆球波束）。收方利用频率正交性，有

$$\int_{\Delta f_i} X_i(t) \cdot X_j(t) \, \mathrm{d}f = \begin{cases} 1 & (i = j; \; i, j = 1, 2, \cdots, k) \\ 0 & (i \neq j; \; i, j = 1, 2, \cdots, k) \end{cases} \tag{6-4}$$

通过频率选择（用滤波法），就可从混合信号中选出所需的信号。式中的 X_i、X_j 分别代表第 i 站和第 j 站发送的信号。

图 6-13(b)所示是垂直于时间轴对多址立方体切割（频率、空间不分割），这样就形成许多互不重叠的时隙，这是时分多址（TDMA），即对各站所发信号的时间参量所做的分

割，各信号在一帧时间内以各不相同的时隙 ΔT_i（也称为分帧）通过卫星。由于频率不分割，因此可最大限度地利用卫星频带和空间（即覆球波束）。收方利用时间正交性，有

$$\int_{\Delta T_i} X_i(t) \cdot X_j(t) \, \mathrm{d}t = \begin{cases} 1 & (i = j; \ i, j = 1, 2, \cdots, k) \\ 0 & (i \neq j; \ i, j = 1, 2, \cdots, k) \end{cases} \qquad (6-5)$$

通过时间选择（即用时间闸门），就可以从混合信号中选出所需信号。

2）空分多址（SDMA）

图 6-13(c) 所示是垂直于空间轴对多址立方体切割（频率、时间不分割），这样就形成许多互不重叠的小空间，这是空分多址（SDMA），即对各站所发信号的空间参量所做的分割，各信号在卫星天线阵的空间内各占据不同的小空间（窄波束）ΔS_i。利用空分多址可最大限度地利用卫星的频带，在时间上也不受限制。收方利用空间正交性，有

$$\int_{\Delta S_i} X_i(s) \cdot X_j(s) \, \mathrm{d}s = \begin{cases} 1 & (i = j; \ i, j = 1, 2, \cdots, k) \\ 0 & (i \neq j; \ i, j = 1, 2, \cdots, k) \end{cases} \qquad (6-6)$$

通过空间选择（即用窄波束天线），就可以从混合信号中选出所需信号。

3）码分多址（CDMA）

除频率、时间、空间分割外，还可利用波形、码型等复杂参量的分割来实现多址连接。其中的码分多址（CDMA）就是各站用各不相同的相互准正交的地址码分别调制各自要发送的信息信号，而发射的信号在频率、时间、空间上不做分割，也就是使用相同的频带、空间（时间上也可重叠），收方则利用码型的正交性，有

$$\int_T C_i(t) \cdot C_j(t) \, \mathrm{d}t = \begin{cases} 1 & (i = j; \ i, j = 1, 2, \cdots, k) \\ 0 & (i \neq j; \ i, j = 1, 2, \cdots, k) \end{cases} \qquad (6-7)$$

通过地址识别（即用相关检测法），就可从混合信号中选出所需信号。式中的 $C_i(t)$、$C_j(t)$ 分别是第 i、j 站的地址码。

应指出的是，为了更好地完成信号的识别，在被分割的参量段之间应留有一定的保护量，如保护频带、保护时隙等。此外，上面谈到的是一个体积元代表一个地球站的信号，如果一个站要发送多个信号（如多个射频载波或多个射频分帧），则对每个信号来说，为了能够把它们识别出来，每个信号都要做类似的分割。

卫星通信的传输路由包括上行链和下行链。卫星上如果没有交换装置，则上行链的体积元与下行链的体积元是一一对应的，它们之间只差一个固定的频率——卫星上的本振频率。

2. 各种组合形式的多址连接

为了满足卫星通信业务量日益增长的需要，在卫星具有多个转发器的前提下，人们研究了各种组合形式的多址连接方式。下面简要介绍三种多址连接方式。

1）TDMA/FDMA

图 6-14 是 TDMA 与 FDMA 的组合示意图。图 6-14 所示方案中的卫星共有四个转发器（频带分别为 W_1、W_2、W_3、W_4），只有一个覆球波束。由于卫星上不用交换装置，故上行链体积元与下行链体积元是一一对应的。多址立方体体积元的分配（也就是一个站用什么频带、以什么时隙将信号发给另一站）根据站间业务量、星体及地球站设备情况所制定的规则进行。TDMA/FDMA 可以有各种不同的排列方式，图 6-14 中所画的只是一种。

例如，C 站发向 A 站，用的是 W_2 频带中第二个较大的时隙。

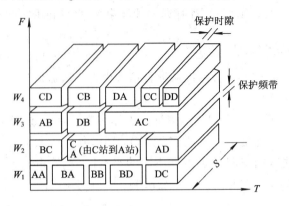

图 6 - 14 TDMA/FDMA

2）TDMA/SDMA

图 6 - 15 是 TDMA 与 SDMA 组合的示意图，在该方案中，有四个点波束和四个转发器。卫星上的点波束 ΔS_1、ΔS_2、ΔS_3、ΔS_4 分别覆盖 A、B、C、D 站，每个电波束又各连接一个转发器。四个转发器占用的频带相同，也就是频带重复使用四次，用交换矩阵来进行转接。图 6 - 15(a)和图 6 - 15(b)所示分别是上行链和下行链多址立方体的分割示意图。例如，卫星的 ΔS_1 接收点波束在 ΔT_2 时隙收到 A 站发给 B 站的信号，经交换矩阵转接后，由 ΔS_2 发射点波束在 ΔT_2 将此信号发射给 B 站。

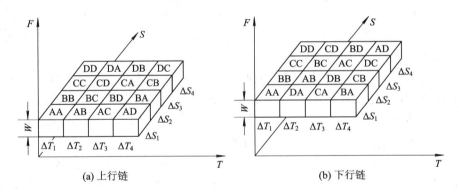

图 6 - 15 TDMA/SDMA

3）TDMA/FDMA/SDMA

图 6 - 16 所示是 TDMA、FDMA 和 SDMA 的组合示意图，设有 m 个点波束、n 端频带，每个点波束占用全部频带，则卫星上应有 mn 个转发器，而每个转发器又按 TDMA/SDMA 方式工作，卫星上也有交换装置。显然，这种方式比前述的两种方式通信容量更大。

任一种组合的多址连接方式都可派生出几种可行的方案。

以上阐述了实现多址连接的依据是信号参量的分割。多址问题是卫星通信特有的问题，也是体现其优越性的关键性问题。由于计算机与通信技术的结合，多址技术仍在发展中。

设计一个良好的卫星通信系统是一件复杂的工作，究竟选用哪种多址连接方式，通常需对一系列因素进行折表考虑，这些因素主要有：

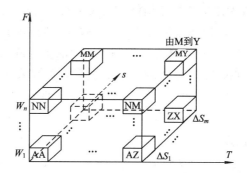

图 6-16　TDMA、FDMA 和 SDMA 的组合示意图

（1）通信容量的要求。

（2）卫星频带、功率的有效利用。

（3）相互连接能力的要求。

（4）便于处理各种不同业务，并对业务量和网络的不断增长有灵活的自适应能力。

（5）成本和经济效益。

（6）技术的先进性和可实现性。

（7）能适应技术和政治情况的变化。

（8）其他的某些特殊要求，如军事上的保密、抗干扰等。

6.3　微波通信系统

6.3.1　数字微波通信系统

1. 数字微波的发信系统

从目前使用的数字微波通信设备来看，数字微波发信机可分为直接调制式发信机（使用微波调相器）和变频式发信机。中小容量的数字微波（480 路以下）设备可以用直接调制式发信机，而中大容量的数字微波设备大多采用变频式发信机。这是因为变频式发信机的数字基带信号调制是在中频上实现的，可得到较好的调制特性和较好的设备兼容性。下面以一种典型的变频式发信机加以说明，如图 6-17 所示。

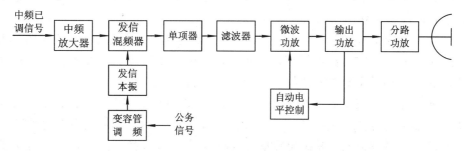

图 6-17　变频式发信机的原理框图

由调制机或收信机送来的中频已调信号经发信机的中频放大器放大后，经发信混频器，将中频已调信号变为微波已调信号，由单向器和滤波器取出混频后的一个边带（上边

带或下边带），再由功率放大器把微波已调信号放大到额定电平，经分路滤波器送往天线。

微波功放及输出功放多采用场效应晶体管功率放大器。为了保证末级的线性工作范围，避免过大的非线性失真，常用自动电平控制电路使输出维持在一个合适的电平。

公务信号是采用复合调制方式传送的，这是目前数字微波通信中采用的一种传递方式，它是把公务信号通过变容管调频实现发信本振的。这种调制方式设备简单，在没有复用设备的中继站也可以上传、下传公务信号。

2. 数字微波的收信系统

数字微波的收信设备和解调设备组成了收信系统。这里所讲的收信设备只包括射频和中频两部分。目前的收信设备都采用外差式收信机，其组成框图如图 6-18 所示。

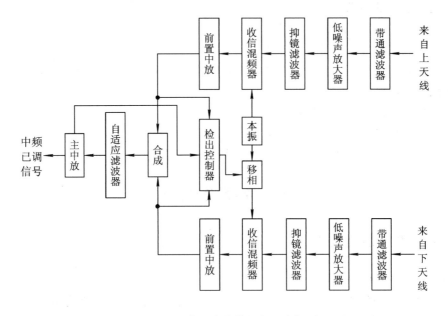

图 6-18 外差式收信机的组成框图

图 6-18 所示为一个空间分集接收的收信设备的组成框图，分别来自上天线、下天线的直射波和经过各种途径（多径传播）到达接收点的电波，经过两个相同的信道，即带通滤波器、低噪声放大器、抑镜滤波器、收信混频器、前置中放，然后进行合成，再经过主中频放大器（主中放），最后输出中频已调信号。

图 6-18 中画出的是最小振幅偏差合成分集接收方式。下天线的本机振荡源是由中频检出电路的控制电压对移相器进行相位控制的，以便抵消上/下天线收到多径传播的干涉波（反射波和折射波），改善带内失真，获得最好的抗多径衰落效果。

为了更好地改善因衰落造成的带内失真，在性能较好的数字微波收信机中还要加入中频自适应均衡器，它与空间分集技术配合使用，可最大限度地减少通信中断的时间。

图 6-18 中的低噪声放大是砷化镓场效应晶体管（FET）放大器，这种放大器的低噪声性能很好，并能使整机的噪声系数降低。

由于 FET 放大器是在宽频带工作的，其输出信号的频率范围较宽，因此在 FET 放大器的前面要加带通滤波器，输出要加装抑制镜像干扰的抑镜滤波器，并要求抑镜滤波器对镜像频率噪声的抑制度为 13~20 dB。

6.3.2　数字微波通信系统的性能

1. 数字微波发信系统的性能指标

1）工作频段

从无线电频谱的划分来看，我们把频率为 0.3~300 GHz 的射频称为微波频率，目前的使用范围只有 1~40 GHz。工作频率越高，越能获得宽的通频带和大的通信容量，也可以得到更尖锐的天线方向性和天线增益。但是，当频率较高时，雨、雾及水蒸气对电波的散射和吸收衰耗增加，会造成电波衰落和收信电平下降，这些影响对 12 GHz 以上的频段尤为明显，甚至随频率的增加而急剧增加。

目前我国基本使用 2 GHz、4 GHz、6 GHz、7 GHz、8 GHz、11 GHz 频段。其中，2 GHz、4 GHz、6 GHz 频段因电波传播比较稳定，故用于干线微波通信，而支线或专用网微波通信常用 2 GHz、7 GHz、8 GHz、11 GHz 频段。对频率的使用需要申请，并由上级主管部门和国家无线电管理委员会批准。

2）输出功率

输出功率是指发信机输出端口处功率的大小。输出功率的确定与设备的用途、站距、衰落影响及抗衰落方式等因素有关。由于数字微波的输出比模拟微波具有更好的抗干扰性能，故在要求同样的通信质量时，数字微波的输出功率较小。当以场效应晶体管功率放大器作为末级输出时，一般为几十毫瓦到一瓦。

3）频率稳定度

发信机的每个波道都有一个标称的射频中心工作频率，用 f_0 表示。工作频率的稳定度取决于发信本振源的频率稳定度。实际工作频率与标称工作频率的最大偏差值为 Δf，则频率稳定度的定义为

$$K = \frac{\Delta f}{f_0} \qquad (6-8)$$

式中：K 为频率稳定度。

对于采用 PSK 调制方式的数字微波通信系统而言，若发信机工作频率不稳，即有频率漂移，将使解调的有效信号幅度下降，误码率增加。对于 PSK 调制方式，要求频率稳定度为 $1 \times 10^{-6} \sim 5 \times 10^{-5}$。

发信本振源的频率稳定度与本振源的类型有关。近年来，由于微波介质稳频振荡源可以直接产生微波频率，并具有电路简单、杂波干扰及热噪声较小的优点，正在被广泛采用，其自身的频率稳定度为 $1 \times 10^{-6} \sim 1 \times 10^{-5}$。当用公务信号对介质稳频振荡源进行浅调制时，其频率稳定度会有下降；当对频率稳定度要求较高或较严格时（例如，要求频率稳定度为 $(1 \sim 5) \times 10^{-6}$），可采用脉冲抽样锁相振荡源等形式的本振源。

2. 数字微波收信系统的性能指标

1）工作频率

收信机是与发信机配合的。对于一个中继段而言，前一个微波站的发信频率就是本收信机同一波道的收信频率。

接收的微波射频的频率稳定度是由发信机决定的，但是收信机输出的中频是收信本振与收信微波射频进行混频的结果，所以若收信本振偏离标称较多，就会使混频输出的中频偏离标称值，这样就会使中频已调信号频谱的一部分不能通过中频放大器，造成频谱能量的损失，导致中频输出信噪比下降，引起信号失真，使误码增加。对收信本振频率稳定度的要求与收信设备的基本一致，通常要求为 $(1\sim2)\times10^{-5}$，要求较高者为 $(1\sim5)\times10^{-6}$。

收信本振频率与发信本振常用同一方案，但是是两个独立的振荡源。收信本振的输出功率往往要比发信本振小一些。

2）噪声系数

数字微波收信机的噪声系数一般为 3.5～7 dB，比模拟微波收信机的噪声系数小 5 dB 左右。噪声系数是衡量收信机热噪声性能的一项指标，它的基本定义为：在环境温度为标准室温（17℃）、一个网络（或收信机）输入与输出端匹配的条件下，噪声系数 N_F 等于输入端的信噪比与输出端的信噪比的比值，记作

$$N_F = \frac{P_{si}/P_{ni}}{P_{so}/P_{no}} \qquad (6-9)$$

设网络的增益系数为 $G = P_{so}/P_{si}$，输出端的噪声功率是由输入端的噪声功率（被放大 G 倍）和网络本身产生的噪声功率两部分组成的，可写为

$$P_{so} = P_{si}G + P_{网}$$

用上面的关系式，可把式(6-9)改写为

$$N_F = \frac{P_{so}}{P_{si}G} = \frac{P_{si}G + P_{网}}{P_{si}G} = 1 + \frac{P_{网}}{P_{si}G} \qquad (6-10)$$

由式(6-10)可以看出，网络（或收信机）的噪声系数最小值为 1（合 0 dB）。$N_F=1$ 说明网络本身不产生热噪声，即 $P_{网}=0$，其输出端的噪声功率仅由输入端的噪声源所决定。

实际的收信机不可能有 $N_F=1$，而是 $N_F>1$。式(6-10)说明，收信机本身产生的热噪声功率越大，N_F 值越大，即收信机本身的噪声功率比输入端的噪声功率经放大 G 倍后的值还要大很多。根据噪声系数的定义，可以说 N_F 是衡量收信机热噪声性能的一项指标。

在工程上，微波无源损耗网络（如馈线和分路系统的波导组件）的噪声系数在数值上近似于其正向传输损耗。对图 6-18 所示的收信机（由多级网络组成），在 FET 放大器增益较高时，其整机的噪声系数可近似为

$$N_F \approx L_0 + N_{F场}（dB）$$

式中：L_0 为输入带通滤波器的传输损耗；$N_{F场}$ 为 FET 放大器的噪声系数。

假设分路带通滤波器损耗为 1 dB，FET 放大器的噪声系数为 1.5～2.5 dB，则数字微波收信机噪声系数的理论值仅为 3.5 dB。但考虑到实际情况，较好的数字微波收信机的噪声系数为 3.5～7 dB。

3）通频带

收信机接收的已调波是一个频带信号，即已调波频谱的主要成分要占有一定的带宽。收信机要使这个频带信号无失真地通过，就要具有足够的工作频带宽度，这就是通频带。通频带过宽，信号的主要频谱成分都会无失真地通过，但也会使收信机收到较多的噪声；反之，通频带过窄，噪声自然会减小，但却会造成有用信号频谱成分的损失。所以，要合理地选择收信机的通频带和通带的幅频衰减特性等。经过分析，可认为一般数字微波收信设

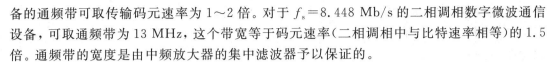

备的通频带可取传输码元速率为 1～2 倍。对于 $f_s=8.448$ Mb/s 的二相调相数字微波通信设备，可取通频带为 13 MHz，这个带宽等于码元速率（二相调相中与比特速率相等）的 1.5 倍。通频带的宽度是由中频放大器的集中滤波器予以保证的。

4) 选择性

对某个波道的收信机而言，要求它只接收本波道的信号，对邻近波道的干扰、镜像频率干扰及本波道的收、发干扰等要有足够大的抑制能力，这就是收信机的选择性。

收信机的选择性是用增益-频率（G-f）特性来表示的，要求在通频带内其增益足够大，而且 G-f 特性平坦；通频带外的衰减越大越好；通带与阻带之间的过渡区越窄越好。收信机的选择性是靠收信混频之前的微波滤波器和混频后中频放大器的集中滤波器来保证的。

5) 收信机的最大增益

天线收到的微波信号是经馈线和分路系统到达收信机的。由于受衰落的影响，收信机的输入电平在随时变动，要维持解调机正常工作，收信机的中放输出应达到所要求的电平。例如，要求主中放在 75 Ω 负载时输出 250 mV（相当于 -0.8 dBm）。但是收信机的输入端信号是很微弱的，假设其门限电平为 80 dBm，则此时收信机输出与输入的电平差就是收信机的最大增益。对于上面给出的数据，其最大增益为 79.2 dB，这个增益值要分配到 FET 低噪声放大器、前置中放和主中放各级放大器，是由它们的增益和达到的。

6) 自动增益控制范围

以自由空间传播条件的收信电平为基准，当收信电平高于基准电平时，称为上衰落；低于基准电平时，称为下衰落。假定数字微波通信的上衰落为 +5 dB，下衰落为 -40 dB，其动态范围（即收信机输入电平变化范围）为 45 dB。当收信电平变化时，若仍要求收信机的额定输出电平不变，就应在收信机的中频放大器内设置自动增益控制（AGC）电路，使之当收信电平下降时，中放增益增大；当收信电平增大时，中放增益减小。

6.3.3 大容量微波通信系统

1. 同步数字系列

PDH 系统对数字传输网的发展起了很大作用，但由于是准同步方式，因此若相邻群路的速率不成倍数关系就无法进行同步复接，一般都是采用异步复接，通过码速调整实现数据同步，无法实现快速复用，而且在长途传输中多次的码速调整会使数据流的抖动上升，不能保证传输质量。现代通信传输网络要求能够提供各种不同速率信号的传输通道，但准同步数字系列定义了复用设备输入、输出端的全部速率等级，无法提供其他数据群路信号的复用和传输，而且 PDH 制式本身还有几种不同的速率标准，很难形成国际统一的数字信号传输网。由于 PDH 制式没有用户和传输网络管理人员都可以使用标准化辅助数据，因此不能实现数字信号传输网络的智能化管理。

随着通信技术的发展，对传输网提出了更高的要求。要进一步扩大信息传输容量，增加传输距离，形成世界范围的统一标准，来实现快速复接，配备现代智能化管理系统，由于 PDH 系统有上述的局限性，因此限制了它的应用。

同步数字系列传输速率等级是在传输线路的基础上定义的。传输线路可以是光纤、微波和卫星传输通道，SDH 规定了同步复用设备和传输线路接口时的全部速率等级，但 SDH 并没有具体规定它们的速率，因此采用 SDH 传输时可以提供各种不同速率的传输通道，而且在同步数字系列制式中，安排了许多数据通道，这些数据可用于网络的运行操作、管理、维护和网络各传输路由的安排、设备的配置等，便于实现数字信号传输网络的智能化管理。

2. SDH 技术的应用特点

1）传输容量大

数字微波中继系统的单波道传输速率可为 300 Mb/s 以上，但为了能够适应 SDH 传输速率的要求，可通过采用适当的调制方法来提高频率的利用率，现在多数情况下是通过采用多级调制方法来达到此目的的。多级调制方法对波形形成技术的要求较高，就目前的技术手段而言，会使系统的误码增加。为保证系统的误码性能能够满足技术指标的要求，需在系统中采用差错编码技术以降低系统的误码，从而满足 SDH 传输速率的要求，提高系统的传输容量。

2）通信性能稳定

在系统中由于使用了自适应均衡、中频合成和空间分集接收以及交叉极化消除等高新技术，可进一步消除正交码间干扰及多径衰落的影响，从而达到完善系统性能的目的。

3）投资小且建设周期短

在微波通信中，由于采用无线通信的方式，又因为地球曲率的影响，因而要求每隔 50 km 左右建立一个微波接力站。光纤通信是典型的有线通信方式，敷设光缆的投资成本大，所需人力多，建设期长，而与之相比，微波系统具有投资少、建设期短的特点。

4）便于运行、维护和管理操作

SDH 帧结构为运行、维护和管理提供了大量的开销，因而当 SDH 技术应用于微波通信中时，还要加入专用的微波开销字节。当然，可利用这些开销进行运行、维护和管理操作以及开展微波公务、旁路业务等。

3. 主要应用技术

随着电信业务需求的不断增加，光纤传输容量也随之迅速增加。与之相比，功率/频率受限的数字微波通信系统的容量太小，因而寻找功率/频率同时有效利用的调制方法已成为通信系统设计、研究的主要方向。在这种背景下，就出现了格型编码调制技术，它将纠错编码与调制技术有机地结合起来，能够取得较高的功率/频谱利用率，满足电信业务发展的需求。

1）多级编码调制技术

根据 ITU-R 建议，我国在 4～11 GHz 频段采用的波道间隔大都为 28～30 MHz 及 40 MHz。由于 SDH 的传输容量很大，因而要在有限的频带内传输 SDH 信号，则必须采用更高状态（多级）调制技术。

2）微波帧复用技术

在不同的微波通信系统中可以使用不同的微波帧结构，而具体到微波帧结构的选择又与 SDH 同步传输模块的速率、所插入的微波帧开销比特速率以及调制方式等因素有关。

由于 SDH 微波传输容量大，为了能够提高频谱利用率，在数字微波系统中除采用多级调制技术（64QAM、128QAM 或 512QAM 调制）外，还采用了双极化频率复用技术，使单波道数据传输速率成倍增长。

3）自适应频域和时域均衡技术

在 SDH 数字微波通信中，由于采用了无线通信方式，因而多径衰落的影响不容忽视，加之系统中采用了多级调制方式，要达到 ITU - R 所规定的性能指标的要求，就必须采用相应的措施抑制多径衰落的影响。在各种抗衰落技术中，除了分集接收技术外，最常用的技术是自适应均衡技术，包括自适应频域均衡技术和自适应时域均衡技术。频域均衡主要是利用中频通道中所插入的补偿网络的频率特性来补偿实际信道频率特性的畸变，从而减小频率选择性衰落的影响；时域均衡则用于消除各种形式的码间干扰、正交干扰以及最小相位和非最小相位衰落等。

4. SDH 常用频段的射频波道配置

在传输容量成为主要矛盾的微波传输中，应用较多的是同波道定义极化的频率配置。根据 CCIR 第 746 号建议，SDH 微波通信系统的射频波道配置应与现有的射频波道配置方法兼容，以便于 SDH 微波传输系统的推广，同时也尽量减少对现有 PDH 微波传输系统的影响。

PDH 微波传输系统单波道传输的最高速率为 140 Mb/s，单波道的最大带宽却小于 30 MHz，因而难于传输 SDH 的各个速率等级。为了适应 SDH 微波传输的需要，CCIR 将微波波道的最大传输带宽提高到 40 MHz。例如，加拿大北方电信公司采用 512QAM 调制及双波道并行传输的方法，利用两个 STM - 4 的信号速率；日本某公司使用同波道交叉极化的方法，在一个波道中能传输 2×STM - 1 信号，并根据和 40 MHz 两种波道带宽分别使用 64QAM 和 128QAM 两种调制方法，实现与 PDH 微波传输系统的兼容。国家无线电委员会在《1～40 MHz 数字微波接力系统容量系列及射频波道配置》中规定：1.5 GHz、2 GHz 频段的波道带宽较窄，一般取 2 MHz、4 MHz、8 MHz、14 MHz，主要适用于中、小容量的信号传输速率；而 4 MHz、5 MHz、6 MHz 频段电波传播条件较好，主要用于大容量的高速率信号传输。

5. SDH 微波系统的网络管理

在新的 SDH 传输体制下，要使整个传输网正常、高效地运行，就必须具有更强的网络管理控制能力，不仅需要告警提示、故障定位等简单功能，还应能完成性能数据分析、统计，进行自动保护和路由调整等，即能从控制中心检测、控制、重新安排网络。这仅靠以检测为主的监控系统是无法完成的，因此 SDH 网管应运而生。SDH 微波通信网络管理通常包括 SDH 微波通信系统的运行、管理、维护和系统配置（OAMP）四大部分。SDH 微波通信网络是整个电信管理网的一个组成部分，它的管理也应符合电信管理网络（TMN）SDH 网管的标准。

SDH 传输管理是电信管理网（TMN）的一类子网，而 SDH 微波通信系统的管理网络（SMN）又是 SDH 传输管理网络的一个子网。

电信管理网的基本概念是利用一个具备一系列标准接口（包括协议和物理接口）的统一体结构来提供一种有组织的网络结构，使各种不同类型的操作系统（网管系统）与电信设备互连，从而实现电信网的自动化和标准化管理，并提供各种管理功能，这样不但降低了网络 OAMP 成本，而且也促进了网络和业务的发展和演变，因此电信管理网是用于电信网和电信业务的运行、管理、维护和配置的支撑网。电信管理网的运行和管理广泛采用开放系统互连(OSI)的协议和管理原则，各种需要交换信息的电信网管理子系统通过统一的标准彼此"开放"，这样不同的厂家之间、管理者之间，复杂程度不同、所用技术也不同的信息处理系统之间就能够互连。

SDH 传输网的网络性能复杂、检测量大、控制要求大。SDH 传输管理网作为电信管理网的一类子网，应参照电信管理网的组成方法构成，一般采用"分散控制，集中管理"的原则，是建立在分散的计算机控制基础上的"分布式管理系统"。

6.4　卫星通信系统

6.4.1　静止卫星通信系统

一般地，一个静止通信卫星系统(如图 6 - 19 所示)主要由五个分系统组成，其分述如下所示。

(1) 天线分系统：定向发射与接收无线电信号。

(2) 通信分系统：接收、处理并重发信号，就是通常所说的转发器。

(3) 电源分系统：为卫星提供电能，通常包括太阳能电池、蓄电池和配电设备。

(4) 跟踪、遥测与指令分系统：跟踪部分用来为地球站跟踪卫星发送信标；遥测部分用来在卫星上测定并给地面的 TT&C 站发送有关卫星的姿态及卫星各部件工作状态的数据；指令部分用于接收来自地面的控制指令，处理后送给控制分系统执行。

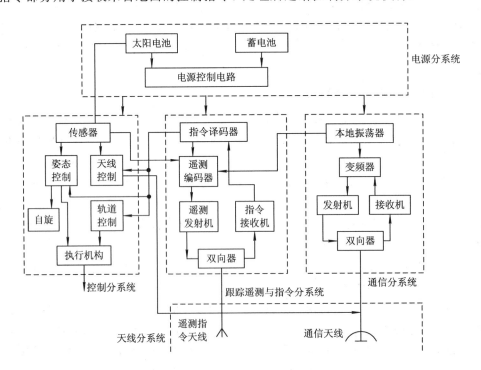

图 6 - 19　静止通信卫星系统的组成

（5）控制分系统：用来对卫星的姿态、轨道位置、各分系统工作状态等进行必要的调节与控制。

1. 天线分系统

卫星天线有两类：一类是遥测、指令和信标天线，它们一般是全向天线，以便可靠地接收指令与向地面发射遥测数据和信标；另一类是通信天线，按其波束覆盖区（见图 6 - 20）的大小，可分为全球波束天线、点波束天线和赋形波束天线（即区域波束天线）。

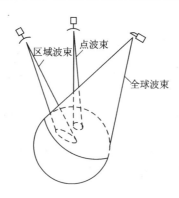

图 6 - 20　全球波束、区域波束与点波束的覆盖区

1）全球波束天线

对于静止卫星而言，其波束的半功率宽度 $\theta_{1/2} \approx 17.4°$，恰好覆盖卫星对地球的整个视区。全球波束天线一般由圆锥喇叭加上 $45°$ 的反射板所构成，如图 6 - 21 所示。

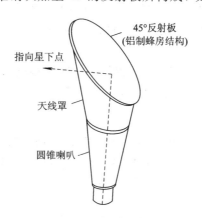

图 6 - 21　全球波束天线

2）点波束天线

点波束天线覆盖区面积较小，一般为圆形，其波束半功率宽度只有几度或更小。天线结构通常用前馈抛物面天线，馈源为喇叭，可根据需要采取直照或偏照。

3）赋形波束天线

赋形波束天线覆盖区轮廓不规则，视服务区的边界而定。为使波束形成，有的是通过修改反射器形状来实现的，更多的是利用多个馈源从不同方向经反射器产生多波束的组合来实现的，如图 6 - 22 所示。

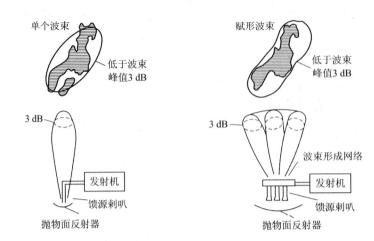

(a) 单个馈源喇叭产生的单个波束　　　(b) 多个馈源喇叭产生的赋形波束

图 6-22　赋形波束形成过程

波束截面的形状除与馈源喇叭的位置排列有关外，还取决于馈给各喇叭的功率与相位，通常用一个波束形成网络来控制。

卫星上的通信天线，除了波束覆盖区的形状和面积应满足整个系统的需要外，还应具有：

（1）一定的指向精度。通常要求指向误差小于波束宽度的 10%，以保证波束能够覆盖住服务区域。

（2）足够的频带宽度，以满足大容量通信的要求。由于卫星通信上、下行频率往往相差较大，故卫星天线往往是收、发分用的；即使只用一部天线主结构，馈源也往往是收、发分用的。

（3）卫星上转接功能。在大容量通信卫星中往往用多副天线产生多个波束，因此在卫星上应能完成不同波束的信号转接，才能沟通不同覆盖区的地球站间的信道。

2. 通信分系统（转发器）

转发器是通信卫星中直接起中继站作用的部分。对转发器的基本要求是：以最小的附加噪声和失真，并以足够的工作频带和输出功率来为各地球站有效而可靠地转发无线电信号。转发器通常分为透明转发器和处理转发器两大类。

1）透明转发器

透明转发器收到地面来的信号后，除进行低噪声放大、变频、功率放大外，不作任何加工处理，只是单纯地完成转发的任务。因此，它对工作频带内的任何信号都是"透明"的通路。

透明转发器的组成，按其变频次数可分为一次变频和二次变频两种方式，如图 6-23 所示。为使频率变换稳定，后者的两级变频器的本振共用一个主振。

2）处理转发器

处理转发器除了进行转发信号外，还具有信号处理的功能，其组成如图 6-24 所示，它与上述二次变频透明转发器相似，只是在两级变频器之间增加了解调器、信号处理单元和调制器，先将信号解调，才便于进行信号处理，然后再经调制、变频、放大后发回地面。

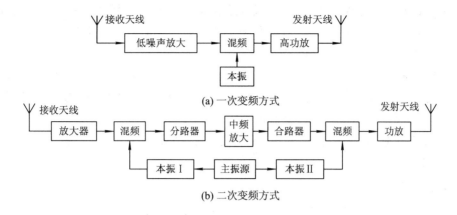

(a) 一次变频方式

(b) 二次变频方式

图 6-23　透明转发器的组成

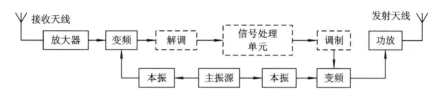

图 6-24　处理转发器的组成

卫星上的信号处理主要包括：对数字信号进行解调再生，使噪声不会积累；在不同的卫星天线波束之间进行信号交换；进行其他更高级的信号变换和处理，如上行 FDMA 变为下行 TDMA 信号等。

3. 电源分系统

通信卫星的电源除要求体积小、重量轻、效率高之外，主要应能在卫星寿命内保持输出足够的电能。常用的卫星电源有太阳能电池与化学电池。

1）太阳能电池

在宇宙空间，阳光是最重要的能源，它每分钟辐射到近地空间中的能量约为 1400 W/m^2。太阳能电池就是把光能直接变换成电能的装置，它是用 N-P 型单晶做成的薄片，单片尺寸为 1 cm×2 cm 或 2 cm×2 cm，贴满在星体表面的绝缘膜上或专用的帆板上。将各片的电极适当分组串、并联起来，就构成了太阳能电池阵。太阳能电池阵输出的电压很不稳定，还须经电压调节器才能使用。

2）化学电池

化学电池都采用镍镉(Ni-Cd)蓄电池，并与太阳能电池并接。

4. 跟踪、遥测与指令分系统

跟踪、遥测与指令分系统主要包括遥测设备与指令设备两大部分。

1）遥测设备

遥测设备是指用各种传感器和敏感元件等器件不断测得有关卫星姿态及卫星内各部分工作状态等的数据，经放大、多路复用、编码、调制等处理后，通过专用的发射机和天线发给地面的 TT&C 站。

TT&C 站接收并检测出卫星发来的遥测信号，转送给卫星测控中心进行分析和处理，然后通过 TT&C 站向卫星发出有关姿态和位置校正、星体内温度调节、主/备用部件切换、转发器增益换挡等控制指令信号。

2）指令设备

指令设备接收 TT&C 站发给卫星的指令，进行解调与译码后，一方面将其暂时储存起来；另一方面又经遥测设备发回地面进行校对。TT&C 站在核对无误后发出"指令执行"信号，指令设备收到后，才将储存的各种指令送到控制分系统，使有关的执行机构正确地完成控制动作。

5．控制分系统

控制分系统出一系列机械的或者电子的可调整装置组成，如各种喷气推进器、驱动装置、加热及散热装置、转换开关等。控制分系统完成对卫星的姿态、轨道位置、工作状态、主/备用部件切换等各项调整。

6.4.2 移动卫星通信系统

移动卫星通信是指利用卫星实现移动用户与固定用户或移动用户之间的相互通信，它是卫星通信的一种。第三代移动卫星通信系统使得人们借助体积很小的手持终端就可直接与卫星建立通信链路，实现个人通信。移动卫星通信系统是未来个人通信网络必不可少的组成部分。

1．移动卫星通信系统的组成

移动卫星通信系统通常包括空间段和地面段两部分，如图 6-25 所示。空间段是指卫星星座，而地面段是指包括卫星测控中心、网络操作中心、关口站和卫星移动终端在内的地面设备。

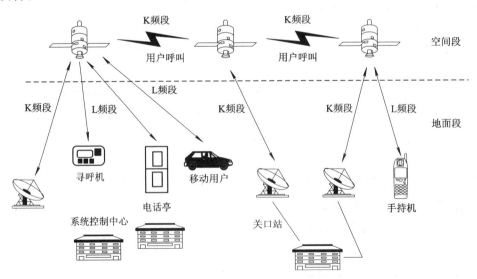

图 6-25 移动卫星通信系统的基本组成

移动卫星通信系统各部分工作过程如下：

（1）规定分布的卫星构成一个移动卫星通信系统的卫星星座。不同的移动卫星通信系统对组成卫星星座的卫星数量、运行轨道等性能有不同的要求。虽然结构各异，但卫星星座的作用都是提供地面段各设备间信号收/发的转接或交换处理。

（2）卫星测控中心完成对卫星星座的管理，如修正卫星轨道、诊断卫星工作故障等，保障卫星在预定的轨道上无故障运行，为可靠通信提供保障。

（3）网络操作中心具有管理移动卫星通信业务的功能，如路由选择表的更新、计费以及各链路和节点工作状态的监视等。

（4）移动卫星终端是一种终端设备，通过该终端设备，移动用户可在移动环境中（如空中、海上及陆地上）实现各种通信业务。

（5）关口站一方面负责为移动卫星通信系统与地面固定网、地面移动通信网提供接口，以实现彼此间的互通；另一方面还负责移动卫星终端的接入控制工作，从而保证通信的正常运行。卫星的关口站分为归属关口站和本地服务关口站。

归属关口站负责移动卫星终端的注册登记。任何一个移动卫星终端一定归属于某一个归属关口站，由此关口站决定该通信终端是否有权建立呼叫或使用某项业务。

由于移动卫星终端具有移动性，因而时常远离自己的归属关口站。我们将远离自己归属关口站的移动卫星终端附近的关口站称为本地服务关口站，该关口站具有为此卫星移动终端提供呼叫服务的功能。

移动卫星通信系统的使用频段为 0.3～10 GHz，此频段信号通过大气时损耗较小。

2. 移动卫星通信系统的分类

移动卫星通信系统的性质、用途不同，所采用的技术手段也不同，因此存在多种分类方法，它们各自反映了移动卫星通信的不同侧面，其分类如下：

（1）按移动卫星通信系统的业务进行划分，有海事移动卫星通信系统（MMSS）、航空移动卫星通信系统（AMSS）和陆地移动卫星通信系统（LMSS）。

（2）按移动卫星通信系统的卫星轨道进行划分，有以下三种：

① 静止轨道移动卫星通信系统：其系统卫星位于地球赤道上空约 35 786 km 附近的地球同步轨道上，卫星绕地球公转与地球自转的周期和方向相同。

② 中轨道移动卫星通信系统：其系统卫星距地面 5000～15 000 km。

③ 低轨道移动卫星通信系统：其系统卫星距地面 500～1500 km。

（3）按移动卫星通信系统的通信覆盖区域进行划分，有国际移动卫星通信系统、区域移动卫星通信系统和国内移动卫星通信系统。

3. 移动卫星通信的特点

移动卫星通信是以大气作为传输介质的，它与地面任何通信方式都不同，特别是随着移动通信的迅速发展，移动卫星通信吸取了传统卫星通信和移动通信的长处，为个人通信的实现提供了一整套完备的方案，其特点如下：

（1）通信距离远，具有全球覆盖能力，能满足陆地、海洋及空中立体化、全方位的多址通信的需求，从而实现真正意义上的全球通信和个人通信，这是移动卫星通信的优势所在。

（2）系统容量大，可提供多种通信业务，从而使通信业务向多样化和综合化的方向发展，满足用户多方面的需求．

（3）在使用静止轨道的同时，也可使用中/低轨道卫星，使业务性能更优良，但这样的卫星设计和技术上更为复杂。

6.4.3　VSAT 卫星通信系统

1. VSAT 的特点

VSAT 是一种具有较小口径天线的、智能的卫星通信地球站，很容易在用户办公地点安装。通常运行时，由大量的这类微型站和一个大型中枢地球站（Hub Earth Station，又称为主站）协同工作，组成 VSAT 网，用以支持广大范围内的双向综合电信和信息业务。如此看来，VSAT 要同时具备以下三个特点：

（1）小（微）型化的地球站。VSAT 可很方便地架设在办公地点（如办公楼的楼顶或办公室的窗外等）。为此主要使用 Ku 波段进行传输，天线口径约为 1.2～1.8 m。

（2）智能的地球站。整个 VSAT 网络包括大量的 VSAT 在内，采用了一系列高新技术并加以优化、综合，将通信与计算机技术有效地结合在一起，使得在信号处理、各种业务的自适应、改变网络结构和网络容量的灵活性以及网络控制中心对关键电路进行工作参数的检测和控制等监控管理功能，都有不同程度的智能化。一般中枢站有主计算机，而VSAT 有小型计算机或功能很强的微处理机，运行时软件参与占很大比重。

（3）具有处理双向综合电信和信息业务的能力。VSAT 的业务不单纯是话音业务，甚至于在现阶段主要不是话音业务，而是各种非话音业务（如数据、图像、视频信号等）的综合业务，传送各种各样的信息。

2. VSAT 卫星通信网的组成

典型的 VSAT 网由主站（亦称中心站）、VSAT 小站和卫星转发器组成。

1）主站

主站是 VSAT 网的核心，与普通地球站一样使用大型天线，Ku 波段为 3.5～8 m，C波段为 7～13 m。主站由高功率放大器、低噪声放大器、上/下变频器、调制/解调器以及数据接口设备等组成。主站通常与计算机配置在一起，也可通过地面线路与计算机连接。

主站发射机的高功率放大器输出功率的大小取决于通信体制、工作频段、数据速率、卫星转发器特性、发射的载波数以及远段接收站 G/T 值的大小等多种因素，一般为数十瓦到数百瓦。

为了对全网进行监测、控制、管理与维护，主站还设有网络监控与管理中心，对全网运行状态进行监控管理。例如，检测小站及主站本身的工作状况、信道质量，负责信道分配、统计、计费等。由于主站关系到整个 VSAT 网的运行，所以它通常配有备用设备。为了便于重新组合，主站一般都采用模块结构，设备之间以高速局域网的方式进行互联。

2）VSAT 小站

VSAT 小站由小口径天线、室外单元和室内单元三部分组成。室内单元和室外单元通过同轴电缆连接。VSAT 小站可以采用常用的正馈天线，也可以采用增益高、旁瓣小的偏馈天线。室外单元包括 GaAs 固态功率放大器、低噪声 FET 放大器、上/下变频器及其监测电路等，把它们组装在一起作为一个部件，配置在天线馈源附近。室内单元包括调制/解调器、编/译码器和数据接口等。

3）卫星转发器

卫星转发器亦称为空间段，目前主要使用 C 波段或 Ku 波段转发器，其组成及工作原理与一般的卫星转发器一样，只是具体参数不同。

3. VSAT 网的工作原理

现以星型网络结构为例，介绍 VSAT 网的工作原理。由于主站接收系统的 G/T 值大，所以网内所有的小站都可直接与主站通信。对于小站，由于它们的天线口径和 G/T 值小，EIRP 低，若需要在小站间进行通信时，必须经主站转发，以"双跳"方式进行。

在星型 VSAT 网中进行多址连接时，可以采用不同的多址协议，其工作原理也因此有所不同，在这里主要是结合随机接入时分多址（RA/TDMA）方式介绍 VSAT 网的工作原理。网中任何一个 VSAT 小站入网传送数据，一般都是以分组方式进行传输与交换。在发送数据报文以前，先将其划分成若干个数据段，并加入同步码、地址码、控制码、起始标志以及终止标志等，这样便构成了通常所说的数据分组。到了接收端，再将各分组按原来"打包"时的顺序将数据分组组装起来，恢复出原来的数据报文。

在 VSAT 网内，由主站通过卫星向各远端小站发送数据通常称为外向传输；由各小站向主站发送数据称为内向传输。

1）外向传输

由主站向各远端小站的外向传输，通常采用时分复用或统计时分复用方式。首先由计算机将发送的数据进行分组并构成 TDM 帧，再以广播方式向网内所有小站发送，而网内某小站收到 TDM 帧以后，根据地址码从中选出发给本小站的数据。根据一定的寻址方案，一个报文可以只发给一个指定的小站，也可以发给一群指定的小站或所有的小站。为了使各小站可靠地同步，数据分组中的同步码特性应能保证 VSAT 小站在未加纠错码和误比特率达到 10^{-3} 时仍能可靠地同步，而且主站还应向网内所有地面终端提供 TDMA 帧的起始信息。TDM 帧结构如图 6 - 26 所示。当主站不发送数据分组时，只发送同步分组。

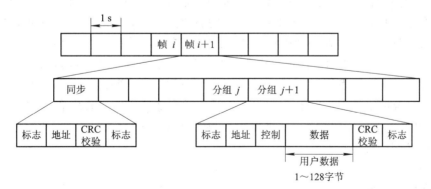

图 6 - 26　VSAT 网外向传输的 TDM 帧结构

2）内向传输

在 RA/TDMA 方式的 VSAT 网中，各小站用户终端一般采用随机突发方式发送数据。根据卫星信道共享的多址协议，网内可同时容纳许多小站。当远端小站通过具有一定延时的卫星信道向主站传送数据分组时，由于 VSAT 小站受 EIRP 和 G/T 值的限制，一般收不到自己所发的数据信号，因而小站不能采用自发自收的方法监视本站数据传输的情况。如果是争用信道，则必须采用肯定应答（ACK）方式。也就是说，当主站成功地收到了小站数据分组后，需要通过 TDM 信道回传一个 ACK 信号，表示已成功地收到了小站所发的数据分组；相反地，如果由于分组发生碰撞或信道产生误码，以致使小站收不到 ACK 信号时，则小站需要重新发送这一数据分组。

根据 VSAT 网的卫星信道共享协议，网内可以同时容纳许多小站，至于能够容纳的最多站数，则取决于小站的数据速率。VSAT 网在链路两端的设备不同，执行的功能也不同，内向和外向传输的业务量不同，内向和外向传输的电平也有相当大的差别，所以 VSAT 网是一个非对称网络。

3）VSAT 网中的交换

在 VSAT 网中，各站通信终端的连接是唯一的，没有备份路由，全部交换功能只能通过主站内的交换设备完成。为了提高信道利用率和可靠性，对于突发性数据，一般最好采用分组交换方式。特别是对于外向链路，采用分组传输便于对每次经卫星转发的数据进行差错控制和流量控制，成批数据业务也采用数据分组格式。显然，来自各 VSAT 小站的数据分组到了主站，也应采用分组格式和分组交换。也就是说，通过主站交换设备汇集来自各 VSAT 小站的数据分组，以及从主计算机和地面网来的数据分组，同时又按照数据分组的目的地址，转发给外向链路、主计算机和地面网。采用分组交换不但提高了卫星信道利用率，而且还减轻了用户设备的负担。

但是，对于要求实时性很强的话音业务，因为分组交换的延时和卫星信道的延时太大，则应该采用线路交换。所以，VSAT 网对于同时传输数据和话音的综合业务网，分别设置交换设备并提供接口。

6.4.4 卫星通信新技术

近年来，第二代移动蜂窝系统的成功和因特网业务需求的急剧增长表明未来用户的需要是"能在任何地点和任何时间使用交互的非对称多媒体业务"。以多媒体业务和因特网业务为主的宽带卫星系统已成为当前通信发展的新热点之一。传统卫星网的使用价格昂贵，而且不能适应目前多媒体业务和因特网业务发展的需求，不能开拓大众消费市场。面对各种系统的竞争，如何在技术上保证提供业务的低价优质，从而占领市场，是宽带多媒体卫星通信系统得以生存和发展的关键。20 世纪 90 年代以来，商业网络逐渐向应用 TCP/IP 协议的分组交换网络发展。宽带 IP 卫星技术是这种网络发展趋势的结果，它是将卫星业务搭载在 IP 网络层上运用的技术，这种技术有利于吸收采纳目前蓬勃发展的 IP 技术，降低技术成本。IP 网络的传输特性也有助于降低业务成本，使卫星通信在大众消费市场上可以和地面系统竞争。

1. 宽带 IP 卫星通信

宽带 IP 卫星通信是一种在卫星信道上传输 Internet 业务的技术。由于因特网中所使用的 IP 协议结构简单，易于扩展，因而得到了广泛的应用，以至于现在人们普遍认为通信网有朝 IP 化方向发展的趋势，即人们试图在所有的通信网络中使用 IP 协议。

卫星 IP 系统在卫星通信系统的基础上使用了 IP 技术，因而其既具备卫星通信的特点，又具有 TCP/IP 的工作特点。卫星 IP 系统具有以下特点：

（1）有极高的覆盖能力和广播特性。由于卫星通信系统具有无缝覆盖能力，因而为同时向多个地球站发送信号提供了必要的条件，使之成为地面网络的补充，特别是对于地面网络未到达的不发达地区来说，这是一种有效的通信方式。

（2）应用范围广，利于组建灵活的广域网。由于网络中使用了 TCP/IP，因而不会受到传输速率和时延的限制，可以与多种地面网络实现互联，再加上卫星通信系统的广播特性、灵活的多波束能力以及卫星上交换技术的使用，从而可构成拓扑结构更为复杂的广域网。

（3）可靠的传输性能。在 TCP(通信控制协议)中提供了确认重发机制，从而保证了数据的可靠传输，特别是在地面通信系统受到洪灾、地震等自然灾害的影响时，卫星系统仍能提供高可靠性的通信信息。

2. 宽带 IP 卫星通信系统

卫星系统通常包括用户终端、中心站和转发器，宽带 IP 卫星系统的基本组成也是如此。

1）系统结构

基于 S - UMTS 的移动卫星 IP 技术有两个难点：一是如何在移动卫星系统中实现 IP 技术的应用（即建立在 IP 技术基础上的卫星多媒体应用）；二是如何使基于 IP 的 S - UMTS 业务与第三代移动通信系统的 IP 核心网互联。各大公司和研究机构正组织人力分别针对这两大难题进行全力攻关，并提出了不少方案。下面我们以法国 Alcatel Space Industries 建立的一个试验网为例来加以说明。

图 6 - 27 给出了基于 UMTS(通用移动通信系统)的移动卫星 IP 实验系统结构。

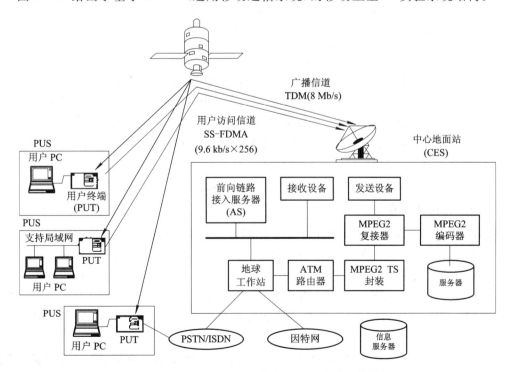

图 6 - 27　基于 UMTS 的移动卫星 IP 实验系统结构

从图 6 - 27 中可以看出，多模终端可以通过不同的星座来实现多媒体移动应用。其中，

LEO 或 MEO 星座的卫星信道是用 140 MHz 的中频硬件信道模拟器进行仿真的。信道模型包括城市、郊区和车载等多种通信环境。实验中的 GEO 卫星使用的是真实卫星（如 Italsat 卫星）。

在第三代移动通信系统的 IP 核心网中使用的是 ATM 交换机，而本地交换(LE)具有智能网(IN)功能，因而可为系统提供漫游和切换服务。

该实验系统可以实现 140 kb/s 的双向信道，码片速率为 4 Mb/s，带宽为 4.8 MHz。

2) 移动卫星 IP 系统的协议堆栈

图 6-28 所示是英国 Bradford 大学卫星移动研究中心提供的一个较完整的基于 S-UMTS 的移动卫星 IP 系统的协议堆栈。

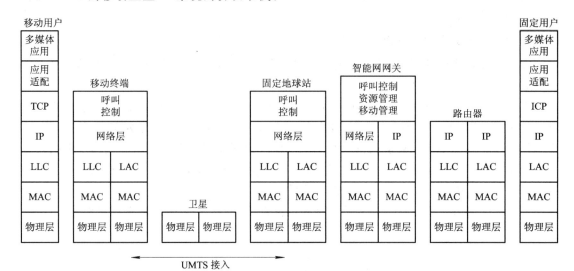

图 6-28　基于 S-UMTS 的移动卫星 IP 系统的协议堆栈

当移动用户欲与某固定网用户进行通话时，移动用户信息首先须经过多媒体应用和适配设备进入 TCP，然后逐层封装，并将信号由物理层递交给移动终端的物理层，随后通过 UMTS 卫星接入网与固定用户相连的固定地面站（地球站）连接，最后通过智能网网关及路由器，从而实现移动用户与固定用户的互通。这里物理层的 MAC 层采用同步 CDMA 工作方式，而且工作于 Ka 频段的卫星具有星上再生功能。

3. 宽带多媒体卫星网络

随着多媒体业务需求的不断增加，卫星网络将成为不可缺少的多媒体通信网络。许多卫星系统计划采用 Ka 波段以及 Ka 以上波段的静止地球轨道(GEO)卫星、中低轨道(MEO)卫星和低轨道(LEO)卫星星座，而且将使用具有 ATM 或带 ATM 特点的星上处理与交换功能，从而为进出地球提供全双向的包括话音业务、数据业务和 IP 业务等在内的多种现有业务，以及在综合卫星-光纤网络上运行的移动业务、专用内部网和高速数据因特网接入等新业务。

图 6-29 给出了宽带卫星网络结构，它是由信关、用户终端、空间段、网络控制站和接口等组成的。

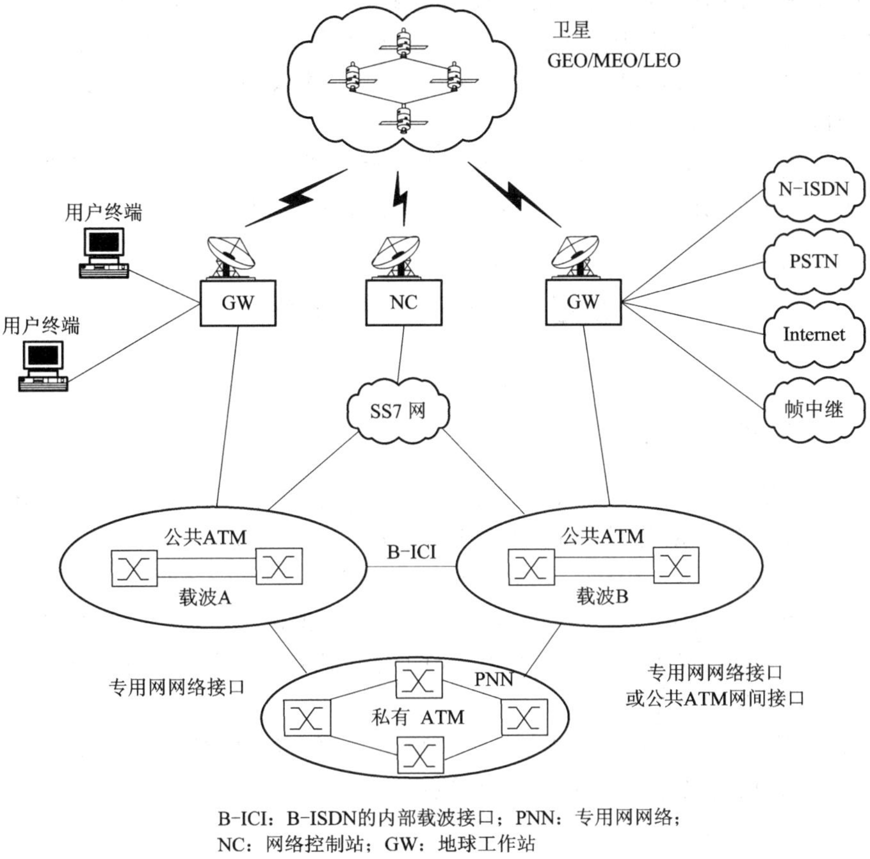

B-ICI：B-ISDN的内部载波接口；PNN：专用网网络；
NC：网络控制站；GW：地球工作站

图 6 - 29　宽带卫星网络结构

1）信关

信关要求同时支持几种标准网络协议。例如，ATM 网络接口协议（ATM - UNI）、帧中继用户接口协议（FR - UNI）、窄带综合业务数字网（N - ISDN）以及传输控制协议（网间互联协议 TCP/IP）。这样多种网络信息都能分别通过信关中的相关接口转换成多媒体宽带卫星网络中的 TCP/IP 业务进行传输。

2）用户终端

用户终端设备通过其中的接口单元（TIU）与信关相连接。用户终端接口单元提供包括信道编码、调制/解调功能在内的物理层的多种协议。不同类型的终端支持从 16 kb/s、144 kb/s、384 kb/s 到 2048 Mb/s 的不同速率的业务。

3）网络控制站

网络控制站用于完成如配置管理、资源分配、性能管理和业务管理等各种控制和管理功能。在多媒体宽带网络中可以同时存在若干个网络控制站，具体数量与网络规模、覆盖范围及管理要求有关。

4）接口

接口包括与外部专用网络或公众网络的互连接口。如果采用 ATM 卫星，那么可以采用 TIU - TQ 2931 信令；如果采用其他网络，则可以使用公共信令协议（一般为 7 号信令 SS7）。而和专用 ATM 网络之间的其他互连接口则采用 ATM 网际接口（AI-ND）、公共用户网络接口（PUND 或专用接口），以及两个公共 ATM 网络之间的非标准接口（即 B-ISDN 内部的载波接口（B-ICI）），但这些接口协议都应根据卫星链路的通信要求进行相应的修正。

目前，多媒体宽带卫星网络中的许多协议和标准都处于开发阶段，相信在不久的将来，一个具有良好性能的多媒体宽带卫星网络将呈现在我们的面前。

6.5 GPS 定位系统

6.5.1 GPS 的基本概念

全球定位系统（Global Positioning System，GPS）是美国从 20 世纪 70 年代开始研制的新一代卫星导航与定位系统，其历时 20 余年，耗资 200 亿美元，于 1994 年全面建成。该系统利用导航卫星进行测时和测距，具有在海、陆、空进行全方位实时三维导航与定位的能力。GPS 定位系统为民用导航、测速和大地测量、工程勘测、地壳勘测等众多领域开辟了广阔的应用前景，它已成为当今世界上最实用也是应用最广泛的全球精密导航、指挥和调度系统。GPS 的应用特点如下：

（1）用途广泛。GPS 在海空导航、车辆引行、导弹制导、精密定位、动态观测、设备安装、传递时间、速度测量等方面得到了广泛应用。

（2）自动化程度高。

（3）观测速度快。

（4）定位精度高。

（5）经济效益高。

GPS 定位技术比常规手段具有明显优势，它是一种被动系统，可为无限多个用户使用，信用度和抗干扰能力强，将来必然会取代常规测量手段。GPS 定位技术的精度已能与另两种精密空间定位技术——卫星激光测距（SLR）和甚长基线干涉（VLB）测量系统相媲美，但 GPS 接收机轻巧方便、价格较低、时空密集度高，较之 SLR 和 VLB 具有更优越的条件和更广泛的应用前途。

6.5.2 GPS 系统的组成及作用

GPS 系统包括三大部分：空间部分——GPS 卫星星座；地面控制部分——地面监控系统；用户设备部分——GPS 信号接收机。

1. GPS 卫星星座

GPS 卫星星座由 21 颗工作卫星和 3 颗在轨备用卫星组成，记作（21+3）GPS 卫星，其示意图如图 6-30 所示。图中每个轨道均应有 4 颗卫星，这里仅示意性地画出 3 颗。24 颗卫星均匀分布在 6 个轨道平面内，轨道倾角为 55°，各个轨道平面之间相差 60°。一个轨道平面内各颗卫星之间的升交角距相差 90°，每个轨道平面上的卫星比西边相邻轨道平面上的相应卫星超前 30°。

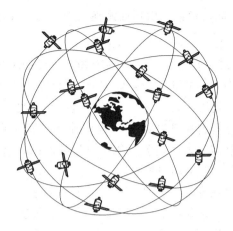

图 6 - 30　GPS 卫星星座示意图

当地球相对于恒星自转一周时，在两万公里高空的 GPS 卫星绕地球运行两周，即绕地球一周的时间为 12 恒星时。这样对于地面观测者来说，每天将提前 4 min 见到同一颗 GPS 卫星。位于地平线以上的卫星颗数随着时间和地点的不同而不同，最少可以见到 4 颗，最多可以见到 11 颗。在用 GPS 信号导航定位时，为了解观测站的三维坐标，必须观测 4 颗 GPS 卫星，称为定位星座，这 4 颗卫星在观测过程中的几何位置分布对定位精度有一定的影响，对于某地某时，甚至不能测得精确的点位坐标，这种时间段称为"间隙段"。但这种时间间隙段是很短暂的，并不影响全球绝大多数地方的全天候、高精度、连续实时的导航定位测量。

GPS 卫星的编号和试验卫星基本相同，其编号方法有：按发射先后次序编号；按 PRN（卫星所采用的伪随机噪声码）的不同编码；NASA 编码（美航空航天局对 GPS 卫星的编号）；国际编号（第一部分为该星发射年代，第二部分表示该年中发射卫星的序号，字母 A 表示发射的有效负荷）；按轨道位置顺序编号等。

在 GPS 系统中，GPS 卫星的作用如下：

(1) 用 L 波段的两个无线载波（19 cm 波和 24 cm 波）向广大用户连续不断地发送导航定位信号。每个载波用导航信息 $D(t)$ 和伪随机码（PRN）测距信号进行双相调制。用于捕获信号及粗略定位的伪随机码称为 C/A 码（又称为 S 码），精密测距码（用于精密定位）称为 P 码。由导航电文可以知道该卫星当前的位置和卫星的工作情况。

(2) 在卫星飞越注入站上空时，接收由地面注入站用 S 波段（10 cm 波段）发送到卫星的导航电文和其他有关信息，并通过 GPS 信号电路，适时地发送给广大用户。

(3) 接收地面主控站通过注入站送调度命令到卫星，适时地改正运行偏差或启用备用时钟等。

GPS 卫星的核心部件是高精度的时钟、导航电文存储器、双频发射和接收机以及微处理机，而对于 GPS 定位成功的关键在于高稳定度的频率标准，这种高稳定度的频率标准由高度精确的时钟提供。因为 10^{-9} s 的时间误差将会引起 30 cm 的站星距误差，所以每个 GPS 卫星一般安设两台铷原子钟和两台铯原子钟，并计划未来采用更稳定的氢原子钟（其频率稳定度优于 10^{-14}）。GPS 卫星虽然可发送几种不同频率的信号，但是它们均源于一个基准信号（频率为 10.23 GHz），所以只需要启用一台原子钟，其余作为备用。卫星钟由地面站检验，其钟差、钟速连同其他信息由地面站注入卫星后，再转发给用户设备。

2. 地面监控系统

对于导航定位来说，GPS 卫星是一个动态已知点，星的位置是依据卫星发射的星历（描述卫星运动及其轨道的参数）算得的。每颗 GPS 卫星所播发的星历是由地面监控系统提供的。卫星上的各种设备是否正常工作以及卫星是否一直沿着预定轨道运行，都要由地面设备进行监控和控制。地面监控系统的另一重要作用是保持各颗卫星处于同一时间标准——GPS 时间系统，这就需要地面站监测各颗卫星的时间，求出钟差，然后由地面注入站发给卫星，再通过导航电文发给用户设备。

GPS 卫星的地面监控系统包括一个主控站、三个注入站和五个监测站，其分述如下：

（1）主控站设在美国本土科罗拉多。主控站的任务是收集、处理本站和监测站收到的全部资料并算出每颗卫星的星历和 GPS 时间系统，将预测的卫星星历、钟差、状态数据以及大气传播改正编制成导航电文传送到注入站。主控站还负责纠正卫星的轨道偏离，必要时调度卫星，让备用卫星取代失效的工作卫星；另外，还负责监测整个地面监测系统的工作，检验注入站给卫星的导航电文，监测卫星是否将导航电文发送给了用户。

（2）三个注入站分别设在大西洋的阿森松岛、印度洋的迪戈加西亚岛和太平洋的卡瓦加兰，任务是将主控站发来的导航电文注入相应卫星的存储器，每天注入三次，每次注入14 天的星历。此外，注入站能自动向主控站发射信号，每分钟报告一次自己的工作状态。

（3）五个监测站除了位于主控站和三个注入之处的四个站以外，还在夏威夷设立了一个监测站。监测站的主要任务是为主控站提供卫星的观测数据。每个监控站均用 GPS 信号接收机对每颗可见卫星每 6 min 进行一次伪距测量和积分多普勒观测，采集气象要素等数据。监测站在主控站的遥控下自动采集定轨数据并进行各项改正，每 15 min 平滑一次观测数据，依次推算出每 2 min 间隔的观测值，然后将数据发送给主控站。

3. GPS 信号接收机

GPS 信号接收机的任务是：能够捕获到按一定卫星高度截止角所选择的待测卫星的信号，并跟踪这些卫星的运行；对所接收到的 GPS 信号进行变换、放大和处理，以便测量出GPS 信号从卫星到接收机天线的传播时间，解译出 GPS 所发送的导航电文，实时地计算出测站的三维位置，甚至三维速度和时间。

静态定位中，接收机在捕获和跟踪 GPS 卫星的过程中固定不变，接收机高精度地测量GPS 信号的传播时间，利用 GPS 卫星在轨的已知位置解算出接收机天线所在位置的三维坐标。而动态定位则是指用 GPS 接收机测定一个运动物体的运行轨迹。GPS 信号接收机所位于的运动物体称为载体（如航行中的船舰、空中的飞机、行走的车辆等）。接收机用GPS 信号实时地测得运动测体的状态参数（如瞬间三维位置和三维速度）。

接收机硬件、机内软件以及 GPS 数据的后处理软件包构成了完整的 GPS 用户设备。GPS 接收机的结构分为天线单元和接收单元两大部分。对于测地型接收机来说，两个单元一般分成两个独立的部件，观测时将天线单元安置在测站上，接收单元置于测站附近的适当地方，用电缆将两者连接成一个整机。也有的接收机将天线单元和接收单元制作成一个整体，观测时将其安置在测站上。

GPS 接收机一般用蓄电池做电源，同时采用机内、机外两种直流电源，设置机内电池的目的在于更换外电池时不中断连续观测。在使用机外电池的过程中，机内电池可自动充电；关机后，机内电池为 RAM 存储器供电，以防止丢失数据。

近几年，国内引进了许多类型的 GPS 测地型接收机。各种类型的 GPS 测地型接收机用于精密相对定位时，其双频接收机精度可达 5 mm×10⁻⁶ D，单频接收机在一定距离内精度可达 10 mm+2×10⁻⁶ D；用于差分定位时，其精度为米级至厘米级。

6.5.3　GPS 系统的定位原理

GPS 定位的基本几何原理为三球交会原理。如果用户到卫星 S_1 的距离为 R_1，到卫星 S_2 的距离为 R_2，到卫星 S_3 的距离为 R_3，那么用户的真实位置必定同时处在以 S_1 为球心，以 R_1 为半径的球面 C_1 上，同时也处在以 S_2 为球心，以 R_2 为半径的球面 C_2 上以及以 S_3 为球心，以 R_3 为半径的球面 C_3 上，即处在三球面的交点上。用户接收机与卫星之间的距离可表示为

$$R = \sqrt{(x_1 - x)^2 + (y_1 - y)^2 + (z_1 - z)^2} \qquad (6-11)$$

式中：R 为卫星与接收机之间的距离；x_1、y_1、z_1 表示卫星位置的三维坐标值；x、y、z 表示用户（接收机）位置的三维坐标值。其中，R、x_1、y_1、z_1 是已知量，x、y、z 是未知量。如果接收机能测出距 3 颗卫星的距离，就可得出 3 个这样的方程式，联立这 3 个方程式并求解，便能解出接收机的坐标 (x, y, z)，从而确定出用户（接收机）的位置。

GPS 系统在卫星上和用户接收机中分别设置两个时钟，通过比对卫星钟和用户钟的时间测量信号传播时间，来确定用户到卫星的距离。当然，精确的距离测量还需要一些修正，如两个时钟的同步补偿、卫星移动带来的多普勒频移等误差问题。这仅是卫星定位的基本原理，而实际中会采用一些较为复杂的运算方法。

GPS 系统的定位过程是这样的：围绕地球运转的卫星连续向地球表面发射经过编码调制的无线电信号，信号中含有卫星信号准确的发射时间以及不同时间卫星在空间的准确位置。卫星导航接收机接收卫星发出的无线电信号，测量信号的到达时间，计算卫星和用户之间的距离。用最小二乘法或滤波估计法等导航算法就可解算出用户的位置。准确描述卫星位置、测量卫星与用户之间的距离和解算用户的位置是 GPS 定位导航的关键。

6.6　北斗卫星导航系统

中国北斗卫星导航系统（BDS）简称北斗系统，是中国自行研制的全球卫星导航系统，是继 GPS、GLONASS 之后第三个成熟的卫星导航系统。北斗卫星导航系统和美国 GPS、俄罗斯 GLONASS、欧盟 GALILEO，是联合国卫星导航委员会已认定的供应商。

北斗卫星导航系统由空间段、地面段和用户段三部分组成，可在全球范围内全天候、全天时为各类用户提供高精度、高可靠定位、导航、授时服务，并具有短报文通信能力，已经初步具备区域导航、定位和授时能力，定位精度为分米、厘米，测速精度 0.2 m/s，授时精度 10 ns。2020 年 7 月 31 日上午，北斗三号全球卫星导航系统正式开通。目前，全球范围内已经有 137 个国家与北斗卫星导航系统签下了合作协议。随着全球组网的成功，北斗卫星导航系统未来的国际应用空间将会不断扩展。2020 年 12 月 15 日，北斗导航装备与时空信息技术铁路行业工程研究中心成立。

6.6.1 基本组成

北斗系统由空间段、地面段和用户段三部分组成。

1. 组成概况

空间段由若干地球静止轨道卫星、倾斜地球同步轨道卫星和中圆地球轨道卫星组成。

地面段包括主控站、时间同步/注入站和监测站等若干地面站，以及星间链路运行管理设施。

用户段包括北斗及兼容其他卫星导航系统的芯片、模块、天线等基础产品，以及终端设备、应用系统与应用服务等。

2. 增强系统

北斗系统增强系统包括地基增强系统与星基增强系统。

北斗地基增强系统是北斗卫星导航系统的重要组成部分，按照"统一规划、统一标准、共建共享"的原则，整合国内地基增强资源，建立以北斗为主、兼容其他卫星导航系统的高精度卫星导航服务体系。利用北斗/GNSS 高精度接收机，通过地面基准站网，利用卫星、移动通信、数字广播等播发手段，在服务区域内提供 1～2 m、分米级和厘米级实时高精度导航定位服务。系统建设分两个阶段实施，一期为 2014 年到 2016 年底，主要完成框架网基准站、区域加强密度网基准站、国家数据综合处理系统，以及国土资源、交通运输、中国科学院、地震、气象、测绘地理信息等 6 个行业数据处理中心等建设任务，建成基本系统，在全国范围提供基本服务；二期为 2017 年至 2018 年底，主要完成区域加强密度网基准站补充建设，进一步提升系统服务性能和运行连续性、稳定性、可靠性，具备全面服务的能力。

北斗星基增强系统是北斗卫星导航系统的重要组成部分，通过地球静止轨道卫星搭载卫星导航增强信号转发器，可以向用户播发星历误差、卫星钟差、电离层延迟等多种修正信息，实现对于原有卫星导航系统定位精度的改进。按照国际民航标准，开展北斗星基增强系统设计、试验与建设。目前，已完成系统实施方案论证，固化了系统在下一代双频多星座(DFMC)SBAS 标准中的技术状态，进一步巩固了 BDSBAS 作为星基增强服务供应商的地位。

6.6.2 发展历程

自 20 世纪 80 年代开始，我国探索适合国情的卫星导航系统发展道路，形成了"三步走"发展战略：2000 年底，建成北斗一号系统，向中国提供服务；2012 年，建成北斗二号系统，向亚太地区提供服务；2020 年，建成北斗三号系统，向全球提供服务。

第一步，建设北斗一号系统。1994 年，启动北斗一号系统工程建设；2000 年，发射 2 颗地球静止轨道卫星，建成系统并投入使用，采用有源定位体制，为中国用户提供定位、授时、广域差分和短报文通信服务；2003 年，发射第 3 颗地球静止轨道卫星，进一步增强系统性能。

第二步，建设北斗二号系统。2004 年，启动北斗二号系统工程建设；2012 年，完成 14 颗卫星(5 颗地球静止轨道卫星、5 颗倾斜地球同步轨道卫星和 4 颗中圆地球轨道卫星)发射组网。北斗二号系统在兼容北斗一号系统技术体制的基础上,增加了无源定位体制,为亚太地区用户提供定位、测速、授时和短报文通信服务。

第三步,建设北斗三号系统。2009 年,启动北斗三号系统建设;2018 年,完成 19 颗卫星发射组网和基本系统建设,向全球提供服务;计划 2020 年底前,完成 30 颗卫星发射组网,全面建成北斗三号系统。北斗三号系统继承了北斗有源服务和无源服务两种技术体制,能够为全球用户提供基本导航(定位、测速、授时)、全球短报文通信、国际搜救服务,中国及周边地区用户还可享有区域短报文通信、星基增强、精密单点定位等服务。

截至 2019 年 9 月,北斗卫星导航系统的在轨卫星已达 39 颗。从 2017 年底开始,北斗三号系统建设进入超高密度发射阶段。北斗系统正式向全球提供 RNSS 服务,在轨卫星共39 颗。

2020 年 6 月 16 日,北斗三号最后一颗全球组网卫星发射任务因故推迟。2020 年 6 月23 日,北斗三号最后一颗全球组网卫星在西昌卫星发射中心点火升空。6 月 23 日 9 时 43分,我国在西昌卫星发射中心用长征三号乙运载火箭,成功发射北斗系统第五十五颗导航卫星,即北斗三号最后一颗全球组网卫星,至此北斗三号全球卫星导航系统星座部署比原计划提前半年全面完成。

2020 年 7 月 1 日,北斗三号最后一颗全球组网卫星顺利进入长期运行管理模式,至此,30 颗北斗三号全球组网卫星全部进入长管模式,中国北斗朝着完整服务全球的目标迈出了关键一步。

2020 年 7 月 29 日,"中国北斗卫星导航系统"发布消息:北斗卫星导航系统第 55 颗卫星(北斗三号系统地球静止轨道卫星)已完成在轨测试、入网评估等工作,于近日正式入网,使用测距码编号 61 提供定位导航授时服务。2020 年 7 月 31 日上午,北斗三号全球卫星导航系统正式开通。

北斗高精度定位服务平台能够实现秒级定位、定位精度提高到 1.2 m(装配车载天线时精度可达到亚米级),而 1.2 m 的高精度意味着车道级定位得以实现。

2035 年,我国将建设完善更加泛在、更加融合、更加智能的综合时空体系,进一步提升时空信息服务能力,为人类走得更深更远做出中国贡献。

6.6.3　发展特色

北斗系统的建设实践,实现了在区域快速形成服务能力、逐步扩展为全球服务的发展路径,丰富了世界卫星导航事业的发展模式。

1. 特点

(1)北斗系统空间段采用三种轨道卫星组成的混合星座,与其他卫星导航系统相比高轨卫星更多、抗遮挡能力强,尤其低纬度地区性能特点更为明显。

(2)北斗系统提供多个频点的导航信号,能够通过多频信号组合使用等方式提高服务精度。

(3)北斗系统创新融合了导航与通信能力,具有实时导航、快速定位、精确授时、位置报告和短报文通信服务五大功能。

2. 服务性能

北斗系统当前基本导航服务性能指标如下所示。

服务区域：全球；

定位精度：水平 10 m，高程 10 m(95%)；

测速精度：0.2 m/s(95%)；

授时精度：20 ns(95%)；

服务可用性：优于 95%，在亚太地区，定位精度为水平 5 m、高程 5 m(95%)。

3. 服务能力

北斗三号系统可提供全球基本导航和区域短报文通信服务的能力，并实现全球短报文通信、星基增强、国际搜救、精密单点定位等七种服务能力。七种服务包括：

定位导航授时服务。北斗三号系统全球范围实测定位精度水平方向优于 2.5 m，垂直方向优于 5.0 m；测速精度优于 0.2 m/s，授时精度优于 20 ns。

全球短报文服务。北斗三号系统通过 14 颗 MEO 卫星为全球用户提供试用服务，最大单次报文长度 560 比特，约 40 个汉字。

国际搜救服务。北斗三号系统 6 颗 MEO 卫星搭载搜救载荷，在符合国际标准的基础上，提供北斗特色 B2b 反向链路确认功能，为全球用户提供遇险报警服务。

区域短报文服务。北斗三号系统最大单次报文长度 14000 比特，约 1000 个汉字，今年底具有区域短报文功能的智能手机将进入市场。

精密单点定位服务。北斗三号系统通过 3 颗 GEO 卫星播发精密单点定位信号，定位精度实测水平方向优于 20 cm，高程优于 35 cm。

星基增强服务。北斗三号系统支持单频及双频多星座两种增强服务模式，满足国际民航组织技术验证要求。目前，星基增强系统服务平台已基本建成，正面向民航、海事、铁路等高完好性用户提供试运行服务。

地基增强服务。北斗三号系统已在中国全境内建设框架网基准站和区域网基准站，面向行业和大众用户提供实时厘米级、事后毫米级定位增强服务。

6.6.4 北斗卫星校时服务器的关键技术和特点

1. 多时间源选择/ 防误/无缝切换技术

时间同步系统至少支持同时接入 4 类外部时间源：北斗、GPS、PTP 及 IRIG - B 码。时间源优先级可手动配置，当某锁定时间源失效时，采取"少数＜多数"动态源选择算法，进行平滑稳定的源选择和源切换。同时，系统实时对比所有接入时间源，过滤存在时间偏差过大和时间输出跳变较大等问题的无效时间源，对各时间源进行时间跳变侦测处理，达到时钟防误的目的。当发生时间源切换时，如果切换的两个时间源之间存在一定的时间偏差，则系统按 0.2 μs/s 步长，逐步对偏差进行校正，实现时间源的无缝切换。

2. 监测上传功能

时间同步系统支持 IEC61850/104 规约，可将外部时源信号状态、天线状态、卫星接收模块状态、时间跳变侦测状态、时间源选择状态、时钟模块驯服状态、电源模块状态等各类系统运行状态上传至监控后台或调度端。

3. IEC61588 精密对时

HR-901GB 型时间同步系统采用最新的 IEC61588 标准,支持 4 通道独立网口同时运行,对同步报文加盖高精度硬件时间戳,保证时间戳精度优于 8 ns,同步精度优于 100 ns。

支持各网口工作状态(Clock Type)单独配置,支持主时钟、从时钟、边界时钟功能;同时,可对每个网口的 Delay Mode、Step、Layer、BMC 等参数进行动态配置,支持 P2P 和 E2E 模式功能、一步法和二步法功能、IEEE802.3 层和 UDP 层功能、BMC 参数修改设置;具有容易配置、快速收敛以及对网络带宽和资源消耗少等特点。

4. 基于多重误差补偿算法的高稳 1PPS 产生电路

作为时间同步源的输入信号,如 GPS 信号、北斗信号及 B 码信号,自身发出的同步信息(通常为 1PPS),可能因为故障或者本身的误差等原因而存在一定的波动,使其准确度受到影响。HR-901GB 时间同步系统采用多重误差补偿算法,对输入的有效同步源的同步信号进行数据的筛查和量化误差补偿,剔除错误信息,减小和消除同步源本身的粒度误差,提高同步信号的准确度,再利用此同步信号产生高稳定度的本地 1PPS,提高了装置的准确度和可靠性。

5. 多端口超前延时补偿技术

当装置根据外部基准源同步本地 1PPS 时,必然会产生内部延时,而针对这个产生的延时,本机超前延时补偿技术能使装置内部的 1PPS 超前外部时钟源的秒脉冲,在 1PPS 经过装置处理后达到与外部时钟源同步。

其次,对于每个输出通道都能单独配置延时补偿。通常一台时间同步系统装置可同时通过不同的端口进行对时,如 RS485、光口、电口、网口等,每个不同的端口都有不同的延时。因此,对于每种端口进行不同的超前延时补偿可以使不同端口输出的信号都能与外部时钟源同步。

本装置的多端口超前延时补偿技术根据装置内部标准的 1PPS 和各种不同通道输出的信号配置进行不同的超前延时补偿,从而使装置全面达到与外部时钟源同步,增强了装置的实时性和稳定性。

6. 高精度守时时钟

采用铷原子钟或 OCXO 实现高精度自守时,铷原子钟守时精度优于 2 μs/天,远高于 1 μs/h 的标准要求。采用现代闭环控制守时理论和卡尔曼数字滤波技术,利用外部时间基准对铷钟或 OCXO 进行控制和驯服,同时系统采用守时补偿技术对晶振进行老化补偿和温度补偿,从而消除外部环境因素对晶振频率的影响,其中老化补偿技术为系统根据晶振长期运行的频率老化曲线,进行曲线函数拟合,动态逼近晶振实际老化率,并进行频率补偿;而温度补偿技术则是系统通过温度传感器获取环境温度值,实时监控温度变化对晶振频率的影响,计算出温度与频率、相位的非线性关系,并进行相应补偿,提高自守时精度和稳定性。系统输出的 1PPS 信号由内部频率源分频得到,同步于外部时间基准输出的 1PPS 信号的长期平均值,克服了由于外部时间基准源的秒脉冲信号跳变所带来的影响,使输出的时间同步信号具有很高的准确度和稳定度,时间准确度优于 ±0.1 μs,真正复现了"UTC 时间基准"。

7. 可调节的延时补偿方式

HR－901GB 时间同步系统采用了可调节的延时补偿方式，弥补了传统时间同步系统的缺陷，可灵活实现输出信号 1 s 以内的超前或者滞后的任意延时补偿，补偿分辨率达 10 ns，可完全实现与主钟的时间同步，即达到零延迟，是真正复现的时间信号。

8. WEB 界面配置功能

支持 WEB 界面参数配置及状态显示，包括了 GPS&COMPASS、NET、IO－OUT、IEC61850(MMS)、PTP、Source(源状态)、Log(日志)七个部分，可对系统参数、网络配置、协议配置、同步模式等进行灵活配置，同时显示源状态和系统日志，保证系统运行的实时监控和记录。

9. 采用冗余结构

支持双 GPS 冗余对时、GPS 与北斗冗余对时以及 IRIG-B 码热备。主时钟和扩展装置都采用了冗余化设计，提供双冗余可热插拔电源模块，保证了时间同步系统的可靠性和稳定性。

6.6.5 北斗系统的应用

1. 行业及区域应用

北斗系统提供服务以来，已在交通运输、农林渔业、水文监测、气象测报、通信时统、电力调度、救灾减灾、公共安全等领域得到了广泛应用，融入国家核心基础设施，产生了显著的经济效益和社会效益。

（1）交通运输方面。北斗系统广泛应用于重点运输过程监控、公路基础设施安全监控、港口高精度实时定位调度监控等领域。截至 2018 年 12 月，国内超过 600 万辆营运车辆、3 万辆邮政和快递车辆、36 个中心城市约 8 万辆公交车、3200 余座内河导航设施、2900 余座海上导航设施已应用北斗系统，建成全球最大的营运车辆动态监管系统，有效提升了监控管理效率和道路运输安全水平。据统计，2011 年至 2017 年间，中国道路运输重特大事故发生起数和死亡失踪人数均下降了 50%。

（2）农林渔业方面。基于北斗的农机作业监管平台实现农机远程管理与精准作业，服务农机设备超过 5 万台，精细农业产量提高了 5%，农机油耗节约了 10%。定位与短报文通信功能在森林防火等应用中发挥了突出的作用，为渔业管理部门提供船位监控、紧急救援、信息发布、渔船出入港管理等服务，全国 7 万余只渔船和执法船安装北斗终端，累计救助了 1 万余人。

（3）水文监测方面。北斗系统成功应用于多山地域水文测报信息的实时传输，提高了灾情预报的准确性，为制定防洪抗旱调度方案提供了重要支持。

（4）气象测报方面。北斗系统研制出了一系列气象测报型北斗终端设备，形成系统应用解决方案，提高了国内高空气象探空系统的观测精度、自动化水平和应急观测能力。

（5）通信时统方面。北斗系统突破光纤拉远等关键技术，研制出了一体化卫星授时系统，开展了北斗双向授时应用。

（6）电力调度方面。北斗系统开展基于北斗的电力时间同步应用，为电力事故分析、电力预警系统、保护系统等高精度时间应用创造了条件。

（7）救灾减灾方面。基于北斗系统的导航、定位、短报文通信功能，提供实时救灾指挥调度、应急通信、灾情信息快速上报与共享等服务，显著提高了灾害应急救援的快速反应能力和决策能力。

（8）公共安全方面。全国 40 余万部警用终端联入警用位置服务平台，北斗系统在亚太经济合作组织会议、二十国集团峰会等重大活动安保中发挥了重要作用。

2. 大众应用

北斗系统大众服务发展前景广阔。基于北斗的导航服务已被电子商务、移动智能终端制造、位置服务等厂商采用，广泛进入中国大众消费、共享经济和民生领域，深刻改变着人们的生产生活方式。

（1）电子商务领域。国内多家电子商务企业的物流货车及配送员，应用北斗车载终端和手环，实现了车、人、货信息的实时调度。

（2）智能手机应用领域。国内外主流芯片厂商均推出兼容北斗的通导一体化芯片。2018 年前三季度，在中国市场销售的智能手机约有 470 款具有定位功能，其中支持北斗定位的有 298 款，北斗定位支持率在 63% 以上。

（3）智能穿戴领域。多款支持北斗系统的手表、手环等智能穿戴设备，以及学生卡、老人卡等特殊人群关爱产品不断涌现，得到了广泛应用。

小　　结

本章将微波通信和卫星通信的技术及系统合在一起介绍，因为这两种通信技术所用的频率范围都是微波段，也可以说，卫星通信是微波通信的延伸，两者有共同之处，也有区别。本章对信号的传输与复用、信号的调制与解调、编/解码技术、信号处理技术以及卫星通信中的多址技术都做了介绍，同时对微波通信系统、数字微波通信系统、数字微波通信系统的性能和大容量微波通信系统做了介绍；对卫星通信系统，包括静止卫星通信系统、移动卫星通信系统、VSAT 卫星通信系统、卫星通信新技术、卫星通信技术在 GPS 系统中的应用做了介绍。在本章的最后，对微波与卫星通信技术的发展和应用展开讨论，使读者对微波通信和卫星通信的前景有一个清晰的认识。

思考与练习 6

6-1　微波通信和卫星通信常用哪些频段？

6-2　简述微波通信系统的组成和功能。

6-3　简述卫星通信系统的组成和功能。

6-4　微波信号传播具有哪些特点？

6-5 卫星通信系统与微波通信系统有什么异同点？

6-6 微波通信和卫星通信通常采用哪些技术？

6-7 多址方式与多路复用的异同点是什么？

6-8 简述 FDM/FM/FDMA 的工作原理及特点。

6-9 卫星通信中都采用了哪些多址技术？

6-10 数字微波通信系统的性能指标有哪些？

6-11 卫星通信技术有哪些？

6-12 简述卫星通信在 GPS 系统中的应用。

第7章 移动通信系统

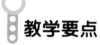

教学要点

- 概述：移动通信的特点、移动通信系统的分类及组成。
- 移动通信的基本技术：蜂窝组网技术、多址技术、调制技术、交织技术、自适应均衡技术和信道配置技术。
- GSM 移动通信系统：网络结构、无线空中接口、通用分组无线业务、区域定义及移动用户的接续过程。
- CDMA 移动通信系统：概念及无线传输。
- 第三代移动通信系统：W - CDMA、CDMA2000、TD - SCDMA、IMT - 2000 系统、移动通信新技术及后 3G 移动通信关键技术。
- 第四代、第五代移动通信系统的发展。

7.1 概　　述

7.1.1 移动通信的特点

与其他通信方式相比，移动通信具有如下特点：

(1) 移动通信的电波传播环境恶劣。当移动台处在快速运动中时，多径传播造成瑞利衰落，接收场强的振幅和相位变化迅速。移动台处于建筑物与障碍物之间，局部场强中值（信号强度大于或小于场强中值的概率为 50%）会随地形环境而变动，气象条件的变化同样会使场强中值随时变动，这种变动服从正态分布，是一种慢衰落。另外，多径传播产生的多径时延扩展等效为移动信道传输的特性畸变，对数字移动通信的影响较大。

移动通信电波传播的基本理论模型是超短波在平面大地上直射与反射的矢量合成。分析表明：直射波扩散损耗正比于 d^2（收发距离的平方），而光滑地平面上的路径损耗与频率无关，正比于 d^4。对于在不同地形和地物上的移动通信传播，必须根据不同的环境条件，应用统计分析方法找出传播规律，得出相应的接收场强预测模型。

(2) 多普勒频移产生附加调制。由于移动台处于运动状态中，因此接收信号有附加频率变化，即多普勒频移 f_d。f_d 与移动体的移动速度有关。若电波方向与移动方向之间的夹角为 θ，则有

$$f_d = \frac{v}{\lambda} \cos\theta \qquad (7-1)$$

式中：v 为移动台的运动速度；λ 为信号的工作波长。若运动方向面向基站，则 f_d 为正值，

否则 f_d 为负值。当移动台的运动速度较高时，多普勒频移的影响必须考虑，而且工作频率越高，频移越大。

多普勒频移产生的附加调频或寄生调相均为随机变量，对信号会产生干扰。在高速移动电话系统中，多普勒频移会影响频率为 300 Hz 左右的话音，足以产生令人不适的失真。多普勒频移对低速数字信号传输不利，而对高速数字信号传输则影响不大。

（3）移动通信受干扰和噪声的影响。移动通信网是多频道、多电台同时工作的通信系统。当移动台工作时，往往受到来自其他电台的干扰，同时还可能受到天电干扰、工业干扰和各种噪声的影响。

基站通常有多部收发信机同时工作，服务区内的移动台分布不均匀且位置随时在变化，导致干扰信号的场强可能比有用信号高几十分贝（70~80 dB）。通常将近处无用信号压制远处有用信号的现象称为远近效应，这是移动通信系统的一种特殊干扰。

在多频道工作的网络中，由于受到收发信机的频率稳定度、准确度及采用的调制方式等因素的影响，因此相邻的或邻近的频道的能量部分地落入本频道而产生邻道干扰。在组网过程中，为提高频率利用率，在相隔一定距离后，要重复使用相同的频率，这种同频道再用技术将带来同频干扰。同频干扰是决定同频道再用距离的主要因素。移动通信系统中还存在互调干扰问题，当两个或多个不同频率的信号同时进入非线性器件时，器件的非线性作用将产生许多谐波和组合频率分量，其中与所需频率相同或相近的组合频率分量会顺利地通过接收机而形成干扰。鉴于上述各种干扰，在设计移动通信系统时，应根据不同形式的干扰，采取相应的措施。

移动信道中噪声的来源是多方面的，有大气噪声、太阳噪声、银河系噪声以及人为噪声等。在 30~1000 MHz 频率范围内，大气、太阳等产生的噪声很小，可忽略不计，主要考虑的应是人为噪声（各种电气装置的电流或电压发生急剧变化时形成的电磁辐射）。移动信道中，人为噪声主要是车辆的点火噪声。人为噪声的大小不仅与频率有关，而且与交通流量有关，流量越大，噪声电平越高。

（4）频谱资源紧缺。在移动通信中，用户数与可利用的频道数之间的矛盾特别突出。为此，除开发新频段外，应该采用频带利用率高的调制技术，如窄带调制技术（以缩小频道间隔）、在空间域的频率复用技术以及在时间域的多信道共用技术等。频率拥挤是影响移动通信发展的主要因素之一。

（5）建网技术复杂。移动台可以在整个移动通信服务区域内自由运动，为实现通信，交换中心必须知道移动台的位置，为此，需采用位置登记技术；移动台从一个蜂窝小区移入另一个小区时，需进行频道切换（亦称过境切换）；移动台从一个蜂窝网业务区移入另一个蜂窝网业务区时，被访蜂窝网亦能为外来用户提供服务，这种过程称为漫游。移动通信网为满足这些要求，必须具有很强的控制功能，如通信的建立和拆除、频道的控制和分配、用户的登记和定位以及过境切换和漫游控制等。

当今，移动通信已向数字化方向发展，数字移动通信已逐渐取代了模拟移动通信系统。数字移动通信系统的特点是：

（1）频谱效率高。由于采用了高效调制器、信道编码、交织、均衡和话音编码技术等，因此数字移动通信系统具有高频谱效率。

（2）容量大。数字移动通信系统中，每个信道的传输带宽增加，同频复用的信噪比要求降低。GSM 系统的同频复用信噪比可以缩小到 4/12 或 3/9，甚至更小。

（3）抗噪性能强。数字移动系统采用了纠错编码、交织编码、自适应均衡、分集接收以及扩频、调频等技术，可以控制由任何干扰和不良环境产生的损害，使传输差错率低于规定的阈值。

（4）开放的接口。GSM 标准提供了开放性接口，便于不同厂商生产的设备相互之间连网。

（5）网络管理与控制灵活。数字移动通信系统可以设置专门的控制信道来传输信令消息，也可以把控制指令插入业务信道的话音比特流中来传输控制信息，因而可实现多种可靠的控制功能。

（6）安全性能好。数字移动通信系统通过鉴权、加密等措施，避免了模拟网中容易被制作伪机及在无线信道上被窃听的缺点，达到了使用户安全使用的目的。数字移动通信系统使用了用户身份识别模块，该模块与收信机分离，只要采用同一个用户身份识别模块，即使收信机改变，仍可达到用户号码和计费账户不变的目的。

（7）业务范围广。数字移动通信系统除了提供模拟网所提供的话音业务的补充业务（如呼叫转移、呼叫等待）外，还提供短消息业务（Short Message Service，SMS）、传真业务及移动因特网业务等。

7.1.2　移动通信系统的分类

随着移动通信应用范围的不断扩大，移动通信系统的类型越来越多，其分类方法也多种多样。

1. 按设备的使用环境分类

按设备的使用环境不同，移动通信系统主要分为陆地移动通信系统、海上移动通信系统和航空移动通信系统三种类型，还有地下隧道矿井、水下潜艇和太空航天等移动通信系统。

2. 按服务对象分类

按服务对象不同，移动通信系统可以分为公用移动通信系统和专用移动通信系统两种类型。目前，在公用移动通信系统中，我国有中国移动、中国联通经营的移动电话系统。由于公用移动通信系统是面向社会各阶层人士的，因此称为公用网。专用移动通信系统是为保证某些特殊部门的通信所建立的通信系统，由于各个部门的性质和环境有很大区别，因而各个部门使用的移动通信网的技术要求也有很大差异。这些部门包括公安、消防、急救、防汛、交通管理、机场调度等部门。

3. 按系统组成结构分类

按系统组成结构不同，移动通信系统可以分为以下几种：

（1）蜂窝移动电话。蜂窝移动电话是移动通信系统的主体，它是具有全球性用户容量的最大移动电话网。

（2）集群调度移动电话。集群调度移动电话可将各个部门所需的调度业务进行统一规划建设，集中管理，每个部门都可建立自己的调度中心台。它的特点是共享频率资源，共享通信设施、共享通信业务、共同分担费用，它是专用调度系统的高级发展阶段，具有高效、廉价的自动拨号系统，频率利用率高。

（3）无中心个人无线电话系统。这种系统没有中心控制设备，这是它与蜂窝网和集群网的主要区别。它将中心集中控制转化为电台分散控制，由于不设置中心控制，因此可节约建网投资，并且频率利用率高。该系统以数字选呼方式并采用共用信道传送信令，接续速度快。该系统由于没有蜂窝移动通信系统和集群系统那样复杂，建网简易，投资低，性价比高，因而适用于个人业务和小企业的单区组网分散小系统。

（4）公用无绳电话系统。公用无绳电话是公共场所（如商场、机场、火车站等）使用的无绳电话系统。通过无绳电话的手机可以呼入市话网，也可以实现双向呼叫。它的特点是不适用于乘车使用，只适用于步行。

（5）移动卫星通信系统。21 世纪通信的最大特点是卫星通信终端手持化，个人通信实现了全球化。所谓个人通信，是移动通信的进一步发展，是面向个人的通信。其实质是任何人在任何时间、任何地点可与任何人实现任何方式的通信。只有利用卫星通信覆盖全球的特点，通过将卫星系统与地面移动通信系统相结合，才能实现名副其实的全球个人通信。

4. 按移动通信的业务分类

按移动通信的业务不同，可以分为以下几种：

（1）按使用对象可分为民用设备和军用设备。

（2）按使用环境可分为陆地通信系统、海上通信系统和空中通信系统。

（3）按多址方式可分为频分多址（FDMA）系统、时分多址（TDMA）系统和码分多址（CDMA）系统等。

（4）按覆盖范围可分为宽域网和局域网。

（5）按业务类型可分为电话网、数据网和综合业务网。

（6）按工作方式可分为同频单工系统、异频单工系统、异频双工系统和半双工系统。

（7）按服务范围可分为专用网和公用网。

（8）按信号形式可分为模拟网和数字网。

通常人们把模拟通信系统称为第一代通信产品，而把数字通信系统称为第二代通信产品。第三代通信系统的研究最早开始于 20 世纪 80 年代中期，它提供了更高比特率、更灵活、具有不同服务质量等级的多种业务。

7.1.3 移动通信系统的组成

移动通信系统一般由移动台（Mobile Set，MS）、基站（Base Station，BS）、移动交换中心（Mobile Switch Center，MSC）等组成，如图 7-1 所示。

基站和移动台设有收发信机和天线等设备。每个基站都有一个可靠通信的业务范围，称为无线小区（通信服务区）。无线小区的大小主要由发射功率和基站天线的高度决定。根据服务面积的大小可将移动通信网分为大区制、中区制和小区制（Cellular System）三种。大区制是指一个通信服务区（如一个城市）由一个无线区覆盖，此时基站的发射功率很大（50 W 或 100 W 以上，对手机的要求一般为 50 W 以下），无线覆盖半径在 25 km 以上。其基本特点是：只有一个基站，覆盖面积大，信道数有限，一般只容纳数百到数千个用户。大区制的主要缺点是系统容量不大。为了克服这一限制，满足更大范围（大城市）、更多用户的服务，就必须采用小区制。小区制一般是指覆盖半径为 2～10 km 的多个无线区联合成

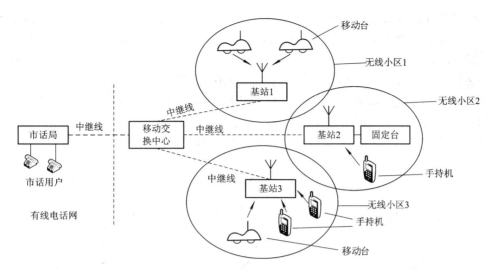

图 7-1 移动通信系统的组成

整个服务区的制式，此时基站的发射功率很小（8～20 W）。由于通常将小区绘制成六角形（实际的小区覆盖地域并非六角形），多个小区结合后看起来很像蜂窝，因此称这种组网为蜂窝网。用这种组网方式可以构成大区域、大容量的移动通信系统，进而形成全省、全国或更大的系统。小区制有以下四个特点：

（1）基站只提供信道，其交换、控制都集中在一个移动电话交换局（Mobile Telephone Switching Office，MTSO，也称移动交换中心）完成，其作用相当于一个市话交换局。而大区制的信道交换、控制等功能都集中在基站完成。

（2）具有过区切换（Handoff）功能，简称过区功能，即一个移动台从一个小区进入另一个小区时，要从原基站的信道切换到新基站的信道上，而且不能影响正在进行的通话。

（3）具有漫游（Roaming）功能，即一个移动台从本管理区进入另一个管理区时，其电话号码不能变，仍然像在原管理区一样能够被呼叫到。

（4）具有频率再用的特点。所谓频率再用，是指一个频率可以在不同的小区重复使用。由于同频信道可以重复使用，在用的信道越多，用户数也就越多，因此，小区制可以提供比大区制更大的通信容量。

目前的发展方向是将小区划小，成为微区、宏区和毫区，其覆盖半径降至 100 m 左右。中区制则是介于大区制和小区制之间的一种过渡制式。

移动交换中心主要用来处理信息和整个系统的集中控制管理。

7.2 移动通信的基本技术

7.2.1 蜂窝组网技术

1. 蜂窝网的概念

假设将一个移动通信服务区划分成许多小区（Cell），每个小区设立基站，基站与用户移动台之间建立通信。小区的覆盖半径较小（从几百米至几千米）。如果基站采用全向天线，则覆盖区域实际上是一个圆，但从理论上来说，圆形小区邻接处会出现多重覆盖或无覆盖，有效覆盖整个平面区域的实际上是圆的内接规则多边形，这样的规则多边形有正三角形、正方形、正六边形三种，如图7-2所示。显然，正六边形最接近圆形，对于同样大小的服务区域，采用正六边形小区所需的小区数最少，所需的频率组数也最少。因而，采用正六边形组网是最经济的方式。正六边形的网络形同蜂窝，"蜂窝网"亦由此得名。应该说明的是，正六边形小区图形仅仅具有理论分析和设计意义，实际中基站天线的覆盖区不可能是规则的正六边形。图7-3给出了一个蜂窝网的展开图形。

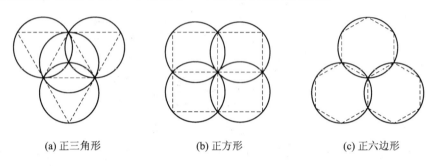

(a) 正三角形　　　　　　　(b) 正方形　　　　　　　(c) 正六边形

图 7-2　小区的形状

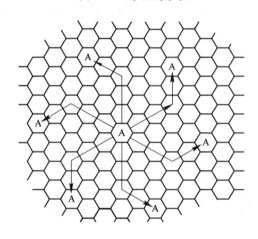

图 7-3　蜂窝网的展开图形

在频分信道体制的蜂窝系统中，每个小区占有一定的频道，而且各个小区占用的频道是不相同的。假设每个小区分配一组载波频率，为避免相邻小区间产生干扰，各小区的载波频率不应相同。但频率资源有限，当小区覆盖不断扩大而且小区数目不断增加时，将出现频率资源不足的问题。因此，为了提高频率资源的利用率，用空间划分的方法，在不同的空间进行频率复用，即将若干个小区组成一个区群或簇（Cluster），区群内不同的小区使用不同的频率，另一区群的对应小区可重复使用相同的频率。不同区群中使用相同频率的小区之间将产生同频干扰，但当两同频小区间距足够大时，同频干扰将不影响正常的通信质量。

构成单元无线区群的基本条件是：① 区群之间彼此邻接且无空隙、无重叠地覆盖整个面积；② 相邻单元中，同信道小区之间的距离保持相等，且为最大。满足上述条件的区群形态和区群内的小区数不是任意的。可以证明，区群内的小区数 N 应满足：

$$N = i^2 + ij + j^2 \qquad\qquad (7-2)$$

式中：i 和 j 分别是相邻同频小区之间的二维距离，如图 7－4 所示。i、j 取值为 0 和正整数，但它们不能同时为 0。由式(7－2)计算得到当 N 为不同值时的正六边形蜂窝的区群结构如图 7－4 所示。

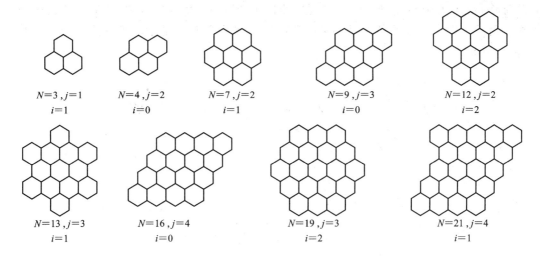

图 7－4 正六边形区群的结构

确定相邻区群同频小区的方法是：自某一小区 A 出发，先沿边的垂直方向跨 i 个小区，再按逆时针方向转 $60°$，然后跨 j 个小区，这样就可以找出同频小区 A。在正六边形的六个方向上，可以找到 6 个相邻的同频小区，如图 7－3 所示。区群间同频复用距离为

$$D = \sqrt{3N}r_0 \qquad\qquad (7－3)$$

式中：N 为区群内的区数；r_0 为小区的辐射半径。

当蜂窝移动通信系统覆盖区内部分地区的业务量增长时，可将该部分的蜂窝小区分裂成多个较小的区域，这种做法称为蜂窝小区的分裂。图 7－5 为用户分布密度不等时基站覆盖区划分的情形。由图 7－5 可知，中心区用户密度高，基站覆盖区小，所提供服务的信道数相对较多；边缘区用户密度低，基站覆盖区大，所提供服务的信道数相对较少。

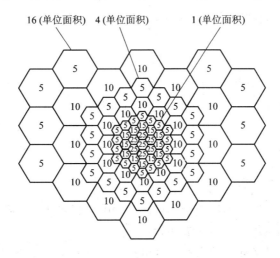

图 7－5 用户分布密度不等时基站覆盖区的划分

采用蜂窝分裂的方法后，有限的频率资源可通过缩小同频复用距离使单位面积的频道数增多，系统容量增大。具体的实施方法有两种：一是在原基站的基础上采用方向性天线将小区扇形化，分别如图 7-6(a)、(b)所示，这样一个全向天线的小区可以分裂成 3 个 120°扇形小区和 6 个 60°扇形小区；二是将小区半径缩小并增加新基站，即将原小区内分设三个发射功率更小一些的新基站，这样就可以形成几个面积更小的正六边形小区，如图 7-6(c)中虚线所示。

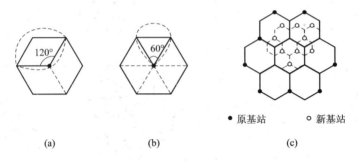

(a)　　　　　　　　(b)　　　　　　　　(c)

图 7-6　小区分裂方案

2. 多信道共用

所谓多信道共用，是指在一个无线区内 n 个信道为该无线区内的所有用户共用，任何一个移动用户选取空闲信道及占用时间均是随机的。多信道共用可以提高信道的利用率，它涉及移动网的呼损率、中断率、系统容量等指标。下面介绍话务量、呼损率、信道利用率的概念及其同系统用户数的关系。

话务量定义为在一特定时间内的呼叫次数与每次呼叫平均占用信道时间的乘积，可分为流入话务量与完成话务量。流入话务量取决于单位时间（通常为 1 小时）内发生的平均呼叫次数与每次呼叫的平均占用时间。在系统的流入话务量中，必然有一部分呼叫失败（信道全部被占用时，新发起的呼叫不能被接续），而完成接续的那部分话务量称为完成话务量。例如，用 A 表示流入话务量，A_0 表示完成话务量，C 表示单位时间内发生的平均呼叫次数，C_0 表示单位时间内呼叫成功的次数，t 表示每次呼叫平均占用信道时间，则

$$A = C \cdot t \tag{7-4}$$

$$A_0 = C_0 \cdot t \tag{7-5}$$

若计算 C 所用的单位时间与 t 的单位相同，则话务量的单位为爱尔兰(Erlang)，用 Erl 表示。例如，一个呼叫占用信道 1 小时，则该信道的话务量为 1 Erl。

损失话务量（呼叫失败的话务量）与流入话务量之比称为呼损率。呼损率说明呼叫损失的概率，用 B 表示，即

$$B = \frac{A - A_0}{A} \times 100\% \tag{7-6}$$

显然，呼损率越小，呼叫成功的概率就越大，用户就越满意。呼损率也称为系统的服务等级，是衡量通信网接续质量的主要指标。

根据话务量理论，话务量、呼损率、信道数之间存在如下定量关系（称为爱尔兰呼损公式）：

$$B = \frac{A^n/n!}{\sum_{i=0}^{n} A^i/i!} \tag{7-7}$$

采用多信道共用技术能提高信道利用率。信道利用率可以用每个信道平均完成的话务量来表示，即

$$\eta = \frac{A_0}{n} = \frac{A(1-B)}{n} \tag{7-8}$$

有了上面的这些概念，我们来讨论它们与系统用户数之间的关系。在工程设计中，为了计算系统用户数，需要知道每用户忙时话务量（用 a 表示）。忙时话务量与全天（24 小时）话务量之比称为忙时集中系数，用 K 表示，K 一般取 $10\% \sim 15\%$。假设每用户每天平均呼叫次数为 C，每次呼叫平均占用信道时间为 T（秒/次），忙时集中系数为 K，则每用户忙时话务量 a 为

$$a = C \cdot T \cdot K \cdot \frac{1}{3600} \tag{7-9}$$

一般来讲，对公众网，每用户忙时话务量可按 0.01 Erl 取值；对专用网，一般可按 0.06 Erl 近似取值。

当每用户忙时话务量确定后，每个信道所能容纳的用户数 m 为

$$m = \frac{A/n}{a} \tag{7-10}$$

若系统有 n 个信道，则系统所能容纳的用户数 M 为

$$M = m \cdot n = \frac{A}{a} \tag{7-11}$$

由以上分析可见，在进行系统设计时，既要保证一定的服务质量，又要保证系统用有限的信道数给尽可能多的用户提供服务，尽量提高信道利用率。

那么如何实现多信道共用技术呢？现代移动通信系统要求每个移动台必须具有自动选择空闲信道的能力，即当控制中心发出信道指定命令后，移动台可自动调谐到被指定的空闲信道上通信，这就是信道的自动选择。信道的自动选择方式有多种，但基本上可以分成以下两类：

（1）专用呼叫信道方式。在给定的多个共用信道中，选择一个信道专门进行呼叫处理与控制，以完成建立通信联系的信道分配，而其余信道作为业务（语音或数据）信道，这种信道控制方式称为专用呼叫信道方式。因为专用呼叫信道处理一次呼叫过程所需的时间很短，一般约为几百毫秒，所以设立一个专用呼叫信道就可以处理成千上万的用户。因此，这种方式适用于共用信道数较多的系统。目前大容量公众蜂窝移动通信系统均采用这种方式。

（2）标明空闲信道方式。所有共用信道中的任何一个都可通话，控制中心在某个或全部信道上发空闲信号供移动台守候，这种信道控制方式称为标明空闲信道方式。根据移动台守候方式的不同，标明空闲信道方式又可分为循环不定位、循环分散定位等方式。标明空闲信道方式是小容量专用网经常采用的方式。

3. 位置登记与信道切换

位置登记是移动台向控制中心发送报文时，表明它本身工作时所处位置并被移动网登

记存储的过程。在构造复杂的移动通信服务区内，一般将一个 MSC 控制作为一个位置区或分成若干个位置区。移动台将所处位置的位置信息进行位置登记，可以提高寻呼一个移动台的效率。移动台的位置登记信息被存储于 MSC 内。不同的蜂窝移动通信系统可以使用不同的位置登记方式。

信道切换可以分为两类：越区切换和漫游切换。

（1）当正在通话的移动台从一个小区（扇区）移动到另一个小区时，MSC 控制使一个信道上的通话切换到另一个信道上以维持通话的连续性，这一过程称为越区切换。判断是否发生越区切换的准则有：① 信号电平准则；② 载干比准则。其中，信号电平准则依据接收信号电平的高低来表征移动台是否远离基站；载干比准则则依据接收端的载波与干扰比的大小来表征移动台是否远离基站。

（2）移动用户由其归属交换局辖区进入另一交换局辖区的小区时将发生漫游切换，进入的新交换局称为被访交换局。实现漫游切换后的通信即为漫游通信。这时，移动用户的归属交换局与被访交换局之间需要完成移动用户文档的存取和有关信息的交换，并建立通信链路。实现漫游的条件是：覆盖频率段一样，无线接口标准相同，并且已完成漫游网的联网。将来出现多频多模手机后，用户也可以在不同频段、不同接口标准的系统中漫游。

7.2.2 多址技术

多址接入或多址连接是指多用户无线通信网中按用户地址进行连接。在移动通信系统中，基站覆盖区内存在许多移动台，移动台必须能识别基站发射的信号中哪一个是发给自己的信号，基站也必须从众多移动台发射的信号中识别出每一个移动台发射的信号。由此可见，多址（接入）技术在数字蜂窝移动通信中占有重要的地位。我们知道，无线电信号可以表达为频率、时间和码型的函数，多址技术的原理正是利用信号的这些参量的正交性来区分不同的信道，以达到将不同信道提供给不同用户使用的目的。相应地，目前常用的多址技术可分为三类：频分多址、时分多址和码分多址。

1. 频分多址（FDMA）

频分多址是用频率来区分信道的。频分多址方式将移动台发出的信息调制到移动通信频带内的不同载频位置上，这些载频在频率轴上分别排开，互不重叠。基站可以根据载波频率的不同来识别发射地址，从而完成多址连接。在频分多址方式中，N 个波道在频率轴上严格分割，但在时间和空间上是重叠的，此时，"信道"一词的含义为"频道"。模拟信号和数字信号都可采用频分多址方式传输。该方式有以下特点：

（1）一路一个载频。每个频道只传送一路业务信息，载频间隔必须满足业务信息传输带宽的要求。

（2）连续传输。当系统分配给移动台和基站一个 FDMA 信道后，移动台和基站连续传输，直到通话结束，信道收回。

（3）FDMA 蜂窝移动通信系统是频道受限和干扰受限的系统。主要干扰有邻道干扰、互调干扰和同频干扰。

（4）FDMA 系统需要周密的频率计划，频率分配工作复杂。基站的硬件配置取决于频率计划和频道配置。

（5）频率利用率低，系统容量小。

2. 时分多址(TDMA)

时分多址是以时隙(时间间隔)来区分信道的。在一个无线频道上,时间被分割为若干时隙,每个业务信道占其中的一个,并在规定的时隙内收发信号。在时分多址方式中,分配给各移动台的是一个特定的时隙。各移动台在规定的时隙内向基站发射信号(突发信号),基站接收这些顺序发来的信号,经处理再传送出去。因为移动台在分配的时隙内发送,所以不会相互干扰。移动台发送到基站的突发信号呈现时间分割,相互间没有保护时隙。时分多址方式中,时隙在时间轴上严格分割,但在频率轴上是重叠的,此时,"信道"一词的含义为"时隙"。时分多址只能传送数字信息,话音必须先进行模/数变换,再送到调制器对载波进行调制,然后以突发信号的形式发送出去。根据复用信道 N 的大小,时分多址又可分为 3、4 路复用和 8~10 路复用。该方式具有以下特点:

(1) 每一时隙为一个话路的数字信号传输。

(2) 各移动台发送的是周期性信号,而基站发送的是时分复用(TDM)信号,发射信号的速率随时隙数的增大而提高。

(3) TDMA 蜂窝移动通信系统是时隙受限和干扰受限的系统。

(4) 系统的定时和同步问题是关键问题。定时和同步是 TDMA 系统正常工作的前提,因为通信双方只允许在规定的时隙中收发信号,所以必须在严格的时帧同步、时隙同步和比特(位)同步的条件下进行工作。

(5) 抗干扰能力强,频率利用率高,系统容量大。

(6) 基站成本低。N 个时分信道共用一个载波,占据相同带宽,只需一部收发信机。

3. 码分多址(CDMA)

码分多址基于码型分割信道。在 CDMA 方式中,不同用户传输信息所用的信号不是靠频率不同或时隙不同来区分的,而是用各不相同的编码序列来区分的。如果从频域或时域来观察,多个信号在 CDMA 是互相重叠的。接收机用相关器可以在多个 CDMA 信号中选出其中使用预定码型的信号,而其他使用不同码型的信号不能被解调,它们的存在类似于在信道中引入了噪声和干扰(称为多址干扰)。CDMA 系统无论传输何种信息,其信道都是靠采用不同的码型来区分的,所以,此时"信道"一词的含义为"码型"。

CDMA 的特征是代表各信源信息的发射信号在结构上各不相同,并且其地址码相互间具有正交性,以区别于地址。在移动通信中,要实现码分多址必须具备以下三个条件:

(1) 要有数量足够多、相关性能足够好的地址码,使系统能通过不同的地址码建立足够多的信道。所谓好的相关性,是指有强的自相关性和弱的互相关性。

(2) 必须用地址对发射信号进行扩频调制,并使发送的已调波频谱极大地展宽(是原来的几百倍),功率谱密度降低。

(3) 在码分多址系统的接收端,必须具有与发送端完全一致的本地地址码。将用本地地址码收到的全部信号进行相关检测,从中选出所需要的信号。

从实现技术看,只有高速地址码才能支持大容量 CDMA 通信,因而 CDMA 必须采用扩频传输技术,该技术也称为直接序列扩频(DS)。

7.2.3　调制技术

调制的目的是把要传输的信息变成适合在信道上传输的信号。模拟移动通信系统中广泛使用角度调制（调制或调相）。现代移动通信已完成由模拟到数字的过渡，所以先进的数字调制技术是移动通信的研究方向之一。

1. 数字调制的要求

数字调制解调技术是数字移动通信的关键技术，对它有以下主要要求：

（1）频率利用率高。数字调制的频率利用率是指在单位频带内能传输的信息比特率，以（b/s）/Hz 为单位。提高频率利用率（即频谱效率）的措施很多，但最基本的办法是采用窄带调制，减少信号所占带宽，即要求频谱的主瓣窄，使主要能量集中在频带之内，而带外的剩余分量尽可能低。

（2）误码性能好。移动通信环境以衰落、噪声、干扰为特点，包括多径瑞利衰落、频率选择性衰落、多普勒频移和障碍物阻挡的联合影响。因此，必须根据抗衰落和干扰能力来优选调制方案。误码性能的好坏实际上反映了信号的功率利用率的高低。

（3）能接受差分检测，易于解调。由于移动通信系统的接收信号具有衰落和时变特性，相干解调性能明显变差，而差分检测不需载波恢复，能实现快速同步，获得好的误码性能，因而差分检测的数字调制方案被越来越多地应用于数字蜂窝移动通信系统中。

（4）功率效率高。在非线性工作模式下，数字调制解调技术性能劣化小，电源效率高。

2. 主要的数字调制方式

移动通信的电波传播条件恶劣，地形地物对其影响较大，移动通信中的调制技术应适应这种变参信道的条件。

应用于移动通信的数字调制技术，按信号相位是否连续，可分为相位连续的调制和相位不连续的调制；按信号包络是否恒定，可分为恒定包络和非恒定包络调制。

主要的数字调制方式有：

（1）最小移频键控（MSK）。

（2）高斯滤波最小移频键控（GMSK）。

（3）QPSK 调制。

（4）π/4 - QPSK 调制。

7.2.4 交织技术

我们知道，在数字通信中，由于传输特性不理想及各种干扰和噪声的影响，将产生传输差错。信道编码（分组编码和卷积编码）只能纠正错误比特或有限连续错误比特。但在陆地移动信道上，大多数误码的产生是由于长突发形式的串错误比特引起的。采用交织技术的目的是使误码离散化，使突发差错变为随机离散差错。接收端通过纠正随机离散差错，能够改善整个数据序列的传输质量。

交织技术的一般原理是：假定有由一些比特组成的消息分组，把 4 个相继分组中的第一个比特取出来，并让这 4 个第 1 比特组成一个新的 4 比特分组，称为第 1 帧。对这 4 个消息分组中的第 2～4 比特也做同样的处理，如图 7 - 7 所示。然后依次传送第 1 比特组成的帧，第 2 比特组成的帧……如果没有交织，假设在传输期间，第 2 组丢失，就丢失了某一整个消息分组；但采用交织技术后，只有每个消息分组的第 2 比特丢失，再利用信道编码，全部消息分组中的消息仍可恢复，这就是交织技术的基本原理。概括地说，交织就是

把码字的 b 个比特分散到 n(n 为交织深度)个帧中,以改变比特间的邻近关系,因而 n 值越大,传输性能越好。但是交织将带来时延,因为在收发双方均有先存储后读取数据处理的过程,故 n 值越大,传输时延也越大,所以在实际使用中必须做折中考虑。

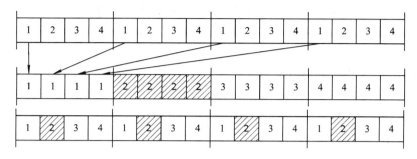

图 7 - 7　交织技术的原理

在 GSM 系统语音交织方案实施中,交织分两次进行。第一次为比特间交织。语音编码器和信道编码器将每一个 20 ms 语音数字化并进行编码,提供 456 bit 数据,速率为 22.8 kb/s。将 456 bit 按 57×8 交织矩阵分成 8 组,每组 57 bit 就成为经矩阵交织后的离散编码比特分布。第二次交织为块间交织。在一个普通突发脉冲(时隙)中可传输 2 组 57 bit 数据,GSM 系统将相邻两个语音块再进行交织,每一个 20 ms 语音已成为 8 组 57 bit 组,前一个 20 ms 的第 5、6、7、8 组分别与后一个 20 ms 的第 1、2、3、4 组结合,构成一个时隙(TS)的语音数据。GSM 系统的语音交织如图 7 - 8 所示。

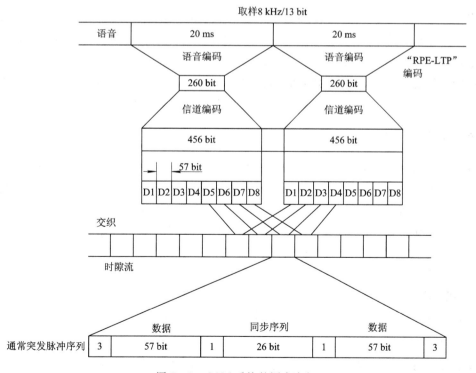

图 7 - 8　GSM 系统的语音交织

7.2.5 自适应均衡技术

均衡是指对信道特性的均衡，即接收的均衡器产生与信道特性相反的特性，用来抵消由信道的时变多径传播特性引起的码间干扰。均衡有两条基本途径：一是频域均衡，它使包括均衡器在内的整个系统的总传输函数满足无失真传输的条件，需要分别校正幅频特性和群时延特性；二是时域均衡器，就是直接从时间响应来考虑，使包括均衡器在内的整个系统的冲激响应满足误码间串扰的条件。数字通信中面临的问题是时变信号，因而需采用时域均衡。

时域均衡的主体是横向滤波器，它由多级抽头延迟线、加权系数相乘器（或可变增益电路）及相加器组成，如图 7－9 所示。

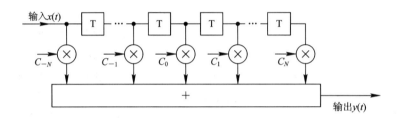

图 7－9　横向滤波器

自适应均衡器所追求的目标就是达到最佳抽头增益系数，它直接从传输的实际数字信号中根据某种算法不断调整增益，因而能适应信道的随机变化，使均衡器总是保持最佳的工作状态，有较好的失真补偿性能。自适应均衡器有三个特性：快速初始收敛特性、好的跟踪信道时特性和低的运算量特性。因此，实际使用的自适应均衡器在正式工作前先发一定长度的测试脉冲序列，又称为训练序列，以调整均衡器的抽头系数，使均衡器基本上趋于收敛，然后再自动改变为自适应工作方式，使均衡器维持最佳状态。

7.2.6 信道配置技术

我们知道传输损耗是随着距离的增大而增加的，并且与地形环境密切相关，因而移动台与基站的通信距离是有限的。在 FDMA 系统中，通常每个信道有一部对应的收发信机。由于电磁兼容等因素的限制，在同一地点工作的收发信机数目是有限的。因此，用单个基站覆盖的一个服务区（通常称为大区）可容纳的用户数是有限的，无法满足大容量的要求。

为了使得服务区达到无缝覆盖，提高系统的容量，需要采用多个基站来覆盖给定的服务区。每个基站的覆盖区称为一个小区。我们可以给每个小区分配不同的频率，但这样需要大量的频率资源，且频谱利用率低。为此，我们需将相同的频率在相隔一定距离的小区中重复使用时，只要使用相同频率小区（同频小区）之间的干扰足够小即可。

1. 带状网

带状网主要用于覆盖公路、铁路、海岸、狭长城市等的带状服务区，如图 7－10 所示。带状服务区的基站可以使用定向天线。整个系统是由许多细长区域链接而成的。

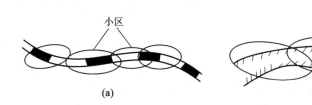

图 7-10　带状服务区

带状网频率复用常采用的方法有二频组和三频组。二频组是指采用不同频率组的两个小区组成的一个区群，三频组是指采用不同频率组的三个小区组成的一个区群，其工作方式如图 7-11 所示。

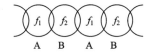 

图 7-11　二频组和三频组的工作方式

2. 蜂窝网

在平面区内划分小区，为了不留空隙地覆盖整个平面的服务区，一个个圆形辐射区之间一定含有很多的交叠。在考虑了交叠之后，实际上每个辐射区的有效覆盖区是一个多边形。可以证明，要用正多边形无空隙、无重叠地覆盖一个平面的区域，可取的形状只有正三角形、正四方形和正六边形三种。在服务区面积一定的情况下，正六边形小区的形状最接近理想的圆形，用它覆盖整个服务区所需的基站数最少，也就最经济。

信道（频率）配置主要解决将给定的信道（频率）如何分配给在一个区群的各个小区的问题。在 CDMA 系统中，所有用户使用相同的工作频率，因而无须进行频率配置。频率配置主要针对 FDMA 和 TDMA 系统。信道配置的方式主要有两种：一是分区分组配置法；二是等频距配置法。

7.3　GSM 移动通信系统

欧洲各国为了建立全欧统一的数字蜂窝通信系统，在 1982 年成立了移动通信特别小组（GSM），提出了开发数字蜂窝通信系统的目标。1986 年，欧洲有关国家在进行大量研究、实验、现场测试、比较论证的基础上，于 1988 年制定出 GSM 标准，并于 1991 年率先投入商用，随后在整个欧洲、大洋洲以及其他许多的国家和地区得到了广泛普及，成为目前覆盖面最大、用户数最多的蜂窝移动通信系统。GSM 系统具有以下特点：

（1）具有开放的通用接口标准。现有的 GSM 系统采用 7 号信令作为互连标准，并采用与 ISDN 用户网络接口一致的三层分层协议，这样易于与 PSTN、ISDN 等公共电信网实现互通，同时便于扩展功能和引入各种 ISDN 业务。

（2）提供可靠的安全保护功能。在 GSM 系统中，采用了多种安全手段来进行用户识别、鉴权与传输信息的加密，以保护用户的权利和隐私。GSM 系统中的每个用户都有一张唯一的 SIM（客户识别模块）卡，它是一张带微处理器的智能卡（IC 卡），其存储着用于认证的用户身份特征信息和与网络操作、安全管理以及保密相关的信息。移动台只有插入 SIM 卡才能进行网络操作。

（3）支持各种电信承载业务和补充业务，增值业务丰富。电信业务是 GSM 的主要业务，它包括电话、传真、短消息、可视图文以及紧急呼叫等业务。由于 GSM 中所传输的是数字信息，因此无须采用 Modem 就能提供数据承载业务，这些数据业务包括电路交换异步数据、1200～9600 b/s 的电路交换同步数据和 300～9600 b/s 的分组交换异步数据。将 GSM 升级至 GPRS 后，更支持高达 171.2 kb/s 的分组交换数据业务。

（4）具有跨系统、跨地区、跨国度的自动漫游能力。

（5）容量大，频谱利用率高，抗衰落、抗干扰能力得到加强。与模拟移动通信相比，在相同频带宽度下，GSM 的通信容量增大为原来的 3～5 倍。另外，由于在系统中使用了窄带调制、语言压缩编码等技术，因此其频率可多次重复使用，从而提高了频率利用率，同时便于灵活组网。又因为在 GSM 中采用了分集、交织、差错控制、跳频等技术，系统的抗衰落、抗干扰能力得到了加强。

（6）易于实现向第三代系统的平滑过渡。

正是由于 GSM 系统具有以上诸多优点，真正实现了个人移动性和终端移动性，因此在全球得到了广泛的应用，占据了全球移动通信市场 70% 以上的份额。

7.3.1　GSM 系统的网络结构

GSM 蜂窝通信系统主要由基站子系统（BSS）、网络子系统（NSS）和移动台（MS）组成，其结构示意图如图 7－12 所示。基站子系统（BSS）由基站收发机组（BTS）和基站控制器（BSC）组成；网络子系统由移动交换中心（MSC）、归属位置寄存器（HLR）、拜访位置寄存器（VLR）、鉴权中心（AUC）、设备识别寄存器（EIR）、操作维护中心（OMC）等组成。除此之外，GSM 网中还配有短信息业务中心（SC），既可实现点对点的短信息业务，也可实现广播式的公共信息业务以及语音留言业务。

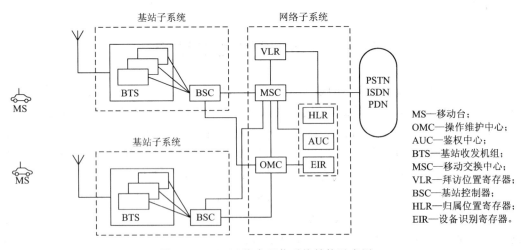

图 7－12　GSM 蜂窝通信系统结构示意图

1. 网络子系统

网络子系统由以下一系列功能实体构成。

1) 移动交换中心(MSC)

MSC 的主要功能是对位于本 MSC 控制区域的移动用户进行通信控制和管理。MSC 是蜂窝通信网络的核心，它是用于对覆盖区域的移动台进行控制和话音交换的功能实体，同时也为本系统连接别的 MSC 和其他公用通信网络(如公用交换电信网 PSTN、综合业务数字网 ISDN 和公用数据网 PDN)提供链路接口。MSC 主要完成交换功能、计费功能、网络接口功能、无线资源管理与移动性能管理功能等，具体包括：信道的管理和分配；呼叫的处理和控制；越区切换和漫游的控制；用户位置信息的登记与管理；用户号码和移动设备号码的登记和管理；服务类型的控制；对用户实施鉴权，保证用户在转移或漫游的过程中实现无间隙的服务等。

2) 归属位置寄存器(HLR)

HLR 是 GSM 系统的中央数据库，存储着该控制区内所有移动用户的管理信息。其中包括用户的注册信息和有关各用户当前所处位置的信息等。每一个用户都应在入网所在地的 HLR 中登记注册。

3) 拜访位置寄存器(VLR)

VLR 是一个动态数据库，其记录着当前进入其服务区内已登记的移动用户的相关信息，如用户号码、所处位置区域信息等。一旦移动用户离开该服务区而在另一个 VLR 中重新登记时，该移动用户的相关信息即被删除。

4) 鉴权中心(AUC)

AUC 存储着鉴权算法和加密密钥，在确定移动用户身份和对呼叫进行鉴权、加密处理时，提供所需的三个参数(随机号码 RAND、负荷响应 SRES、密钥 KB)，用来防止无权用户接入系统和保证通过无线接口的移动用户的通信安全。

5) 设备识别寄存器(EIR)

EIR 是一个数据库，用于存储移动台的有关设备参数，主要完成对移动设备的识别、监视、闭锁等功能，以防止非法移动台的使用。目前，我国各移动运营商尚未启用 EIR 设备。

6) 操作维护中心(OMC)

OMC 用于对 GMC 系统进行集中操作、维护与管理，允许远程集中操作、维护与管理，并支持高层网络管理中心(NMC)的接口。它具体又包括无线操作维护中心(OMC - R)和交换网络操作维护中心(OMC - S)。OMC 通过 X.25 接口对 BSS 和 NSS 分别进行操作、维护与管理，具有事件/告警管理、故障管理、性能管理、安全管理和配置管理等功能。

2. 基站子系统(BSS)

基站子系统包括基站收发机组(BTS)和基站控制器(BSC)。该子系统由 MSC 控制，通过无线信道完成与 MS 的通信，主要实现无线信号的收发以及无线资源管理等功能。

1) 基站收发机组(BTS)

BTS 包括无线传输所需要的各种硬件和软件，如多部收发机、支持各种小区结构(如全向、扇形)所需的天线、连接基站控制的接口电路以及收发机本身所需要的检测和控制装置等。它可实现对服务区的无线覆盖，并在 BSC 的控制下提供足够与 MS 连接的无线信道。

2）基站控制器（BSC）

BSC 是基站收发信机组（BTS）和移动交换中心之间的连接点，也为 BTS 和操作维护中心（OMC）之间交换信息提供接口。一个基站控制器通常控制多个 BTS，具有无线网络资源管理、小区配置数据管理、功能控制、呼叫和通信链路的建立和拆除、本控制区内移动台的越区切换控制等功能。

3. 移动台（MS）

移动台即便携台（手机）或车载台，它包括移动终端（MT）和用户识别模块（SIM 卡）两部分，其中，移动终端可完成话音编码、信息加密、信息调制和调解以及信息发射和接收等功能，SIM 卡则存有确认用户身份所需的认证信息以及与网络和用户有关的管理数据。只有插入 SIM 卡后移动终端才能入网。SIM 卡上的数据存储器还可用作电话号码簿，SIM 卡也支持手机银行、手机证券等 MIK 增值业务。

4. 移动话路网结构

移动话路网由三级构成，即全国网、省内网和移动业务本地网。

（1）在各大区设置一级汇接中心，称为 TMSC1。目前，我国各主要省份的省会均设有 TMSC1，各一级汇接中心之间以网状方式相连，可实现省级话路的汇接，从而构成全国网。

（2）各省设两个或两个以上二级汇接中心，称为 TMSC2，它们彼此间以网状方式相连，并与其归属的 TMSC1 连接，完成省内地区移动业务本地网的话路汇接，构成省内网。

（3）通常长途区号为二位或三位的地区设为一个移动业务本地网，每个移动业务本地网中可以设立一个或几个移动端局（MSC），并设立一个或多个 HLR，存储归属网与该移动业务本地网的所有用户的有关数据。移动端局与其归属的二级汇接中心间以星形方式相连。如果任意两个移动端局间的业务量较大，则可申请建立直达专线。移动本地网与其他固定网市话端局（Ls）、汇接局（Tm）和长途局（Ts）的互连互通是通过各自的关口局实现的。我国移动通信网的网络结构如图 7-13 所示。

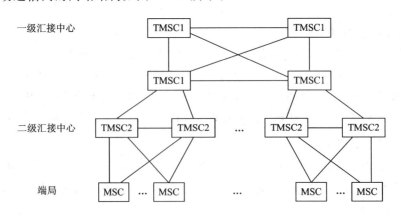

图 7-13　我国移动通信网的网络结构

5. 移动信令网结构

GSM 移动信令网是我国 7 号信令网的一部分。信令网由信令链路（SL）、信点（SP）和信令转接点（STP）组成。

我国信令网也采用与话路网类似的三级结构，在各省或大区设有两个 HSTP(高级信令转接点)，同时省内至少还设有两个 LSTP，将移动网中的其他功能实体(如 MSC、HLR等)作为 SP。

为了提高传输的可靠性，MSC、VLR、AUC、EIR 等的每个 SP 至少应连到两个省内的 LSTP 上；省内 LSTP 之间以网状方式相连，同时它们还与其归属的两个 HSTP 相连。根据省际话务量的大小，还可将本地网的信令点直接与相应的 HSTP 相连。HSTP 之间以网状方式相连接。移动信令网的结构如图 7-14 所示。

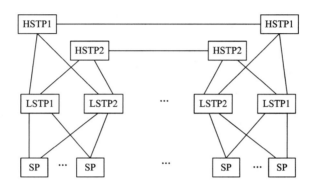

图 7-14 移动信令网的结构

6. 编号方式

GSM 蜂窝通信系统中移动用户的编码与 ISDN 网一致。

我国国家码为 86，国内移动用户 ISDN 号码为一个 11 位数字的等长号码，即

$$N_1 N_2 N_3 \ H_0 H_1 H_2 H_3 \times \times \times \times$$

其中，$N_1 N_2 N_3$ 为数字蜂窝移动业务接入号(网号)，中国移动为 139、138、137、136、135等，中国联通为 130、131 等；$H_0 H_1 H_2 H_3$ 为(归属位置寄存器)识别号，表示用户归属的 HLR，用来区别不同的移动业务区；$\times \times \times \times$ 为四位用户号码。

相应的拨号程序如下：

(1) 移动用户→外地固定用户：0＋长途区号＋固定用户电话号码，即 0＋XYZ＋PQRABCD。

(2) 移动用户→移动用户：移动用户电话号码。

(3) 固定用户→本地移动用户：移动用户电话号码，即 139(138、137…)$H_0 H_1 H_2 H_3 \times \times \times \times$。

(4) 固定用户→其他区移动用户：0＋移动用户电话号码，即 0＋139(138、137…)$H_0 H_1 H_2 H_3 \times \times \times \times$。

7.3.2 GSM 系统的无线空中接口

GSM 在制定技术规范时，对其子系统之间及各功能实体之间的接口和协议做了比较具体的定义，使不同的设备供应商提供的系统基础设备能够符合统一的 GSM 系统技术规范而达到互通/组网的目的。根据 GSM 系统技术规范，系统内部的主要接口有四个，分别是移动台与 BTS 之间的接口(也称为无线空中接口)、BTS 与 BSC 之间的接口(也称为

Abis 接口）、BSC 与 MSC 之间的接口（也称为 A 接口）、MSC 与 PSTN 之间的接口，如图7-15 所示。除 Abis 接口外，其他接口都是标准化接口，这样有利于实现系统设备的标准化、模块化与通用化。

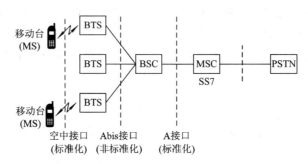

图 7-15 GSM 系统内部的接口

无线空中接口（Um 接口）规定了移动台（MS）与 BTS 间的物理链路特性和接口协议，是系统最重要的接口。

1. GSM 系统无线传输特性

1）工作频段

GSM 系统包括 900 MHz 和 1800 MHz 两个频段。早期使用的是 GSM900 频段，随着业务量的不断增长，DCS1800 频段投入使用。目前，在许多地方这两个频段的网络同时存在，构成"双频"网络。GSM 使用的 900 MHz、1800 MHz 频段如表 7-1 所示。

表 7-1 **GSM 使用的 900 MHz、1800 MHz 频段**

特性	900 MHz 频段	1800 MHz 频段
频率范围	890～915 MHz（移动台发，基站收） 835～960 MHz（移动台发，基站收）	1710～1785 MHz（移动台发，基站收） 1805～1880 MHz（移动台发，基站收）
频率宽度	25 MHz	75 MHz
信号带宽	200 MHz	200 MHz
信道序号	1～124	512～885
中心频率	$f_U = 890.2 + (N-1) \times 0.2$ MHz $f_D = f_U + 45$ MHz $N = 1～124$	$f_U = 1710.2 + (N-512) \times 0.2$ MHz $f_D = f_U + 95$ MHz $N = 512～885$

2）多址方式

GSM 蜂窝系统采用时分多址/频分双工（TDMA/FDMA/FDD）制式，频道间隔为200 kHz，每个频道采用多址接入方式，共分为 8 个时隙，每个时隙宽度为 0.577 ms。8 个时隙构成一个 TDMA 帧，帧长为 4.615 ms。当采用全速率话音编码时，每个频道提供 8个时分信道。如果将来采用半速率话音编码，那么每个频道将能容纳 16 个半速率信道，从而达到提高频率利用率、增大系统容量的目的。收发采用不同的频率，一对双工载波上下行链路各用一个时隙构成一个双向物理信道，并根据需要分配给不同的用户使用。移动台在特定的频率上和特定的时隙内以猝发方式向基站传输信息，基站在相应的频率上和相应的时隙内以时分复用的方式向各个移动台传输信息。

3) 频率配置

在 FDMA 网络中进行组网和频率分配时，为了防止同频和邻频干扰，应遵循以下原则：

(1) 在满足同频抑制要求的条件下，应减少小区数，即尽量减少一簇内的小区数，提高频率利用率。

(2) 一簇内的小区不得使用相同频率，只有在不同簇的小区中才能使用相同的频率。

(3) 在同一个基站或同一个小区内，应尽量使用相隔频率，以避免邻频引起的干扰。

常用的频分复用模式有 21 小区形式(即一簇中有 7 个基站，每个基站有 3 个扇区)、12 小区形式(即一簇中有 4 个基站，每个基站有 3 个扇区)以及 9 小区形式(即一簇中有 3 个基站，每个基站有 3 个扇区)。12 小区形式和 9 小区形式示意图如图 7 - 16 所示。在 12 小区形式中，可使用 36 个连续频道号，按照链形法频率分配方式，各基站的每个扇区分配的频道号如表 7 - 2 所示。

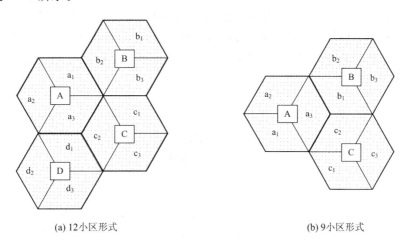

(a) 12小区形式　　　　　　　　　　(b) 9小区形式

图 7 - 16　小区中频分复用示意图

表 7 - 2　12 小区形式(4 基站 3 扇区)频道号的分配

频率组	a_1	a_2	a_3	b_1	b_2	b_3	c_1	c_2	c_3	d_1	d_2	d_3
	1	5	9	2	6	10	3	7	11	4	8	12
频道号	13	17	21	14	18	22	15	19	23	16	20	24
	25	29	33	26	30	34	27	31	35	28	32	36

当采用跳频技术时，多采用 9 小区(3 基站 3 扇区)频率复用方式。

2. 无线空中接口信道定义

1) 物理信道

GSM 的无线空中接口采用 TDMA 接入方式，即在一个载频上按时间划分 8 个时隙构成一个 TDMA 帧，每个时隙称为一个物理信道，每个用户按指定载频和时隙的物理信道接入系统并周期性地发送和接收脉冲突发序列，完成无线接口上的信道交互。每个载频的 8 个物理信道记为信道 0~7(时隙 0~7)。因为 GSM 实质上是一个 FDMA 与 TDMA 的混合接入系统，当需要更多的物理信道时，就需要增加新的载波。

2）逻辑信道

根据无线接口上 MS 与网络间传送的信息种类，GSM 定义了多种逻辑信道传送这些信息。逻辑信道在传输过程中映射到某个物理信道上，最终实现信号的传输。逻辑信道可分为两类，即业务信道（TCH）和控制信道（CCH）。

（1）业务信道（TCH）。业务信道主要传送数字话音或用户数据，在前向链路和反向链路上具有相同的功能和格式。GSM 业务信道又分为全速率业务信道（TCH/F）和半速率业务信道（TCH/H）。当以全速率传送时，用户数据包含在每帧的一个时隙内；当以半速率传送时，用户数据映射到相同的时隙上，但是在交替帧内发送。也就是说，两个半速率信道用户将共享相同的时隙，每隔一帧交替发送。目前使用的是全速率业务信道，将来采用低比特率话音编码器后可使用半速率业务信道，从而在信道传输速率不变的情况下，使信道数目加倍，也就是使系统容量加倍。

（2）控制信道（CCH）。控制信道用于传送信令和同步信号。某些类型的控制信道只定义给前向链路或反向链路。GSM 系统中有三种主要的控制信道：广播信道（BCH）、公共控制信道（CCCH）和专用控制信道（DCCH）。每个信道由几个逻辑信道组成，这些逻辑信道按时间分布提供 GSM 必要的控制功能，如图 7-17 所示。表 7-3 总结了 CCH 类型，并对每个信道及其任务进行了详细的说明。

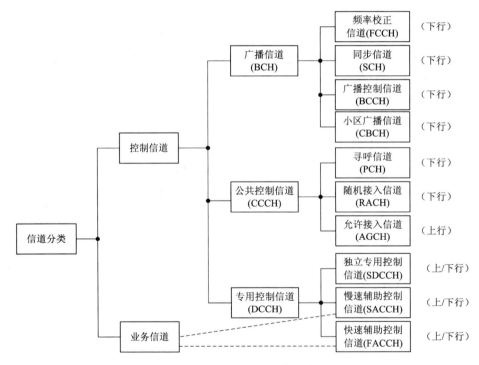

图 7-17　GSM 系统的信道分类

FCCH、SCH 和 BCCH 统称为广播信道（BCH）；PCH、RACH 和 AGCH 又合称公共控制信道（CCCH）。为了理解业务信道和各种控制信道是如何使用的，我们考虑从 GSM 系统中的移动台发出呼叫的情况。首先，用户在检测 BCH 时，必须与相近的基站取得同步。通过接收 FCCH、SCH 和 BCCH 信息，用户将被锁定到系统及适当的 BCH 上。为了发出呼叫，用户首先要拨号，并按 GSM 手机上的发射按钮。移动台用它的基站的射频载波

(ARFCN)来发射 RACH 数据突发序列。然后，基站以 CCCH 上的 AGCH 信息来响应，CCCH 为移动台指定一个新的信道进行 SDCCH 连接。正在监测 BCH 中时隙 0(TS0)的用户，将从 AGCH 接收到分配给它的载频（ARFCN）和时隙（TS），并立即转到新的载频（ARFCN）和 TS 上，这一新的载频和 TS 分配就是 SDCCH（不是 TCH）。一旦转接到 SDCCH，用户首先等待传给它的 SACCH 帧（等待最大持续 26 帧或 120 ms）。该帧告知移动台要求的定时提前量和发射功率。基站根据移动台以前的 RACH 传输数据能够确定合适的定时提前量和功率等级，并且通过 SACCH 发送适当的数据供移动台处理。在接收和处理完 SACCH 中的定时提前量信息后，用户能够发送正常的、话音业务所要求的突发序列消息。当 PSTN 从拨号端连接到 MSC，且 MSC 将话音路径接入服务基站时，SDCCH 检查用户的合法性及有效性，随后在移动台和基站之间发送信息。最后，基站经由 SDCCH 告知移动台重新转向一个为 TCH 安排的 ARFCN 和 TS。一旦再次接到 TCH，语音信号就在前向和反向链路上传送，呼叫成功建立，SDCCH 被清空。

表 7 - 3　CCH 类型

信 道 名 称	方向	功 能 与 任 务
频率校正信道(FCCH)	下行	给移动台提供 BTS 频率基准
同步信道(SCH)	下行	BTS 的基站识别及同步信息(TDMA 帧号)
广播控制信道(BCCH)	下行	广播系统信息
寻呼信道(PCH)	下行	发送寻呼消息，寻呼移动用户
允许接入信道(AGCH)	下行	SDCCH 信道分配
随机接入信道(RACH)	上行	移动台向 BTS 的通信接入请求
小区广播信道(CBCH)	下行	发送小区广播消息
独立专用控制信道(SDCCH)	上/下行	TCH 尚未激活时在 MS 与 BTS 间交换信令消息
慢速辅助控制信道(SACCH)	上/下行	在连接期间传输信令数据，包括功率控制、测量数据、时间提前量及系统消息等
快速辅助控制信道(FACCH)	上/下行	在连接期间传输信令数据(只在接入 TCH 或切换时才使用)

当从 PSTN 发出呼叫时，其过程与上述过程类似。基站在 BCH 适当帧内的 TS 期间广播一个 PCH 消息。锁定于相同 ARFCN 上的移动台检测对它的寻呼，并回复一个 RACH 消息，以确认接收到寻呼。当网络和服务基站连接后，基站采用 CCCH 上的 AGCH 给移动台分配一个新的物理信道，以便连接 SDCCH 和 SACCH。一旦用户在 SDCCH 上建立了定时提前量并被确认，基站就在 SDCCH 上重新分配物理信道，同时也确立了 TCH 的分配。

3. 无线空中接口技术

1) 无线空中接口上的信息传输

GSM 无线接口上的信息需经多个处理才能安全可靠地送到空中无线信道上传输。以话音信号传输为例，模拟话音通过一个 GSM 话音编码器后转换成 13 kb/s 的信号，经信道编码变为 22.8 kb/s 的信号，再经交织、加密和突发脉冲格式化后变为 33.8 kb/s 的码流。无线空中接口上每个载频的 8 个时隙的码流经 GMSK 调制后发送出去，因而 GSM 无线空中接口上的数据传输速率达到 270.833 kb/s。无线空中接口接收端的处理过程与之相反。

2）话音编码与信道编码

GSM 话音编码器采用规则脉冲激励-长期预测编码（RPE－LTP），其处理过程是先对模拟话音进行 8 kHz 抽样，将其调整为一帧，然后进行编码，编码后的话音帧帧长为 20 ms，含 260 bit，因而话音的纯比特率为 13 kb/s。

为了提高无线空中接口信息数据传递的可靠性，GSM 系统采用了信道编码手段在数据流中引入冗余，以便检测和纠正信息传输期间引入的差错。信道编码采用带有差错校验的 1/2 码率卷积码，并跟随有交织处理。

在话音帧的 260 bit 中，根据这些比特对传输差错的敏感性可将其分成两类：Ⅰ类（182 bit）和Ⅱ类（78 bit）。根据其传输差错敏感性，GSM 信道编码器对这两类数据进行了不同的冗余处理。其中，Ⅰ类数据比特对传输差错敏感性比较强，可考虑对其进行信道编码保护；对于Ⅱ类数据比特，传输差错仅涉及误比特率的劣化，不影响帧差错率，故无须对其进行保护。Ⅰ类的数据比特又可分成两个子类：a 类（50 bit）和 b 类（132 bit）。其中，a 类的 50 bit 是非常重要的比特，其重要性在于这 50 bit 数据中的任何一比特的传输差错都会导致语音信号质量的明显下降，致使该语音帧不可用，直接影响到帧差错率。因此在信道编码时，首先对这 50 bit 进行块编码，加入循环冗余校验码（CRC），然后再进行信道编码。接收端对该 50 bit 需确认传输中有无出现差错，如确认传输导致其任一比特出现差错，则需舍去该 50 bit 对应的整个话音帧，并通过外延时的方法保证话音的连续性和话音质量。

话音信号的信道编码过程如图 7－18 所示。经过信道编码后，GSM 一个话音帧的数据位将达到 456 bit，速率为 22.8 kb/s。

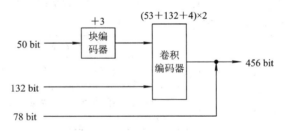

图 7－18　话音信号的信道编码过程

3）交织

虽然信道编码为话音信号传输提供了纠错功能，但它只能纠正一些随机突发误码。由于移动传播环境的恶劣和移动用户移动的复杂性，常会遇到连续突发误码的情况，如当 MS 快速通过大楼底部或快速穿过短隧道时，就无法充分发挥信道编码的纠错性能。为此，话音信号通过信道编码后，还需进行交织处理，以减少无线信道传输中的连续突发误码的影响。

在 GSM 系统中采用了二次交织方法。第一次是内部交织，即将每 20 ms 话音数字化编码所提供的 456 bit 分成 8 帧，每帧 57 bit，组成 8×57 bit 的矩阵进行第一次交织。然后将此 8 帧视为一块，再进行第二次交织，即将这样的四块彼此交叉，然后再逐一进行发送，因而此时所发送的脉冲序列中的各比特均来自不同的话音块。这样即使传输中出现了成串差错，也能够通过信道编码加以纠正。

4）不连续发射（DTX）

DTX 是通过话音激活，在话音帧有信息时开启发送，在无信息时关闭发送的系统传输控制技术。其目的在于降低空中干扰，提高系统容量和质量，降低电源消耗，增加移动台电池的使用寿命。

GSM 利用话音激活检测技术（VAD）检测话音编码的每一帧是否包括话音信息。当检测出话音帧时开启发射机；当检测不到话音时，每 480 ms 时间便向对方发送携带反映发送端背景噪声参数的噪声帧，以便在接收端产生舒适噪声（Soft Noise）。此时，无线空中接口的数据速率从 270 kb/s 降到 500 b/s 左右。

舒适噪声有两个用途：抑制发信机开关造成的干扰和防止发信机关闭期间可能产生的电路中断错觉。

5）跳频

跳频技术首先使用在军事通信领域，以确保通信的保密性和抗干扰性能，如短波电台通过改变频率的方法来躲避干扰和防止被敌方窃听。所谓跳频，是指按跳频序列随机地改变一个信道占用频道频率（频隙）的技术。在一个频道组内，各跳频序列应是正交的，而且各信道在跳频传输过程中也不应出现碰撞现象。

在移动通信系统中，跳频是 GSM 系统的特殊功能，无论在噪声受限条件下还是在干扰受限条件下，跳频都能改善 GSM 系统的无线性能。通过跳频，系统可以得到以下好处：

（1）改善衰落，提高系统性能。由于移动台与基站之间处于无线传输状态，电波传输的多径效应会产生瑞利衰落，其衰落程度与传输的发射频率有关，这样会因不同频道的频率不同，而使得衰落谷点可能出现在不同地点，因而当信号受到衰落影响时，我们可以利用这一特性，采用跳频技术使通话期间的载波频率在多个频点上变化，从而避开深衰落点，达到改善误码性能的目地。

（2）起到干扰分集的作用。在蜂窝移动通信中会受到同频干扰的影响，当系统中采用了相关跳频之后，便可以分离来自许多小区的强干扰，从而有效地抑制远近效应的影响。

跳频可以分为慢速跳频和快速跳频。顾名思义，它们之间的区别在于跳频和速率。慢速跳频的速率小于或等于调制符号速率；反之为快速跳频。跳频速率越高，抗干扰能力越强，但系统复杂程度也越高。

GSM 采用慢速跳频方式，无线信道在某一时隙（0.577 ms）用某一频率发射，到下一个时隙则跳到另一个不同的频率上发射，也就是每一 TDMA 帧（4.65 ms）跳一次，因此跳频速率为 216.7 跳/秒。跳频序列在一个小区内是正交的，即同一小区内的通信不会发生冲突。具有相同载频信道或相同配置的小区（即同簇小区）之间的跳频序列是相互独立的。在用户发起呼叫和切换时，移动台由 BCCH 广播信道的系统消息中获取跳频序列（MA）、跳频序列号（HSN）和决定起跳频点的 MAIO 表。BCCH 所在的载频通常不允许跳频。

6）GSM900/1800 双频组网

GSM 移动通信网络经过十多年的飞速发展，已经具有了相当大的规模，拥有庞大的用户群。随着网络的逐期建设，用户数不断增加，GSM900 网络变得越来越拥挤，其有限的频率资源已无法适应用户数的快速增长和数据业务及其他新业务的出现，开辟新的频段，即建设 GSM1800 网络则是解决这个矛盾的有效方法。

GSM1800 网络采用 1800 MHz 频段，其电波传播特征与 GSM900 网络基本相似。在现有 GSM900 网络的基站站点条件下，采用 1800 MHz 频段可以有效解决 GSM900 的频率资源瓶颈问题。此外，可以通过参数设置和对 GSM900/1800 网络双频段操作，使 GSM1800 网络有较高的优先级，尽量吸收 GSM900 网络的话务。GSM900 网络可实现网络大面积的覆盖，而 GSM1800 网络则主要在需要的地方提供容量。双频移动终端在 GSM1800 网络覆盖区域优先占用 GSM1800 网络，忙或覆盖不到的地方占用 GSM900 网络。因此 GSM1800 成为缓解 900 MHz 频段上移动通信频率资源紧张和解决 GSM900 网络高话务地区无线信道不足的最有效手段。

GSM1800 网络组网方式有独立建网、独立 MSC 组网、独立 BSC 组网和共 BSC 组网等四种。除第一种组网方式外，GSM1800 网络可以与 GSM900 网络使用相同的网号，实现网络资源共享。双频移动终端可以使用两个频段的资源，在两个频段中自由切换。

（1）独立建网。独立建网方式是完全新建一个网络，使用不同的网号、不同的号码段，独立发展用户，与原有的 GSM900 网络没有任何的资源共享。这种方式的好处在于技术方案简单，但不利于资源的有效利用和业务的发展。

（2）独立 MSC 组网。独立 MSC 组网是指 GSM1800 和 GSM900 网络各自拥有独立的 MSC、BSC 和 BTS，使用相同的网号，构成统一的网络。当扩容时，在原有设备的基础上增加 GSM1800 MSC 即可。新增加的 GSM1800 BSC 直接和 GSM1800 MSC 相连，不必改动原有的网络连接。这种组网方式的优点是独立组网，可以灵活选择设备供应商，不受原有网络的影响。但由于独立 MSC 组网方式下的移动终端进行频段切换时，要进行跨 MSC 小区重选、跨 MSC 间的切换和位置区更新，因而存在空闲模式下位置更新频繁、通话模式下跨 MSC 的切换频繁、切换时间长、切换成功率较低、寻呼成功率低、MAP 信令负荷重、MSC 及 HLR 由于位置更新和切换负荷重而使网元用户容量降低等诸多问题。出现这些问题的根本原因是覆盖同一区域的无线信号归属两个不同的 MSC，必须使用不同的位置区，使得原来根据位置区、MSC 进行移动性管理的机制出现了问题，即位置区设置与网络覆盖冲突。为减少位置更新和跨 MSC 切换的影响，需要降低两者的发生频率，因此需要 GSM1800 网实现连续的覆盖，这样就需要大规模地建设 GSM1800 基站，而不能使用热点补点的方式，所以投资很大，在业务量小的地区网络资源利用率低。

（3）独立 BSC 组网。独立 BSC 组网方式是指 GSM1800 和 GSM900 系统的 BTS、BSC 各自独立，二者通过 A 接口连到同一个 MSC 上。独立 BSC 组网方式可以有效地避免跨 MSC 切换和位置更新的问题，而且由于 A 接口公开，因而可以灵活选用不同厂家的 BSS 设备，不受原 GSM900 网的限制，但在实际建设中也还存在着 BSC 间的切换频繁、MSC 信令负荷较重的问题。同时，不同厂家的设备也需要保持良好的配合。

（4）共 BSC 组网。共 BSC 组网指 GSM1800 基站与 GSM900 网使用相同的 BSC。这种方式彻底解决了双频切换的问题，使得 GSM1800 网可以用于热点话务吸收，无须实现 GSM1800 全网连续覆盖，这是目前使用较多的方式。该方式存在的问题是 BTS - BSC 间的 Abis 接口为非标准接口，因此要求 GSM900 BSC 和新增加的 GSM1800 BTS 必须是相同厂家的设备，同时还需对原 BSC 进行相应的扩容，对于一些厂家的小容量 BSC 需要增加 BSC，这使单个 BSC 覆盖范围减少，BSC 间的切换会相应增加。

综上所述，这四种方式各有优缺点：独立建网方式适合新运营商的建网；独立 MSC 方式适合大规模的 GSM1800 网的建设，且需要连续良好的 GSM1800 无线覆盖的场合；独立

BSC 的方式可以减少一定的系统投资，但会引发 A 接口配合问题；而采用共 BSC 组网的方式则较为节约投资，网络质量也有一定的保证，具有较明显的优势。

7.3.3 通用分组无线业务(GPRS)

GSM 系统在全球范围内取得了超乎想象的成功，但是 GSM 系统的最高数据传输速率为 9.6 kb/s，且只能完成电路型数据交换，远不能满足迅速发展的移动数据通信的需要。因此，欧洲电信标准委员会(ETSI)又推出了通用分组无线业务(General Packet Radio Service，GPRS)技术。GPRS 在原 GSM 网络的基础上叠加支持高速分组数据业务的网络，并对 GSM 无线网络设备进行升级，从而利用现有的 GSM 无线覆盖提供高速分组数据业务，为 GSM 系统向第三代宽带移动通信系统 UMTS 的平滑过渡奠定基础，因而 GPRS 又被称为 2.5 G 系统。

GPRS 技术较完美地结合了移动通信技术和数据通信技术，尤其是 Internet 技术，它正是这两种技术的结晶，是 GSM 网络和数据通信技术发展及融合的必然结果。GPRS 采用分组交换技术，可以让多个用户共享某些固定的信道资源，也可以让一个用户拥有 8 个时隙。如果把空中接口上的 TDMA 帧中的 8 个时隙捆绑起来传输数据，可以提供高达 171.2 kb/s 的无线接入，可向用户提供高性价比业务并具有灵活的资费策略。GPRS 既可以使运营商直接提供丰富多彩的业务，也可以给第三方业务提供商提供方便的接入方式，这样便于将网络服务与业务有效地分开。此外，GPRS 在保证话音业务质量的同时，利用空闲的无线信道资源提供分组数据业务，并可对其采用灵活的业务调度策略，这大大提高了 GSM 网络的资源利用率。

GPRS 的发展使制约移动数据通信发展的各种问题逐步得到解决，并推动了移动数据通信的发展。通过 GPRS 网络为因特网提供无线接入，提供基于 GPRS 数据的 GSM 网络增值业务具有广阔的市场空间。进行 GPRS 网络的建设不仅是业务本身的迫切需求，也可以加速现有移动通信网络向第三代通信系统的平滑过渡。

1. GPRS 网络结构

GPRS 网络结构简图如图 7 - 19 所示。

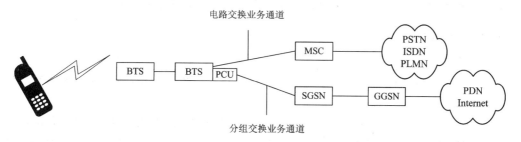

图 7 - 19 GPRS 网络结构简图

GPRS 网络是基于现有的 GSM 网络实现分级数据业务的。GSM 是专为电路型交换而设计的，现有的 GSM 网络不足以提供支持分组数据路由的功能，因此 GPRS 必须在现有的 GSM 网络的基础上增加新的网络实体，如 GPRS 网关支持节点(Gateway GPRS Supporting，GGSN)、GPRS 服务支持节点(Serving GSN，SGSN)和分组控制单元(Packet Control Unit，PCU)等，并对部分原 GSM 系统设备进行升级，以满足分组数据业务的交换与传输。与原 GSM 网络相比，新增或升级的设备如下。

1）服务支持节点（SGSN）

SGSN 的主要功能是对 MS 进行鉴权、移动性管理和路由选择，建立 MS 到 GGSN 的传输通道，接收 BSS 传送来的 MS 分组数据，通过 GPRS 骨干网传送给 GGSN 或反向工作，并进行计费和业务统计。

2）网关支持节点（GGSN）

GGSN 主要起网关作用，可与外部多种不同的数据网相连，如 ISDN、PSPDN、LAN 等。对于外部网络来讲，它就是一个路由器，因而也称为 GPRS 路由器。GGSN 接收 MS 发送的分组数据包并进行协议转换，从而把这些分组数据包传送到远端的 TCP/IP 或 X.25 网络，或进行相反的操作。另外，GGSN 还具有地址分配和计费等功能。

3）分组控制单元（PCU）

PCU 通常位于 BSC 中，用于处理数据业务，它可将分组数据业务在 BSC 处从 GSM 语音业务中分离出来，在 BTS 和 SGSN 间进行传送。PCU 增加了分组功能，可控制无线链路，并允许多个用户占用同一线资源。

4）原 GSM 网设备升级

GPRS 网络使用原 GSM 基站，但基站要进行软件更新；GPRS 要增加新的移动性管理程序，通过路由器实现 GPRS 骨干网互连；GSM 网络系统要进行软件更新并增加新的 MAP 信令与 GPRS 信令等。

5）GPRS 终端

GPRS 网络必须采用新的 GPRS 终端。GPRS 终端有以下三种类型：

A 类：可同时提供 GPRS 服务和电路交换承载业务，即在同一时间内既可进行 GSM 话音业务，又可以接收 GPRS 数据包。

B 类：可同时侦听系统的寻呼信息，同时附着于 GPRS 和 GSM 系统，但同一时刻只能支持其中的一种业务。

C 类：要么支持 GSM 网络，要么支持 GPRS 网络，通过人工方式进行网络选择更换。

GPRS 终端也可以做成计算机 PCMCIA 卡，用于移动因特网接入。

2. GPRS 的特点

GPRS 具有以下特点：

（1）传输速率快。GPRS 支持四种编码方式，并采用多时隙（最多 8 个时隙）合并传输技术，使数据速率最高可达 171 kb/s。

（2）可灵活支持多种数据应用。GPRS 可根据应用的类型和网络资源的实际情况及网络质量，灵活选择服务质量参数，从而使 GPRS 不仅支持频繁的、少量突发型数据业务，而且支持大数据的业务；GPRS 还支持上行和下行的非对称传输，提供 Internet 所能提供的一切功能，应用非常广泛。

（3）网络接入速度快。GPRS 网本身就是一个分组型数据网，支持 IP 协议，因此它与数据网络建立连接的时间仅为几秒钟，而且支持一个用户占用多个信道，提供较高的接入速率（远快于电路型数据业务的接入速率），如图 7-20(a) 所示。

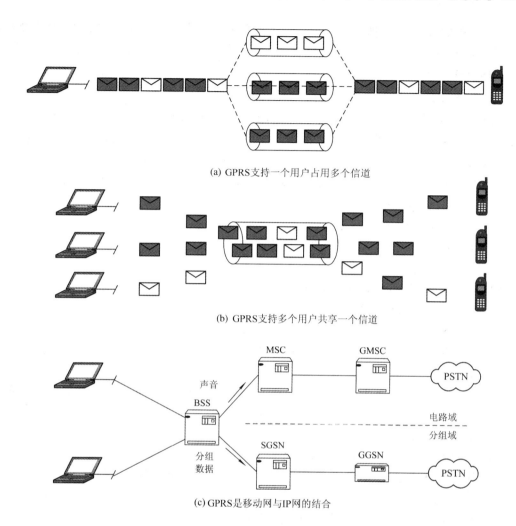

(a) GPRS支持一个用户占用多个信道

(b) GPRS支持多个用户共享一个信道

(c) GPRS是移动网与IP网的结合

图 7 - 20　GPRS 的特点

（4）可长时间在线连接。由于分组型传输并不固定占用信道，因此用户可以长时间保持与外部数据网的连接，而不必进行频繁的连接和断开操作。

（5）计费更加合理。GPRS 可以按数据流量进行计费，可节省用户上网费用。

（6）高效地利用网络资源，降低通信成本。GPRS 在无线信道、网络传输信道的分配上采用动态复用方式，支持多用户共享一个信道（每个时隙最多允许 8 个用户共享，如图 7 - 20(b)所示）或单个用户独占同一载频上的 1～8 个时隙的机制，并且仅在有数据通信时占用物理信道资源，因此大大提高了频率资源和网络传输资源的利用率，降低了成本。

（7）利用现有的无线网络覆盖，提高网络建设速度，降低建设成本。GPRS 的无线接口采用与 GSM 相同的物理信道，定义了新的用于分组数据传输的逻辑信道。GPRS 设置了专用的分组数据信道，也可按需动态占用话音信道，实现数据业务与话音业务的动态调度，提高无线资源的利用率。因此，GPRS 可利用现有的 GSM 的核心网络无线覆盖，提高网络建设速度，降低建设成本，提高网络资源利用率。

（8）GPRS 的核心网络顺应通信网络的发展趋势，为 GSM 网向新一代移动通信的演进奠定了基础。GPRS 的核心网络采用了 IP 技术，一方面可与高速发展的 IP 网（Internet

网)实现无缝连接；另一方面可顺应通信网的分组化发展趋势，使移动网和 IP 网相结合，提供固定 IP 网支持的所有业务。GSM 网在 GPRS 核心网的基础上逐步向第三代移动通信网核心网演进，如图 7－20(c)所示。

3. GPRS 业务

GPRS 是一个应用业务承载平台，提供了收信机(数据终端)到业务平台的传输通道。真正的业务是依靠业务开发平台实现的，它提供丰富的基于 IP 和移动的业务。GPRS 几乎可以支持除交互式多媒体业务以外的所有数据应用业务。

GPRS 业务可以支持点对点业务和点对多点业务，但目前点对多点规范尚未完成。

1) GPRS 提供的业务

点对点业务包括但不限于以下业务：

(1) Internet 业务。GPRS 向用户提供便捷和高速的移动 Internet 业务，如 Web 浏览、E-mail、FTP 文件传输、Telnet 远程登录等。

(2) 移动办公、移动数据接入业务(提供与企业内部网 Intranet 的互通)。

(3) WAP 业务、聊天、移动 QQ、在线游戏等。

(4) GPRS 短消息业务。

(5) 远程操作(在线股票交易、移动银行等)。

(6) 定位业务(GPS 定位信息传输)。

(7) 信息业务。GPRS 可向用户提供丰富多彩的信息业务，如新闻、时刻表、交通信息、账户查询、股市行情、调度管理、订票、天气预报、博彩、业务广告等。

2) GPRS 业务流程举例

(1) 用户发出 Chinanet 的网络接入名(APN)163.net。

(2) BSC 将请求送给 SGSN，SGSN 根据 APN＝163.net 翻译出请求是与 Chinanet 相连的。

(3) 在 SGSN 与 GGSN2 间建立一个传输通道，用户发给 Chinanet 网络的所有数据都将由 SGSN 通过此通道传送给 GGSN2，再由 GGSN2 将数据送给 Chinanet；同样，以 Chinanet 来的数据将首先发送给 GGSN2，再经过传输通道发送给 SGSN，由 SGSN 通过 BSS 发送给用户。

以上 GPRS 业务流程举例如图 7－21 所示。

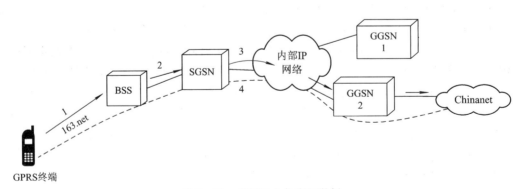

图 7－21　GPRS 业务流程举例

7.3.4　GSM 系统的区域定义

GSM 系统属于小区制大容量移动通信网，在它的服务区内设置有很多基站。移动通信网在此服务区内具有控制、交换功能，可实现位置更新、呼叫接续、过区切换及漫游服务等功能。GSM 的区域定义如图 7 - 22 所示。

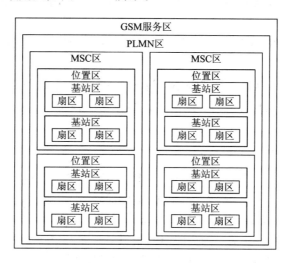

图 7 - 22　GSM 的区域定义

GSM 的区域定义包括以下几个方面：

(1) GSM 服务区。它是指移动台可获取服务的区域，一个服务区可由一个或若干个公用陆地移动通信网(PLMN)组成。

(2) 公用陆地移动通信网(PLMN)区。它可由一个或若干个交换中心组成，在该区内具有共同的编号制度和共同的路由计划。PLMN 与各种固定通信网之间的接口是 MSC，由 MSC 完成呼叫接续。

(3) MSC 区。它是指一个移动交换中心所控制的区域，通常连接一个或若干个基站控制器，每个基站控制器控制多个基站收发信机。

(4) 位置区。它一般由若干个小区(或基站区)组成，当移动台在位置区内移动时无须进行位置更新。通常呼叫移动台时向一个位置区内的所有基站同时发出呼叫信号。

(5) 基站区。它是指基站收发信机有效的无线覆盖范围区，简称小区。

(6) 扇区。当基站收发信天线采用定向天线时，基站区分为若干个扇区。

GSM 的主要业务包括：

(1) 电话业务。电话业务是 GSM 提供的最主要的业务。

(2) 紧急呼叫业务。紧急呼叫业务优先于其他业务，在没有插入用户识别卡的情况下，用户也可拨通紧急呼叫服务中心号码(在欧洲统一使用 112，在我国统一使用 119)。

(3) 短消息业务。它包括移动台之间点对点的短消息业务以及小区广播式短消息业务。

(4) 可视图文接入。这是一种通过网络完成文本、图形信息检索和电子函件功能的业务。

(5) 智能用户电报传送。智能用户电报传送能够提供智能用户电报终端间的文本通信业务。

(6) 传真。它是指语言和三类传真交替传送的业务。自动三类传真是指能使用户经

PLMN 以传真编码信息文件的形式自动交换各种函件的业务。

7.3.5 移动用户的接续过程

1. 开机进入空闲模式

（1）移动台开机后搜索最强的 BCCH 载频，读取 BCCH 信道信息，使移动台的频率与之同步。

（2）移动台读取 SCH 信道信息，找出基站识别码（BSIC）和帧同步信息，并且同步到超高帧 TDMA 帧号上。

（3）移动台读取系统信息，如邻近小区情况，现所处小区的使用频率及小区是否可用，移动系统的国家号码和网络号码等，这些信息都可以从 BCCII 上得到。

2. 位置登记

移动台向网络登记的方式有两种：

（1）开机登记。移动台登记后，接收广播信息 LAI（位置区域识别码），更新位置储存器的内容，接着向 MSC/VLR 发送位置登记报文；MSC/VLR 接收并存储该移动台的位置信息，这时 MSC/VLR 认为此 MS 被激活，在其 IMSI 号码上作"附着"标记。

（2）周期性登记。当 MS 关机时，即向网络发送最后一条消息，其中包含"使 IMSI 分离"的处理请求，MSC 收到消息后，即通知 VLR 在该 MS 对应的 IMSI 上作"分离"标记。但是如果此时无线链路质量不好，MSC/VLR 有可能收不到分离处理请求而仍认为 MS 处于"IMSI 附着"状态。另外，MS 进入盲区时，MSC/VLR 不知道，也会认为 MS 处于附着状态。此时，该用户被寻呼时，系统就会不断发出寻呼消息，无效占用无线资源。鉴于上述原因，系统采用强迫登记的措施，如要求移动台每 30 秒周期性登记一次，若系统收不到周期性登记消息时，就给此移动台标以"IMSI 分离"。

移动用户登记过程如下：

（1）移动台在 RACH 上发出接入请求。

（2）系统通过 AGCH 分配给移动用户一个 SDCCH 信道。

（3）移动台在 SDCCH 上与系统交换信息（如鉴权），完成登记。

（4）移动台返回空闲状态，并监听 BCCH 和 CCCH 信道。

3. 移动台被呼（以固定用户呼叫 MS 为例）

图 7-23 表示入局呼叫建立的方案，其过程如下：

（1）从 ISDN/PSTN 来的呼叫通过固定途径送到最近的入口局 MSC（GMSC）（①、②）。

（2）GMSC 询问该用户的 HLR，以求获得呼叫建立路由（③）。

（3）HLR 询问当前为该用户服务的 VLR（④、⑤），请求 VLR 为该用户分配一个漫游号码（MSRN），HLR 将漫游号码及拜访 MSC（VMSC）地址发给 GMSC（⑥）。

（4）GMSC 根据从 HLR 获得的信息建立起到 VMSC 的呼叫（⑦）。

（5）VMSC 咨询 VLR 以便与被呼用户建立联系（⑧、⑨）。

（6）VMSC/VTR 通过 PCH 呼叫被呼移动用户（⑨、⑩）。移动用户在 RACH 上通过发寻呼响应来应答（⑪），在 SACCH 上发测试报告和功率控制。

（7）系统通过 ACCH 为移动台分配一个 SDCCH。

（8）系统与移动台在 SDCCH 上交换必要的信息，如鉴权、加密模式等。

（9）系统通过 SDCCH 为移动台分配一个 TCH，在 TCH 上开始通话。

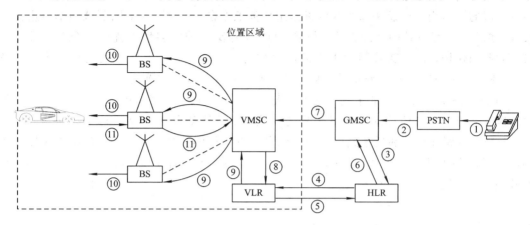

图 7 - 23 入局呼叫建立的方案

4. 移动台主呼（以 MS 呼叫固定用户为例）

（1）MS 在 RACH 上发送呼叫请求。

（2）系统通过 AGCH 为 MS 分配一个 SDCCH 信道。

（3）MSC/VLR 与 MS 经 SDCCH 交换必需的信息，如鉴权、加密模式、TMSI 再分配等。

（4）系统通过 SDCCH 为移动台分配一个 TCH，并建立与 PSTN/ISDN 的连接信道。

（5）被叫用户摘机，进入通话状态。

7.4 CDMA 移动通信系统

7.4.1 CDMA 的概念

在 CDMA 通信系统中，不同用户传输信息所用的信号不是靠频率不同或时隙不同来区分的，而是用各不相同的编码序列来区分的。如果从频域和时域来观察，多个 CDMA 信号是互相重叠的，接收机用相关器可以在多个 CDMA 信号中选出其中使用预定码型的信号。

在 CDMA 蜂窝通信中，用户之间的信息传输也是由基站进行转发和控制的。为了实现双工通信，正向传输和反向传输各使用一个频率，即通常所谓的频分双工（FDD）。无论是正向传输还是反向传输，除去传输业务信息外，还必须传输相应的控制信息。为了传输不同的信息，需要设置不同的信道。但是，CDMA 通信系统既不分频道，又不分时隙，无论传输何种信息，其信道都靠采用不同的码型来区分。

1. CDMA 蜂窝通信系统的多址干扰

蜂窝通信系统无论采用何种多址方式都会存在各种各样的外部干扰和系统本身产生的特定干扰。FDMA 与 TDMA 蜂窝系统的共道干扰和 CDMA 蜂窝系统的多址干扰都是系统本身存在的内部干扰。对于各种干扰来说，对蜂窝系统的容量起主要制约作用的是系统本身的自我干扰。例如，在 FDMA 系统和 TDMA 系统中，为了保证通信质量达到一定要求，通常限定所需信号与共道干扰的比值（信干比）不小于某一门限值，这就要限制系统的频率再用距离不小于某一数值，因而限制了蜂窝系统的通信容量。在 CDMA 蜂窝系统中，同一小区的许多用户以及相邻小区的许多用户都工作在同一频率上，因而就频率再用方面来说，它是一种最有效的多址方式，但是 CDMA 蜂窝系统的多址干扰仍然会对系统的容量起到制约作用，因为随着同时工作的用户数目的不断增多，多址干扰电平必然越来越大，当增加到一定程度时，将会使接收地点的信号电平与干扰电平之比值达不到要求。

CDMA 蜂窝系统的多址干扰分两种情况：一是基站在接收某移动台的信号时，会受到本小区和邻近小区其他移动台所发信号的干扰；二是移动台在接收所属基站发来的信号时，会受到所属基站和邻近基站向其他移动台所发信号的干扰。图 7 - 24 是两种多址干扰的示意图。其中，图 7 - 24(a) 是基站对移动台产生的正向多址干扰；图 7 - 24(b) 是移动台对基站产生的反向多址干扰。

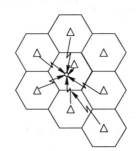 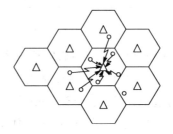

(a) 基站对移动台产生的正向多址干扰   (b) 移动台对基站产生的反向多址干扰

图 7 - 24　CDMA 蜂窝系统的多址干扰

电磁波沿地面传播所产生的损耗近似与传播距离的 4 次方成比例。信号经过不同传播距离时，其损耗会有非常大的差异。例如，距离的比值为 100 时，损耗的比值达 $100^4 = 10^8$（相当于新损耗比原损耗大 80 dB）。显然，近地强信号的功能电平会远远大于远地弱信号的功率电平。因为系统的许多电台共用一个频率发送信号或接收信号，因而近地强信号压制远地弱信号的现象很容易发生。人们把这种现象称为"远近效应"。

2. CDMA 蜂窝系统的功率控制

CDMA 蜂窝系统的"远近效应"是一个非常突出的问题，它主要发生在反向传输链路上。移动台在小区内的位置是随机分布的，而且是经常变化的，同一部移动台可能有时处于小区边缘，有时靠近基站。如果移动台的发射机功率按照最大通信距离设计，则当移动台驶近基站时，必然会有过量而有害的功率辐射。解决这个问题的办法是根据通信距离的不同，实时地调整发射机的所需功率，这就是通常所说的功率控制。

实际通信所需接收信号的强度只要能保证信号电平与干扰电平的比值达到规定的门限值就可以了，所以不加限制地增大信号功率不但没有必要，而且会增大电平之间的相互干扰。尤其像 CDMA 系统这种存在多址干扰的通信网络，多余的功率辐射势必降低系统的通信容量。为此，CDMA 蜂窝通信系统不但在反向链路上要进行功率控制，而且在正向链路上也要进行功率控制。

1) 反向功率控制

反向功率控制也称为上行链路功率控制。其主要要求是使任一移动台无论处于什么位置上，其信号在到达基站的接收机时，都具有相同的电平，而且刚刚达到信干比要求的门限。显然，若能做到这一点，则既可以有效地防止"远近效应"，又可以最大限度地减小多址干扰。

进行反向功率控制的办法是在移动台接收并测量基站发来的信号强度，并估计正向传输损耗，然后根据这种估计来调节移动台的反向发射功率。如果接收信号增强，就降低其发射功率；如果接收信号减弱，就增加其发射功率。

功率控制的原则是：当信道的传播条件突然改善时，功率控制应作出快速反应（如在几秒时间内），以防止信号突然增强而对其他用户产生附加干扰；相反地，当传播条件突然变坏时，功率调整的速度可以相对慢一些。也就是说，宁愿单个用户的信号质量短时间恶化，也要防止增加被干扰的用户。

这种功率控制方式也称为开环功率控制法。其优点是方法简单、直接，不需要在移动台和基站之间交换控制信息，因而控制速度快并且节省开销。这种方法对于某些情况（如车载移动台快速驶入或驶出地形起伏区或高大建筑物遮蔽区所引起的信号变化）是十分有效的，但是对于信号因多径传播而引起的瑞利衰落变化则效果不好。因为正向传输和反向传输使用的频率不同，通常两个频率的间隔大大超过信道的相干带宽，所以不能认为移动台在正向信道上测得的衰落特性就等于反向信道上的衰落特性。为了解决这个问题，可采用闭环功率控制法，即由基站检测来自移动台的信号强度，并根据测得的结果形成功率调整指令，再通知移动台，使移动台根据此调整指令来调节其发射功率。采用这种办法的条件是传输调整指令的速度要快，处理和执行调整指令的速度也要快。一般情况下，这种调整指令 1 ms 发送一次就可以了。为了使反向功率控制有效而可靠，开环功率控制法和闭环功率控制法可以结合使用。

2）正向功率控制

正向功率控制也称为下行链路功率控制。其要求是调整基站向移动台发射的功率，使任一移动台无论处于小区中的什么位置上，收到的基站信号电平都刚刚达到信干比所要求的门限值。若能做到这一点，则既可以避免基站向距离近的移动台辐射过大的信号功率，又可以防止由于移动台进入传播条件恶劣或背景干扰过强的地区而发生误码率增大或通信质量下降的现象。

和反向功率控制的方法类似，正向功率控制可以由移动台检测其接收信号的强度，并不断比较信号电平和干扰电平的比值。如果此比值小于预定的门限值，移动台就向基站发出增加功率的请求；如果此比值超过了预定的门限值，移动台就向基站发出减小功率的请求。基站收到调整功率的请求后，即按一定的调整量改变相应的发射功率。同样，正向功率控制也可在基站检测来自移动台的信号强度，以估计反向传输的损耗并相应调整其发射功率。

功率控制是 CDMA 蜂窝移动通信系统提高通信容量的关键技术，也是实现这种通信系统的主要技术难题之一。

3. 码分多址蜂窝通信系统的特点

码分多址蜂窝通信系统的特点如下：

（1）CDMA 蜂窝系统与模拟蜂窝系统或 TDMA 数字蜂窝系统相比具有更大的通信容量。

（2）CDMA 蜂窝系统的全部用户共享一个无线信道，用户信号只靠所用码型的不同来区分，因此当蜂窝系统的负荷满载时，另外增加少数用户，只会引起话音质量的轻微下降

（或者说信干比的稍微降低），而不会出现阻塞现象。在 FDMA 蜂窝系统或 TDMA 蜂窝系统中，当全部频道或时隙被占满以后，哪怕只增加一个用户也没有可能。CDMA 蜂窝系统的这种特征，使系统容量与用户数之间存在一种"软"的关系。在业务高峰期间，可以稍微降低系统的误码性能，以适当增加系统的用户数目，即在短时间内提供稍多的可用信道数。举例来说，如规定可同时工作的用户数为 50 个，当 52 个用户同时通话时，信干比的差异仅为 $10\lg(52/50)=0.17$ dB。这就是说，CDMA 蜂窝通信系统具有"软容量"特性，或者说具有"软过载"特性。

在其他蜂窝通信系统中，当用户过境切换而找不到可用频道或时隙时，通信必然中断。CDMA 蜂窝系统的软容量特性可以避免发生类似现象。

（3）CDMA 蜂窝系统具有"软切换"功能，即在过区切换的起始阶段，由原小区的基站与新小区的基站同时为过区的移动台服务，直到该移动台与新基站之间建立起可靠的通信链路后，原基站才中断它和该移动台的联系。CDMA 蜂窝系统的软切换功能既可以保证过区切换的可靠性（防止切换错误时反复要求切换），又可以使通信中的用户不易察觉。

（4）CDMA 蜂窝系统可以充分利用人类对话的不连续特性来实现话音激活技术，以提高系统的通信容量。

（5）CDMA 蜂窝系统以扩频技术为基础，因而它具有扩频通信系统所固有的优点，如抗干扰、抗多径衰落和具有保密性等。

7.4.2 CDMA 蜂窝系统的无线传输

在 CDMA 蜂窝系统中，除去要传输业务信息外，还必须传输各种必需的控制信息。为此，CDMA 蜂窝系统在基站到移动台的传输方向上设置了导频信道、同步信道、寻呼信道和正向业务信道；在移动台到基站的传输方向上设置了接入信道和反向业务信道。这些信道的示意图如图 7-25 所示。

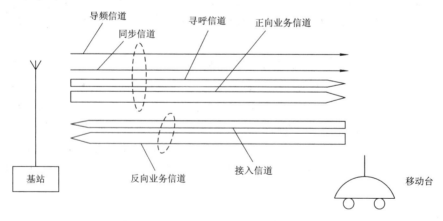

图 7-25 CDMA 蜂窝系统的信道示意图

IS-95 定义的正向传输逻辑信道如图 7-26(a)所示，图中含 1 个导频信道、1 个同步信道、7 个寻呼信道和 55 个业务信道。反向传输逻辑信道如图 7-26(b)所示，图中含 55 个业务信道和 n 个接入信道。

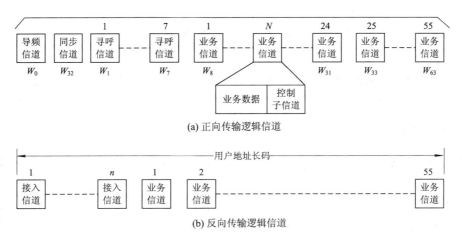

图 7-26　CDMA 蜂窝系统的逻辑信道示意图

1. 导频信道

导频信道传输由基站连续发送的导频信号。导频信号是一种无调制的直接序列扩频信号，令移动台可迅速而精确地捕获信道的定时信息，并提取相干载波进行信号的解调。移动台通过对周围不同基站的导频信号进行检测和比较，可以决定什么时候需要进行过境切换。

2. 同步信道

同步信道主要传输同步信息（还包括提供移动台选用的寻呼信道数据率）。在同步期间，移动台利用此同步信息进行同步调整。一旦同步完成，它通常不再使用同步信道，但当设备关机后又重新开机时，还需要重新进行同步。当通信业务量很大，所有业务信道均被占用而不敷应用时，此同步信道也可临时改作业务信道。

3. 寻呼信道

寻呼信道在呼叫接续阶段传输寻呼移动台的信息。移动台通常在建立同步后，紧接着就选择一个寻呼信道（也可以由基站指定）来监听系统发出的寻呼信息和其他指令。在需要时，寻呼信道可以改作业务信道，直至全部用完。

4. 正向业务信道

正向业务信道共有四种传输速率（9600 b/s、4800 b/s、2400 b/s、1200 b/s）。业务速率可以逐帧（20 ms）改变，以动态地适应通信者的话音特征。例如，发音时传输速率提高，停顿时传输速率降低。这样做有利于减少 CDMA 系统的多址干扰，提高系统容量。在业务信道中，还要插入其他的控制信息，如链路功率控制和过区切换指令等。

5. 接入信道

当移动台没有使用业务信道时，接入信道提供移动台到基站的传输通路，即在其中发起呼叫、对寻呼进行响应以及传送登记注册等短信息。接入信道和正向传输中的寻呼信道相对应，以相互传送指令、应答和其他有关的信息。不过，接入信道是一种分时隙的随机接入信道，允许各用户同时抢占同一接入信道。每个寻呼信道所支撑的接入信道数最多可达 32 个。

6. 反向业务信道

与正向业务信道相对应。

7.5 第三代移动通信系统

第三代移动通信系统(简称 3G)正处于研究和建设之中,目前有三种方案比较成熟:日本提出的 W-CDMA 系统;美国提出的 CDMA2000 系统;中国提出的 TD-CDMA 系统。

7.5.1 W-CDMA 系统

W-CDMA 第三代移动通信系统是由 GSM 移动通信系统经 GPRS 系统平滑过渡而来的。

从 GSM 系统发展到 GPRS 系统时增加了通用分组无线业务部分。W-CDMA 系统是在改造 GPRS 系统的基站子系统部分的基础上形成的。GPRS 系统用的是频分/时分多址方式,W-CDMA 用的是码分多址,基站部分必须全部更新。

W-CDMA 系统的无线频率带宽是 5 MHz,采用 Turbo 码的编/译码器。W-CDMA 移动通信系统的结构框图如图 7-27 所示。

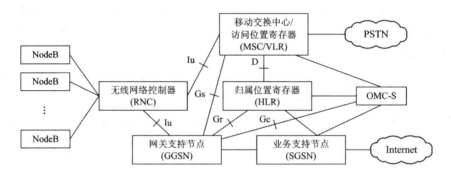

图 7-27 W-CDMA 移动通信系统的结构框图

W-CDMA 系统由无线网络子系统(Radio Network Subsystem,RNS)和核心网(Center Network,CN)组成。

无线网络子系统(RNS)包含无线网络控制器(Radio Network Controller,RNC)和 NodeB。RNC 在逻辑上对应于 GSM 系统中的基站控制器 BSC,NodeB 在逻辑上对应于 GSM 系统中的基站 BTS。

无线网络控制器 RNC 的主要功能如下:

(1) 提供寻呼、系统信息广播、切换、功率控制等基本的业务功能。

(2) 电路域数据业务和分组域数据业务的承载。

(3) 动态信道分配等信道分配的管理。

(4) 移动台准予接入、小区"呼叫"功能、切换、软容量等的控制管理。

(5) 提供手持终端和遥控网管两种方式的配置维护、告警和性能统计等操作维护管理功能。

NodeB(相当于基站)包括无线收发信机和基带处理部件,其主要功能如下:

(1) 扩频、调制和信道编码。

(2) 解扩、解调和信道编码。

(3) 射频信号处理。

(4) 基带信号和射频信号的相互转换功能。

（5）接收无线网络控制器 RNC 传输来的信号并加以处理。

核心网由电路域部分的设备和分组域部分的设备组成。电路域部分的设备是移动交换中心 MSC，分组域部分的设备是分组业务支持节点 SGSN 和分组网关支持节点 GGSN。此外，核心网部分还有移动台归属位置寄存器 HLR 和移动台拜访位置寄存器 VLR。核心网内各组成部分的主要功能如下：

（1）移动交换中心 MSC 的主要功能是：电路域呼叫接续；电路域的移动性管理、电路域部分的鉴权和加密。

（2）分组网关支持节点 GGSN 的主要功能是：为移动台提供 IP 地址分配，配合进行用户验证和分组业务支持节点 SGSN 之间传输用户数据包和承载 IP 数据包，完成与外部数据网络之间的数据包收发功能，计费信息的收集和话单的保存。

（3）归属位置寄存器 HLR 的主要功能是：移动用户签约信息的存储，电路域和分组域的移动性管理与呼叫路由选择、鉴权等。

（4）拜访位置寄存器 VLR 的主要功能是：进入所属服务区域的移动台的信息存储、电路域和分组域的移动性管理与呼叫路由选择等。

与其他第三代移动通信系统一样，W－CDMA 系统的关键技术有智能天线、多用户检测技术、高效通信编码和软件无线电等。

1. 载频间隔及部署

载频间隔范围是 4.2～5.4 MHz，并有 200 kHz 的栅格。可以采用不同的载频间隔，以获得适当的相邻信道保护。载频间隔的大小取决于干扰的状况。图 7-28 给出了一个 W－CDMA 的频率利用，即 15 MHz 工作带宽的三层小区。有多个运营者时需要采用比单一运营者较大的载频间隔，以避免运营者之间的干扰。

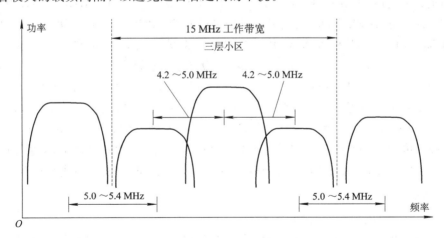

图 7-28　W-CDMA 的频率利用

2. 逻辑信道

W－CDMA 系统的逻辑信道包括三个可用的公共控制信道：

（1）广播控制信道（DCCH）：承载系统和小区的特有信息。

（2）寻呼信道（PCH）：在寻呼区向移动台发送信息。

（3）正向接入信道（FACH）：在一个小区中从基站向移动台发送消息。

此外，逻辑信道还有两个专用信道：

（1）专用控制信道（DCCH）：包括两个信道——独立的专用控制信道（SDCCH）和附属的控制信道（ACCH）。

（2）专用业务信道（DTCH）：在上行链路和下行链路上进行点到点的数据传输。

3. 物理信道

W－CDMA 系统的物理信道包括：

（1）上行链路物理信道。上行链路有两个专用信道和一个公共信道。用户数据在专用物理数据信道（DPDCH）上传输，控制信息在专用物理控制信道（DPCCH）上传输。随机接入信道是公共接入信道。

（2）下行链路物理信道。下行链路有三个公共物理信道。主和次公共控制物理信道（CCPCH）承载下行链路公共控制逻辑信道；SCH 提供时间信息，在移动台进行切换测量时使用。

4. 扩频

W－CDMA 方案使用长扩频码。不同的扩频码在下行链路用来区分小区，在上行链路用来区分用户。下行链路采用长度为 2^{18} 的 Cold 码，但是它们被截成周期为 10 ms 的帧。可用扰码的总数是 512，分成 32 个码组，每组里有 12 个码，以辅助快速小区搜索程序。在上行链路或采用短码，或采用长码（扰码）。短码可以简化多用户接收机技术的实现。短码是长度为 256 的 VL－Kasami 码。

7.5.2 CDMA2000 系统

CDMA2000 系统是在窄带 CDMA 移动通信系统基础上发展起来的。CDMA2000 系统又分成两类：一类是 CDMA2000 1X；另一类是 CDMA2000 3X。CDMA2000 1X 属于 2.5G 移动通信系统，与 GPRS 移动通信系统属同一类；CDMA2000 3X 则是第三代移动通信系统。但是从 GPRS 系统升级到 CDMA2000 1X 系统，其基站 BTS 要全部更新；从 CDMA2000 1X 升级到 CDMA2000 3X，原有的设备基本上都可以使用。CDMA2000 1X 是用一个载波构成一个物理信道；CDMA2000 3X 是用三个载波构成一个物理信道，即在基带信号处理中将需要发送的信息平均分配到三个独立的载波中分别发射，以提高系统的传输率。在 CDMA2000 1X 系统中，最大传输速率可以达到 150 kb/s，而在 CDMA2000 3X 系统中，最大传输速率可达 2 Mb/s。CDMA2000 1X 系统与 CDMA2000 3X 系统相似。

当前在 CDMA2000 系统的下行链路中存在的两种主要的方式是多载频和直接扩频。

1. 物理信道

CDMA2000 系统的物理信道包括：

（1）上行链路物理信道。在上行链路有四个不同的专用信道。基本信道和补充信道承载用户数据。帧长度为 5 ms 或 20 ms 的专用控制信道承载控制信息，如测量数据。导频信道为相干检测提供参考信息。

（2）下行链路物理信道。下行链路有三个不同的专用信道和三个公共控制信道。基本信道和补充信道承载用户数据和专用控制信道控制消息。同步信道由移动台使用，以获得起始时间同步。一个或多个寻呼信道用来寻呼移动台。导频信道为相干检测、小区捕获及切换提供参考信号。

2. 扩频

在 CDMA2000 下行链路的小区是通过两个 2^{15} 长的 M 序列来区分的。因此，在小区搜索过程中只有这些序列需要被搜索。CDMA2000 移动通信系统在无线接口方面有以下特征：

(1) 无线信道的带宽可以是 $N \times 1.25$ MHz，其中 $N = 1, 3, 6, 9, 12$，即带宽可选择为 1.25 MHz、3.75 MHz、7.5 MHz、11.25 MHz、15 MHz 中的一种，但目前仅支持 1.25 MHz 和 3.75 MHz 两种宽带。

(2) 在正向信道上，CDMA2000 1X 系统用的是单载频，频宽是 1.25 MHz；CDMA2000 3X 用的是三载频。在反向信道上，它们用的都是单载频。

(3) 扩频用的码片速率。对于带宽为 $N \times 1.25$ MHz 的载频，扩频用的码片速率为 $N \times 1.2288$ Mchip/s；对于带宽为 $N \times 1.25$ MHz 的载频，扩频用的码片速率为 N。

(4) 在上行链路上采用了发射分集方式。对多载波用不同的载波发射到不同的发射天线上，对单载波采用正交发射分集。

(5) 用 Turbo 编码。

(6) 在正向信道上用了变长的 Wald 函数。码片率为 1.2288 Mchip/s 时 Wald 长度为 128，码片率为 3.6864 Mchip/s 时 Wald 长度为 256。

(7) 不仅前向链路上使用了导频信道，反向链路上也使用了导频信道。

CDMA2000 1X 的网络结构如图 7-29 所示。CDMA2000 1X 的网络分成两大部分：基站子系统和核心网。

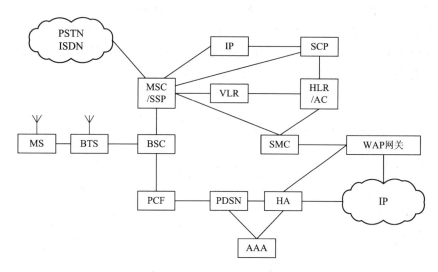

图 7-29　CDMA2000 1X 的网络结构

基站子系统包含基站控制器(BSC)和基站(BTS)。它们的作用与 W-CDMA 系统中的基站子系统一样。

核心网分为电路域核心网和分组域核心网。

(1) 电路域核心网包含移动交换中心(MSC)、访问位置寄存器(VLR)、归属位置寄存器(HLR)和鉴权中心。这部分设备的功能与第二代移动通信系统中的基本相同，但在归属位置寄存器中增加了与分组业务有关的用户信息。

（2）分组域核心网包含分组控制节点（PCF），分组数据服务节点（PDSN），认证、授权、计费器（AAA）和归属代理（HA）。各设备的主要功能如下：

① 分组控制节点（PCF）：管理与分组业务相关的无线资源，管理与基站子系统的通信，以便传送来自移动台或送给移动台的数据，负责建立、保持和终止至分组数据服务节点（PDSN）的连接，实现与分组数据服务节点（PDSN）的通信。

② 分组数据服务节点（PDSN）：负责为移动台建立和终止分组数据业务的连接，为简单的 PI 用户终端提供一个动态 PI 地址，与认证服务器（RADIVS 服务器）配合，向分组数据用户提供认证服务，以确认用户的身份与权限。

③ 认证、授权、计费服务器（AAA）：负责移动台使用分组数据业务的认证、授权和计费。

④ 归属代理（HA）：主要负责鉴别来自移动台的移动 PI 注册，动态分配归属 PI 地址。

第三代移动通信系统的出现是与人们对更高比特率的数据业务和更好的频谱利用率的迫切需求分不开的。国际电信联盟（ITU）于 1986 年开始对全球个人通信进行研究，并为未来第三代移动通信系统确定了长期的频率需求。第三代（3G）移动通信系统将能提供全球接入和全球漫游的广泛业务。1992 年，ITU 将 2 GHz 波段上的 230 MHz 带宽划分出来以实现 IMT - 2000。IMT - 2000 是全球的卫星和陆地通信系统，它能提供包括声音、数据和多媒体的各种业务，而在不同的射频环境下，其质量和固定电信网一样好，甚至更好。IMT - 2000 的目标是提供一个全球的覆盖，使得移动终端能在多个网络间无缝漫游。

1998 年 3 月美国负责 IS - 95 标准的 TIA（通信工业协会）TR45.5 委员会采用了一种向后兼容 IS - 95 的宽带 CDMA 框架，称为 CDMA2000。CDMA2000 的最终正式标准是于 2000 年 3 月通过的。CDMA2000 的目标是提供较高的数据速率以满足 IMT - 2000 的性能需求，即车辆环境下的数据速率至少为 144 kb/s，步行环境下的为 384 kb/s，室内办公室环境下的为 2048 kb/s。表 7 - 4 给出了 CDMA2000 的主要特点。

表 7 - 4　CDMA2000 的主要特点

带宽/MHz	1.25	3.75	7.5	11.5	15
无线接口的演进源于	ANSI TIA/EIA - 95（formerly IS - 95）				
网络结构的演进源于	ANSI TIA/EIA - 41（formerly IS - 41）				
业务的演进源于	ANSI TIA/EIA - 95（formerly IS - 95）				
码片速率/(Mb/s)	1.2288	3.6864	7.3278	11.0592	14.7456
最大用户比特/(b/s)（单码或单信道）	307.2 k	1.0368 M	2.0736 M	2.4576 M	2.4576 M
最大用户比特/(b/s)（多码）	1	4	8	12	16
频率复用	通用的(1/1)				
正向和反向链路上的相干解调	使用连接的导频信道				
小区间是否需要同步	需要同步				
帧的时长/ms	典型的为 20；也可选择 5 用于控制				

3. CDMA2000 的主要内容

CDMA2000 系列标准是为了满足 3 G 无线通信系统的要求而提出来的，其无线接口采用了码分多址（CDMA）扩谱技术。该标准包括下列部分：

（1）IS‐2000‐1.A，Introduction to CDMA2000 Standards for Spread Spectrum Systems。这部分是对 CDMA2000 标准整体的简要介绍。

（2）IS‐2000‐2.A，Physical Layer Standard for CDMA2000 Spread Spectrum Systems。这部分是对 CDMA2000 物理层的标准描述，主要包括空中接口的各种信道的调制结构和参数，是整个标准中关键的部分。

（3）IS‐2000‐3.A，Medium Access Control（MAC）Standard for CDMA2000 Spread Spectrum Systems。这部分是对 CDMA2000 第二层标准中的媒体接入控制（MAC）子层的描述。

（4）IS‐2000‐4.A，Signaling Link Access Control（LAC）Standard for CDMA2000 Spread Spectrum Systems。这部分是对 CDMA2000 第二层标准中的链路接入控制（LAC）子层的描述。

（5）IS‐2000‐5.A，Upper Layer（Layer3）Signaling Standard for CDMA2000 Spread Spectrum Systems。这部分是对 CDMA2000 高层（层 3）信令标准的描述。

（6）IS‐2000‐6.A，Analog Signaling Standard for CDMA2000 Spread Spectrum Systems。这部分是对模拟工作方式的规定，用以支持双模的移动台（MS）基站（BS）。

4. CDMA2000 的主要技术特点

与 CDMA One 相比，CDMA2000 具有一些新的技术特点，这些技术特点简要列举如下：

- 多种信道带宽，带宽可以是 $N \times 1.2288$ MHz；
- 快速正向功率控制；
- 正向发送分集；
- Turbo 码；
- 辅助导频信道；
- 反向链路相干解调；
- 灵活的帧长（5 ms，10 ms，20 ms，40 ms，80 ms，160 ms）；
- 可选择较长的交织器；
- 改进的媒体接入控制（MAC）方案。

5. CDMA2000 系统主要的新增业务功能

由于使用了上述的一些新技术，CDMA2000 系统可以为用户提供一些新的服务功能，例如：

（1）新的物理层技术能支持多种传输速率和 QoS 指标，每信道的传输速率可达 1 Mb/s，每用户的传输速率可达 2 Mb/s。

（2）新的链路接入控制（LAC）和媒体接入控制（MAC）协议结构可以更加有效地使用无线资源，支持灵活有效的复用控制与 QoS 管理。

（3）新的频带和带宽选择可以满足运营商的多种需要，实现由 CDMAOne 向 CDMA2000 系统的平滑过渡。

（4）核心网协议除使用 IS‐41 标准外，还可以使用 GSM‐MAP 标准以及新型的 IP

骨干网标准。

6. 其他宽带技术标准

当今的 3G 技术主要有三种：W-CDMA、CDMA2000 和 UWC-136(或 IS-136HS)。ITU 的 IMT-2000 空中接口的主要目标可概括如下：

(1) 全覆盖和移动，比特率为 144 kb/s，最佳比特率为 384 kb/s。

(2) 有限覆盖和移动，比特率为 2 Mb/s。

(3) 与现有系统相比，有更高的频率利用率。

(4) 可灵活地引入新的业务。

按照上述目标，IMT-2000 主要包括以下几个标准：

(1) IMT-DS，即 W-CDMA FDD 频分双工 W-CDMA。

(2) IMT-TC，即 W-CDMA TDD 时分双工 W-CDMA，包括我国提出的 TD-SCDMA。

(3) IMT-MC，即 CDMA2000 Multi-Carrier 多载波 CDMA2000。

(4) IMT-SC，即 UWC-136 CDMA 单载波 UWC-136。

(5) IMT-FC，即 DECT 增强的数字无绳通信，主要用于微小区和步行的移动者。

归纳起来，当前获得人们普遍认同的标准主要有 W-CDMA、CDMA2000 和 UWC-136。这些标准可用于 3G 的无线接入网，而 3G 核心网标准可用 ANSI TIA/EIA-41 MAP 以及 GSM MAP。

3G 标准家族中的三个标准之所以不能融合为单一的一个标准，主要是因为 3G 的标准是在 2G 技术的基础上发展而来的，而 2G 的标准就是分开的，并且人们已在 2G 的建设上投入了大量的资金，希望 3G 的系统能够很好地兼容原有的 2G 系统。但是这里带来了一个非常复杂的系统互通和漫游问题，为此 ITU 做了大量的工作，希望在 3G 上实现不同系统间的互通和漫游。图 7-30 给出了不同标准间互通的业务框图结构。

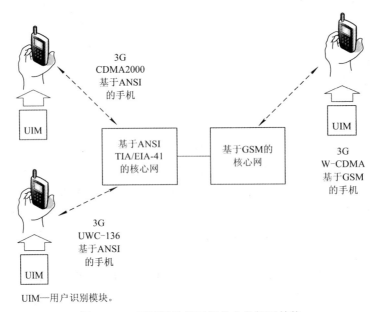

UIM—用户识别模块。

图 7-30　不同标准间互通的业务框图结构

7.5.3　TD‐SCDMA 系统

TD‐SCDMA 是由我国提出的、经国际电联批准的第三代移动通信中的三种主要技术之一。

1. TD‐SCDMA 采用的技术

TD‐SCDMA 采用的技术如下所述。

（1）TD‐SCDMA 技术采用时分双工 TDD 模式，能在不同的时隙中发送上行业务或下行业务，可以根据上、下行业务量的多少分配不同数量的时隙。这样 TD‐SCDMA 在上、下行是非对称业务时可实现最佳的频谱利用率。而频分双工 FDD 在上、下行为非对称业务时不能实现最佳的频谱利用率。

（2）TD‐SCDMA 同时采用了 FDMA、CDMA 和 TDMA 三种多址技术。

（3）采用了智能天线技术。把具有不同方向性的波束分配给不同的用户，可以有效减弱用户间的干扰，扩大小区的覆盖范围和系统的容量。

（4）采用了多用户联合检测技术，同时存在的多用户信号经联合处理后，可精确地解调出用户信号。它可以降低对功率控制的要求。

（5）采用了软件无线技术。

（6）一个载波的带宽为 1.6 MHz，扩频的码片速率是 1.2288 Mchip/s。

（7）对高速率的数据编码采用 Turbo 码。

（8）保持与 GSM/GPRS 网络的兼容性，其可以由 GSM/GPRS 系统平滑过渡到 TD‐SCDMA。

TD‐SCDMA 的主要不足有两个：一个是移动终端的移动速度要比 FDD 移动终端的移动速度低得多，TDD 为 120 km/h，FDD 为 500 km/h；另一个是覆盖半径较小，TDD 不超过 10 km，而 FDD 为几十千米。

CDMA 是移动通信技术的发展方向。在 2G 阶段，CDMA 增强型 IS95A 与 GSM 在技术体制上处于同一代，二者提供大致相同的业务，但 CDMA 技术有其独到之处，具有通话质量好、掉话少、低辐射、健康环保等优势。在 2.5G 阶段，CDMA2000 1X RTT 与 GPRS 在技术上已有明显不同，在传输速率上 1X RTT 高于 GPRS，在新业务承载上，1X RTT 比 GPRS 成熟，可提供更多的中高速率的新业务。在从 2.5G 向 3G 技术体制的过渡阶段，CDMA2000 1X 向 CDMA2000 3X 的过渡比 GPRS 向 W‐CDMA 的过渡更为平滑。

我国所提交的 TD‐SCDMA 技术与 W‐CDMA 和 CDMA2000 的技术相差很大，主要区别在于：宽带 CDMA 系统的关键技术为功率控制、软切换等，而 TD‐SCDMA 的关键技术为同步技术、软件无线电和智能天线技术等。但是，就技术系统的兼容性而言，TD‐SCDMA 将允许 GSM 向 3G 平滑过渡，而 W‐CDMA 却需要 GPRS 作为中间技术实现从 GSM 向 3G 的过渡，CDMA2000 更是建立在与 GSM 不兼容的窄带 CDMA 基础上。

2. TD‐SCDMA 的特点

TD‐SCDMA 采用 TDD 模式，收发使用同一频段的不同时隙，加之采用 1.28 Mb/s 的低码片速率，所以只需占用单一的 1.6 MHz 频带宽度，就可传送 2 Mb/s 的数据业务；而 3G FDD 模式如 W‐CDMA 若要传送 2 Mb/s 的数据业务，需要 2 个对称的 5 MHz 带宽，分别作为上、下行频段。在目前频率资源日渐紧张的情况下，空闲频段十分有限。相比之下，TD - SCDMA 技术在频率选择上更加灵活，其能够充分利用零碎频段，且占用的频带最节省，频谱利用率高。此外，在 TDD 的工作模式中，上、下行数据的传输通过控制上、下行的发送时间来决定，可以灵活控制和改变发送和接收的时段长短比例，这尤其适合今后的因特网等非对称业务的高效传输。因为因特网的业务中查询业务的比例较大，而查询业务中，从终端到基站的上行数据量很少，只需传输网址的代码，但从基站到终端的数据量却很大，收发信息量严重不对称。只有采用 TDD 模式，才有可能自适应地将上行的发送时间减少，将下行的接收时间延长，以此来满足非对称业务的高效传输。

TD - SCDMA 是目前世界上唯一采用智能天线的第三代移动通信系统。智能天线的采用，可以有效地提高天线的增益。同时，由于智能天线可以用多个小功率的线性放大器来代替单一的大功率线性放大器，且前者的价格远远低于后者，因此智能天线可大大降低基站的成本。智能天线带来的另一个好处是提高了设备的冗余度，该系统中的 8 台收发信机共同工作，任何一台收发信机的损坏并不影响系统的基本工作特性。

CDMA 系统是一个干扰受限的系统，干扰的大小对系统容量至关重要。智能天线和上行同步技术的结合，可极大地降低多址干扰；同时，智能天线技术还可以有效地降低系统内的自干扰，从而有效提高系统容量和频谱利用率。TD - SCDMA 是第三代移动通信系统中系统容量最大的一种。

基站和基站控制器可采用接力切换方式。智能天线技术能大致确定用户的方位和距离，可判断出手机用户现在是否移动到了应该切换到另一基站的邻近区域。如果进入切换区，便可通过基站控制器通知另一基站做好切换准备，实施瞬间切换，达到接力切换的目的。接力切换可提高切换的成功率，降低切换对邻近基站信道资源的占用，从而节省系统资源，提高系统容量。

软件无线电技术在通用的芯片上通过软件实现专用芯片的功能，可以通过软件升级来增强系统的功能和性能，避免不必要的设备硬件更新。

综上所述，TD - SCDMA 技术特别适合于用户密度较高的城市及近郊地区，因为这些地区的人口密度高，频率资源很紧张，系统容量是最关键的问题；此外，这些地区对数据业务（特别是因特网等非对称数据业务）的需求较大。除高密度的城市小区应用外，与 FDD 模式一样，TD - SCDMA 也适合大区制覆盖组网，也适合组全国大网。

我国建设 3G 网络初期的主要目的是解决移动话音业务高速增长与频率资源紧张的矛盾，选择频谱利用率最高、系统容量最大的标准制式应是我国发展 3G 标准时最主要的考虑因素。

推广 3G 后，因特网等数据业务将迅速普及。由于这类业务的特点是上行的数据量很小，下行数据则因涉及大量数据下载而很大，因此 3G 的发展要能够满足移动因特网业务的需求，有效地支持 IP 型非对称业务的发展。

由于我国移动通信业务分布极其不均匀，在大中城市等人口密度大的区域频率资源紧张问题突出，高速移动数据业务需求大，而在其他地区频率紧张程度并不严重，数据业务的需求也不是很强，因此在我国 3G 组网初期不必做全覆盖，而可以以 3G 孤岛的方式建网来满足大城市话音频率紧张和高速数据业务移动接入的问题，但其必须具备良好的后向兼容性，可依托现有的 GSM 系统混合组网。采用 3G/GSM 双频双模终端能有效地解决上述问题。

由此可见，TD-SCDMA 技术所具备的频谱利用率高、系统容量大、支持不对称业务、能在 GSM 网络基础上平滑过渡、设备成本低等特点与我国第三代移动通信发展的要求一致，因此其优势明显，是我国第三代移动通信组网的极佳选择。

7.5.4　IMT-2000 系统

IMT-2000 原来称为未来公用陆地移动通信系统（Future Public Land Mobile Tele-communication Systems，FPLMTS），是国际电信联盟（ITU）推出的第三代移动通信系统。

基于近几年市场对 IMT-2000 的需求，ITU 提出了对 IMT-2000 系统的总体要求。世界各国从电信运营者、设备制造商、服务提供商和用户，一直到政策制定者，对 IMT-2000 的发展，特别是标准化问题，都在积极地发挥着各自的影响。各地的电信标准化组织，包括欧洲的 ETSI、日本的 ARIB 和美国的 TIA 这三大区域性集团，都已确定需要第三代移动系统，并正在深入细致地制定标准。在我国，原邮电部也成立了 IMT-2000 中国评估协调组（CEG），并向 ITU 提出了 TD-SCDMA 的候选方案和评估报告，积极参与第三代移动通信系统的研发工作。

IMT-2000 标准的制定主要由频谱规划、无线传输方案和网络方案这三部分组成，其中无线传输技术的研究和选择是第三代移动通信最为核心和关键的部分。

IMT-2000 系统具有服务质量的要求，对无线传输技术的基本要求包括：较高的频谱效率；适应多种无线运营环境；可提供多种业务能力，甚至包括未来不可预见的业务能力，即可变速率服务（VBR）；较高的业务质量；网络的灵活性及无缝覆盖能力等。

IMT-2000 系统频谱效率是指在 30 MHz 带宽内的话音业务容量及信息容量。对于具有多种业务功能的系统，频谱的有效利用则十分重要。频谱有效利用涉及信源编码和无线传输中的多址技术、调制技术、射频（RF）信道参数（如带宽、信道间隔、信道分配等）和双工技术等诸多方面。

IMT-2000 系统应能适应各种无线运营环境（包括地面与卫星环境）的要求。无线传播特性主要是指最大传输距离、总路径损耗预测模型、多径时延展宽、快慢衰落统计特性和最大多普勒频偏等。这些特性的差异决定了 IMT-2000 无线传输技术的设计与选择，从而影响多址技术、射频信道参数、无线覆盖范围、传输误码性能、调制解调技术、信道编码与交织等技术的选择与设计。因此要充分考虑上述特性的差异，使无线接口种类尽可能少，并保证全球范围设计的高度一致性。

IMT-2000 系统要能提供多种业务，包括宽带多媒体业务以及未来不可预见的业务能力，即具有提供变速率（VBR）性能。这些业务具有不同的参数和属性。其中业务类型和数据速率直接影响无线传输设计，它们涉及多址技术、调制技术、信道参数、双工技术、帧结构以及物理信道结构与复用等方面。设计时应对以上因素加以全面考虑，以满足 IMT-2000 业务同固定网络业务的兼容性和高质量设计目标。

业务质量是衡量系统性能的重要指标，通常用传输时延和误码率/误帧率来评价。由于 IMT-2000 业务的多样化，因此分别对应着各自的衡量标准。无线传输的设计应对调制技术、信道编码与交织以及射频（RF）等进行考虑，以满足不同业务的质量要求。

网络的灵活性及无缝覆盖能力是具有全球漫游功能的袖珍终端随时接入系统和得到服

务的重要保证，其涉及位置登记、切换、功率控制、同步、无线覆盖和小区结构配置（包括各类型小区混合配置）等诸多因素。这些特性对无线传输中的多址技术、射频信道参数、双工技术、帧结构、物理信道结构与复用提出了较高的要求，因此必须全面设计，保证具有全球漫游功能的袖珍终端的无线接口种类尽可能少且具有高度的一致性。

IMT - 2000 能提供至少 144 kb/s 的高速、大范围的覆盖（人们希望能达到 384 b/s），同时也能提供 2 Mb/s 的低速、小范围的覆盖。不同的应用产生不同的业务流，因而对系统设计和网络容量产生不同的影响。大量不同种类的服务使 3G 系统的网络规划更具挑战性。其中，视像或语音通信要求能保证服务质量（QoS）。

对于非实时信包数据，当有可用带宽时便可加以接收。3G 系统的应用推动了具有高速数据率的 3G 无线系统的发展。3G 提供的新应用领域主要有：Internet，一种非对称和非实时的服务；可视电话，一种对称和实时的服务；移动办公室，提供 E-mail、WWW 接入、传真和文件传递服务。3G 系统可以提供不同的数据率，更有效地利用频谱。另外，3G 不仅能提供 2G 已经存在的服务，而且其新的服务的引入对用户有更大的吸引力。

1. Internet 的应用

Internet 的应用正在以极高的速度增长，原因之一是 WWW（World Wide Web）的出现使得个人计算机可接入 Web 浏览器。Web 提供的接入服务有网上购物、位置查询、银行业务、在线中介和电子新闻等。Internet 与移动通信的结合使用户在任何地方都可以接入Internet。WWW 的业务流具有高度的非对称性，用户只要向网络发送少量的指令和确认数据，就可从网络下载大量的文件数据。发送 E-mail 时也是类似的情况。掌握业务流的特性对设计一个好的系统是很重要的；同时，在传输空闲时间是否保持无线连接也是应该考虑的一个问题，我们应该在频率资源的有效利用和增加接入延迟之间折中考虑。

2. 无线视像

无线视像是 IMT - 2000 计划中的一种应用，如视像消息（照片、图画）、电视新闻等，谈话类的服务有电视会议和可视电话。这类服务对传输时延要求不超过 $200\sim300$ ms。时延直接影响对信号干扰比的要求，较长的时延允许较长的交织及对于错误帧的重传，从而可要求较小的信干比，并得到较高的容量。对于可接受的视像质量，其包数据传输差错率是 $10^{-4}\sim10^{-3}$ 数量级，而比特差错率则为 $10^{-7}\sim10^{-6}$ 数量级。可视电话要求的比特率依赖于视像编/解码器及对图像质量的要求和帧速率（一般在 $20\sim40$ kb/s 之间）。如有更宽的可用频带，则可获得更高的质量。视像编/解码器的瞬时比特率变化很大，它依赖于视像序列的复杂性，其峰值速率与平均速率之比可能很高。缓存器可用来平滑视像编/解码器输出比特率的变化。视像比特流的变化可以用来使无线资源的利用更为有效。多余的容量可以用在不需要保证 QoS 的服务上。

3. 多媒体服务

多媒体意味着同时传输几种类型的信息（如语音、视像、数据等）。这类服务的比特率和质量的要求变化可能很大。例如，传语音时 BER 为 10^{-3}，时延为 40 ms；传数据时 BER 为 10^{-7}，而对时延没有限制。对于不同的服务采用多路复用是可行的。同时，在空中接口中也可采用多路复用。3G 网络对不同类型的服务将提供不同的传输承载体。

由于 IMT - 2000 的应用现在还不十分清楚，因此也不能按目前的需要来确定，只能采取一种灵活的方式以适应今后的发展。这些应用的要求可按照承载服务一般性地确定如下：

（1）对于农村室外，终端速度为 250 km/h 的用户，系统提供的速率至少为 144 kb/s，最好为 384 kb/s。

（2）对于城市或郊区室外，终端速度为 150 km/h 的用户，系统提供的速率至少为 384 kb/s，最好为 512 kb/s。

（3）对于室内或小范围室外，终端速度为 10 km/h 的用户，系统提供的速率至少为 2 Mb/s。

（4）对于实时固定时延，BER 为 $10^{-7} \sim 10^{-3}$，时延为 $20 \sim 300$ ms。

（5）对于非实时可变时延，BER 为 $10^{-8} \sim 10^{-5}$，时延在 150 ms 以上。

7.5.5　移动通信新技术

天线系统、几何空间系统、话音激活的传输功率选通、功率控制、高效调制解调以及强大的纠错编码设计，使得 CDMA 蜂窝系统性能优越。第三代移动通信技术主要分为抗衰落技术（如调制技术、分集技术、信源编码和信道编码技术、多用户检测技术和智能天线技术等）、功率控制技术和软切换技术等，下面分别进行介绍。

1. 信道模型研究

移动通信与固定通信的不同在于移动通信的电台所处的环境是移动的，因此，移动通信信道是影响无线通信系统性能的一个基本因素。发射机与接收机之间的传播路径非常复杂，包括从简单的视距传播到各种复杂的具有各种各样障碍物的反射、折射和散射路径，因此无线信道的传播特性具有极大的随机性。同时，随着发射机和接收机之间距离的不断增加，还会引起电磁波强度的衰减。而且，移动台相对于发射台移动的方向和速度对接收的信号也有很大的影响。因此，模拟无线信道一直是移动无线设计的一个难点，对移动信道的研究只能在统计的意义上来进行。

2. 调制和扩频技术

调制就是对信号源的编码信息进行处理，使其变为适合于信道传输的形式的过程。一般来说，信号源的编码信息（信源）含有直流分量和频率较低的频率分量（称为基带信号）。基带信号往往不能作为传输信号，因此必须把基带信号转变为一个相对基带频率而言频率非常高的带通信号，以适合于信道传输。这个带通信号叫作已调信号，而基带信号叫作调制信号。调制是通过改变高频载波的幅度、相位或者频率，使其随着基带信号幅度的变化而变化来实现的。而解调则是将基带信号从载波中提取出来以便预定的接收者（信宿）处理和理解的过程。

在移动通信环境中，移动台的移动会使电波传播条件恶化，特别是快衰落的影响会使接收场强急剧变化。在选择调制方式时，必须考虑采取抗干扰能力强的调制方式，使之能适用于快衰落信道，占用较小的带宽以提高频谱利用率，并且带外辐射要小，以减小对邻近波道的干扰。

3. 分集接收技术

在窄带蜂窝系统中，多径的存在会导致严重的衰落。但在宽带 CDMA 系统中，不同的路径可以独立接收，从而显著降低了多径衰落的严重性。分集是减小衰落的重要方法，主要包括三种类型：时间分集、频率分集和空间分集。CDMA 系统采用下列不同类型的分集方法，以便改进性能：

（1）时间分集符号交织、误码检测、纠错编码。

（2）频率分集 1.25 MHz 宽带信号。

（3）空间（路径）分集双基站接收天线、多基站（软切换）。

（4）路径分集多径 RAKE 接收。

FDMA 与 TDMA 窄带蜂窝系统可以很容易地实现天线分集。凡是能够提高传输符号速率，使所需的纠错程序生效的数字式系统，都可以实行时间分集。但是，只有 CDMA 系统能够轻易地实现其他的分集方法。直接序列 CDMA 具有独特的性能，可以实行路径分集。系统内的分集越多，在恶劣传输环境中的性能就越好。

多径处理由 PN 波形平行相关器执行。移动台和基站接收机分别使用 3 个和 4 个相关器。使用平行相关器的接收机也被称为 RAKE 接收机，它可以使每个路径的到达信号被单独跟踪，然后用接收到的信号强度总和来解调该信号。尽管每一个到达的信号都有衰落，但是这些衰落是互不相关的。因此，用信号总和来进行解调就更加可靠。

同时使用几个相关器，可以同时跟踪来自两个不同基站的信号，使用户设备能够控制软切换。下面重点阐述分集技术的原理。

分集技术是用来补偿衰落信道损耗的技术，它通常要通过两个或更多的接收支路来实现。基站和移动台的接收机都可以应用分集技术。由于在任一瞬间，两个非相关的衰落信号同时处于深度衰落的概率是极小的，因此合成信号的衰落程度会明显减小。

分集有两重含义：一是分散传输，使接收端能获得多个统计独立的、携带同一信息的衰落信号；二是集中处理，即接收机把收到的多个统计独立的衰落信号进行合并，以降低衰落的影响。

分集技术有很多种，依信号的传输方式主要可分为两大类：显分集和隐分集。显分集最通用的分集技术是空间分集，即将几个天线分隔开来，并连到一个公共的接收系统中。当一个天线未检测到信号时，另一个天线却有可能检测到信号的峰值，而接收机可以随时选择接收到的最佳信号作为输入。其他的显分集技术包括天线极化分集、频率分集和时间分集等。隐分集主要是指把分集作用隐蔽于传输信号之中（如交织编码和直接序列扩频技术等），在接收端利用信号处理技术实现分集。隐分集只需一副天线来接收信号，因此在数字移动通信系统中得到了广泛的应用。例如，码分多址（CDMA）系统通常使用 RAKE 接收机，它能够通过时间分集来改善链路性能。

另外，依分集的目的还可将分集技术分为宏分集和微分集。宏分集主要用于蜂窝移动通信系统中，也称为多基站分集。这是一种减少慢衰落影响的分集技术，其原理是把多个基站设备置于不同的地理位置上和不同的方向上，同时和小区内的一个移动台进行通信，接收机可选择其中一个信号最好的基站进行通信。微分集是一种减少快衰落的分集技术，根据获得分支方法的不同，可分为空间分集、频率分集、极化分集、场分集、角度分集和时间分集等。

分集接收的合并方式主要有选择性合并、最大比合并和等增益合并。选择性合并是在多支路（子信道）接收信号中，选择信噪比最高的支路的信号作为输出信号；最大比合并指每一支路有一个加权(放大器增益),加权的权重依各支路信噪比来分配,信噪比大的支路权重大,信噪比小的支路权重小;当最大比合并中的加权系数为 1 时,就是等增益合并。理论分析表明,最大比合并的性能最好,其次是等增益合并。

4. 信道均衡技术

均衡可以补偿时分信道中由于多径效应而产生的码间干扰(ISI)。如果调制带宽超过了无线信道的相干带宽,将会产生码间干扰,并且调制信号将会展宽,而接收机内的均衡器可以对信道传输特性的幅度和延迟进行补偿。同分集技术一样,它不用增加传输功率和带宽即可改善移动通信链路的传输质量。不过,分集技术通常用来减少接收时窄带平坦衰落的深度和持续时间,而均衡技术通常用来削弱码间干扰的影响。由于无线信道具有未知性和多变性,因而要求均衡器是自适应的。

由时变多径衰落引起的时延扩展造成了高速信号传输时的码间干扰(ISI),试图采用增加平均信号电平的方法来降低时延扩展引起的误码率完全是徒劳的,只有采用自适应均衡技术才能有效地抵消 ISI。均衡可以看成是将传输码元扩散的符号能量放回到该码元时隙中去的过程,它相当于插入一个等效滤波器,使得由多径衰落信道和该滤波器组成的等效信道具有恒幅与线性相位特性。其中线性相位特性是通过使均衡器中的滤波器冲激响应共轭于多径信道冲激响应来实现的。

均衡是指对信道特性的均衡,即接收端的均衡器产生与信道相反的特性,用来抵消由信道的时变多径传播特性引起的码间干扰,即通过均衡器消除信道的频率和时间的选择性。由于信道是时变的,因而要求均衡器的特性能够自动适应信道的变化而均衡,故称之为自适应均衡。

均衡用于解决符号间的干扰问题,适合于信号不可分离多径且时延扩展远大于符号宽度的情况。它可分为频域均衡和时域均衡。频域均衡可使总的传输函数(信道传输函数和均衡器传输函数)满足无失真传输条件,即校正幅频特性和群时延特性。模拟通信多采用频域均衡。时域均衡可使总的冲激响应满足无码间干扰的条件。数字通信中多采用时域均衡。

设基站发射一个数字信号,其码元顺序为 1,2,3,…,接收机收到的则有经不同路径来的信号。由于路径的长短不同,到达接收机的信号就有先后的不同。为简单计,只考虑经 2 条路径来的信号,若它们的路径相对时延为 τ,当 $\tau \geqslant T_b/2$ 时,前后码元将在大部分的码元周期中发生重叠。假设 2 个信号的强度相差不多,则接收时将会发生误判而产生错码,这就是码间干扰。

均衡技术基本分为两类:线性均衡与非线性均衡。每类均衡技术有多种不同的实现结构,对应于每种结构又有多种算法依照不同的准则自适应地调整均衡器参数。在数字移动通信中,多径信道具有频率选择性衰落的特性,使得信道的频响在频带内的一些位置上衰减很大。线性均衡器为了补偿在这些位置上的衰减,会在这些位置引入很大的增益,从而明显地放大了这些位置上的噪声,使得线性均衡器的输出信噪比明显恶化。因此在数字移动通信中,通常不使用线性均衡器。

在恶劣的多径信道中,非线性均衡器显示出良好的性能,因此被广泛采用。常用的非线性均衡技术有判决反馈均衡(DFE)算法、基于最大似然序列估计(MLSE)准则的序列检测算法和基于最大后验概率(MAP)准则的逐个符号检测算法。

DFE 的基本思想是一旦某信息码元被检测，则它对未来码元的干扰应在未来码元检测之前被估计并抵消。直接形式的 DFE 包含前馈（FFF）和反馈（FBF）两个部分。前馈部分是一个线性横向滤波器，它的长度和系数的选取标准是能有效地抑制未来码元对当前码元的干扰。反馈部分由检测器的输出驱动，其系数调整以消除当前符号中所有来自以前符号的 ISI 为准则。FFF 和 FBF 的阶数应能覆盖信道的弥散长度（即时延展宽）。

MLSE 和 MAP 检测在最小差错概率的意义上最优。MLSE 使序列差错概率最小，MAP 使符号差错概率最小，二者具有相近的性能。MAP 复杂度大，其复杂度随序列长度呈指数型增长。由于 MLSE 可以采用 Viterbi 算法，而该算法的复杂度随信道弥散长度呈指数型增长，因此 MLSE 的复杂度大大低于 MAP。所以在实际应用中，MLSE 是通常采用的概率检测算法，又称为 Viterbi 均衡器。MLSE 需要知道信道的冲激响应及噪声的统计特性。在时变信道中，应该进行信道估计；如果信道变化快，还应进行信道跟踪。

MLSE 和 DFE 都可以作为窄带 TDMA 系统的均衡器方案，在实际系统中的选择通常是基于性能和复杂度的折中。MLSE 在信噪比上没有损失，DFE 存在误码传播（尤其是在恶劣信道中），信噪比有损失，所以 MLSE 的性能优于 DFE，但其复杂度也高于后者。随着硬件速度和芯片集成度的不断提高，更多的厂商采用了 MLSE 均衡器。

5. 编/解码技术

在移动通信中，信源编码是指话音与图像的数据压缩技术。数据压缩的目的是在保证一定图像（或声音）质量的条件下，以最小的数据率来表达和传送图像（或声音）信息。信源编码是产生信源数据的源头，它利用信源的统计特性，解除信源的相关性，去掉信源的冗余信息，达到压缩信源信息率和提高系统有效性的目的。

信道编码主要分为两大类：差错控制编码和纠错控制编码。在第三代移动通信系统的主要方案（包括 W‑CDMA 和 CDMA2000 等）中，除采用与 IS‑95 CDMA 系统相类似的卷积编码技术和交织技术之外，还建议采用 Turbo 编码技术及由 R‑S 码和卷积码构成的级联码技术。

Turbo 编码器采用 2 个并行的系统递归卷积编码器，并辅之以 1 个交织器。2 个卷积编码器的输出经并/串转换以及打孔操作后输出。相应地，Turbo 解码器由首尾相接、中间由交织器和解交织器隔离的 2 个以迭代方式工作的软判决输出卷积解码器构成。虽然目前尚未得到严格的 Turbo 编码理论性能分析结果，但从计算机仿真结果看，在交织器长度大于 1000，软判决输出卷积解码采用标准的最大后验概率（MAP）算法的条件下，其性能比约束长度为 9 的卷积码提高了 1~2.5 dB。目前，Turbo 码用于第三代移动通信系统的主要困难体现在以下几个方面：

（1）由于交织长度的限制，使其无法用于速率较低、时延要求较高的数据（包括语音）传输。

（2）基于 MAP 的软输出解码算法所需计算量和存储量较大，而基于软输出 Viterbi 的算法所需的迭代次数往往难以保证。

（3）Turbo 编码在衰落信道下的性能还有待于进一步研究。

R‑S 编码是一种多进制编码技术，适用于存在突发错误的通信系统。R‑S 解码技术相对比较成熟，但由 R‑S 码和卷积码构成的级联码在性能上与传统的卷积码相比提高不多，故它在第三代移动通信系统中被采用的可能性不大。

6. 多用户检测技术

多用户检测是宽带 CDMA 通信系统中抗干扰的关键技术。在实际的 CDMA 通信系统中，各个用户信号之间存在一定的相关性，这就是多址干扰（Multiple Access Interference，MAI）存在的根源。由个别用户产生的 MAI 固然很小，可是随着用户数的增加或信号功率的增大，MAI 就成为宽带 CDMA 通信系统的一个主要干扰。传统的检测技术完全按照经典直接序列扩频理论对每个用户的信号分别进行扩频码匹配处理，因而抗 MAI 能力较差。多用户检测（Multi-User Detection，MUD）技术在传统检测技术的基础上，充分利用造成 MAI 的所有用户信号信息对单个用户的信号进行检测，从而具有优良的抗干扰性能，解决了远近效应问题，降低了系统对功率控制精度的要求，因此可以更加有效地利用上行链路频谱资源，显著提高系统的容量。

从理论上讲，如果能消去用户受到的多址干扰，就可以提高容量。多用户检测的基本思想是把所有用户的信号都当作有用信号，而不是当作干扰信号。在小区通信中，每个移动用户与一个基站通信，移动用户只需接收所需信号，而基站必须检测所有的用户信号，因此移动用户只有自己的扩频码，而基站需要知道所有用户的扩频码。由于移动用户会受到复杂度（如尺寸和重量等）的限制，因此多用户检测目前主要用于基站。但是基站只有本小区用户的扩频码，相邻小区的干扰仍会降低多用户检测的性能。无线信道是多径信道，可以在多用户检测前端用 RAKE 类型的结构来解决多径问题。

7. 智能天线技术

智能天线技术是 CDMA 系统的研究热点之一，利用智能天线可以消除多址干扰，提高系统的容量并增大覆盖范围。把智能天线应用于 CDMA 系统中，可以大大提高系统的容量，扩大小区覆盖范围，改善通信质量，降低用户的发射功率，延长移动台的寿命，并极大地降低同一小区和小区以外的多址干扰。智能天线阵列技术是从军事领域的实际需求中发展起来的，可使雷达、声呐等正确地探测信号，保障通信畅通。干扰信号经常和所要接收的信号出现在同一频率、同一时间段内，为抑制这样的干扰信号，出现了诸如扩频通信、跳频通信和智能天线阵列技术等抗干扰措施。

智能天线包括两个重要的功能：一是对来自移动台发射的多径电波方向进行到达角（DOA）估计，并进行空间滤波，抑制其他移动台的干扰；二是对基站发送信号进行波束形成，使基站发送信号能够沿着移动台电波的到达方向发送回移动台，从而降低发射功率，减少对其他移动台的干扰。智能天线技术用于 TDD 方式的 CDMA 系统是比较合适的，能够在较大程度上起到抑制多用户干扰，提高系统容量的作用。其困难在于由于存在多径效应，因此每个天线均需一个 RAKE 接收机，从而使基带处理单元的复杂度明显增大。

目前在智能天线研究领域的一个主要的研究方向是使智能天线阵列系统能够在实际工作环境中获得满意的信干比（SIR）性能。另一个研究方向是如何获得更快的暂态响应，从而使系统能迅速地适应变化的信号和干扰环境。随着移动通信技术的飞速发展，在移动通信中智能天线的应用越来越受到重视，智能天线的研究也随之进入一个新的阶段。

8. 功率控制技术

在蜂窝系统中，移动台至基站的链路上容易出现"远近效应"问题，也就是说，离基站近的移动台的路径损耗比远方移动台的路径损耗低。如果所有的移动台都使用相同的发射功率，附近的移动台必然要干扰远方的移动台。因此，需要有功率控制系统来解决这个问题。

常见的 CDMA 功率控制技术可分为开环功率控制、闭环功率控制和外环功率控制三种类型。开环功率控制的基本原理是根据用户接收功率与发射功率之积为常数的原则，先行测量接收功率的大小，并由此确定发射功率的大小。开环功率控制用于确定用户的初始发射功率，或用户接收功率发生突变时的发射功率调节。开环功率控制未考虑上、下行信道电波功率的不对称性，因而其精确性难以得到保证。闭环功率控制可以较好地解决此问题，它通过对接收功率的测量值与信干比门限值进行比较，来确定功率控制比特信息，然后通过信道把功率控制比特信息传送到发射端，并据此调节发射功率的大小。外环功率控制技术则是通过对接收误帧率的计算，来确定闭环功率控制所需的信干比门限。外环功率控制通常需要采用变步长的方法来加快上述信干比门限的调节速度。在 W–CDMA 和 CDMA2000 系统中，上行信道采用开环、闭环和外环功率控制技术，下行信道则采用闭环和外环功率技术，但二者的闭环功率控制速度有所不同，前者为 1600 次/秒，后者为 800 次/秒。

9. 软切换技术

软切换技术是建立在 CDMA 系统宏分集接收基础上的一项新技术，它已成功应用于 IS–95/CDMA 系统，并被第三代移动系统所采纳。软切换技术是 IS–95A 系统引入的一个崭新的概念，除了技术实现上的改善外，它还给通信话音质量和系统容量等方面带来了突破。

软切换技术是相对于硬切换而言的，当硬切换发生时，因为原基站与新基站的载波频率不同，移动台必须在接收新基站的信号之前中断与原基站的通信。往往由于移动台在切断与原基站的链路后，不能立即得到与新基站之间的链路，因而会造成通信中断。另外，如果硬切换区域面积狭窄，还会出现新基站与原基站之间来回切换的"乒乓效应"，影响业务信道的传输。硬切换技术广泛应用于 FDMA 和 TDMA 系统中。

当移动台开始与一个新的基站联系时，并不立即中断与原来基站之间的通信，这种切换方式即为软切换。软切换技术仅能用于具有相同频率的 CDMA 信道之间。

软切换可使原小区和新小区在切换过渡中支持呼叫。切换过渡是从原小区先向 2 个小区的共用区过渡，然后再过渡到新小区。这样做不仅可以减少呼叫中断的可能性，而且使用户不易察觉切换。在这方面，模拟系统以及数字 TDMA 系统提供"先断开再连接"的切换功能，而 CDMA 系统可以提供"先连接再断开"的功能。

10. 同步技术

同步技术历来是数字通信系统中的关键技术，且直接影响着接收机对信号的接收。通信系统中的同步问题主要包括载波同步、定时同步和帧同步。通常情况下，在通信开始的初期，接收机首先需依次或同时完成载波同步和定时同步，以保证对发送的数字信号的正确判决接收，然后再利用通信协议中的有关规定，在接收信号中提取帧同步信息，实现收、发信机间信息的正确传送。对于扩频通信系统，其帧同步方法与其他窄带通信系统完全相同。下面主要阐述直接序列扩频通信系统的同步技术。CDMA 通信系统中的同步技术需解决以下三个问题：

（1）直接序列扩频通信系统首先在发送端用伪随机（PN）序列对发送信号进行频谱扩

展，再在接收端用与发送端相同且同步的伪随机序列对接收信号进行解扩。由于伪随机序列具有尖锐的自相关特性，因而对接收信号的解扩得以正常进行的先决条件是保证收、发信机间伪随机序列的定时误差小于 1 个码片的时间。

（2）与其他窄带通信系统中的情况相同，接收信号被解扩之后，需要对解扩后的信号进行周期性抽样，每个符号一个样点，以便对所传送的符号进行判决恢复，因而需保证收、发信机间定时的严格同步。

（3）由于 DS/SS 通信的信号带宽较宽，因而在实际应用中通常期望其可以容忍收、发信机间存在较大的频率误差，以降低对移动台中频率合成器的要求。另外，由于收、发信机间的相对运动，会在接收信号中造成多普勒频移（Doppler Frequency Shift），对直接序列扩频信号的解扩过程等效于对接收信号在符号时间内进行积分，因此当接收信号与本地载波间的频率误差与符号速率可比拟时，解扩输出信号的信噪比将严重下降。所以在对扩频信号进行解扩之前，需对该频率误差进行估计和补偿。对于相干接收系统，还需对接收信号中的载波相位进行精确估计。

这三个问题中的前两个问题是定时同步问题，而第三个问题则与载波同步有关。与上面三个问题相对应，直接序列扩频通信系统中的同步技术可分成以下三个方面：

（1）伪随机序列的捕获。它是指接收机获取伪随机序列的粗略同步，使收、发信机间伪随机序列的定时误差小于 δT_c，其中 T_c 为一个码元的时间，$|\delta| < 1$，通常取 $\delta = 1/2$。

（2）伪随机序列的定时跟踪。伪随机信号的捕获过程完成之后，接收机本地伪随机序列的定时误差被同步在几分之一码片时间内。在通信开始之后，应该进一步调整这一定时误差并使之趋于零。另外，由于存在收、发信机间的相对运动以及时钟的不稳定，对伪随机序列定时的校正工作要持续进行。

（3）载波同步。从解扩后的信号中获取载波频率误差和载波相位的精确估计，并在扩频信号解扩前或解扩后进行补偿。另外，由于直接序列扩频信号可使接收机对信道的多径分量进行分辨，因而 DS/SS 系统可以采用 RAKE 接收机，故而还需对适合 RAKE 接收机的载波同步方案进行研究。

上述问题是扩频通信系统中的关键技术，它们对系统的性能有很大的影响。

11. 无线网络技术

无线网络技术主要包括全 IP 网络技术、移动 IP、蜂窝 IP、无线局域网和移动自组网等技术。

现有的 GSM 的电路交换正在向支持 GRPS 的分组交换网过渡。3G 的应用和服务将在数据速率和带宽方面提出更多的要求，如果想满足高流量等级和不断变化的需求，唯一的办法是过渡到全 IP 网络，它将真正实现话音和数据的业务融合。移动 IP 的目标是将无线话音和无线数据综合到一个技术平台上传输，这一平台就是 IP 协议。未来的移动网络将实现全包交换，包括话音和数据都由 IP 包来承载，话音和数据的隔阂将消失。

全 IP 网络可节约成本，提高可扩展性、灵活性，并使网络运作更有效。全 IP 网络将支持 IM，解决 IP 地址的不足并实现移动 IP。IP 在移动通信中的引入，将改变移动通信的业务模式和服务方式。基于移动 IP 技术，可为用户快速、高效、方便地建立丰富的应用服务。这种以人为本的服务方式将会日益取代简单的话音或数据业务方式，不断在需求丰富的市场上拓展其应用。这一趋势将对传统的电信运营商产生巨大的冲击，单独从简单话音业务中追寻利润的空间会变得越来越小。与此同时，各种基于移动 IP 网络的应用型服务的市场会越来越大。

无线接入中的全 IP 技术可使电子工程师们梦寐以求的多媒体全球无线网络连接成为可能。基于全 IP 技术的新一代无线通信系统和 Internet 的结合，必将为用户提供高速、高质量的多媒体通信业务。

全 IP 无线网络技术目前还正处于发展之中，在网络拓扑结构、移动性管理、底层传输机制等方面都有大量的问题亟待研究。

移动 IP 是一种在全球因特网上提供移动功能的方案，它具有可扩展性、可靠性和安全性，可使节点在切换链路时仍保持正在进行的通信。特别值得一提的是，移动 IP 提供了一种 IP 路由机制，使移动节点可以使用一个永久的 IP 地址连接到任何链路上。移动 IP 是一个关于移动性的网络层解决方案。作为网络层协议，移动 IP 与运行在什么媒介上毫无关系。媒介指数据链路层和网络层下的物理层协议。移动 IP 既可运行在相同媒介的链路上，也可运行在不同媒介的链路上。

蜂窝 IP 是一个微移动性管理协议，用于处理小区间切换时的移动性能管理。蜂窝 IP 结合了蜂窝系统的一些重要特征，但仍然严格基于 IP 设计原则。蜂窝 IP 融合了蜂窝网络提供的能力（快速切换以及对激活和空闲状态的移动用户的有效位置管理）和 IP 网络固有的灵活性、健壮性和可扩展性。蜂窝 IP 既遵循了蜂窝系统的设计原则，又使用了 IP 协议，故称之为蜂窝 IP。它有三类控制包（即寻呼包、寻呼更新包和路由更新包）和两个缓存（即路由缓存和寻呼缓存，分别用于为寻呼和数据发送建立路径）。

传统的移动无线 Internet 接入方式通常以宽带有线接入网为支撑，无线用户只通过一"跳"（不需要在无线网中多次转接）就可以进入固定网络。在很多应用场合（如通信盲区、军事应用和抢险救灾环境等），无线网络没有固定的基础设施做支撑，移动用户的信息需要通过移动用户之间的多次中转才能到达目的用户，这种网络通常称为分布式或 Ad－Hoc 网络。

一般的无线网络需要一些固定的网络设施和集中的管理作为网络运行的先决条件。而所谓的 Ad－Hoc 无线网络是由无线节点的集合构成的，这些无线节点都是可移动的，无须提供任何网络设施和管理支持就可以动态地创建一个无线网络。Ad－Hoc 无线网络是自我创建、自我组织、自我管理的，由组成它的移动节点间的交互作用独立地形成网络，而且只有这些交互作用才能提供必要的控制管理功能。

由于 Ad－Hoc 无线网络是由多个移动节点通过多跳通信路径互连而组成的，与传统的无线网络不同，因此 Ad－Hoc 网络没有固定的网络体系结构和管理支持，每个节点都是对等的实体。当移动节点加入/离开网络时，或者在节点之间的无线链路不可用时，网络的拓扑结构会动态改变。其最关键的特征是所有节点都必须有作为路由器的功能。一个移动 Ad－Hoc 网络可以独立地由一组无线主机构成，而不需要任何现有的网络结构支持。

无线局域网（Wireless Local Area Networks，WLAN）是计算机网络与无线通信技术相结合的产物，是相当便利的数据传输系统。它利用射频技术，取代旧式的双绞铜线构成局域网，提供传统有线局域网的所有功能；网络所需的基础设施不需要再埋在地下或隐藏在墙里，而能够按需移动或变化。无线局域网利用简单的存取构架，让用户能通过它达到"信息随身化，便利走天下"的理想境界。

无线局域网是一种能支持较高数据传输速率（2～11 Mb/s），采用微蜂窝、微微蜂窝结构的自主管理的计算机局域网络。无线局域网技术大致可分为三类：窄频微波技术、扩频技术及红外线技术。每种技术皆有优缺点，目前扩频技术正成为主流。

12. 软件无线电技术

软件无线电技术是近几年来提出的一种实现无线通信的新概念和体制。它的核心是将宽带 A/D 和 D/A 变换器尽可能地靠近天线，而将电台功能尽可能地采用软件进行定义。软件无线电把硬件作为无线通信的基本平台，而把尽可能多的无线通信功能用软件来实现。这样无线通信系统就具有很好的通用性和灵活性，使系统互联和升级变得非常方便。因此，软件无线电将很可能成为继模拟通信到数字通信和固定通信到移动通信之后的无线通信领域的第三次突破。

软件无线电技术的主要思想是尽量把数字化处理从基带部分向射频部分扩展，从而可以灵活实现各种方式的无线接入并方便地升级。1997 年 5 月，Joe.M 提出了一种用特征矢量(N、PDA、HM、SFA)作为衡量软件无线电系统水平尺度的标准，矢量中每个参数的变化值为 0～3。其中，N 为空中接口所能支持的信道数；PDA 是可编程数字化接入；HM 是硬件的模块化程度；SFA 是软件模块化程度。通过以上参数的不同组合，可对软件无线电系统的水平进行划分。由于目前 A/D 变换器的性能、DSP 的处理速度等方面的限制，还无法在射频端进行数字化，因此在中频实现数字化是一个较妥当的方案。

7.5.6 后 3G 移动通信的关键技术

从技术的角度讲，后 3G 移动通信的关键技术要在 2G 和 3G 技术的基础上演进，因此 3G，特别是改进后的 3G 关键技术将会是后 3G 的重要技术。智能天线技术、软件无线电技术、联合检测、高效的无线资源管理技术、扩频编码技术在后 3G 中可以直接采用，而为了使后 3G 能支持高达 100 Mb/s 的最高传输速率，高速下行分组接入技术和 OFDM 技术得到了重视和应用。当然 4G 也必须能够实现全球无缝漫游，使网络具有非常高的灵活性，能自适应地进行资源分配，支持下一代 Internet(IPv6)。下面将简单介绍高速下行分组接入技术和 OFDM 技术。

1. 高速下行分组接入技术

3G 的上、下行业务将会呈现出很大的不对称性。对 FDD 来说，非常需要能有效地支持不对称业务的一种技术。因此必须在现有 3G 技术的基础上采用新技术。高速下行分组接入(HSDPA)技术可以实现 10.8 Mb/s 的高速下行数据业务。

HSDPA 技术是一种对多用户提供高速下行数据业务的技术。此技术特别适合于多媒体、Internet 等大量下载信息的业务。在传输较高速率的业务数据时，它通过在特定时隙中使用较高调制方式(8PSK、16QAM，甚至 64QAM)来进行传输。在 TD - SCDMA RTT 中，已经使用 8PSK 来传输 2 Mb/s 的业务。高通公司提出了 HDR 技术，在 CDMA2000 1X 中的某些时隙使用 16QAM 传输高速数据，在 1.25 MHz 的带宽下可传输 2 Mb/s 的数据。大量研究表明，采用若干新技术可使空中下行速率在 8 Mb/s 以上，若成功采用MIMO 等技术则在 20 Mb/s 以上。目前国际上对 HSDPA 技术的研究正在进行中，它是 3GPPWGI 组的一个研究热点，大量的技术提案基本上都集中在 AMC 和 MIMO 等几项技术上。

实际的无线信道具有两大特点：时变特性和衰落特性。时变特性是由终端、反射体、散射体之间的相对运动或者仅仅是由于传输媒介的细微变化引起的。因此，无线信道的信道容量也是一个时变的随机变量。要最大限度地利用信道容量，只有使发送速率也是一个随信道容量变化的量，也就是使编码调制方式具有自适应特性。自适应调制和编码（AMC）根据信道的情况确定当前信道的容量，根据容量确定合适的编码调制方式等，以便最大限度地发送信息，实现比较高的数据传输速率。

AMC 能提供可变化的调制编码方案（共 7 级调制方案），以满足每一个用户的信道质量要求，可提供高速率传输和高频谱利用率。解调高阶调制和需要的测量报告功能对用户终端（UE）提出了更高的要求。高阶调制另需一些如干扰消除器、更高的调制平衡器等新技术。

自适应编码调制根据系统的 C/I 测量或者相似的测量报告决定编码和调制的格式。编码一般采用 RCPT，调制可以采用 BIT/SK、QPSK 和一些高阶调制。RCPT 即速率适配凿孔 Turbo 码，通常与第二类 HARQ 技术或第三类 HARQ 技术结合使用。

高阶调制可以有效地提高系统的频谱效率，并且由于高阶调制星座图上点集的密度增加，因此在衰落信道中解调时对信道估计的要求也比较高，对同步的精度要求随着阶数的增加而提高，而且一般也需要提高接收机的解调门限。常见的高阶调制有 8PSK、16QAM、增强型 16QAM 和 64QAM。

HSDPA 提高下行数据速率的一种方法是采用多天线发射和多天线接收（MIMO）技术。MIMO 技术在基带处理部分需要使用多信道选择（MCS）功能来定义天线传播模型，根据用户业务请求等级的不同和信道质量情况配置不同的信道。如果基站有 M 个发射天线，UE 有 N 个接收天线，那么基站与 UE 之间的下行发射通道有 $M \times N$ 个。发射机和接收机之间天线配置的不同组合，可以满足不同数据速率的变化。MIMO 技术需要 UE 和 UTRAN 都采用多个天线收发机，对 UE 而言要求比较高；同时，由于采用的具体算法相当复杂，对处理机的处理能力和内存也有很高要求。此外，其他技术也对 W-CDMA 网络性能的提升提供帮助，如智能天线和多用户检测技术。前者能显著提高系统的容量和覆盖性能，提高频谱利用率，从而降低运营商成本；后者通过对多个用户信号进行联合检测技术，从而尽可能地减少多址干扰，以达到提高容量或覆盖的目的。

2. OFDM 技术

OFDM 技术并不是新生事物，它由多载波调制（MCM）发展而来。美国军方早在 20 世纪五六十年代就创建了世界上第一个 MCM 系统，在 1970 年衍生出采用大规模子载波和频率重叠技术的 OFDM 系统，但在以后相当长的一段时间内，OFDM 由理论迈向实践的脚步放慢了。由于 OFDM 的各个子载波之间相互正交，故采用 FFT 实现这种调制，但在实际应用中，实时傅里叶变换设备的复杂度、发射机和接收机振荡器的稳定性以及射频功率放大器的线性要求等都成为 OFDM 技术实现的制约因素。后来经过大量研究，MCM 终于在 20 世纪 80 年代获得了突破性进展，大规模集成电路使 FFT 技术的实现不再是难以逾越的障碍，一些其他难以实现的困难也都得到了解决，自此，OFDM 走上了通信的舞台，逐步迈入高速 Modem 和数字移动通信的领域。20 世纪 90 年代，OFDM 开始被欧洲国家和澳大利亚广泛用于广播信道的宽带数据通信、数字音频广播（DAB）、高清晰度数字电视（HDTV）和无线局域网领域。随着 DSP 芯片技术的发展以及格栅编码技术、软判决技术、信道自适应技术等成熟技术的应用，OFMD 技术的实现和完善指日可待。

OFDM 是一种特殊的多载波传送方案，单个用户的信息流被串/并变换为多个低速率码流(100 Hz～50 kHz)，每个码流都用一条载波发送。OFDM 弃用传统的采用带通滤波器来分隔子载波频谱的方式，改用跳频方式选用那些即便频谱混叠也能够保持正交的波形。因此，OFDM 既可以当作调制技术，也可以当作复用技术。OFDM 增强了抗频率选择性衰落和抗窄带干扰的能力。

OFDM 允许各载波间频率互相混叠，采用了基于载波频率正交的 FFT 调制，因为各个载波的中心频点处没有其他载波的频谱分量，所以能够实现各个载波的正交。OFDM 尽管还是频分复用，但已与过去的 FDMA 有了很大的不同，不再是通过很多带通滤波器来实现，而是直接在基带处理，这也是 OFDM 有别于其他系统的优点之一。OFDM 的接收机实际上是一组解调器，它将不同载波搬移至零频，然后在一个码元周期内积分；其他载波由于与所积分的信号正交，因此不会对这个积分结果产生影响。OFDM 的高数据速率与子载波的数量有关，增加子载波数目就能提高数据的传输速率。OFDM 的每个频带的调制方法可以不同，这增加了其系统的灵活性。OFDM 是适用于多用户的具有高灵活度、高利用率的通信系统。

总之，后 3G 移动通信系统可以提供完全融合的业务、多种多样的用户设备、无所不在的无线接入、高度自组织及自适应的网络。

7.6　第四代移动通信技术

移动通信(Mobile Communications)在不到 40 年的时间里，从第一代到第二代，到第三代，一直到第四代，其技术也经历了四代的演进。

第一代移动通信基于模拟幅度调制(Amplitude Modulation)与传统的铜线电话类似，资源按照固定频率划分，即采用频分多址(Frequency Division Multiple Access，FDMA)技术。

第二代移动通信采用数字调制，语音经过信源压缩成为数字信号，并加入信道编码进行纠错，而且运用功率控制，使得信道的传输效率大大提高，系统容量也有很大的提升。第二代移动通信主要的业务是语音通话，最典型的代表是欧盟国家主导制定的 GSM (Global System of Mobile Communications)标准。GSM 制式对无线资源进行时分多址(Time Division Multiple Access，TDMA)，每个用户占用的频带较窄，只有 200 kHz。

第三代移动通信有两大标准，即 CDMA 2000/EV - DO 和 UMTS/HSPA。在第三代移动通信中大规模应用了码分多址(Code Division Multiple Access，CDMA)技术，通过频率扩展，信道的抗干扰能力大大增强，从而提升了系统容量。系统容量的提高还在很大程度上得益于信道编码的突破，1993 年 Turbo Codes 的出现使信道链路性能逼近香农极限容量(Shannon Capacity)，因此迅速地在第三代移动通信中得到应用。第三代移动通信还有一套由中国主导的标准：TD - SCDMA(Time Division Synchronous CDMA)，属于 3GPP 标准的一部分。TD - SCDMA 在中国有大规模的部署。TD - SCDMA 的上下行共用一个频段，以时间划分，发射和接收不连续。由于共用频段，上下行传播信道有很强的互易性(Channel Reciprocity)，十分有利于实现波束赋形以提高系统容量。上行/下行公用频段无须成对频谱的要求，给运营商更大的部署自由，而且系统的上/下行时隙资源比例有多种选择，可以按照业务量的需求合理配置，从而增加整个系统的频谱利用率。第三代移动通信还包括一些没有被广泛采纳的技术，如朗讯贝尔实验室分出来的 Flarion 公司开发的 Flash – OFDM，是业界较早将正交频分复用（Orthogonal Frequency Division Multiplexing，OFDM）用于移动通信的技术，曾试图在 IEEE 国际通信组织进行标准化。Flash – OFDM 也可以看成是第四代移动通信的一个预演。

7.6.1　第四代移动通信的要求

第四代移动通信是全 Interact Protocol（IP）的系统，全部是分组交换业务（Packet Switched Service），语音全部通过 Voice over Interact Protocol（VoIP）技术进行传输，达到数据和语音的完全融合，实现大容量和高速数据业务的移动通信。无线网络的部署在第四代移动通信中体现出多样性，场景比以前的系统更加复杂，包括异构网，具有各自的独特性。因此，场景的定义、模型建立和参数设置成为对关键技术研究的重要部分。

以往移动通信系统和标准对系统性能的要求定得较为宽泛，偏重强调峰值速率，而对所占的频率资源以及用户的平均速率、小区边缘速率等指标并没有严格限定；部署场景也较单一，郊区宏站的室外用户是常见的场景。而第四代移动通信考虑了多种场景，对每一种场景的性能指标都有明确的要求。

7.6.2　第四代移动通信标准的发展

1. IEEE 802.16 家族

IEEE 早在 1999 年就已经成立了 802.16 工作组，负责制定固定无线接入空中接口标准的规范。随着 IEEE 802.16 开始转向制定支持移动特性的无线接入标准以及推动 IEEE 802.16 应用的 WiMAX 论坛的不断发展壮大，加之多个大公司的强力支持，IEEE 802.16 尤其是 IEEE 802.16e 技术引起了很大的关注。

无线城域网 802.16 最初用于提供点到点高速视距传输的无线链路，将 802.11a 无线接入"热点"连接到互联网，其工作频率为 10～60 GHz。之后进一步发展为一点到多点，非视距传输的宽带无线接入网 802.16a，可作为电缆调制解调器和 DSL 的补充，提供固定无线宽带接入，工作频率降低到 2～11 GHz。再后来完善成为 802.16d，现在进一步发展成为可以支持移动应用的 802.16e，工作频率降低到 2～6 GHz。

IEEE 802.16 工作组于 2009 年年底完成了 802.16m 标准的制定。其目标是形成一个具有竞争性和突破性的宽带无线接入技术，符合 ITU 对 4G 技术的要求，同时保持与移动 WiMAX 标准的互用性。802.16m 的传输速率目标为固定状态下达到 1 Gb/s，移动状态下达到 100 Mb/s，频谱利用率将最高达到 10（bit/s）/Hz，并将提高广播、多媒体以及 VoIP 业务的性能等。

2. 3GPP 努力发展 IP 业务

3GPP 和 3GPP2 都已认识到其系统提供互联网接入业务的局限性，试图在原来的体系框架内，首先在下行链路中采用分组接入技术，大幅度提高 IP 数据下载和流媒体速率。

3GPP 在 R6 中引入的高速分组上行链路接入（High Speed Uplink Packet Access，HSUPA）标准，使用与 IEEE 802.16d/e 相似的三项技术：自适应调制和编码（Adaptive

Modulation and Code，AMC)、混合快速自动重发(Hybrid Automatic Repeat Request，HARQ)和快速调度(采用时分多址＋码分多址)，以提高下行数据传输速率，适应突发型分组数据的要求。

快速调度实现多用户复用高速物理下行共享数据信道(High Speed Physical Downlink Share Channel，HS-PDSCH)，采用短帧，每2 ms一次调度分配信道资源给多个用户，以适应突发型分组数据，提供高的吞吐量。

与IEEE 802.16d/e中采用OFDMA不同，高速分组下行链路接入(High Speed Downlink Packet Access，HSDPA)通过码分复用将多个子信道复用结合在一起，构成下行数据通道。高速下行共享数据信道(High Speed Downlink Share Channel，HS-DSCH)子信道帧长度为2 ms，包含3个时隙。将HS-DSCH子信道映射到物理信道时采用扩谱技术，使用固定扩谱系数SF＝16得到物理子信道HS-PDSCH。15个扩谱的物理子信道HS-PDSCH通过码分复用结合在一起构成HS-DSCH。这样终端站是以码分和时分两种方式共享信道的。HSDPA和IEEE 802.16d/e在分组数据共享信道的原理是一样的，都是在子通道和时隙上进行规划和调度，但是IEEE 802.16d/e能够提供的子信道要多一些，调度也更灵活。

HSDPA也采用AMC，每2 ms进行一次信道质量测量，根据信道质量指数(CQI)决定采用的调制和编码方法。HSDPA可采用不同参数的QPSK和QAM调制。采用QPSK调制时一个物理子信道的传输速率为480 kb/s，采用64QAM调制时达到1440 kb/s，提高了3倍，而前述15个物理信道HS-PDSCH的码分复用相当于提高速率15倍，两者合计提高速率45倍。这只是一个粗略的估计，说明为什么在WCDMA框架内，采用快速调度和自适应调制编码可以提高数十倍速率，达到与IEEE 802.16d/e可以比较的水平。

HSDPA采用的另外一项关键技术是HARQ，其主要原理是：接收方在解码失败的情况下，保存接收到的数据，并要求发送方重传数据，接收方将重传的数据和先前接收到的数据在解码之前进行组合。HARQ技术可以提高系统性能，并可灵活地调整有效码元速率，还可以补偿由于采用链路适配所带来的误码。

在WCDMA R5中引入HSDPA技术后，UTRAN部分的结构基本不变，在Node B通过增加插卡，新增了MAC-hs功能块，并在物理层新增了三种新的物理信道：15个高速物理下行共享信道，一个高速共享控制信道，一组上行的高速专用物理控制信道。

HSDPA另外一项改进是将调度功能从基站控制器移到基站，这样可以减小时延。目前，3GPP组织对MIMO与高阶调制等技术在做进一步的研究，希望可以继续提高下行链路的数据速率。HSDPA实际使用的典型速率是：宏蜂窝为1～1.5 Mb/s，微蜂窝为4～6 Mb/s，微微蜂窝大于8 Mb/s。

在3GPP R6中引入的HSUPA将解决上行链路分组化问题，提高上行速率，进一步引入自适应波束成形和MIMO等天线阵处理技术，可以将下行峰值速率提高到30 Mb/s左右。HSDPA和HSUPA被称为3.5G技术，属于中期演化技术，受原体制束缚较大，性能不够理想。3GPP发现在HSDPA和ITU部署的B3G之间存在一个空档，这正是WiMAX的目标。在一段时间内的宽带无线接入市场上，HSDPA、HSUPA与WiMAX的竞争将处于劣势。为了提高3GPP在新兴的宽带无线接入市场的竞争力，摆脱Qualcomm的CDMA专利制约，需要发展LTE(Long Term Evolution)计划，以填补这一空白。其基本思想是采用过去为 B3G 或 4G 发展的技术来发展 LTE，使用 3G 频段占有宽带无线接入市场。

LTE 的标准化工作始于 2004 年，研究阶段持续至 2006 年。第一期标准的版本编号是 8(Release 8)，简称为版本 8，于 2008 年完成。由于 UMB 标准化工作的停止和 WiMAX 标准的边缘化，使更多的厂家和运营商加入了 LTE 标准的制定工作，参会人数和提案数有很大增加，逐渐成为世界上最主流的 4G 移动通信标准。版本编号为 8 的 LTE 的设计性能还不能完全达到 IMT - Advanced 的要求，所以从 2008 年起，3GPP 开始了对 LTE - Advanced 标准化的研究。作为一个重大的技术迈进，LTE - Advanced 标准的版本编号是 10（Release 10），其研究阶段持续至 2009 年底，协议的制定于 2011 年上半年结束。

TDD - LTE 尽管与通常的 FDD - LTE 相比有些独特之处，并且融入了 TD - SCDMA 的一些关键技术，但是 TDD - LTE 在标准化的制定和产业链的发展方面一直保持与 LTE/ LTE - Advanced 的步调总体一致，已经有机地成为 LTE 中的一部分。

WiMAX 发端于无线局域网，可以看成是 Wi-Fi 向广域移动通信的一个延伸，技术上仍然以低速移动终端为主要场景，但还带有相当多的 Wi-Fi 的技术痕迹。WiMAX 早在 2007 年就形成标准(IEEE 802.16 e)，时间上较 LTE 和 UMB 占有市场先机，起初 Sprint 等运营商计划广泛部署，但由于 Sprint 本身的经营状况不佳，再加上产业联盟过于松散，商业模式不够健全，WiMAX 目前主要由一些小的运营商在考虑部署，在未来相当长的时间里还会继续发展。在 2012 年的国际电信联盟大会上，LTE/LTE - Advanced(包括 TDD - LTE) 和 WiMAX(IEEE 802.16m)被认定为第四代移动通信的标准，纳入 IMT -Advanced，许可在全球范围内进行部署。

7.6.3 第四代移动通信的主要技术

第四代移动通信标准一方面继承了前几代移动通信中的一些经典技术；另一方面融入了前沿无线通信的研究突破。其中的经典技术主要包括在第三代移动通信中的 Turbo 信道编码、链路自适应、HARQ、多天线发射分集(Transmit Diversity)、VoIP 技术等。Turbo 信道编码使得单个链路的性能接近 Shannon(香农)界；链路自适应保证传输在任何时刻都采用与信道最匹配的速率；HARQ 和发射分集提高了传输的健壮性；VoIP 技术大大降低了高层协议和底层控制信令的开销。除了以上这些技术，第四代移动通信 LTE/LTE - Advanced 采用了如下几大类关键的空中接口技术，使得其系统的综合频谱效率、峰值速率、网络吞吐量、覆盖等有了一个较明显的跃进，不仅适用于宏站为主的同构网，而且在宏站/低功率节点所组成的异构网当中也起了巨大的作用。

1. OFDM/OFDMA/SC - FDMA

第四代移动通信的几大标准都采用了 OFDM，这体现了移动通信技术发展的必然性。首先，4G 的带宽要求在 20～100 MHz，远远超过 3G 的 1.2～5 MHz。大带宽意味着更精细的时间采样粒度和更多的多径分量。如果仍然采用 CDMA 在这样宽的频带传送高速数据，则会产生严重的多径之间干扰。尽管通过线性均衡器或是非线性的干扰消除手段可以降低多径干扰，但是其复杂度远远高于 3G 的情形，效果也不是很好。相反地，OFDM 将宽带划分成多个窄带(又称为子载波，Subcarrier)，每个子载波里的信道相对平坦，信号的解调无须复杂的均衡或干扰消除，大大降低了接收器的研发/生产成本。

低成本的 OFDM 接收器也降低了多天线接收器的复杂度，尤其对于大带宽系统，以前在工程上被认为难以实现的多天线技术成为可能。可以说，OFDM 的引入很大程度上促进了多天线技术在 LTE/LTE-Advanced 中的应用。

OFDM 往往跟 OFDMA（Orthogonal Frequency Division Multiple Access）一起使用。在 OFDMA 中，多个用户同时频分整个带宽。多径传播造成的信道频率选择（Frequency Selectivity）特性在 OFDMA 中反倒可以"变废为宝"，通过合理的频率选择调度，能提高系统的整体吞吐量。

除了 OFDM，在 LTE/LTE-Advanced 的上行引入了单载波频分多址（Single Carrier Frequency Division Multiple Access，SC-FDMA）技术，这一方面降低了终端发射信号的峰均比，另一方面也保持了从不同终端发来的信号之间的正交性。

2. 软件无线电

软件无线电的概念是由 MITRE 公司的美国人 JeeMitala 在 1992 年 5 月的美国电信会议上首次明确提出的。当时这个技术主要是为了解决美国军方不同军种之间由于通信装备不同而引起的通信不畅的问题，在后来则越来越多地引起了民用研究机构的广泛注意。它的出现是无线通信继从模拟到数字、从固定到移动后，从硬件到软件的第三次变革。

软件无线电的基本思想就是将硬件作为其通用的基本平台，尽可能将无线及个人通信的功能采用可编程软件来实现，形成一种多工作频段、多工作模式、多信号传输与处理的无线电系统。也可以说，它是一种用软件来实现物理层连接的无线通信方式。

软件无线电的核心技术是用宽频带的无线接收机来代替原来的窄带接收机，并将宽带的模拟/数字、数字/模拟变换器尽可能地靠近天线，从而使通信电台的功能尽可能多地采用可编程软件来实现。

软件无线电的优势主要体现在以下几个方面：

（1）系统结构通用，功能实现灵活，改进升级方便。

（2）提供了不同系统间互操作的可能性。软件无线电可以使移动终端适合各种类型的空中接口，可以在不同类型的业务间转换。

（3）由于通过软件实现系统的主要功能，因此更易于采用新的信号处理手段，从而提高了系统抗干扰的性能。

（4）拥有较强的跟踪新技术的能力。由于它能够在保证硬件平台的基本结构不发生变化的情况下，通过改变软件来实现新业务和使用新技术，因此大大降低了设备商新通信产品的开发成本和周期，同时也降低了运营商的投资。

但软件无线电的实现还需要克服以下三个技术难点：

（1）多频段无线的设计。软件无线电的天线需要覆盖多个频段，以满足多信道不同方式同时通信的需求，而由于射频频率和传播条件的不同，使得各频段对天线的要求存在着较大的差异，因此多频段天线的设计成为软件无线电技术实现的难点之一。

（2）宽带 A/D、D/A 转换。根据奈奎斯特抽样定理，要从抽样信号中无失真地恢复原信号，抽样频率应大于 2 倍信号最高频率。而目前 A/D、D/A 的最高采样频率受到其性能的限制，从而也限制了所能处理的已调信号频率。

（3）高速 DSP 数字信号处理器。高速 DSP 芯片主要完成各种波形的调制解调和编解码过程，它需要有更多的运算资源和更高的运算速度来处理经宽带 A/D、D/A 变换后的高速数据流，因此其芯片有待进一步研发。

3. 智能天线和 MIMO 技术

早在 1901 年，马可尼就提出用多输入多输出（Multiple Input Multiple Output，MIMO）方法来抗衰落。20 世纪 70 年代，有人提出将 MIMO 技术用于通信系统，但是对移动通信系统 MIMO 技术产生巨大推动的奠基工作则是在 20 世纪 90 年代由 AT&T 贝尔实验室学者完成的。

MIMO 技术是无线通信领域智能天线技术的重大突破，该技术能在不增加带宽的情况下成倍地提高通信系统的容量和频谱利用率。普遍认为，MIMO 将是新一代无线通信系统必须采用的关键技术。根据收、发两端天线数量，相对于普通的 SISO（Single Input Single Output）系统来说，MIMO 还可以包括单输入多输出（Single Input Multiple Output，SIMO）系统和多输入单输出（Multiple Input Single Output，MISO）系统。

一般来说，MIMO 主要运行在两种模式下：分集模式（Diversity Mode）和空分复用模式（Spatial Multiplexing Mode）。

分集模式的主要原理是：多个天线分别产生不同信号，无线信号在复杂无线信道中传播会产生多径瑞利衰落，在不同空间位置上其衰落特性是不同的，因此不同的天线接收的信号也各不相同。信号发射端、接收端或者两端同时都可以采用分集模式。如果两个位置相隔较远（如 10 个无线信号波长以上），就可以认为两处的信号是完全不相关的。利用这个特点，可以实现信号空间分集接收。空间分集一般用两副相距较远（如 10 个波长以上）的天线同时接收信号，然后在基带处理中把两路信号合并。根据两路信号的信号质量，合并的方法可分为选择合并、开关合并、等增益合并和最大比合并。

分集发射（Transmit Diversity）是一种更复杂的技术，发射端需要确认接收端的优先级，然后提供最优的传输路径。最简单的实现思路是在选择之前已经成功完成了信号收发的路径，在此基础上，通过在多个天线上传输信号，从而提供"备份线路"来传输，使得路径更加稳定。在这种情况下，同样的信息必须首先转换为不同的 RF 信号以避免相互干扰。复杂的信号变换技术需要接收端采用相应的"反变换"算法。

分集模式最大化了无线范围和覆盖范围，它通过寻找较高质量的通路来提升网络的吞吐量，也能降低产生错包和重发的概率。一般来说，所使用的非关联天线的数量、分集次序同性能的关系大致是对数的关系。

空分复用模式的主要原理是：在室内，电磁环境较为复杂，多径效应、频率选择性衰落和其他干扰源的存在使实现无线信道的高速数据传输比有线信道困难。通常多径效应会引起衰落，被视为有害因素。

MIMO 的多输入多输出是针对多径无线信道来说的。传输信息流 $s(k)$ 经过空时编码形成 N 个信息子流 $c_i(k)$，$i=1,\cdots,N$。这 N 个信息子流由 N 个天线发射出去，经空间信道后由 M 个接收天线接收。多天线接收机利用先进的空时编码处理，支持相应的逆行复用算法来恢复原始的信息流，从而实现最佳的处理。在理想的多路环境中，空分复用可以线性地提升单一频道的容量，天线数量越多，频道容量越高。

N 个信息子流同时发送到信道，各发射信号占用同一频带，因而并不增加带宽。若各发射接收天线间的通道响应独立，则 MIMO 系统可以创造多个并行空间信道。通过这并行空间信道独立地传输信息，使得数据传输率得以提高。

空分复用模式需要非相关多路径。因为在不同空间位置上，其衰落特性是不同的。如果两个位置相隔较远(如 10 个无线信号波长以上)，则可以认为两处的信号是完全不相关的。由于多径衰减是随着运动时刻变换着的，因此无法确定能否找到不相关路径。在低信号噪声比(Signal to Noise Ratio，SNR)环境中，距离、噪声衰减导致信号很弱，空分复用模式不能很好地工作。当空分复用模式不可用时，MIMO 系统将会恢复到分集模式。

MIMO 将多径无线信道与发射、接收视为一个整体进行优化，从而实现高的通信容量和频谱利用率。这是一种近于最优的空域时域联合的分集和干扰对消处理方法。因此，MIMO 技术对于提高无线局域网的容量具有极大的潜力。

随着无线通信技术的飞速发展，人们对无线局域网性能和数据速率的要求也越来越高。理论上，作为高速无线局域网核心的 OFDM 技术，适当选择各载波的带宽和采用纠错编码技术可以完全消除多径衰落对系统的影响。因此，如果没有功率和带宽的限制，则可以用 OFDM 技术实现任何传输速率。而采用其他技术时，当数据速率增加到某一数值，信道的频率选择性衰落会占据主导地位，此时无论怎样增加发射功率也无济于事。这正是OFDM 技术适用于高速无线局域网的原因。实际上，为了进一步增加系统的容量，提高系统传输速率，使用多载波调制技术的无线局域网需要增加载波的数量，这会增加系统复杂度，增大系统带宽，对目前带宽受限和功率受限的无线局域网系统不太适合。而 MIMO 技术能在不增加带宽的情况下成倍地提高通信系统的容量和频率利用率。因此，将 MIMO 技术与 OFDM 技术相结合是下一代无线局域网发展的趋势。研究表明，在瑞利衰落信道环境下，OFDM 系统非常适合使用 MIMO 技术来提高容量。

4. CoMP 技术

协调多点传输与接收(Coordinated Multiple Points transmission/Reception，CoMP)是指地理位置上分离的多个传输点，利用多个具有共同特点的相同技术或者不同技术，协同参与为一个终端的数据传输和/或接收一个终端发送的数据，从而增强系统性能和终端用户的感知。

在蜂窝部署中，来自相邻小区的干扰会降低系统的性能和客户的体验。CoMP 技术的基本原理是减少小区边缘的特定干扰。准确地说，使用 CoMP 技术的目的是在高数据传输率、高小区边缘吞吐量和高系统吞吐量的条件下增加覆盖范围，提高小区边缘的性能。

实施 CoMP 技术的复杂性在于网络侧，使用被称为"合作基站"的技术，可动态协调调度和传输，包括联合处理接收信号、联合处理发送信号等。联合接收是指在多个站点接收的信号被联合起来，通过优化的分散处理和/或统一处理机制，从而得到更好的接收性能。例如，最大比合并与干扰抑制合并，就是可以被用来合并多个点上的上行接收信号的实例之一。联合发送是指数据从多个站点联合起来发送到一个终端。因此，这不仅降低了干扰，还可以增大接收功率。

无线系统是个时滞系统。联合发送/联合接收说透了，就是尽最大可能避免在发送/接收的环节上造成信息的积压和时间的浪费，实现用户的最小时间等待，甚至"零"等待，是"无线人"的梦想。但这一梦想将对通信链路上的各网络节点、性能各异的接收/发射天线等的低时延提出了更高的要求。

5. 载波聚合

提高系统和用户吞吐量的最直接的途径是使用更多的频率资源。LTE 终端需要支持 20 MHz 带宽，而 IMT - Advanced 鼓励带宽延展至 100 MHz。理论上，如果能用一个超长快速傅里叶变换(FFT)来处理 100 MHz 信号，那么 LTE 的标准就可以直接照搬过来。但实际情况更为复杂。首先，对于多数运营商，它们拥有的频谱并不连续，尤其超过 20 MHz 的整块频谱十分少见。不少运营商曾经或是还在经营 2G 和 3G 的网络，占用的资源碎片化，高的可达 2.6 GHz，低的可达 450 MHz。所以在这种情形下，需要一套新的技术来有效地将零散频谱聚合起来使用。频谱聚合的另外一个重要考虑是小区间的干扰协调。该基本思想在 GSM 时代就采用过——相邻小区的频率不一样，但那时的频率设置是静态的，一旦网络部署完毕就固定不变。而频谱聚合中的终端所采用的频谱组合是可以根据实际的干扰情况合理调整的，频率的跨度也远比 GSM 情形的要大。如何支持异频下的小区间干扰，包括异构网的情形，成为载波聚合(Carrier Aggregation)设计考虑的一个重要因素。

载波聚合对射频器件的影响很大，功率放大、滤波器设计等都要引入新的设计以满足性能要求。所以很多的标准化工作涉及射频/基带性能指标的制定，而射频器件等的工程实现水平也是载波聚合标准的研究和制定的重要考虑因素。

6. 天线中继

无线中继(Relay)是一种特殊的异构网节点，与其他类型的低功率节点不同，中继与宏站的连接用无线回传(Wireless Backhaul)，这样就大大地增加了节点部署的灵活性。无线回传也可以通过微波进行点对点发送，但是微波回传需要视距传播条件，再加上易受雨雪天气的影响，部署很受限制。LTE - Advanced 所研究的中继是通过解码转发(Decode and Forward)方式传输的。不同于传统的直放站(Repeater)，中继依靠解码再传输，从而提高目的地接收器的信干噪比，提升系统容量。

中继的研究重点是带内(Inband)传输，即回传链路与其他链路采用同样的频率。带内中继的优点是频谱的花费少，不需要为另一个载波配备一套单独的射频线路，在频谱利用率和设备投入方面比较经济。但是，除非中继节点的收/发器件有足够的隔离，带内中继一般只能工作在半双工模式，也就是回传链路和接入链路时分整个资源，在任何一个时刻只有一条链路在传输。

LTE - Advanced 中继的研究阶段定义了两种类型中继：类型 1(Type 1 relay)和类型 2 (Type 2 relay)。前者相当于一个独立的低功率基站，主要用于覆盖增强，而后者属于协同类中继，适于容量提升。其中，类型 1 中继在版本 10(Release 10)形成标准。因为类型 1 中继必须能与 LTE Release 8 的终端兼容，其标准化的重点在无线回传链路，包括下行物理控制信道(R - PDCCH)设计和回传子帧的配置。

7. ePDCCH

ePDCCH 是指加强的下行物理控制信道，旨在提高控制信道的频谱效率。随着异构网、多用户 MIMO 和 CoMP 等技术的迅速发展，下行控制信道越来越成为系统容量的瓶颈。另外，同频异构网的研究表明小区间下行物理控制信道(PDCCH)的干扰问题比下行物理共享信道（PDSCH）的干扰更难解决，即使采用几乎空白子帧，小区公共参考信号仍然会对 PDCCH 造成严重的干扰。

与 PDSCH 传输模式的不断升级形成鲜明对比，版本 8 的 PDCCH 到版本 10 一直没有较大的改进，其主要的设计思想依旧是干扰随机化和接收的可靠性，解调仍然是依赖于小区公共参考信号。从技术的角度来看，R-PDCCH 突破了版本 8 的设计思想，R-PDCCH 的研究为 ePDCCH 提供了宝贵的参考，两者之间有一定的承接关系。ePDCCH 带有 PDSCH 和非交织的 R-PDCCH 的一些特征，如采用解调参考信号（DMRS）做解调，允许只占用部分频率资源，可以利用预编码/波束赋形、频率选择调度、频域上的干扰协调等手段增加控制信道的容量。

8. 云计算

云计算是一种 IT 资源的使用模式，将计算任务分布在大量计算资源构成的资源池上，使用户能够按需获取计算力、存储空间和信息服务。资源池就是一些可以自我维护和管理的虚拟计算资源，通常是一些大型服务器集群，包括计算服务器、存储服务器和网络资源等。云计算的特点如下：

（1）超大规模。"云"具有相当的规模，少则几万台到几十万台，多则几百万台到几千万台。

（2）虚拟化。云计算支持用户在任意位置、使用各种终端（如笔记本、PDA、智能手机等）获取服务。

（3）高可靠性。"云"使用了数据多副本容错、计算节点同构可互换等措施来保障服务的高可靠性。

（4）通用性。云计算不针对特定的应用，在"云"的支撑下可以构造出千变万化的应用。

（5）高可扩展性。"云"的规模可以动态伸缩，满足用户和应用规模增长的需要。

（6）按需服务。"云"是一个庞大的资源池，用户按需购买，像自来水、煤气和电那样使用和计费。

（7）极其廉价。"云"的特殊容错机制，使得可以购买廉价的节点来构成"云"。"云"的自动化管理机制使得其管理成本大大降低；"云"的公用性和通用性使得资源的利用率得到大幅度提升。

云计算是对计算资源的统一管理和按需使用，而 VPN 技术是对线路资源的统一管理和按需使用。所以，从理解的角度看，云计算与 VPN 技术有相似之处。

7.7　第五代移动通信技术

第五代移动通信系统又称为 5G 移动网络，它在已经普及的 4G 移动通信系统的基础上全方位地提升技术水平，可使用户获得更快速、更稳定的通信体验，从而实现商用目的。与 4G 相比，5G 具有更高的速率、更宽的带宽、更高的可靠性、更低的时延等，能够满足未来虚拟现实、超高清视频、智能制造、自动驾驶等应用需求。

1. 5G 发展现状

当前，各国通信行业均将 5G 技术当作研发重点。中国移动通信技术虽然起步晚，但在 5G 的研发上正逐渐成为全球的领跑者。在第一代移动通信系统(1G)、第二代移动通信系统(2G)的发展过程中，中国主要以应用为主，处于引进、跟随、模仿阶段。从 3G 开始，中国初步融入国际发展潮流。例如，大唐集团和西门子公司共同研发的 TD－SCDMA 技术成为全球三大标准之一。在 4G 时期，中国自主研发的 TD－LTE 系统成为全球 4G 的主流标准。面对即将到来的 5G 时代，中国政府、企业、科研机构等各方高度重视其前沿布局，力争在全球 5G 标准的制定上掌握话语权。中国 5G 标准化研究工作提案在 2016 世界电信标准化全会(WTSA16)第 6 次全会上已经获得批准并形成决议，这说明中国 5G 技术研发已走在全球前列。

在政府层面，顶层前沿布局已逐步展开，明确了 5G 技术的突破方向。

（1）中国从国家宏观层面明确了未来 5G 的发展目标和方向。

《中国制造 2025》提出要全面突破 5G 技术，突破"未来网络"核心技术和体系架构；《"十三五"规划纲要》提出要积极推进 5G 发展，布局未来网络架构，到 2020 年启动 5G 商用。2013 年，工信部、发改委和科技部组织成立 IMT－2020(5G)推进组（以下简称推进组）。推进组负责协调推进 5G 技术研发试验工作，与欧、美、日、韩等国家建立 5G 交流与合作机制，推动全球 5G 的标准化及产业化。推进组陆续发布了《5G 愿景与需求白皮书》《5G 概念白皮书》等研究成果，明确了 5G 的技术场景、潜在技术、关键性能指标等，部分指标已被 1TU 纳入制定的 5G 需求报告中。

（2）依托国家重大专项等方式，积极组织并推动 5G 核心技术的突破。

国家"973"计划早在 2011 年就开始布局下一代移动通信系统。2014 年，国家"863"计划启动了"实施 5G 移动通信系统先期研究"重大项目，围绕 5G 核心关键性技术，先后部署设立了 11 个子课题。

在企业层面，国内领军企业已赢得先发优势。华为、中兴、大唐等国内领军通信设备企业高度重视对 5G 技术的标准制定和业务应用，并已获得业界认可。例如中兴早在 2014 年中国移动深圳全球 TLTE3D/Massive MIMO 基的预商用测试，2016 年开始大规模部署，在全球建设了 10 个商用网络；大唐在 2011 年启动 5G 的预研，2013 年提出 5G 关键能力指标和取值，被 TTU 纳入 5G 愿景和框架建议书的技术指标中。此外，中国移动等电信运营商也积极布局未来 5G 产业。例如，中国移动发布《中国移动愿景 2020＋白皮书》，希望与各方一起，实现"连接无限可能"的愿景；华为已经在 5G 新空口技术、组网架构、虚拟化接入技术和新射频技术等方面取得了重大突破。2016 年 11 月 19 日，在美国内华达州里诺召开的 3GPP RAN187 次会议上，国际移动通信标准化组织 3GPP 确定了华为 polar 码方案成为 5G 国际标准码方案。虽然这只是 5G 标准的初级阶段，但极大地提升了我国 5G 标准研发的信心。

2．1G 到 5G 的演进

5G 具有以下特点：

（1）高速率。5G 的网络传输速率是 4G 的 10 倍以上。在 5G 网络环境比较好的情况下，1 GB 文件只需 1～3 s 就能下载完成。

（2）低时延。5G 的网络时延已达到毫秒级，仅为 4G 的 1/10。

（3）大容量。5G 网络容量更大，即使 50 个用户在一个地方同时上网，也能有 100 Mb/s 以上的速率。

　　5G 网络保持了稳定、高速、可靠的特性。在标准制定方面，无论是网络切片、边缘计算，还是网络功能虚拟化，都考虑了上述三个特性。

　　从 1G 到 5G 的演进可以看出，移动通信的发展历程如下：

　　(1) 起始/部署时间：1970/1980→1980/1990→1990/2000→2000/2010→2015/2020。

　　(2) 理论下载速度(峰值)：2 kb/s→384 kb/s→21 Mb/s→1 Gb/s→10 Gb/s。

　　(3) 无线网往返时延：N/A→600 ms→200 ms→10 ms→≤1 ms。

　　(4) 单用产体验速率：N/A→N/A→440 kb/s→10 Mb/s→100 Mb/s。

　　(5) 标准：AMPS→TDMACDMS/GSM/EDGE/GPRS/1xRTT→WCDMA/CDMA2000/TD-SCDMA→FDD-LTE/TD-LTE/WiMAX→5GNR。

　　(6) 支持服务：模拟通信(语音)→数字通信(语音、短信、全 IP 包交换)→高质量数字通信(音频、短信、网络数据)→高速数字通信(VoLTE、高速网络数据)→eMBB、mMTC、uRLLC。

　　(7) 多址方式：FDMA→TDMA/CDMA→CDMA→OFDM→F-OFDM/FBMC/PDMA/SCMA。

　　(8) 信道编码：N/A→Turbo→Turbo→Turbo→LDPC/Polar。

　　(9) 核心网：PSTN(公共交换电话网)→PSTN(公共交换电话网)→PS - CS Core(包-电路交换核心网)→EPC(全 IP 分组网)→5GC(虚拟化、网络切片、边缘计算)。

　　(10) 天线技术：全向天线→60°/90°/120°定向天线→±45°双极化、多频段天线→MIMO 天线→Massive MIMO 天线(16T16R 以上)。

　　(11) 单载波：NA→200 kHz→5 MHz→20 MHz→根据场景可变(10~200 MHz)。

　　(12) 数字调制技术(最高)：NA→GMSK/8PSK/16QAN→32QAM→256QAM→1024QAM。

　　5G 网络端到端的技术特征如图 7-31 所示。自下而上依次是新终端、新无线网、新传

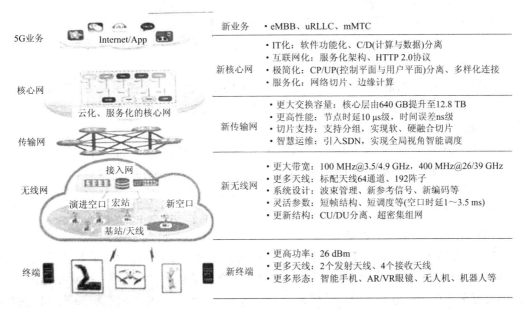

图 7-31　5G 网络端到端的技术特征

输网、新核心网、新业务，网络端到端技术都有不同程度的创新和发展。

5G 网络关键能力指标包括用户体验速率、峰值速率、流量密度、连接密度、时延、移动速度、频谱效率和能耗效率，如表 7－5 所示。

表 7－5　5G 网络关键能力指标

能力指标	ITU－T 目标值	实现技术
用户体验速率	100 Mb/s～1 Gb/s	用户随时随地体验，挑战大
峰值速率	10～20 Gb/s	大带宽、多流传输、高阶调制
流量密度	每平方千米 10 Tb/s	超密集组网、站间协作
连接密度	每平方千米 100 万个连接	物联网、非正交多址、免调度等
时延	1 ms 空口	帧结构、编解码、重传机制、网络架构
移动速度	500 km/h	主要采用低频段
频谱效率	3～5 倍	大规模天线、非正交多址
能耗效率	100 倍	传输技术、芯片技术、组网方案

3. 5G 核心网的关键技术

5G 核心网的关键技术包括服务化架构（Service-Based Architecture，SBA）、网络切片、CP/UP（控制平面与用户平面）分离及边缘计算。SBA 的好处是灵活方便，规避了传统网元各模块之间复杂的互操作，提高了功能的重用性，简化了业务流程；网络切片能为不同用户、不同行业、不同业务提供隔离的、功能定制的网络服务，是一个提供特定网络能力和可定制端到端的逻辑网络；CP/UP 分离继承自 4G CUPS 架构，4G 用户平面为 SGW-U 和 PGW-U，而 5G 用户平面被归一化为 UPF；边缘计算通过将应用程序托管从集中部署式数据中心向网络边缘下沉，实现数据在本地高效率转发，减轻核心网的压力。

1）5G 核心网的网络架构

（1）5G 核心网网络架构的呈现方式。

5G 核心网采用控制转发分离架构，同时独立进行移动性管理和会话管理，用户面上去除承载概念，QoS 参数直接作用于会话中的不同流。

通过不同的用户面网元可同时建立多个不同的会话并由多个控制面网元同时管理，实现本地分流和远端流量的并行操作。5G 核心网以两种架构呈现，即参考点架构方式和服务化架构方式，如图 7－32 所示。

服务化架构是在控制面采用具有 API 能力的开放形式进行信令的传输，在传统的信令流程中，很多消息在不同的流程中都会出现，将相同或相似的消息提取出来以 API 能力调用的形式封装起来，供其他网元进行访问，服务化架构将摒弃隧道建立的模式，倾向于采用 HTTP 协议完成信令交互。

（2）5G 核心网的状态模型。

5G 核心网借鉴 IT 系统服务化和微服务化架构的成功经验，通过模块化实现网络功能间的解耦和整合，解耦后的网络功能可独立扩容、独立演进、按需部署；控制面所有 NF 之间的交互采用服务化接口，同一种服务可以被多种 NF 调用，从而降低了 NF 之间接口的耦合度，可最终实现整网功能的按需定制，灵活支持不同的业务场景和需求。

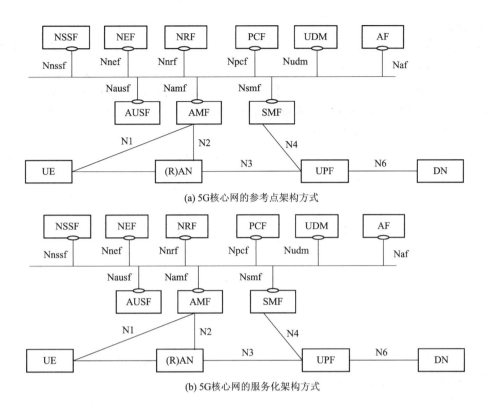

(a) 5G核心网的参考点架构方式

(b) 5G核心网的服务化架构方式

图 7 - 32 5G 核心网网络架构的呈现方式

5G 核心网定义了两种状态模型，即注册管理模型和连接管理模型。

① 注册管理模型。

5G 核心网定义了两种注册管理状态，用于反映 UE（User Equipment ）与 AMF（Access and Mobile Management Function，接入和移动管理功能）间的注册管理状态。UE 的不同接入（如 3GPP 和 Non-3GPP（非 3GPP））有不同的注册管理上下文。

AMF 给 UE 分配的 RM 上下文包括：一个在 3GPP 和 Non-3GPP 之间共用的临时身份标识，该临时身份标识是全球唯一的；每种接入类型（3GPP 和非 3GPP）各自的注册状态；每种接入类型的注册区域（RA）；3GPP 的周期性注册计时器（Non-3GPP 不需要周期性注册计时器）；Non-3GPP 的隐式注册定时器。

3GPP 和非 3GPP 的注册区域是独立的，在同一 PLMN 或者 equivalent PLMN 中，后续注册的接入侧继续使用前一注册的接入侧使用的临时标识，UE 可以通过 3GPP 触发处在 IDLE 态的非 3GPP 的注册。注册管理状态如图 7 - 33 所示。

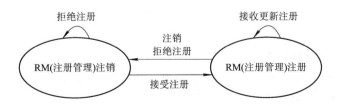

图 7 - 33 注册管理状态

② 连接管理模型。

5G 核心网定义以下两种连接管理状态，用于在 UE 和 AMF 间通过 N1 接口实现信令连接的建立与释放。

空闲态：UE 与 AMF 间不存在 N1 接口的 NAS 信令连接，不存在 UE N2 和 N3 连接。UE 可执行小区选择、小区重选和 PLMN 选择。空闲态应能对非 MO-only 模式的 UE 发起寻呼，执行网络发起的业务请求过程。

连接态：UE 所属的 AN 和 AMF 间的 N2 连接建立后，网络进入连接态，此时连接管理控制平面如图 7-34 所示。

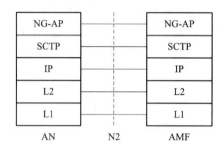

图 7-34 5G 核心网 AN 和 AMF 之间的控制平面

2）5G 核心网的关键技术

（1）5G 核心网的 QoS 机制。

5G 核心网的 QoS 参数分为 A-Type 和 B-Type 两种。A-Type 为预设值，B-Type 是实时下发的，其可选功能和 Reflective QoS 由核心网决定是否激活。B-Type 由 UE 产生，可通过用户面和信令面传给 UE。在用户面，SMF 发给 UPF（User Plane Function，用户平面功能），UPF 在 N3 接口消息中加入 RQI（QoS Indicator），然后发给 RAN，再发给 UE；在信令面，SMF（Session Management Function，会话管理功能）通过 N1 信令直接发给 UE，UE 收到后生成衍生的 QoS 规则，并把上行数据和 QoS 流进行映射，对上行流也进行 QoS 处理。衍生规则包括 Packet filter、QFI、优先值。

5G 核心网的 QoS 是基于 QoS 流（QoS Flow）的框架，QoS Flow 是 5G 核心网 QoS 控制的最小粒度。5G 系统中采用 QoS Flow ID（QFI）来标识 QoS 流。一个 PDU 会话中的 QFI 保持唯一，具有相同 QFI 的用户面业务流采用相同的转发处理方式。

QFI 封装在 N3 接口报头内，可以用于不同类型的净荷，如 IP 数据包、非 IP 数据包和以太网帧。RAN 可以根据策略，让多个 QoS Flow 共用 1 个 DRB，比如 GBR QoS Flow 使用一个 DRB，Non-GBR QoS Flow 使用一个 DRB。5G 核心网的 QoS 机制原理图如图 7-35 所示。

5G 核心网的 Reflective QoS 机制是指 UE 侧根据下行数据包推演出上行数据的 QoS 规则，无须 SMF 通过 NAS 提供上行 QoS 规则。5G 核心网的 Reflective QoS 机制主要体现在控制机制和退出机制两个方面。

① 控制机制。

控制机制分为控制面和用户面两个方面。

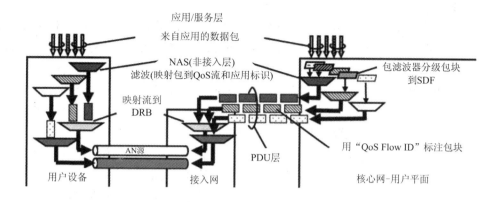

图 7 - 35 5G 核心网的 QoS 机制原理图

在控制面，当 SMF 确定激活 Reflective QoS 机制时，SMF（Session Management Function，会话管理功能）发送包含 RQI 的 SDF QoS 控制信息给 UPF，并发送包含 RQA 的 QoS profile 给 AN。

在用户面，当 UPF 接收 SDF 对应的数据包时，在数据包的隧道中包含 RQI；AN 根据数据的 RQI 设置空口数据包头包含 RQI；UE 接收到包含 RQI 的数据，确定本地无对应数据的上行 QoS 规则，则生成一个 UE derived 的 QoS 规则，并启动一个定时器。

若确定本地有对应数据的上行 QoS 规则，则重启定时器。定时器超期时，删除 UE derived 的 QoS 规则。如果本地有对应数据的上行 QoS 规则，但下行数据的 QFI 不同，则 UE 更新 QoS 规则对应的 QFI。

② 退出机制。

退出机制也分为控制面和用户面两个方面。

在控制面，当 5GC 决定不再对某 SDF 使用 Reflective QoS 时，SMF 通过 N4 接口移除提供给 UPF 的与 SDF 相应的 RQIO；在用户面，当 UPF 接收到此 SDF 的指令时，UPF 不再在 N3 参考点的报文头中设置 RQI，UPF 将在一定时间内（运营商可配）在最初授权的 QoS Flow 上继续接收该 SDF 的 UL 业务。

（2）5G 核心网的网络切片技术。

网络切片将一个物理网络分成多个虚拟的逻辑网络，每一个虚拟网络对应不同的应用场景。网络切片可以在通用的物理基础设施（包含外部用户）上提供具有不同特性和弹性能力的定制化网络。

网络切片分为公共部分和独立部分。公共部分是可以共用的功能，一般包括签约信息、鉴权、策略等相关功能模块。独立部分是每个切片按需定制的功能，一般包括会话管理、移动性管理等相关功能模块。

为了能够正确地选择网络切片，3GPP 协议中引入了 S-NSSAI（Single Network Slice Selection Assistance Information，单一网络切片选择辅助信息）标识。S-NSSAI 包括：

① 切片/服务类型（Slice/Service Type，SST）：指的是在功能和服务方面的预期网络切片行为。

② 切片差分器（Slice Differentiator，SD）：这是可选信息，用于区分相同切片/服务类

型的多个网络切片。

在不同的网络切片中，可以根据不同的应用类型灵活、动态地定义与之相匹配的网络能力。这样不仅可以提升应用的体验，适配应用的快速创新，也可以通过减少不必要的能力降低网络的成本和复杂度。

③ 网络隔离和 SLA 保障：通过资源隔离生成网络切片以向租户提供 SLA 保障的专有网络，实现新商业模式的关键因素。切片是端到端网络，包括无线接入网（Radio Access Network，RAN）、传输网和核心网，其需要跨域的切片管理系统。

切片需要实现资源隔离、安全隔离和 OAM 隔离，不同域可以采用不同的技术，如 CN 采用虚拟化技术，此外切片是可以定制的，目前 R15 只定义了增强移动带宽（Enhanced Mobile Broadband，eMBB）。网络切片有利于运营商按垂直行业的需求对网络进行定制，从而优化网络性能。

5G 支持端到端网络切片，包括无线接入网络、核心网控制面、核心网用户面，不同网络切片的网络功能可共享，典型的共享包括基站共享（Slice A&B&C）、控制面功能共享（如 AMF 共享（Slice A&B）），核心网用户面功能不共享。

UE 可同时接入共享 AMF 的多个网络切片（Slice A&B），如 UE 最多可同时接入 8 个切片，目前只定义了三种类型的网络切片，即 eMBB、uRLLC、MLoT。5G 核心网网络切片的架构图如图 7-36 所示。

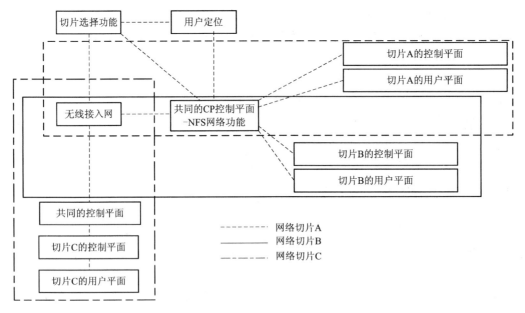

图 7-36　5G 核心网网络切片的架构图

切片功能相当于虚拟专用网络（Virtual Private Network，VPN），但是比 VPN 灵活，如 VPN 不管怎么设置，还是需要满足一整套的 Internet 协议，而切片可以只包括部分 Internet 协议，不用的可以不要，其需求可以定制，可以共享。

（3）5G 核心网的边缘计算技术。

边缘计算，也称 Edge Computing（EC），边缘计算技术使得运营商和第三方业务能够部署在靠近 UE 附着的接入点，因而能降低端到端时延和传输网的负载，实现高效的业务交付。

5G 核心网支持边缘计算的能力包括：本地路由即 5G 核心网选择 UPF 引导用户流量到本地数据网络；流量加速即 5G 核心网选择需引导至本地数据网络中应用功能的业务流量；支持会话和业务连续性，支持 QoS 与计费；EC 服务兼容移动性限制要求；用户面选择和重选，如基于来自应用功能的输入。

5G 引入 MEC 一方面可以降低 E2E 时延，提升用户体验；另一方面，通过本地泄流可以减小回传网络开销，降低网络成本。MEC 将移动网和互联网进行深度融合，开启了业务重回网络的契机，对运营商和设备商都有重要的战略意义。

MEC 的引入对网络架构的影响主要体现在用户面，包括业务的分流、连续性的保障、UPF 的选择和重选，此外对能力开放、QoS 和计费等也有影响。

除此之外，SMF 可以控制 PDU 会话的数据路径，使得 PDU 会话可以同时对应于多个 N6 接口。同一个 PDU 会话的不同 UPF 提供对同一 DN 的访问。

在 PDU 会话建立中分配的 UPF 与 PDU 会话的 SSC 模式相关联，并且在同一 PDU 会话中分配的附加 UPF（如用于选择性地向 DN 路由）独立于 PDU 会话的 SSC 模式。选择性 DN 业务路由支持将一些选定的业务转发到某个与 UE 更近的 DN 的 N6 接口。

（4）5G 核心网的网络能力开放。

基于 EPC 里的网络能力开放层 SCEF 的设计理念，结合 5G 需求和网络架构的特点，提出了 5G 网络能力开放架构。5G 网络将构建端到端的业务域、平台域和网络域的能力开放。其中，业务域包含第三方业务提供商，虚拟运营商，终端用户，或运营商的自营业务。业务域可以向平台域输入网络能力的需求信息，并接受平台域提供的网络能力，也可以向平台域提供网络域需求 的能力信息，实现反向的能力开放。

平台域则需要具备第三方业务的签约管理，对业务域的 API 开放和计费功能，以及对网络域的能 力编排和能力调度功能。构建具有良好的互通能力、管理能力和开放能力的平台域是 5G 网络能力开放的重要研究内容。

网络域则主要考虑 BSS/OSS（Business Support System，业务支撑系统 /Operation Support System，运营支持系统）和 MANO 能力的结合实现对网络切片的统一编排管理，以及对平台域的能力开放。

网元实体实现具体的网络控制能力、监控能力、网络信息以及网络基本服务能力的开放。大数据分析平台实现对网络基础数据的大数据分析，并将分析结果上报给平台。

4. 5G 未来发展趋势

1）5G 带动各行业的发展

5G 网络不仅带来了高速率大宽带、低延时高可靠、低功耗大连接的网络环境，更有助于传统工业、制造业的改造，并使海量的机器通信实现"万物互联"。5G 将深刻影响到保乐、制造、汽车、能源、医疗、交通、教育、养老等各个行业。

（1）产品技术逐步聚焦四大应用场景。未来 5G 应用主要集中在 4 个场景，高铁、地铁等连续广域覆盖场景；住宅区、办公区、露天集会等热点高容量场景：智慧城市、环境监测、智能农业等低功耗大连接场景；车联网、工业控制、虚拟现实、可穿戴设备等低时延高可靠场景。因此，5G 技术与产品开发也应重点围绕这 4 个场景展开，及时做好前沿技术与产品开发。

（2）5G技术将激发新的消费需求。5G的一个重要特征就是可以实现"人与人、人与物、物与物之间的连接"，形成万物互联，并融合在工作学习、休闲娱乐、社交互动、工业生产等各方面。逐步丰富的消费形态将促进用户体验需求的重大变革，进一步激发出新的产业、新的业态和新的模式。为此，要充分做好技术与产品储备，及时跟踪技术与产品的动态变化，尽早布局颠覆性技术与产品。

（3）产业融合变革加速，基于5G技术的支撑，跨行业的融合发展进一步加强。新型信息化和工业化将深度融合，引发产业领域的深层次变革，移动物联网场景等5G技术将渗透到消费、生产、销售、服务等各行业，推动研发、设计、营销、服务等环节进一步向数字化、智能化、协同化方向发展，实现工业领域全生命周期、全价值链的智能化管理。

（4）自动驾驶。5G自动驾驶被认为是最具前景的5G应用。自谷歌2012年5月获得美国首个自动驾驶车辆许可证以来，自动驾驶迅速风靡全世界，传统车企、互联网巨头相继布局。然而，自动驾驶的发展过程始终伴随着"安全风险大"的诟病，特别是不久之前Uber的无人驾驶车辆事故，更让人对其产生了几分担忧。而5G通信技术具备庞大的带宽容量和接近零时延的特性，正在将自动驾驶照进现实。当前，已有不少企业推出5G自动驾驶的应用方案。

（5）智能电网。5G作为新一轮移动通信技术的发展方向，可以更好地满足电网业务的安全性、可靠性和灵活性需求，实现差异化服务保障，进一步提升电网企业对自身业务的自主可控能力。用5G网络片来承载电网业务是一种新的尝试，将运营商的网络资源以相互隔离的逻辑网络切片，按需提供给电网公司使用，满足电网不同业务对通信网络能力的差异化需求；同时兼顾高性能、高可靠、隔离和低成本，成为智能配电网的有效解决方案。

（6）无人机高清视频传输。5G无人机可实现高清视频的传输，其应用前景广阔。2018年，中国电信与华为合作，在深圳完成5G无人机首飞试验及巡检业务演示。这是国内第一个基于端到端5G网络的专业无人机测试飞行，成功实现了无人机360度全景4K高清视频的实时5G网络传输。在这次试验中，远端操控人员获得第一视角VR体验，通过毫秒级低时延5G网络，进行无人机远程敏捷控制，顺利完成巡检任务。

（7）超级救护车。医学上挽救生命必须分秒必争，未来5G带来的毫秒级速度无疑是医疗救援的强心剂。5G的高速率传输节省了急救的关键时间，也为更好利用"紧急窗口"给出了创新思路。CT、X射线扫描仪等医疗影像仪器，不仅可以被运用到救护车的院前急救中，还可以搭载上高速率传输的人工智能系统，辅助医生判断患者病情，在一定程度上缓解急救压力。以5G急救车为基础，配合人工智能、ARVR和无人机等应用，打造全方位医疗急救体系。

未来5G的全面普及势必会令人们日常生活发生巨大的变化，对于物联网来说，其未来发展也需要适配更加先进的网络技术，5G正是满足这一需求的重要条件。

2021年1月，工信部发布《工业互联网创新发展行动计划（2021—2023年）》，提出到2023年，我国将在10个重点行业打造30个5G全连接工厂。《工业互联网专项工作组2021年工作计划》中提出打造3~5个5G全连接工厂示范标杆；而《工业互联网专项工作组2022年工作计划》（简称计划）的目标则是打造10个5G全连接工厂标杆。由此可见，5G

全连接工厂的建设已成为工业互联网发展的重要目标之一。

《计划》还提出，培育推广 5G＋工业互联网典型应用场景，推动 5G 由生产外围环节向内部环节拓展，推广已有的 20 个典型场景，并挖掘产线级、车间级典型的应用场景。

5G 应用于工业互联网已是必然趋势。一方面，工业互联网的发展离不开 5G 的支持。5G 的特性能够满足工业互联网连接多样性，性能差异化、通信多样化的需求和工业场景下高速率数据采集、远程控制、稳定可靠的数据传输、业务连续性等要求。另一方面，工业互联网是未来 5G 技术落地的重要应用场景之一，应用于工业互联网才能更好地体现 5G 的价值。

在国家政策的支持下，"5G＋工业互联网"行业应用水平不断提升，赋能效应日益显现。最新数据显示，我国"5G＋工业互联网"在建项目总数达到 2400 个，创新应用水平处于全球第一梯队。

"5G＋工业互联网"逐步落地生花，在钢铁、矿业、家电、水泥、港口、电力等领域的应用已呈现蓬勃发展之势，形成协同研发设计、远程设备操控、设备协同作业、柔性生产制造、现场辅助装配、机器视觉质检、设备故障诊断、厂区智能物流、无人智能巡检、生产现场监测等典型应用场景，有力促进了实体经济提质、增效、降本、绿色、安全发展。

2）影响全球 5G 网络发展的核心要素

（1）全球政治因素：逆全球化，数字经济是未来数十年世界各国的核心驱动力，也是国家竞争的主战场。美国为了减缓甚至扼杀中国崛起，以网络安全等为理由，对中国核心厂商，如华为、中兴等进行制裁。在需求侧，推动"清洁网络计划"，将中国供应商排除出相关国家 5G 网络供应商名单，并且要求对存量设备进行替代。在供给侧，在高技术元器件核心软件等方面限制向中国厂商供应。

物美价廉且服务好的中国厂商不能参与新网络建设，并且还需要将存量设备移出，即便有政府补贴，也会让运营商减慢网络部署或缩小规模。

（2）新冠疫情：数字化的加速器与基础建设的减速器。对于数字化而言，新冠是加速器，因为减少人与人接触的价值得到普遍认可，并且在降本、增效与创新中，在萎缩的经济中获得生存空间；而对于 5G 网络等基础设施建设而言，新冠是减速器，因为它延缓了基站等产品的交付，也延缓了工程建设，尤其是涉及跨境的行为。

（3）5G 网络及相关技术演进：落实场景化应用。5G 网络 R16 版本已经冻结，三大业务场景均获得相应技术支撑；R17 正在制定当中，预期毫米波、空天地一体化网络等将被写入标准，同时，工业互联网、车联网等垂直场景将得到细化满足。

在完成 R17 版本后，5G 网络标准制定到位，随之而来的是 5.5G、6G 标准的研发和制定工作。对此，业界已经在进行探讨，如华为提出了"1＋N"5G 目标网，"1"指的是 1 张普遍覆盖的宽管道基础网，核心是中频大带宽结合 Massive MIMO；"N 维"指的是多个维度的能力，主要包括低时延、感知、高可靠、大上行、VX、高精度定位等，核心是简化部署，以满足各类场景化需要。不仅仅 5G 网络技术，人工智能、区块链、云计算、大数据、边缘计算、物联传感等技术也将同步发展，为 5G 网络提供应用填充，并支撑运营。

（4）5G 产业链协同：生态型产业放大。参考 2G/3G/4G 等前代移动网络，以及韩国等 5G 发展较早地区的经验，5G 网络是生态协同的过程。核心流程是：基础设施规模化—终端降价与用户规模化—内容与应用生态放大—5G 产业巩固。

因此，未来能否顺利达到既定目标，基础设施建设应放在首要位置，这需要运营商和政府联手打造，但目前众多国家的建设速度缓慢，将可能成为阻碍产业链放大的重要因素。

3）5G 网络全球发展趋势判断

基于对 5G 发展现状和影响因素的分析，形成对 5G 网络全球发展趋势判断。

（1）整体产业规模：持续放大，带动经济增长。根据全球移动通信系统协会（GSMA）的预测，到 2025 年，全球 5G 用户将达到 18 亿个，占比为 20%，而爱立信的预测数值则为 28 亿个，占比约为 31%。并且，在 2020—2035 年之间，全球范围内 5G 对经济的直接贡献为每年 2000 亿美元左右，合计达到 35 万亿美元，提供总计 2200 万个就业岗位（IHS 预测）。其中，对中国 GDP 的直接贡献从 2020 年的 0.1 万亿将增长到 2030 年的 29 万亿，年均复合增长率为 41%；对 GDP 的间接贡献从 2020 年的 4 万亿将增长到 2030 年的 36 万亿，年均复合增长率为 24%。

（2）网络建设速度：预期先缓后快。现阶段，由于美国等逆全球化的影响，全球 5G 设备商市场格局发生了调整，导致网络建设速度放缓。预计在 2~3 年内，新市场格局将逐渐形成。新冠疫情则是短期有影响，长期无影响。

与此同时，各个国家地区以及相关运营商，基于提升产业竞争力等方面的考虑，势必在相关时间节点（如 2025 年）之前实现 5G 基站的目标值。尤其是当各国认识到 5G 对社会经济的赋能作用，建设规模与速度会进一步提升，如 2020 年 6 月，日本内务和通信省宣布到 2023 年底前完成 21 万个基站建设，比原目标提升了 3 倍。

（3）网络商用的地区差异：分批规模化发展的格局明显，各国家和地区分批化发展的态势明显：第一，从国家和地区角度而言，东亚地区将会领先 5G 网络建设；中东等较有实力开展数字基建的国家和地区，将会紧跟规模化发展；欧美等讲求网络实用性的地区，会逐步推进；而南亚、非洲、拉丁美洲则相对后。第二，从内部建设部署情况看，由于 5G 网络需要更多数量的基站，因此都均将从人口密集的重点地区开始建设，但最终能否达到全面覆盖，则有所差异。韩国等人口相对密集且均匀分布的国家能够实现全面覆盖；中国等强调普通服务的国家和地区能够基本实现；而美国等人口分布不均且强调经济价值的国家预期仍将集中覆盖。

（4）网络商业价值实现：新生产力平台提供创新空间。5G 网络提供的新生产力平台当前是在将 4G 时代的内容和应用迁移到 5G 网络当中，人们对新生产力平台的认知有限。但是在未来，随着创新的深入，只有新生产力平台才能够承载的业务出现，其价值或许得到发挥。目前，一些前瞻性业务已经出现，比如云手机，未来演进将是让本地存储与计算能力持续优化。厂商仅需要在显示上不断下功夫即可，超轻薄的终端形态可能出现。在政企市场，5G 正在赋能行百业，如一些危险的驾驶场景可以通过 5G 网络进行远程操控。

尽管面临逆全球化、新冠疫情等障碍，但在新技术的引领和日益成熟的产业推动下，全球 5G 网络将得到逐步建设，产业规模将逐步放大，成为数字经济的核心推动力量。

小　　结

　　本章首先介绍了移动通信的基本概念、移动通信的特点、移动通信的分类及移动通信系统的组成，阐述了移动通信的基本技术，包括蜂窝组网技术、多址技术、调制技术、交织技术、自适应均衡技术和信道配置技术；然后阐述了第一代、第二代移动通信技术，主要包括 GSM 系统的网络结构、GSM 系统的无线空中接口、通用分组无线业务(GPRS)、GSM 系统的区域定义、移动用户的接续过程以及 CDMA 移动通信系统；接着介绍了几种第三代移动通信系统，包括 W - CDMA 系统、CDMA2000 系统、TD - SCDMA 系统、IMT - 2000 系统、移动通信新技术和后 3G 移动通信关键技术；最后简述了第四代移动通信技术及第五代移动通信技术简介。

　　通过本章的学习，可使读者对移动通信技术有一个总的认识，对第三代和后第三代(后 3G)移动通信技术有全面的了解，为今后的学习建立一个总体框架。

思考与练习 7

7-1　移动通信有哪些特点？

7-2　移动通信是按照什么条件分类的？

7-3　简述移动通信系统的组成。

7-4　在移动通信中，为什么要采用蜂窝组网技术？

7-5　移动通信中采用的多址技术有哪些？

7-6　移动通信中的主要数字调制方式有哪些？

7-7　GSM 移动通信系统由哪些功能实体组成？各部分的作用是什么？

7-8　CDMA 通信系统的优势是什么？

7-9　说明 CDMA 系统中正向传输信道和反向传输信道的相同点和不同点。

7-10　为什么人们关注 W - CDMA 的发展，其根本的原因是什么？

7-11　CDMA2000 系统有什么特点？

7-12　TD - SCDMA 系统有什么优势？

7-13　移动通信技术有哪些？

7-14　后 3G 移动通信的关键技术有哪些？

7-15　简述第四代移动通信的主要技术。

7-16　了解第五代移动通信技术。

第8章 光通信系统

教学要点

- 光纤通信：系统组成及应用。
- 波分复用(WDM)技术：基本原理及系统。
- 相干光通信技术：基本原理及关键技术。
- 光孤子通信：基本特征及通信系统。
- 全光通信系统：概念、技术及网络。

8.1 光 纤 通 信

8.1.1 光纤通信概述

1. 光纤通信的发展

在 20 世纪，电信技术得到惊人的发展，传输信号的带宽在不断加大，因而载波频率在不断提高，通信系统的容量在不断加大，到 1970 年，通信系统的容量(BL，码速率与距离的乘积)达到约 100 (Mb/s)·km，以后电通信系统的容量基本被限制在这个水平上。

20 世纪中期，人们意识到如果采用光波作为载波，通信容量可望提高几个数量级，但直到 20 世纪 50 年代末仍然找不到光通信所必需的相干光源和合适的传输介质。1960 年发明的激光器解决了光源问题。1966 年，当时在英国标准电信研究所工作的华人高锟博士提出可以用石英光纤作为光通信的传输介质，但当时的光纤具有 1000 dB/km 的巨大损耗，难以有效地传输光波。到了 1970 年，美国康宁玻璃公司研制出损耗为 20 dB/km 的石英光纤，证明了石英光纤是光通信的最佳传输介质，与此同时，实现了室温连续工作的 GaAs 半导体激光器。由于小型光源和低损耗光纤的同时实现，从此便开始了光纤通信迅速发展的时代，因此人们把 1970 年称为光纤通信的元年。

从 1970 年至今，光纤通信的发展速度远远超过了人们的预想，光纤通信系统的发展经历了五代，通信容量增加了好几个数量级。工作在 850 nm 短波长的第一代多模光纤通信系统于 1974 年投入使用。这种系统的码速率范围为 50~100 Mb/s，中继距离为 10 km，与同轴电缆相比，中继距离有很大的提高。

第二代光纤通信是工作在 1300 nm 波长的单模光纤通信系统，它出现于 20 世纪 80 年代早期。由于在 1300 nm 的波长时光纤具有小的损耗和最小的色散，因此系统的通信容量可大大地增加，1984 年实现了中继距离为 50 km、码速率为 1.7 Gb/s 的实用化光纤传输系统。

第三代光纤通信系统是工作在 1550 nm 波长的单模光纤传输系统。由于在 1550 nm 波长时光纤具有最小的损耗，通过色散位移又可使其色散最小，因此在 1990 年实现了中继距离超过 100 km、码速率为 2.4 Gb/s 的光纤传输系统。

第四代光纤通信系统以波分复用增加码速率和使用光放大器增加中继距离为标志，可以采用（也可不采用）相干接收方式，使系统的通信容量成数量级地增加，已经实现了在 2.5 Gb/s 码速率上传输 4500 km 和 10 Gb/s 码速率上传输 1500 km 的试验。从 1990 年开始，光放大器引起了光纤通信领域的一次变革。

目前，已经进入第五代光纤通信系统的研究和开发，这就是光孤子通信系统。这种系统基于一个基本概念——光孤子，即由于光纤非线性效应与光纤色散相互抵消，使光脉冲在无损耗的光纤中保持其形状不变地传输的现象。光孤子通信系统将使超长距离的光纤传输成为可能，实验已经证明，在 2.5 Gb/s 码速率下光孤子沿环路可传输 14 000 km 的距离。

2. 光纤通信新技术

光纤通信由于具有许多优点和巨大的生命力，其发展十分迅速。目前，许多国家已在长途通信和市内局间中继方面全面采用光纤通信，跨越大西洋和太平洋的海底光缆已经建成数条。近年来光纤通信发展的目标有两个：一是市内用户网实现光纤通信，即由点到点的光纤通信发展到全程全网使用光纤，换言之，即光纤进入到家庭（FTTH）；二是实现宽带综合业务数字网（B-ISDN）。

要实现上述宏伟目标，关键在于降低每一名用户承担的成本，所有光纤、光器件、光端机乃至连接器的成本均需降低。其中，终端设备的成本关键在于光电子集成（OEIC）化，即使光器件和电子器件进行单片集成回路，以使终端设备更小型、更可靠和更廉价。

为了进一步挖掘光纤通信的潜力，下述几方面是近年来光纤通信研究的热门课题。

1）超高速大容量、超长中继距离系统

超大容量和长中继距离是有矛盾的。因为容量增大，其中继距离将减小，故通常用通信码速率与中继距离的乘积来衡量其水平。目前研究试验的目标是使通信码速率更高（容量更大）和中继距离更长，使两者乘积更大。相干通信是有利于提高码速率和延长中继距离的。

在提高码速率方面，主要的限制是光电器件的性能，如激光器在直接调制时，在超高码速率下会出现"啁啾"（Chirp）声，检测器的噪声和响应速度也会限制码速率，另外电子器件也是限制码速率的"瓶颈"。

在延长中继距离方面的限制主要有光纤传光衰减、色散和接收机灵敏度等。人们曾经利用 1550 nm 零色散位移光纤，使 140 Mb/s 信号无中继地传输了 220 km；采用相干光通信系统后，曾用 2 Gb/s 码速率试通 204 km；11 Gb/s 直接调制系统也进行了 70 km 的试验。自光放大器出现后，尤其是 1989 年掺铒光纤放大器（Erbium-doped Optical Fiber Amplifier，EDFA）的试验成功，对延长中继距离起了很大作用，克服了过去要提高接收灵

敏度所难以解决的困难。

2）光孤子传输

在增大传输中继距离方面，光纤的传光损耗和光接收机灵敏度不是唯一的障碍，因为光纤的色散使脉冲展宽是一个重要的限制因素。光纤孤子脉冲传输的原理是利用光纤在大功率注入时的非线性作用与光纤中的色散作用达到平衡，使光脉冲在传输中无展宽。具体说就是在大功率光源注入光纤的非线性作用下，产生一种"自相位调制"，使脉冲波前沿速度变慢，而后沿速度变快，从而使脉冲不发生展宽。类似于流水中一个不变形的旋涡孤子，故称孤子传输。自从光纤放大器在补偿光纤损耗延长通信距离方面起了巨大作用以后，有人认为孤子传输的研究更应该加速赶上。

3）高密度频分复用系统

前面已指出，波分复用可增加通信容量，但其波长间隔比较大，故复用量较小。而高密度频分复用实质上也是波分复用，不过其波长间隔比较小，而且是用频率来衡量的，故称为频分复用。波分复用与频分复用并无严格定义来区分。有人认为，凡是各路光载波的间隔大于 1 nm 的称为波分复用，而间隔远小于 1 nm 的则称为频分复用。

利用相干通信系统可实现高密度频分复用，而且接收端可挑选任意信道的光载波，以便在市内用户网上应用。目前，国外已有几个单位研制出在 1500 nm 波段（如 1538～1540 nm）实现 16 信道复用的样机。这种样机的发送端有 16 个分布反馈式（DFB）半导体单频激光器，其信道频率间隔为 8.5 GHz 或 10 GHz（即每两相邻光载波的中心频率相差 8.5 GHz 或 10 GHz），这 16 个信道用星形耦合器注入一根光纤中。其接收机的本振激光器的中心频率是可调的，当调到某一光载波频率附近并获得 2 GHz 的中频时，即可接收到这一信道的信号。据估计，这样相干外差检测的复用方式将来可以做到 100 个信道。

在常规直接检测的光纤通信中实现高密度复用也是人们追求的目标。因目前相干光外差接收设备的成本高，故还不宜推广应用。目前，进行此项试验的方法有许多种。例如，在接收端利用无源可调滤波器，能实现 2040 个信道的复用；又如，有人利用受激布里渊光纤放大器来实现在接收端可调到任一个信道的复用。

4）超长波长、超低损耗光纤

要延长通信的中继距离，光纤衰减特性是主要的障碍之一。目前，石英材料制成的光纤在 1550 nm 波长处的衰减常数已接近理论最低值。如果再将工作波长加大，由于要受到红外线吸收的影响，衰减常数又会增大。因此，科研工作者多年来在寻找超长波长（2000 nm 以上）窗口的超低损耗光纤。这种光纤可用于红外线光谱区，其材料有两大类：非石英的玻璃材料和结晶材料。在理论上，这两种材料制作的光纤传输损耗可分别达到 1×10^{-3} dB/km 和 1×10^{-4} dB/km。从研制情况来看，氟玻璃 ZrF_4 的研究进展较好，在 2300 nm 波长的损耗已达 0.7 dB/km，但与理论最低损耗相距较远，仍有很大潜力可挖。

5）光交换技术

目前的交换机都是电交换方式。如果实现光交换，便可在光通信中省掉光电转换这一环节。目前研制中的光交换机主要有以下三种类型：

（1）空间分割型。它由矩阵开关来完成，所用光器件又分电-光型、声-光型、磁-光型、液晶开关型等。

（2）波长分割型。它通过利用波长变换元件、波长滤光片等来实现。

（3）时间分割型。它通过利用光存储器（如光纤延迟线、光双稳态器件等）来实现。

总体来说，光纤通信的潜在容量和可用性还没有完全发挥。有些新技术尚待突破，有些领域尚待探索开发。在加速推广应用方面，实现光电子集成器件和进一步降低成本是一个亟待解决的重要课题。

8.1.2　光纤通信系统的组成

光纤通信系统和所有的通信系统一样，由光发射机、光纤和光接收机三个部分组成，如图 8-1 所示。光纤通信系统是采用光纤作为信道的。

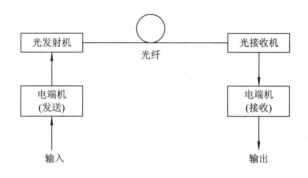

图 8-1　光纤通信系统示意图

由图 8-1 可见，电端机是对电信号进行处理的电子设备。在发送端，电端机将欲传送的电信号处理后，送给光发射机，光发射机将电信号转变成光信号，并将光信号耦合进光纤中，光信号经光纤传输到接收端，由光接收机将接收到的光信号恢复成原来的电信号，再经电端机处理后将消息送给用户。

1. 光纤的分类

光纤是光导纤维（Optical Fiber，OF）的简称。在英文文献中常常将 Optical Fiber 简化为 Fiber，如 Fiber Amplifier（光纤放大器）或 Fiber Backbone（光纤干线）等。

光纤实际是指由透明材料做成的纤芯及在它周围采用比纤芯的折射率稍低的材料做成的包层所被覆的媒体，射入纤芯的光信号经包层界面反射，使光信号在纤芯中传播前进。

光纤的种类很多，根据其用途的不同，所需要性能也有所差异。但对于有线电视和通信用的光纤，其设计和制造的原则基本相同：损耗小，有一定带宽且色散小，接线容易，易于架设，可靠性高，制造比较简单，价廉等。

光纤是从工作波长、折射率分布、传输模式、原材料和制造方法上进行分类的。其分述如下：

（1）按工作波长划分，有紫外光纤（850 nm）、可观光纤（1300 nm）、近红外光纤（1550 nm）、红外光纤等。

（2）按折射率分布划分，有阶跃（SI）型、近阶跃型、渐变（GI）型、其他（如三角型、W

型、凹陷型等）。

（3）按传输模式划分，有单模光纤（含偏振保持光纤、非偏振保持光纤）、多模光纤等。

（4）按原材料划分，有石英玻璃、多成分玻璃、塑料、复合材料（如塑料包层、液体纤芯等）、红外材料等。按被覆材料还可分为无机材料（碳等）、金属材料（铜、镍等）和塑料等。

（5）按制造方法划分，有气相轴向沉积（VAD）、化学气相沉积（CVD）等，拉丝法有套管法（Rod-in Tube）和双坩埚法等。

2. 常用的光纤

1）石英光纤

石英光纤（Silica Fiber）是以二氧化硅（SiO_2）为主要原料，并按不同的掺杂量来控制纤芯和包层的折射率分布的光纤。石英（玻璃）系列光纤具有低耗、宽带的特点，现在已广泛应用于有线电视和通信系统。

掺氟光纤（Fluorine Doped Fiber）为石英光纤的典型产品之一，通常用于 1300 nm 波域的通信用光纤中，控制纤芯的掺杂物为二氧化锗（GeO_2），包层是用 SiO_2 做成的。由于它的瑞利散射很小，而且损耗也接近理论的最低值，所以多用于长距离的光信号传输。

石英光纤与其他原料的光纤相比，具有从紫外线光到近红外线光的透光广谱，除通信用途之外，还可用于导光和传导图像等领域。

2）红外光纤

为光通信领域所开发的石英系列光纤的工作波长只能在 2000 nm 以内，为了能在波长更长的红外领域工作，人们开发了红外光纤（Infrared Optical Fiber）。红外光纤主要用于光能传送。

3）复合光纤

复合光纤（Compound Fiber）是在 SiO_2 原料中适当混合诸如氧化钠（Na_2O）、氧化硼（B_2O_3）、氧化钾（K_2O）等氧化物的多成分玻璃做成的光纤。多成分玻璃比石英的软化点低且纤芯与包层的折射率差很大。

4）氟化物光纤

氟化物光纤（Fluoride Fiber）是由氟化物玻璃做成的光纤。这种光纤的原料又简称为 ZBLAN（即将氟化锆（ZrF_4）、氟化钡（BaF_2）、氟化镧（LaF_3）、氟化铝（AlF_3）、氟化钠（NaF）等氟化物玻璃原料简化成的缩略语）。氟化物光纤主要应用于 2000～10 000 nm 波长的光传输业务。ZBLAN 具有制造超低损耗光纤的可能性，正在进行着用于长距离通信光纤的可行性开发。

5）塑包光纤

塑包光纤（Plastic Clad Fiber）是将高纯度的石英玻璃做成纤芯，将折射率比石英稍低的塑料（或硅胶）等作为包层的阶跃型光纤。它与石英光纤相比较，具有纤芯粗、数值孔径高的特点，易与发光二极管 LED 光源结合，损耗也较小，所以非常适用于局域网（LAN）和近距离通信。

6) 塑料光纤

塑料光纤是纤芯和包层都用塑料(聚合物)做成的光纤。其原料主要是有机玻璃(PMMA)、聚苯乙烯(PS)和聚碳酸酯(PC)。损耗受到塑料固有的 C - H 结合结构制约,一般每千米为几十 dB。塑料光纤(Plastic Optical Fiber)的纤芯直径为 1000 pm,比单模石英光纤大 100 倍,接续简单,而且易于弯曲,施工容易。近年来,随着网络宽带化的进展,作为渐变型(GI)折射率的多模塑料光纤的发展受到了社会的重视。

7) 单模光纤

在工作波长中只能以一种传播模式传输的光纤,通常简称为单模光纤(Single Mode Fiber,SMF)。目前,在有线电视和光通信中,单模光纤是应用最广泛的光纤。

8) 多模光纤

将光纤按工作波长划分,可能以多个模式传播的光纤称为多模光纤(Multi Mode Fiber,MMF)。多模光纤纤芯直径为 50 μm,传输模式为上百个,与 SMF 相比,传输带宽主要受模式色散限制。由于 MMF 较 SMF 的芯径大且与 LED 等光源结合容易,因而在众多 LAN 中更有优势。在短距离通信领域中 MMF 受到重视。MMF 按折射率分布进行分类,有渐变(GI)型和阶跃(SI)型两种:

(1) GI 型 MMF 的折射率以纤芯中心为最高,向包层徐徐降低。从几何光学角度来看,在纤芯中前进的光束呈蛇行状传播。由于光的各个路径所需时间大致相同,所以传输容量较 SI 型大。

(2) SI 型 MMF 纤芯折射率的分布是相同的,但与包层的界面呈阶梯状。光波在 SI 型 MMF 中的反射前进过程中,产生各个光路径的时差,致使射出光波失真,色散较大,其结果是传输带宽变窄,目前 SI 型 MMF 应用较少。

9) 色散位移光纤

单模光纤的工作波长在 1300 nm 时,模场直径约为 9 μm,其传输损耗约为 0.3 dB/km。此时,零色散波长恰好在 1300 nm 处。色散位移光纤的其他性能还有损耗小、接续容易、成缆过程或工作过程中的特性变化小(包括弯曲、拉伸和环境变化影响)等。

10) 色散平坦光纤

对于色散平坦光纤(Dispersion Flattened Fiber,DFF),在 1300~1550 nm 的较宽波段上色散都能做得很低,几乎达到零色散。由于 DFF 要做到 1300~1550 nm 范围的色散都很少,就需要对光纤的折射率分布进行复杂的设计。不过这种光纤对于波分复用(WDM)的线路却是很适宜的。DFF 光纤的工艺比较复杂,费用较高。

11) 色散补偿光纤

对于采用单模光纤的干线系统,多数是由 1300 nm 波段色散为零的光纤构成的。可是,现在损耗最小的是 1550 nm 波段。随着 EDFA 的实用化,如果能在 1300 nm 零色散的光纤上以 1550 nm 的波长工作,将是非常有益的。为此目的所用的光纤称为色散补偿光纤(Dispersion Compensation Fiber,DCF)。DCF 与标准的 1300 nm 零色散光纤相比,纤芯直径更细,而且折射率差也较大。DCF 也是 WDM 光线路的重要组成部分。

12）偏振保持光纤

在光纤中传播的光波，因为具有电磁波的性质，所以除了基本的光波单一模式之外，实质上还存在着电磁场（TE、TM）分布的两个正交模式。通常由于光纤截面的结构是圆对称的，这两个偏振模式的传播常数相等，两束偏振光互不干涉。但实际上，光纤不是完全的圆对称，如有弯曲部分，就会出现两个偏振模式之间的结合因素，在光轴上呈不规则分布。偏振光的这种变化造成的色散称为偏振模式色散（PMD）。PMD 对于现在以分配图像为主的有线电视的影响尚不大。

13）双折射光纤

双折射光纤是指在单模光纤中可以传输相互正交的两个固有偏振模式的光纤。折射率随偏振方向变异的现象称为双折射。双折射光纤又称为 PANDA 光纤，即偏振保持与吸收减少光纤（Polarization-maintaining and Absorption-reducing Fiber）。它是在纤芯的横向两侧设置热膨胀系数大、截面为圆形的玻璃部分。在高温的光纤拉丝过程中，这些部分收缩，其结果在纤芯 y 方向产生拉伸，同时又在 x 方向呈现压缩应力，致使光纤材料出现光弹性效应，使折射率在 x 方向和 y 方向出现差异。依此原理达到偏振保持恒定。

14）抗恶劣环境光纤

通信用光纤通常的工作环境温度在 $-40\sim+60℃$ 之间，设计时也是以不受大量辐射线照射为前提的。相比之下，在更低温或更高温以及能遭受高压或外力影响、暴晒辐射线的恶劣环境下也能工作的光纤则称为抗恶劣环境光纤（Hard Condition Resistant Fiber）。

一般为了对光纤表面进行机械保护，在光纤外层再多涂覆一层塑料。可是随着温度的升高，塑料的保护功能有所下降，致使光纤使用温度也有所限制。如果改用抗热性塑料，如聚四氟乙烯（Teflon）等树脂，即可使光纤工作在 300℃ 环境。也有在石英玻璃表面涂覆镍（Ni）和铝（Al）等金属的，这种光纤称为耐热光纤（Heat Resistant Fiber）。

15）密封涂层光纤

为了保持光纤的机械强度和损耗的长时间稳定，而在玻璃表面涂装碳化硅（SiC）、碳化钛（TiC）、碳（C）等无机材料，用来防止从外部来的水和氢的扩散所制造的光纤称为密封涂层光纤（Hermetically Coated Fiber，HCF）。目前，通用的做法是在化学气相沉积（CVD）法生产过程中，用碳层高速堆积来实现充分密封效应。这种碳涂覆光纤（CCF）能有效地截断光纤与外界氢分子的侵入。它也能较好地防止水分侵入，延缓机械强度的疲劳进程，其疲劳系数（Fatigue Parameter）在 200 以上。

16）金属涂层光纤

金属涂层光纤（Metal Coated Fiber）是在光纤的表面涂布 Ni、Cu、Al 等金属层的光纤。也有再在金属层外被覆塑料的，目的在于提高抗热性和可供通电及焊接。它是抗恶劣环境性光纤之一，也可作为电子电路的部件用。

17）掺稀土光纤

在光纤的纤芯中，掺杂如铒（Er）、钕（Nd）、镨（Pr）等稀土族元素的光纤称为掺稀土光纤。实用的 1550 nm EDFA 就是采用掺铒的单模光纤，再利用 1470 nm 的激光进行激励，得到放大的 1550 nm 光信号。掺镨的氟化物光纤放大器（PDFA）正在开发中。

18) 喇曼光纤

往某物质中射入频率 f 的单色光时，在散射光中会出现频率 f 之外的 $f\pm FR$，$f\pm 2FR$ 等频率的散射光，此现象称为喇曼效应。利用这种非线性做成的光纤称为喇曼光纤(Raman Fiber, RF)。将光封闭在细小的纤芯中进行长距离传播，就会出现光与物质的相互作用效应，能使信号波形不畸变，从而实现长距离传输。当输入光增强时，就会获得相干的感应散射光。

19) 偏心光纤

标准光纤的纤芯是设置在包层中心的，纤芯与包层的截面形状为同心圆。但因用途不同，也有将纤芯位置和纤芯形状、包层形状，做成不同状态或将包层穿孔形成异型结构的。相对于标准光纤，称这些光纤为异型光纤。偏心光纤(Excentric Core Fiber, ECF)是异型光纤的一种，其纤芯设置在偏离中心且接近包层外线的偏心位置。由于纤芯靠近外表，部分光场会溢出包层传播，称为渐消波(Evanescent Wave)。因此，当光纤表面附着物质时，随物质的光学性质不同，在光纤中传播的光波受到不同程度的影响。如果附着物质的折射率较光纤高时，光波则往光纤外辐射；若附着物质的折射率低于光纤折射率时，光波不能往外辐射，却会受到物质吸收而造成光波的损耗。利用这一现象就可检测光纤有无附着物质以及折射率是否变化。

偏心光纤(ECF)主要用作检测物质的光纤敏感器。与光时域反射计(OTDR)的测试法组合在一起，还用作分布敏感器。

20) 发光光纤

发光光纤(Luminescent Fiber)是采用含有荧光物质制造的光纤。它在受到辐射线、紫外线等光波照射时产生荧光，并可经光纤进行传输。

发光光纤可以用于检测辐射线和紫外线以及进行波长变换，或用作温度敏感器、化学敏感器。发光光纤在辐射线的检测中也称为闪光光纤(Scintillation Fiber)。

21) 多芯光纤

通常的光纤是由一个纤芯区和围绕它的包层区构成的。但多芯光纤(Multi Core Fiber)却在一个共同的包层区中存在多个纤芯。根据纤芯的相互接近程度不同，多芯光纤可有两种功能：一是纤芯间隔大，即不产生光耦合的结构。这种光纤能提高传输线路的单位面积的集成密度，在光通信中，可以做成具有多个纤芯的带状光缆，而在非通信领域可作为光纤传像束。二是纤芯之间的距离近，能产生光波耦合作用。利用此原理正在开发双纤芯的敏感器或光回路器件。

22) 空心光纤

做成空心，形成圆筒状空间，用于光传输的光纤称为空心光纤(Hollow Fiber)。空心光纤主要用于能量传送，可供 X 射线、紫外线和远红外线光能传输。空心光纤有两种结构：一是将玻璃做成圆筒状，利用光在空气与玻璃之间的全反射传播。由于光的大部分可在无损耗的空气中传播，因此具有一定距离的传播功能。二是使圆筒内部的反射率接近 1，以减少反射损耗。为了提高反射率，可在筒内设置电介质，使工作波长段损耗减少。

3. 光纤线路

光纤线路由光纤、光纤接头和光纤连接器组成。光纤是光纤线路的主体，光纤通信使用的光纤主要是用石英玻璃拉成的纤维丝。在光纤通信系统中，利用光纤线路作为信道，将光信号从光发射机传送到光接收机。表征光纤传输特性的两个重要参数是损耗和色散，它们都影响光纤通信系统的传输距离和传输容量。光纤的损耗直接决定光纤通信系统的传输距离；而光纤的色散使得光脉冲在光纤中传输时发生展宽，因此光纤的色散影响系统的传输码速率或通信容量。

光纤技术的发展就是围绕进一步减小光纤的损耗和色散而展开的。例如，从阶跃型光纤到渐变型光纤，从短波长到长波长，从多模光纤到单模光纤，使得光纤的损耗和色散不断地降低，从而大大地提高了光纤通信系统的通信距离和通信容量。

4. 光发射机

光发射机的作用就是将电信号转变为光信号，并将光信号耦合进光纤中。光发射机主要由光源和驱动电路组成，其基本组成如图8-2所示。光源是光发射机的"心脏"，在光纤通信中，普遍采用半导体激光器(LD)或半导体发光二极管(LED)作光源。输入的电信号通过驱动电路实现对光源的调制，即直接对半导体光源的注入电流进行调制，使输出光信号的强度随输入电信号而变化，这就是通常所采用的直接光强调制(IM)。

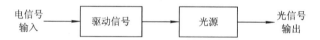

图8-2 光发射机的基本组成

发射光功率是光发射机的一个重要参数，通常以1 mW为基准，以dBm为单位，表示为

$$功率(dBm) = 10 \lg \frac{功率(mW)}{1(mW)} \tag{8-1}$$

发光二极管的发射功率较低，一般都小于-10 dBm，而半导体激光器的发射功率为$0\sim10$ dBm。由于发光二极管的工作能力有限，所以大多数高性能的光纤通信系统都采用半导体激光器作为光源。光发射机的码速率是光发射机的另一重要参数，一般受限于电子电路而不是半导体激光器本身，如果设计得好，光发射机的码速率为$10\sim15$ Gb/s。

5. 光接收机

光接收机的作用是将通过光纤传来的光信号恢复成原来的电信号。光接收机主要由光检测器和放大电路组成，其基本组成如图8-3所示。光检测器是光接收机的重要部件，在光纤通信中，通常采用半导体PIN光敏二极管或半导体雪崩光敏二极管(APD)作为光检测器，它能将光纤传来的已调光信号转变成相应的电信号。由于通过光纤传来的光信号功率很微弱(可低至纳瓦级)，所以在光检测之后，由放大电路对检测出的电信号进行放大。

接收灵敏度是光接收机的一个重要参数，它是衡量光接收机质量的综合指标，它反映接收机调整到最佳状态时，接收微弱光信号的能力。通常把数字光接收机的灵敏度定义为

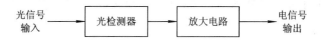

图 8-3 光接收机的基本组成

在一定误码率下的最小平均接收光功率，它与系统的信噪比有关；而信噪比与使接收信号劣化的各种噪声源的大小有关，噪声包括接收机内部噪声（热噪声和点噪声）、光发射机噪声（相对强度噪声）以及光信号在光纤的传输过程中引入的噪声等。

8.1.3 光纤通信的应用

1. 光纤通信的优点

光纤通信一出现，便得到惊人的发展和广泛的应用，这与光纤通信的优越性是分不开的。光纤通信的主要优点有：

(1) 容许频带宽、通信容量大。光纤通信应用的载波是红外光，其光频数量级为 3×10^{14} Hz，因此所容许的带宽很宽，具有极大的传输容量。现在单模光纤的带宽可达 1.5 THz 量级，具有极宽的潜在带宽。电磁波的频谱如图 8-4 所示。

(2) 传输损耗低、中继距离长。随着光纤制造技术的提高，光纤损耗进一步降低，如今光纤最低损耗可低至 0.2 dB/km 以下。由于光纤损耗小，因而中继距离长，一般光纤通信系统的中继距离为几十千米，甚至为一百多千米。这对减少建设投资和维护工作量，以及提高通信系统的可靠性等，都有好处。

(3) 抗电磁干扰，通信质量高。在强电干扰和核辐射环境中，光纤通信也可以正常进行。

(4) 重量轻。光纤细如发丝，即使做成光缆，其重量也比电缆轻得多，体积也比电缆小得多，因而便于运输、敷设和施工。

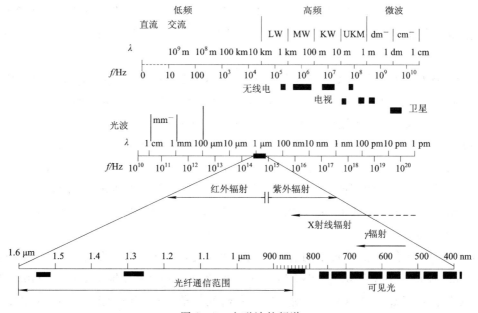

图 8-4 电磁波的频谱

（5）制造光纤的主要原料是 SiO_2，它是地球上蕴藏最丰富的物质，取之不尽，用之不竭。

2. 光纤通信的应用

光纤通信的主要应用领域是公用电信网。由于光纤通信具有容量大、中继距离长等优点，首先在长途干线网和局间中继网得到了普遍的应用。如今，在公用电信网中普遍使用 140 Mb/s 的四次群光纤通信系统，565 Mb/s 的五次群系统及同步数字系列（SDH）在公用干线网中也得到应用。在信息高速公路的发展中，光纤通信系统已成为主要的高速网络。

除了公用电信网络外，在各种特殊场合的专用通信网中，光纤通信也充分发挥其特点，得到了广泛的应用。例如在计算机局域网中，光纤通信因其通信容量大、不受电磁干扰等特点，得到越来越多的应用。迅速发展的有线电视干线网也越来越多地采用光纤传输系统。光纤通信在电力、石油、化工、铁路、采矿、军事等部门都有广泛的应用。

在飞机、舰船中，由于光纤尺寸小、重量轻，因此采用光纤传输系统具有特殊的重要意义。

8.2 波分复用（WDM）技术

8.2.1 WDM 的基本原理

目前，波分复用（WDM）技术的发展十分迅速，已展现出巨大的生命力和光明的发展前景，我国的光缆干线和一些省内干线已开始采用 WDM 系统，国内一些厂商也正在开发这项技术。

在过去的几十年里，光纤通信的发展超乎了人们的想象，光通信网络也成为现代通信网的基础平台。就我国的长途传输网而言，截至 1998 年底，省际干线光缆长度已接近 200 000 km。光纤通信系统经历了几个发展阶段，从 20 世纪 80 年代末的 PDH 系统，到 20 世纪 90 年代中期的 SDH 系统，以及后来的 WDM 系统，光纤通信系统自身在快速地更新换代。

波分复用技术从光纤通信出现伊始就出现了，两波长 WDM（1310/1550 nm）系统于 20 世纪 80 年代就在美国 AT&T 网中使用，其速率为 2×1.7 Gb/s。但是到了 20 世纪 90 年代中期，WDM 系统的发展速度并不快，主要原因在于：

（1）TDM（时分复用）技术的发展。155 Mb/s～622 Mb/s～2.5 Gb/s TDM 技术相对简单。据统计，在 2.5 Gb/s 系统以下（含 2.5 Gb/s 系统），系统每升级一次，每比特的传输成本下降 30% 左右。正由于此，在过去的系统升级中，人们首先想到并采用的是 TDM 技术。

（2）波分复用器件还没有完全成熟，波分复用器/解复用器和光放大器在 20 世纪 90 年代初才开始商用化。

从 1995 年开始，WDM 技术的发展进入了快车道，特别是基于掺铒光纤放大器 EDFA 的 1550 nm 窗口密集波分复用（DWDM）系统。朗讯（Lucent）率先推出 8×2.5 Gb/s 系统，Ciena 推出了 16×2.5 Gb/s 系统，对于实验室研究目前已达 Tb/s 级。世界上各大设备生产厂商和运营公司都对 WDM 技术的商用化表现出极大的兴趣，WDM 系统在全球范围内有了较广泛的应用。其发展迅速的主要原因在于：

(1) 光电器件的迅速发展，特别是 EDFA 的成熟和商用化，使在光放大器(1530～1565 nm)区域采用 WDM 技术成为可能。

(2) TDM 10 Gb/s 面临着电子元器件的挑战，利用 TDM 方式已日益接近硅和镓砷技术的极限，TDM 已没有太多的潜力可挖，并且传输设备的价格也很高。

(3) 已敷设 G.652 光纤 1550 nm 窗口的高色散限制了 TDM 10 Gb/s 系统的传输，光纤色度色散和极化模色散的影响日益加重。人们正越来越多地把兴趣从电复用转移到光复用，即从光域上用各种复用方式来改进传输效率，提高复用速率，而 WDM 技术是目前能够商用化的最简单的光复用技术。

从光纤通信发展的几个阶段看，所应用的技术都与光纤密切相关。20 世纪 80 年代初期的多模光纤通信所应用的是多模光纤的 850 nm 窗口；20 世纪 80 年代末、90 年代初期的 PDH 系统所应用的是单模光纤 1310 nm 窗口；1993 年开始的 SDH 系统开始转向应用 1550 nm 窗口。WDM 是在光纤上实行的频分复用技术，更是与光纤有着不可分割的联系。目前的 WDM 系统是在 1550 nm 窗口实施的多波长复用技术，因而在深入讨论 WDM 技术前有必要讨论一下光纤的带宽和损耗特性。

1. 光纤的基本特性

由于单模光纤具有内部损耗低、带宽大、易于升级扩容和成本低的优点，因而得到了广泛应用。从 20 世纪 80 年代末起，我国在国家干线网上敷设的都是常规单模光纤。常规石英单模光纤同时具有 1550 nm 和 1310 nm 两个窗口，最小衰减窗口位于 1550 nm 窗口。多数国际商用光纤在这两个窗口的典型数值为：1310 nm 窗口的衰减为 0.3～0.4 dB/km；1550 nm 窗口的衰减为 0.19～0.25 dB/km。光纤频谱的损耗如图 8 - 5 所示。

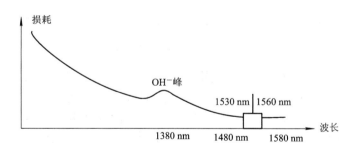

图 8 - 5 光纤频谱的损耗

从图 8 - 5 中可以看出，除了在 1380 nm 有一个 OH⁻ 根离子吸收峰导致损耗比较大外，其他区域光纤损耗都小于 0.5 dB/km。现在人们所利用的只是光纤低损耗频谱(1310～1550 nm)极少的一部分。以常规 SDH 2.5 Gb/s 系统为例，在光纤的带宽中只占很小一部分，大约只有 0.02 nm；全部利用掺铒光纤放大器 EDFA 的放大区域带宽 1530～1565 nm 的 35 nm 带宽，也只是占用光纤全部带宽 1310～1570 nm 的 1/6 左右。

理论上，WDM 技术可以利用的单模光纤带宽达到 200 nm(即 25 THz)，即使按照波长间隔为 0.8 nm(100 GHz)计算，理论上也可以开通 200 多个不同波长的 WDM 系统，因而光纤的带宽远远没有充分利用。WDM 技术的出现正是为了充分利用这一带宽，而光纤本身的宽带宽、低损耗特性也为 WDM 系统的应用和发展提供了可能。

2. WDM 的基本原理

在模拟载波通信系统中，为了充分利用电缆的带宽资源，提高系统的传输容量，通常利用频分复用的方法，即在同一根电缆中同时传输若干个信道的信号，接收端根据各载波频率的不同，利用带通滤波器就可滤出每一个信道的信号。

同样，在光纤通信系统中也可以采用频分复用的方法来提高系统的传输容量，在接收端采用解复用器(等效于光带通滤波器)将各信号光载波分开。由于在光的频域上信号频率差别比较大，人们更喜欢采用波长来定义频率上的差别，因而这样的复用方法称为波分复用。

WDM 技术就是为了充分利用单模光纤低损耗区带来的巨大带宽资源，根据每一信道光波的频率(或波长)不同将光纤的低损耗窗口划分成若干个信道，把光波作为信号的载波，在发送端采用波分复用器(合波器)将不同波长的信号光载波合并起来送入一根光纤进行传输，在接收端再由波分复用器(分波器)将这些不同波长承载不同信号的光载波分开。由于不同波长的光载波信号可以看成是互相独立的(不考虑光纤非线性时)，从而在一根光纤中可实现多路光信号的复用传输。双向传输的问题也很容易解决，只需将两个方向的信号分别安排在不同波长传输即可。由于波分复用器不同，可以复用的波长数也不同，从 2 个至几十个不等，现在商用化的一般是 8 波长和 16 波长系统，这取决于所允许的光载波波长的间隔大小。图 8 - 6 给出了波分复用系统的原理图。

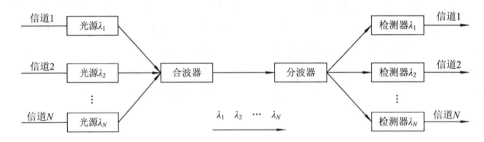

图 8 - 6 波分复用系统的原理图

WDM 本质上是光域上的频分复用(FDM)技术。在电路传输技术中，使用的是FDM—TDM—TDM+FDM 技术。开始的明线、同轴电缆采用的都是 FDM 模拟技术，即电域上的频分复用技术，每路话音的带宽为 4 kHz，每路话音占据传输介质(如同轴电缆)一段带宽；PDH、SDH 系统则是在光纤上传输的 TDM 基带数字信号，每路话音速率为64 kb/s；而 WDM 技术是光纤上的频分复用技术，16(8)×2.5 Gb/s 的 WDM 系统则是光域上的 FDM 模拟技术和电域上的 TDM 数字技术的结合。

现有的传输技术有：

(1) 明线技术，FDM 模拟技术，每路电话 4 kHz。

(2) 小同轴电缆 60 路，FDM 模拟技术，每路电话 4 kHz。

(3) 中同轴电缆 1800 路，FDM 模拟技术，每路电话 4 kHz。

(4) 光纤通信 140 Mb/s PDH 系统，TDM 数字技术，每路电话 64 kb/s。

(5) 光纤通信 2.5 Gb/s SDH 系统，TDM 数字技术，每路电话 64 kb/s。

(6) 光纤通信 N×2.5 Gb/s WDM 系统，TDM 数字技术＋光频域 FDM 模拟技术，每路电话 64 kb/s。

WDM 本质上是光域上的频分复用 FDM 技术，每个波长通路通过频域的分割实现，其频谱分布如图 8-7 所示，每个波长通路占用一段光纤的带宽。与过去同轴电缆 FDM 技术不同的是：

(1) 传输介质不同。WDM 系统是光信号上的频率分割，同轴系统是电信号上的频率分割利用。

(2) 在每个通路上，同轴电缆系统传输的是模拟信号 4 kHz 语音信号，而 WDM 系统目前每个波长通路上是数字信号 SDH 2.5 Gb/s 或更高速率的数字系统。

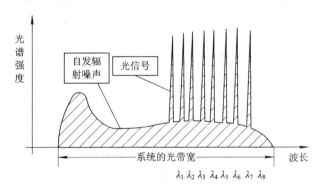

图 8-7　WDM 的频谱分布

3. WDM 的主要特点

可以充分利用光纤的巨大带宽资源，使一根光纤的传输容量比单波长传输增加几倍至几十倍。使 N 个波长复用起来在单模光纤中传输，在大容量长途传输时可以大量节约光纤。另外，对于早期安装的芯数不多的电缆，芯数较少，利用波分复用不必对原有系统做较大的改动即可比较方便地进行扩容。

由于同一光纤中传输的信号波长彼此独立，因而可以传输特性完全不同的信号，完成各种电信业务信号的综合和分离，包括数字信号和模拟信号以及 PDH 信号和 SDH 信号的综合与分离。

波分复用通道对数据格式是透明的，即与信号速率及电调制方式无关。一个 WDM 系统可以承载多种格式的"业务"信号，如 ATM、IP 或者将来有可能出现的信号。WDM 系统完成的是透明传输，对于"业务"信号来说，WDM 的每个波长就像"虚拟"的光纤一样。

WDM 技术在网络扩充和发展中，是理想的扩容手段，也是引入宽带新业务（如 CATV、HDTV 和 B-ISDN 等）的方便手段，增加一个附加波长即可引入任意想要的新业务或新容量。利用 WDM 技术选路来进行网络交换和恢复，可能实现未来透明的、具有高度生存性的光网络。

在国家骨干网的传输时，EDFA 的应用可以大大减少长途干线系统 SDH 中继器的数目，从而减少成本。距离越长，节省的成本就越多。

8.2.2　WDM 通信系统

1. 集成式系统和开放式系统

WDM 系统可以分为集成式 WDM 系统和开放式 WDM 系统。其分述如下：

（1）集成式系统就是 SDH 终端设备具有满足 G.692 的光接口：标准的光波长、满足长距离传输的光源（又称彩色接口）。这两项指标都是当前 SDH 系统不要求的，即把标准的光波长和长受限色散距离的光源集成在 SDH 系统中。整个系统构造比较简单，没有增加多余设备。但在连接旧的 SDH 系统时，还必须引入波长转换器 OTU，完成波长的转换，而且要求 SDH 与 WDM 为同一个厂商所生产，在网络管理上很难实现 SDH、WDM 的彻底分开。集成式 WDM 系统如图 8-8 所示。

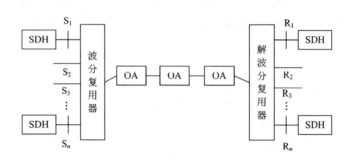

图 8-8　集成式 WDM 系统

（2）开放式系统就是在波分复用器前加入 OTU，将 SDH 非规范的波长转换为标准波长。开放是指在同一 WDM 系统中，可以接入多家厂商生产的 SDH 系统。OTU 对输入端的信号没有要求，可以兼容任意厂家的 SDH 信号。OTU 输出端满足 G.692 的光接口：标准的光波长、满足长距离传输的光源。具有 OTU 的 WDM 系统，不再要求 SDH 系统具有 G.692 接口，可继续使用符合 G.957 接口的 SDH 设备；可以接纳过去的 SDH 系统，实现将不同厂家的 SDH 系统工作在一个 WDM 系统内。但 OTU 的引入可能对系统的性能带来一定的负面影响。开放的 WDM 系统适用于多厂家环境，彻底实现 SDH 与 WDM 分开。开放式 WDM 系统如图 8-9 所示。

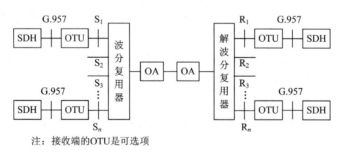

注：接收端的 OTU 是可选项

图 8-9　开放式 WDM 系统

波长转换器 OTU 器件的主要作用是把非标准的波长转换为 ITU-T 所规范的标准波长，以满足系统的波长兼容性。对于集成式系统和开放式系统的选取，运营者可以根据需要进行。在有多厂商 SDH 系统的地区，可以选择开放式系统，而在新建干线和 SDH 制式较少的地区，可以选择集成式系统。现在采用开放式系统的越来越多。

2. 工作波长区的选择

对于常规 G.652 光纤，ITU-T G.692 给出了以 193.1 THz 为标准频率、间隔为

100 GHz 的 41 个标准波长(192.1～196.1 THz),即 1530～1561 nm。但在实际系统中,考虑到当前干线系统应用 WDM 系统主要目的是扩容,全部应用的可能性几乎为零,因为在整个 EDFA 放大频谱 1530～1565 nm 内,级联后的 EDFA 的增益曲线极不平坦,可选用的增益区很小,各波长信号的增益不平衡,必须采取复杂的均衡措施,并且当前业务的需求并没有那么大的容量。综合各大公司的材料,1548～1560 nm 波长区的 16 个波长更受青睐,西门子和朗讯都采用了这一波长区。在 1549～1560 nm 波长区间,EDFA 的增益相对平坦,其增益差在 1.5 dB 以内,而且增益较高,可充分利用 EDFA 的高增益区,如图 8-10 所示。在多级级联的 WDM 系统中,容易实现各通路的增益均衡。另外,该区域位于长波长区一侧,很容易在 EDFA 的另一侧 1530～1545 nm 再开通另外 16 个波长,扩容为 32 通路的 WDM 系统。

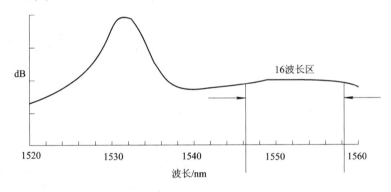

图 8-10　WDM 系统的频谱分布

16 通路 WDM 系统的 16 个光通路的中心频率应满足表 8-1 的要求,8 通路 WDM 系统的 8 个光通路的中心波长应选表 8-1 中加 * 的波长。

表 8-1　16 通路和 8 通路 WDM 系统中心频率

序号	中心频率/THz	波长/nm	序号	中心频率/THz	波长/nm
1	192.1	* 1560.61	9	192.	* 1554.13
2	192.2	1559.79	10	193.0	1553.33
3	192.3	* 1558.98	11	193.1	* 1552.52
4	192.4	1558.17	12	193.2	1551.72
5	192.5	* 1557.36	13	193.3	* 1550.92
6	192.6	1556.55	14	193.4	1550.12
7	192.7	* 1555.75	15	193.5	* 1549.32
8	192.8	1554.94	16	193.6	1548.51

WDM 系统除了对各个通路的信号波长有明确的规定外,对中心频率偏移也有严格规定。通路中心频率偏移定义为通路实际的中心频率与通路中心频率标称值的差值。对通路间隔选择 100 GHz 的 16×2.5 Gb/s WDM 系统,波长偏移应不大于±20 GHz。

3. 光接口分类

由于现在的 WDM 系统都是用于干线长途传输的,因而我国只选用有线路光放大器的系统，不考虑两点之间的无线路光放大器的 WDM 系统。现阶段只考虑确定 8 波长和 16 波长的应用。

对于长途 WDM 系统的应用，规定了三种光接口，即 8×22 dB、3×33 dB 和 5×30 dB 系统。其中，22 dB、30 dB 和 33 dB 是每一个区段（Span）允许的损耗，而前面的数字 8、5 和 3 则代表区段的数目。

图 8-11 为 8×22 dB 系统的示意图。该系统由 8 段构成，每两个 LA 之间的允许损耗为 22 dB，BA 和 PA 分别是功率放大器和预放大器，LA 是线路放大器。假设光纤损耗以 0.275 dB/km 为基础（包括接头和光缆富裕度），22 dB 对应于 80 km 的光纤损耗，则 8×22 dB WDM 系统可以传输 8×80 km＝640 km 的距离，中间无电再生中继。

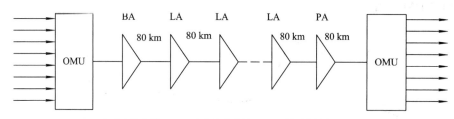

BA—光功率放大器；LA—光线路放大器；PA—预置光放大器。

图 8-11 8×22 dB 系统的示意图

80 km 比较符合我国中继段的情况，可以满足大部分地区中继距离的要求。目前干线的中继段距离大多为 50～60 km。另外，8×22 dB 系统技术上相对成熟，可靠性高，性能好，光信噪比（OSNR）比 3×33 dB 和 5×30 dB 要好 4～5 dB，因此可作为干线传输和省内二级干线传输的优选系统。

考虑到西北地区有可能出现超长中继的情况，增加了 3×33 dB 系统（可以传输 3×120 km＝360 km），以适应某些沙漠地区超长中继距离的需要。另外，由于 5×33 dB 系统的实现尚需研究，并结合我国实际情况，在中继距离 80 km 和 120 km 以外，我们引入每区段损耗 30 dB（传送距离为 100 km 左右）、5 个区段的系统，即 5×30 dB 系统，作为长中继距离，多段数的补充，也是 5×33 dB 的替代。这样使每个区段的距离由两种（80 km、120 km）增加到三种（80 km、100 km 和 120 km），增加了组网的灵活性。

在 WDM 系统中，目前的 8 通路系统不能被升级为 16 路系统，除非该 8 路系统是配置不完全的 16 通路系统的子集，否则都不能直接升级，即没有前向兼容性。这就要求运营者在建设 WDM 系统时，应对本地业务量发展有着正确的估计，以选择合适的通路数。

4. 光接口参数

针对 WDM 系统的模拟性质，特别制定了 WDM 系统接收端光信噪比（OSNR）数值：对于 8×22 dB 的系统，其光信噪比为 22 dB；而对于 5×30 dB 和 3×33 dB，其光信噪比分别为 21 dB 和 20 dB。因为系统的 OSNR 很大程度上取决于区段的损耗。区段的损耗越大，则最后系统的性能越差。

5. 性能要求

目前，WDM 系统还缺少一套衡量其传输质量的标准。虽然光信噪比可以衡量系统传输质量，但还存在一定缺陷。当光信噪比很高（大于 22 dB）时，系统的质量可以保证（一般误码率 BER 小于 10～15）。当 OSNR 工作在临界状态，如 15～17 dB 时，OSNR 就很难定量地评估信号传输质量；再考虑到信号脉冲传输中出现的波形失真，有时 OSNR 较高时相应的误码率也有可能较差。因而承载信号的质量很大程度上还需要在电域上进行评估。

实际上，国家骨干网的 WDM 系统是基于 SDH 系统的多波长系统，因而其网络性能应该全部满足我国 SDH 标准规定的指标，包括误码、抖动和漂移。WDM 系统在一个光复用段内，只有一个电再生段，没有任何转接，因而不能用通道指标进行衡量，暂定采用复用段指标进行要求。该指标与具体 WDM 系统光复用段长度无关。

开放式 WDM 系统引入了波长变换器 OTU，OTU 应具有和 SDH 再生中继器一样的抖动传递特性和输入抖动容限。

6. 光监控通路(OSC)要求

与常规 SDH 系统不同，WDM 系统增加对 EDFA 的监视和管理。由于在 EDFA 上业务信号不进行上下，无电接口接入，只有光信号的放大，而且业务信号的开销（如 SDH）上也没有对 EDFA 进行控制和监控的字节，因而必须增加一个电信号对 EDFA 的运动状态进行监控。现在经常采用的是在一个新波长上传送检测信号。

对于使用线路放大器的 WDM 系统需要一个额外的光监控通路，这个通路能在每个线路光放大器处进行上下。光线路放大器 EDFA 的增益区为 1530～1565 nm，光监控通路必须位于 EDFA 有用增益带宽的外面，规定采用 1510 nm 波长。监控通路的接口参数如表 8-2 所示。

表 8-2　监控通路的接口参数

监控波长	1510 nm
监控速率	2 Mb/s
信号码型	CMI
信号发送功率	0～7 dBm
光源类型	MLM LD
光谱特性	待研究
最小接收灵敏度	−48 dBm

密集波分复用(Dense Wavelength Division Multiplexing，DWDM)技术是一种光纤数据传输技术，这一技术利用激光的波长按照比特位并行传输或者字符串行传输方式在光纤内传送数据。

过去 WDM 系统是几十纳米的波长间隔，现在的波长间隔只有 0.8～2 nm，甚至小于 0.8 nm。密集波分复用技术其实是波分复用的一种具体表现形式。由于 DWDM 光载波的间隔很小，因而必须采用高分辨率波分复用器件来选取，如平面波导型或光纤光栅型等新型光器件。

DWDM 长途光缆系统中，波长间隔较小的多路光信号可以共用 EDFA 光放大器。在两个波分复用终端之间，采用一个 EDFA 代替多个传统的电再生中继器，同时放大多路光信号，延长光传输距离。在 DWDM 系统中，EDFA 光放大器和普通的光-电-光再生中继器将共同存在，EDFA 用来补偿光纤的损耗，而常规的光-电-光再生中继器用来补偿色散和噪声积累带来的信号失真。

DWDM 只是 WDM 的一种形式。WDM 更具有普遍性，而 DWDM 缺乏明确和准确的定义。随着技术的发展，原来认为密集的波长间隔，在技术实现上也越来越容易，已经变得不那么密集了。一般情况下，如果不特指 1310 nm/1550 nm 的两个波分 WDM 系统，人们谈论的 WDM 系统就是 DWDM 系统。

8.3　相干光通信技术

自从光纤通信系统问世至今，所有的系统几乎都采用光强调制-直接检测（IM - DD）的方式，这种系统的优点是调制、解调容易，成本低。但由于没有利用光的相干性，因此从本质上讲，这还是一种噪声载波通信系统，不能充分利用光纤的带宽，接收灵敏度低，传输距离短。为了充分利用光纤通信的带宽，提高接收机的灵敏度，人们开始考虑无线电通信中使用的外差接收方式是否可以用于光纤通信。因为光波也是一种电磁波，所以应该可以采用在无线电通信中使用的调制方式（振幅键控 ASK、频移键控 FSK、相移键控 PSK）和外差接收方式，从而出现了一种新型系统——相干光通信系统。

所谓相干光，是指两个激光器产生的光场具有空间叠加、相互干涉性质的激光。实现相干光通信，关键是要有频率稳定、相位和偏振方向可以控制的窄谱线激光器。

8.3.1　相干光通信的基本原理

图 8-12 给出了相干光通信系统的组成框图。在相干光通信系统中，信号对光源以适当的方式调制光载波。当信号光传输到达接收端时，首先与一本振光信号进行相干混频，然后由光检测器进行光电变换，最后由中频放大器对本振光波和信号光波的差频信号进行放大。中频放大器输出的信号通过解调器进行解调，就可以获得原来的数字信号。

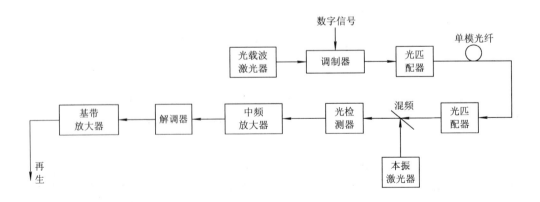

图 8-12　相干光通信系统的组成框图

在图 8-12 所示的系统中，光发射机由光载波激光器、调制器和光匹配器组成。光载波激光器发出相干性很好的光载波，由数字信号经调制器进行光调制，经过调制的光波通过光匹配器进入单模光纤。在这里，光匹配器有两个作用：一是获得最大的发射效率，使已调光波的空间分布和单模光纤基模之间有最佳的匹配；二是保证已调光波的偏振状态和单模光纤的本征偏振状态相匹配。

在接收端，光波首先进入光匹配器，其作用与光发射机的光匹配器相同，保证接收信号光波的空间分布和偏振方向与本振激光器输出的本振光波相匹配，以便得到高的混频效率。

设到达接收端的信号光场 E_s 表示为

$$E_s = A_s \exp[-\mathrm{j}(\omega_0 t + \varphi_s)] \tag{8-2}$$

式中：A_s 为光信号的幅度；ω_0 为光载波频率；φ_s 为光场相位。本振光场 E_L 可表示为

$$E_L = A_L \exp[-\mathrm{j}(\omega_L t + \varphi_L)] \tag{8-3}$$

由于光匹配器使信号光与本振光具有相同的偏振状态，所以两光场经相干混频后在光检测器上产生的光电流 I_s 正比于 $|E_s + E_L|$，即

$$I_s = R(P_s + P_L) + 2R\sqrt{P_s P_L} \cos(\omega_{IF} t + \varphi_s - \varphi_L) \tag{8-4}$$

式中：R 为光检测器的响应度；P_s 和 P_L 分别为信号光和本振光的光功率；ω_{IF} 为信号光频与本振光频之差，$\omega_{IF} = \omega_0 - \omega_L$，称为中频。

一般情况下，$P_L \gg P_s$，因此 $P_s + P_L \approx P_L$。式(8-4)中的第一项代表直流分量，而第二项包含了由发射端传来的信息，该信息可以是调幅、调频或调相的形式。由此可见，该信号的电流与本振光信号的电流成正比，可以等效地看成本振光信号使接收光信号得到了放大，从而使接收机的灵敏度大大提高了。

在式(8-4)中，如果本振光频率 ω_L 与信号光频率 ω_0 相等，则中频 $\omega_{IF} = 0$，这种检测方式称为零差检测。在零差检测中，信号电流 i_s 变为

$$i_s = 2R\sqrt{P_s P_L} \cos(\omega_{IF} t + \varphi_s - \varphi_L) \tag{8-5}$$

在这种检测方式中，光信号被直接转换成基带信号，但它要求本振光频率与信号光频率严格匹配，并且要求本振光与信号光的相位锁定。图 8-13 给出了零差检测的结构和信号的频谱分布。

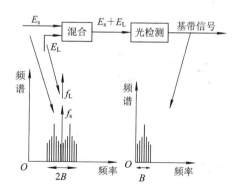

图 8-13　零差检测的结构和信号的频谱分布

如果本振光频率 ω_L 与信号光频率 ω_0 不相等，而是相差一个中频 ω_{IF}，则这种检测方式称为外差检测。图 8-14 给出了外差检测的结构和信号的频谱分布。在外差检测中，信号电流为

$$i_s = 2R\sqrt{P_s P_L} \cos(\omega_{IF} t + \varphi_s - \varphi_L) \tag{8-6}$$

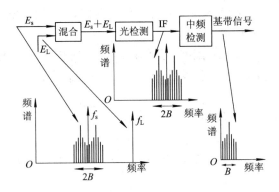

图 8－14　外差检测的结构和信号的频谱分布

与零差检测不同，外差检测不要求本振光与信号光之间的相位锁定和光频率严格匹配，但这种检测方式不能直接获得基带信号，信号仍然被载在中频上，因此需要对中频进行二次解调。根据对中频信号解调方式的不同，外差检测又分为外差同步解调和外差包络解调。

外差同步解调如图 8－15 所示。光检测器上输出的中频信号首先通过一个中频带通滤波器（BPF，中心频率为 ω_{IF}），然后分成两路，其中一路用于中频载频恢复，恢复出来的中频载波与另一路中频信号进行混频，最后由低通滤波器（LPF）输出基带信号，这种同步解调方式具有灵敏度高的优点。在如图 8－16 所示的外差包络解调中，没有中频载频的恢复过程，而是经带通滤波后在包络检波器后接一个低通滤波器直接检测出基带信号，对其光谱宽度的要求不高，采用分布反馈式（DFB）半导体激光器即可满足要求，因此这种方式在相干通信中很有吸引力。

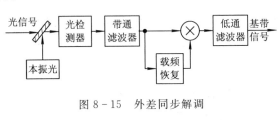

图 8－15　外差同步解调

图 8－16　外差包络解调

8.3.2　相干光通信的关键技术

与 IM－DD 系统相比，相干光通信系统最显著的优点就是接收灵敏度高。由于相干光通信系统中对中频信号起重要作用的本振光功率较大，使中频信号较强，因而相干光通信系统的接收灵敏度比 IM－DD 系统高 10～25 dB，使中继距离大大加长了。相干光通信系统的第二个优点就是具有很好的频率选择性，通过对光接收机中本振光频率的调谐，对特定频率的光载波进行接收，可以实现信道间隔小至 1～10 GHz 的密集频分复用，从而有效地增加传输容量，实现超高容量的传输。

在 IM - DD 系统中，只能使用强度调制方式对光波进行调制，而在相干光通信系统中，可以采用调幅、调频和调相等多种调制方式进行调制。但是，相干光通信系统对光源、调制、传输、接收的要求都比 IM - DD 系统严格得多。实现相干光通信的关键技术主要有两个：首先要解决光源的频率稳定性问题，在相干光通信系统中，发射机载波光源和接收机本振光源的频率稳定性要求非常高，不容易实现；其次是接收信号光波和本振光波的偏振必须匹配，以保证接收机具有较高的灵敏度。

目前这些问题并没有得到完全解决，所以相干光通信系统尚不能进入实用化阶段，但是近些年来科研人员已成功研制了一些相干光通信试验系统，通过相干光实验向人们展示了相干光通信系统的优越性。有理由相信，随着技术水平的提高，在不久的将来，相干光通信将在光纤通信中发挥重要作用。

8.4 光 孤 子 通 信

光纤的损耗和色散是限制系统传输距离的两个主要因素，尤其是对于 1 Gb/s 以上的高速光纤通信系统，色散起主要作用。由于脉冲展宽效应使系统的传输距离受到限制，那么，能不能设法保持脉冲形状，在传输过程中不使其展宽，从而提高通信距离呢？近年来出现了解决这一问题的新型通信方式——光孤子通信。所谓光孤子，是指经过光纤长距离传输后，其幅度和宽度都不变的超短光脉冲(皮秒(ps)数量级)。光孤子是光纤的群速度色散和非线性效应相互平衡的结果。利用光孤子作为载体的通信方式称为光孤子通信。

8.4.1 光孤子的基本特征

1973 年，Hasegawa 首先提出光纤中的孤立子，称为光孤子；1980 年 Mollenaner 在实验上首次证实了光纤中光孤子的存在。这种光孤子与一般的光脉冲不同，它的脉冲宽度极窄，达到皮秒级，而其功率又非常大。

那么，光孤子是如何形成的呢？在光纤中传输高功率窄脉冲光信号时，非线性效应(自相位调制 SPM)和色散效应(群速度色散 GVD)的相互抵消作用可产生光孤子。光纤的非线性效应和色散效应原本都是破坏波形稳定的因素。色散效应使波形有散开(展宽)的趋势，这是因为组成光波的各频率分量具有不同的群速度，因而传输一段距离后，波形便展宽了。而非线性效应与色散效应恰恰相反，它使得较高频率分量不断积累，使得光波在传输过程中越来越陡。如果把这两种效应巧妙地结合，相互制约，相互平衡，就有可能保持波形稳定不变，成为光孤子。

在强光的作用下，由于光纤的非线性效应，光纤的折射率 n 将随光强而变化，即 $n = n_0 + \bar{n}|E|^2$，进而引起光场的相位变化，即

$$\Delta\phi(t) = \frac{\omega}{c}\Delta n(t)L = \frac{2\pi L}{\lambda}\Delta n(t) \tag{8-7}$$

这种使脉冲不同部位产生不同相移的特性，称为自相位调制(SPM)。如果考虑光纤损耗，式(8-7)中的 L 要用有效长度 L_{eff} 代替。SPM 引起的脉冲载波频率随时间的变化为

$$\Delta\omega(t) = -\frac{\partial\Delta\phi(t)}{\partial t} = -\frac{2\pi L_{\text{eff}}}{\lambda}\frac{\partial}{\partial t}[\Delta n(t)] \tag{8-8}$$

脉冲的相对光强、频率调制如图 8-17 所示。在脉冲上升部分，$|E^2|$ 增加，$\partial \Delta n/\partial t > 0$，得到 $\Delta\omega < 0$，频率下移；在脉冲顶部，$|E^2|$ 不变，$\partial \Delta n/\partial t = 0$，得到 $\Delta\omega = 0$，频率不变；在脉冲下降部分，$|E^2|$ 减小，$\partial \Delta n/\partial t < 0$，得到 $\Delta\omega > 0$，频率上移。频移使脉冲频率改变分布，其前（头）部频率降低，后（尾）部频率升高。这就是脉冲被线性调频现象，也称为啁啾（Chirp）。

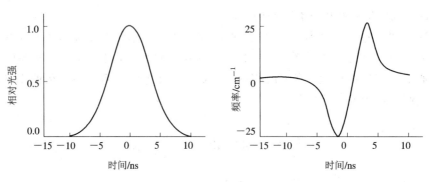

图 8-17　脉冲的相对光强、频率调制

假设光纤无损耗，在光纤中传输的已调波为线性偏振模式，则其场可以表示为

$$E(r, z, t) = R(t)U(z, t)\exp[-j(\omega_0 t - \beta_0 z)] \qquad (8-9)$$

式中：$R(t)$ 为径向本征函数；$U(z,t)$ 为脉冲的调制包络函数；ω_0 为光载波频率；β_0 为调制频率 $\omega = \omega_0$ 时的传输常数。

设已调波 $E(r,z,t)$ 的频谱在 $\omega = \omega_0$ 处有峰值，频谱较窄，则该已调波可近似为单色平面波。由于非线性克尔效应，传输常数应写成

$$\beta = \frac{\omega}{c}n = \frac{\omega}{c}\left(n_0 + \bar{n}\frac{P}{A_{\mathrm{eff}}}\right) \qquad (8-10)$$

式中：P 为光功率；A_{eff} 为光纤的有效截面积。由此可见，β 不仅是折射率的函数，而且是光功率的函数。在 β_0 和 $P=0$ 附近，把 β 展开成级数，可得

$$\beta(\omega, P) = \beta_0 + \beta_0'(\omega - \omega_0) + \beta_0''(\omega - \omega_0)^2 + \beta_2 P \qquad (8-11)$$

式中：$\beta_0' = \left.\dfrac{\partial \beta}{\partial \omega}\right|_{\omega=\omega_0} = \dfrac{1}{v_{\mathrm{g}}}$，$v_{\mathrm{g}}$ 为群速度，即脉冲包络线的运动速度；$\beta_0'' = \left.\dfrac{\partial^2 \beta}{\partial^2 \omega}\right|_{\omega=\omega_0}$，与一阶色散成比例，它描述群速度与频率之间的关系；$\beta_2 = \dfrac{\partial \beta/\partial P|_P}{\partial \omega} = \dfrac{\omega \overline{n^2}}{cA_{\mathrm{eff}}}$。令 $\beta_2 P = \dfrac{1}{L_{\mathrm{NL}}}$，$L_{\mathrm{NL}}$ 称为非线性长度，表示非线性效应对光脉冲传输特性的影响。

式（8-11）虽然略去了高次项，但仍较完整地描述了光脉冲在光纤中传输的特性。式中等式右边第三项和第四项最为重要，这两项正好体现了光纤色散和非线性效应的影响。如果 $\beta_0'' < 0$，同时 $\beta_2 P > 0$，适当选择相关参数，使两项绝对值相等，则光纤色散和非线性效应相互抵消，使得输入脉冲宽度保持不变，形成稳定的光孤子。

8.4.2　光孤子通信系统

图 8-18（a）给出了光孤子通信系统的结构框图。光孤子源产生一系列脉冲宽度很窄的光脉冲，即光孤子流，作为信息的载体进入光调制器，使信息对光孤子流进行调制。调制

的光孤子流经掺铒光纤放大器(EDFA)和光隔离器后，进入光纤线路进行传输。为克服光纤损耗引起的光孤子减弱，在光纤线路上周期地插入 EDFA，向光孤子注入能量，以补偿因光纤而引起的能量损耗，确保光孤子稳定传输。在接收端，通过光检测器和解调装置，恢复光孤子所承载的信息。

目前，光孤子源是光孤子通信系统的关键。要求光孤子源提供的脉冲宽度为皮秒量级，并有规定的形状和峰值。光孤子源有很多种类，主要有掺铒光纤孤子激光器、锁模半导体激光器等。

目前，光孤子通信系统已经有许多实验结果。例如，光纤线路直接实验系统的传输速率为 10 Gb/s 时，传输距离达到 1000 km；在传输速率为 20 Gb/s 时，传输距离达到 350 km。循环光纤间接实验系统(如图 8 - 18(b)所示)的传输速率为 2.4 Gb/s，传输距离达到 12 000 km；改进实验系统的传输速率为 10 Gb/s，传输距离达 10^6 km。

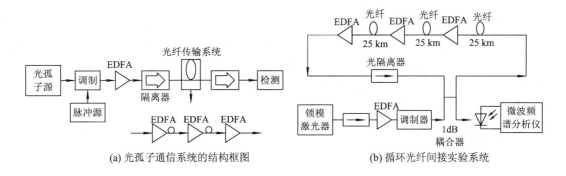

(a) 光孤子通信系统的结构框图　　　　(b) 循环光纤间接实验系统

图 8 - 18　光孤子通信系统和实验系统

8.5　全光通信系统

20 世纪末出现的因特网标志着人类社会进入一个崭新的时代——信息化时代，在这个时代人们对信息的需求急剧增加，信息量像原子裂变一样呈爆炸式增长，传统的通信技术已经很难满足不断增长的通信容量的要求，于是一些新兴的通信技术应运而生了，如 CDPD 技术、CDMA2000 技术、GPRS 技术以及光通信技术等。在这些通信技术中，光通信技术凭借其潜在带宽容量巨大的特点，成为支撑通信业务量增长最重要的通信技术之一。但在目前的光纤通信系统中存在着较多的光/电、电/光变换过程，而这些转换过程存在着时钟偏移、严重串话、高功耗等缺点，很容易产生通信中的"信息瓶颈"现象。为了解决这一问题，充分发挥光纤通信的极宽频带、抗电磁干扰、保密性强、传输损耗低等优点，全光通信技术应运而生了。

8.5.1　全光通信的概念

全光通信技术也是一种光纤通信技术，该技术针对普通光纤系统中存在较多电子转换设备这一问题进行改进，确保用户与用户之间的信号传输与交换全部采用光波技术，即数据从源节点到目的节点的传输过程都在光域内进行，而其在各网络节点的交换则采用全光网络交换技术。

全光通信网(简称全金网)由内部全光图和外部通用网络控制两部分组成。内部全光网是透明的，能容纳多种业务格式。网络节点可以通过选择合适的波长进行透明的发送或从其他节点处接收。通过对波长路由的光交叉设备进行适当配置，透明光传输可以扩展到更大的距离。外部通用网络控制部分可实现网络的重构，使得波长和容量在整个网络内动态分配，以满足通信量、业务和性能需求的变化，并提供一个生存性好、容错能力强的网络。

8.5.2 全光通信技术

实现透明的、具有高度生存性的全光通信网是宽带通信网未来的发展目标，而要实现这样的目标需要有先进的技术来支撑。以下就是实现准确、有效、可靠的全光通信应采用的技术。

1. 光层开销处理技术

光层开销处理技术是指用信道开销等额外比特数据从外面包裹光信道客户信号的一种数字包封技术，它在光层具有管理光信道 OAM(操作、管理、维护)信息的能力和执行光信道性能监测的能力，该技术同时为光网络提供所有 SONET/SDH 网所具有的强大管理功能和高可靠性保证。

2. 光监控技术

在全光通信系统中，必须对光放大器等器件进行监视和管理。一般技术采用额外波长监视技术，即在系统中再分插一个额外的信道传送监控信息；而光监控技术采用 1510 nm波长，并且对此监控信道提供 ECC 的保护路由，当光缆出现故障时，可继续通过数据通信网(DCN)传输监控信息。

3. 信息再生技术

信息在光纤通道中传输时，如果光纤损耗大，色散严重，将会导致最后的通信质量很差。损耗会导致光信号的幅度随传输距离按指数规律衰减色散会导致光脉冲发生展宽，发生码间干扰，系统的误码率增大，严重影响通信质量。因此，必须采取措施对光信号进行再生。目前，对光信号的再生都是利用光电中继器来实现的，即光信号首先由光电二极管转变为电信号，经电路整形放大后，再重新驱动一个光源，从而实现光信号的再生。这种光电中继器具有装置复杂、体积大、耗能多的缺点。最近出现了全光信息再生技术，即在光纤链路上每隔几个放大器的距离接入一个光调制器和滤波器，从链路传输的光信号中提取同步时钟信号后输入光调制器中，对光信号进行周期性同步调制，使光脉冲变窄，频谱展宽，频率漂移，系统噪声降低，从而使光脉冲位置得到校准和重新定时。全光信息再生技术不仅能从根本上消除色散等不利因素的影响，而且克服了光电中继器的缺点，成为全光信息处理的基础技术之一。

4. 动态路由和波长分配技术

给定一个网络的物理拓扑和一套需要在网络上建立的端到端光信道，为每一个带宽请求决定路由和分配波长以建立光信道的问题就是波长选路由和波长分配问题(RWA)。目前较成熟的技术有最短路径法、最少负荷法和交替固定选路法等。根据节点是否提供波长转换功能，光通路可以分为波长通道（WP）和虚波长通道（VWP）。WP 可看成 VMP 的特例，当整个光路都采用同一波长时，就称其为波长通道，反之是虚波长通道。在波长通道网络中，由于给信号分配的波长通道是端到端的，每个通路与一个固定的波长关联，因而在动态路由和分配波长时一般必须获得整个网络的状态，因此其控制系统通常必须采用集中控制方式，即在掌握了整个网络所有波长复用段的占用情况后，才可能为新呼叫选一条合适的路由。这时网络动态路由和波长分配所需时间相对较长。而在虚波长通道网络中，波长是逐个链路进行分配的，因此可以进行分布式控制，这样可以大大降低光通路层选路的复杂性和选路所需的时间，但增加了节点操作的复杂性。由于波长选路所需的时间较长，近期科研人员提出了一种将波长作为标记的多协议波长标记交换（MPLS）方案，它将光交叉互联设备视为标记交换路由器进行网络控制和管理。基于 MPLS 的光波长标记交换网络中的光路由器有两种：边界路由器和核心路由器。边界路由器用于与速率较低的网络进行业务接入，同时电子处理功能模块完成 MPLS 中较复杂的标记处理功能；而核心路由器利用光互联和波长变换技术实现波长标记交换和上下路等比较简单的光信号处理功能，它可以更灵活地管理和分配网络资源，并能较有效地实现业务管理及网络的保护、恢复。

5．光时分多址（OTDMA）技术

光时分多址技术是指在同一光载波波长上，把时间分割成周期性的帧，每一个帧再分割成若干个时隙（帧或时隙都是互不重叠的），然后根据一定的时隙分配原则，使每个光网络单元（ONU）在每帧内只按指定的时隙发送信号，然后利用全光时分复用方法在光功率分配器中合成一路光时分脉冲信号，再经全光放大器放大后送入光纤中传输。在交换局，利用全光时分分解复用。为了实现准确、可靠的光时分多址通信，避免各 ONU 向上游发送的码流在光功率分配器合路时发生碰撞，光交换局必须测定它与各 ONU 的距离，并在下行信号中规定光网络单元（ONU）的严格发送定时。

6．光突发数据交换技术

光突发数据交换技术是针对目前光信号处理技术尚未足够成熟而提出的，在这种技术中有两种光分组技术：包含路由信息的控制分组技术和承载业务的数据分组技术。控制分组技术中的控制信息要通过路由器的电子处理；而数据分组技术不需光/电、电/光转换和电子路由器的转发，直接在端到端的透明传输信道中传输。

7．光波分多址（WDMA）技术

光波分多址技术是指将多个不同波长且互不交叠的光载波分配给不同的光网络单元（ONU），用以实现上行信号的传输，即各 ONU 根据所分配的光载波对发送的信息脉冲进行调制，从而产生多路不同波长的光脉冲，然后利用波分复用方法经过合波器形成一路光脉冲信号来共享传输光纤并送入光交换局。在 WDMA 系统中，为了实现任何允许节点共享信道的多波长接入，必须建立一个防止或处理碰撞的协议，该协议包括固定分配协议、随机接入协议（包括预留机制、交换和碰撞预留技术）及仲裁规程和改装发送许可等。

8．光转发技术

在全光通信系统中，对光信号的波长、色散和功率等都有特殊的要求。为了满足

ITU－T 标准规范，必须采用光-电-光的光转发技术对输入的信号光进行规范，同时采用外调制技术克服长途传输系统中色散的影响。光纤传输系统所用的光转发模块主要有直接调制的光转发模块和外调制的光转发模块两种。外调制的光转发模块包括电吸收（EA）调制和铌酸锂（LiNbO$_3$）晶体调制等。LiNbO$_3$ 电光调制器是最有可能用于高速光通信系统的器件，已成为国内外研发的热门器件。

在全光通信系统中，可以采用多种调制类型的光转发模块，色散容限有 1800 ps/nm，4000 ps/nm，7200 ps/nm，12 800 ps/nm 等诸多选择，以满足不同的传输距离的需求，为用户提供从 1～640 km 范围内各种传输距离的最佳性能价格比解决方案，并且光转发单元发射部分的频率稳定度在0～60℃ 范围内小于±3 GHz。

9. 副载波多址(SCMA)技术

副载波多址技术的基本原理是：将多路基带控制信号调制到不同频率的射频波（超短波到微波）上，然后将多路射频信号复用后再去调制一个光载波。在 ONU 端进行二次解调，首先利用光探测器从光信号中得到多路射频信号，并从中选出该单元需要接收的控制信号，再用电子学的方法从射频波中恢复出基带控制信号。在控制信道上使用 SCMA 技术接入，不仅可降低网络成本，还可解决控制信道的竞争。

10. 空分光交换技术

空分光交换技术的基本原理是：将光交换元件组成门阵列开关，并适当控制门阵列开关，即可在任一路输入光纤和任一输出光纤之间构成通路。因其交换元件不同，故门阵列开关可分为机械型、光电转换型、复合波导型、全反射型和激光二极管门开关等。例如，耦合波导型交换元件铌酸锂是一种电光材料，具有折射率随外界电场的变化而发生变化的光学特性。以铌酸锂为基片，在基片上进行钛扩散，以形成折射率逐渐增加的光波导，即光通路，再焊上电极后即可将它作为光交换元件使用。将两条很接近的波导进行适当的复合，通过这两条波导的光束将发生能量交换。能量交换的强弱随复合系数、平行波导的长度和两波导之间的相位差而变化。只要所选取的参数适当，光束就在波导上完全交错。如果在电极上施加一定的电压，可改变折射率及相位差。由此可见，通过控制电极上的电压可以得到平行和交叉两种交换状态。

11. 光放大技术

为了减小光纤传输中的损耗，每传输一段距离，都要对信号进行电的"再生"。随着传输码率的提高，"再生"的难度也随之提高，成了信号传输容量扩大的"瓶颈"，于是一种新型的光放大技术就出现了。光放大技术实现了直接光放大，节省了大量的再生中继器，使得传输中的光纤损耗不再成为主要问题，同时使传输链路"透明化"，简化了系统，成几倍或几十倍地扩大了传输容量，促进了真正意义上的密集波分复用技术的飞速发展，是光纤通信领域上的一次革命。

12. 时分光交换技术

时分光交换技术的原理与现行的电子程控交换中的时分交换系统的原理完全相同，因此它能与采用全光时分多路复用方法的光传输系统匹配。在这种技术下，可以时分复用各个光器件，能够减少硬件设备，构成大容量的光交换机。该技术组成的通信技术网由时分型交换模块和空分型交换模块构成。空分型交换模块与前述的空分光交换功能块完全相同，而在时分型光交换模块中则需要有光存储器(如光纤延迟存储器、双稳态激光二极管存储器)、光选通器(如定向复合型阵列开关)来进行相应的交换。

13. 无源光网技术(PON)

无源光网技术多用于接入网部分。它以点对多点方式为光线路终端(OLT)和光网络单元(ONU)提供光传输介质，而这又必须使用多址接入技术。目前使用中的有时分多址接入(TDMA)、波分复用(WDM)、副载波多址接入(SCMA)三种方式。PON 中使用的无源光器件有光纤光缆、光纤接头、光连接器、光分路器、波分复用器和光衰减器，拓扑结构可采用总线型、星型、树型等多种结构。

8.5.3 全光通信网

1. 全光通信网的组成

随着信息社会的发展，人们对通信容量的需求急剧增长。这促使通信网的两大主要组成部分——传输和交换，都在不断地发展和革新。在传输方面，光纤化的实现，特别是随着波分复用(WDM)技术的成熟，极大地提高了传输系统的容量，这给通信网中的电交换带来了巨大的压力，要求处理的信息量越来越大，码速率越来越高，已接近电子速率的极限，限制了交换速率的提高。为了解决"电子瓶颈"限制问题，必须在交换系统中引入光子技术，从而引起了全光通信网的研究，提出了光传送网(OTN)的概念。

所谓全光通信网(简称全光网)，是指网中端用户节点之间的信号通道仍然保持着光的形式，即端到端是完全的光路，中间没有电转换的介入。数据从源节点到目的节点的传输过程都在光域内进行，而其在各网络节点的交换则使用高可靠、大容量和高度灵活的光交叉连接设备(OXC)。在全光网中，由于没有光电转换的障碍，因此允许存在各种不同的协议和编码形式，信息传输具有透明性，且无须面对电子器件处理信息速率难以提高的困难。

OTN 是一种以波分复用(WDM)与光信道技术为核心的新型通信网络传输体系，它由光分插复用(OADM)、光交叉连接(OXC)以及光放大(OA)等网元设备组成，具有超大传输容量、对承载信号透明及在光层面上实现保护和路由选择(波长选路)等功能。因此，光传送网又称为 WDM 全光通信网。在全光网中，信息流的传送处理过程主要在光域进行，由波长标识的信道资源成为光层联网的基本信息单元。

OTN 的出现不仅可以解决现行网络中由于电子器件处理能力的限制造成的"瓶颈"问题，而且提供了一种用于管理多波长、多光纤网络宽带资源的经济有效的技术手段。OTN具有吞吐量大、透明度高、兼容性好和生存能力强等优点，将成为新一代国家、地区和城域主干传送网和宽带光接入网的升级，是国家信息高速公路畅通工程建设的关键，具有极其广阔的应用前景和市场潜力。

图 8-19 所示的是一个全光通信实验网。该光网络含有两个光交叉连接器(OXC)节点和两个光分插复用器(OADM)节点，建网的目的是演示光信号的透明传输以及研究传输中可能出现的问题。第一个 OXC 节点交叉连接来自骨干网两条 WDM 链路上的信号，第二个 OXC 节点交叉连接骨干网和局域网之间的信号，局域网是一个含有 OADM 的 WDM 环型网。

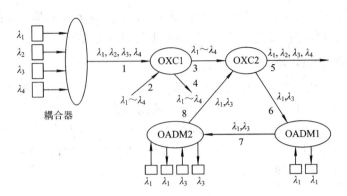

图 8-19　全光通信实验网

利用波分复用技术的全光通信网采用三级体系结构。最低一级（0 级）是众多单位各自拥有的局域网（LAN），它们各自连接若干用户的光终端（OT）。每个 0 级网的内部使用一套波长，但各个 0 级网多数也可使用同一套波长，即波长或频率复用。全光网的中间一级（1 级）可看成许多城域网（MAN），它们各自设置波长路由器连接若干 0 级。最高一级（2 级）可以看成全国或国际的骨干网，它们利用波长转换器或交换机连接所有的 1 级网。全光网的基本结构可以分为光网络层和电网络层。

光网络层是光链路相连的部分，其采用了 WDM 技术，使一个光网络中能传送几个波长的光信号，并在网络各节点之间采用 OXC，以实现多个光信号的交叉连接。光网络层通过光链路与宽带网络用户接口和局域网（LAN）相连。光网络层的拓扑结构可以是环型、星型和网孔型等，交换方式可采用空分、时分或波分光交换。

2. 全光通信网的特点

全光通信网是通信网发展的目标，这一目标的实现分两个阶段完成。

1）全光传送网

在点到点光纤传输系统中，整条线路中间不需要做任何光/电和电/光转换。这样的长距离传输完全靠光波沿光纤传播，称为发射端与接收端间点到点全光传输，那么整个光纤通信网中任一用户地点应该可以设法做到与任一其他用户地点实现全光传输，这样就组成了全光传送网。

2）完整的全光网

在完成全光传送网后，有不少信号处理、储存、交换以及多路复用/分接、进网/出网等功能都要采用光子技术来完成，整个通信网将由光实现传输以外的许多重要功能，完成端到端的光传输、交换和处理等，这就形成了全光网发展的第二阶段——完整的全光网。

基于波分复用的全光通信网能比传统的电信网提供更大的通信容量，可使通信网具备更强的可管理性、灵活性、透明性。全光网具备以下以往通信网和现行光通信系统所不具备的优点：

（1）全光网通过波长选择器来实现路由选择，即以波长来选择路由，对传输码率、数据格式以及调制方式均具有透明性，可以提供多种协议业务，可不受限制地提供端到端业务。透明性是指网络中的信息在从源地址到目的地址的过程中不受任何干涉。由于全光网中信号的传输全在光域中进行，信号速率、格式等仅受限于接收端和发射端，因此全光网对信号是透明的。

（2）全光网不仅可以与现有的通信网络兼容，还可以支持未来的宽带综合业务数字网以及网络的升级。

（3）全光网具备可扩展性，加入新的网络节点时，不影响原有网络结构和设备，降低了网络成本。

（4）可根据通信业务量的需求，动态地改变网络结构，充分利用网络资源，具有网络的可重组性。

（5）全光网结构简单，端到端采用透明光通路连接，沿途没有变换与存储，网中许多光器件都是无源的，可靠性高，可维护性好。

全光网由于具有以上优点，因此成为宽带通信网未来发展的目标。

8.5.4 光时分复用

提高码速率和增大容量是光纤通信的目标。电子器件的极限速率在 40 Gb/s 左右，现在通过时分复用（TDM）技术已经接近这个极限速率。若想继续提高码速率，必须在光域中想办法，一般有两种途径：波分复用（WDM）和光时分复用（OTDM）。如今 WDM 技术已经非常成熟并已实用化，而 OTDM 技术还处于实验研究阶段，许多关键技术还有待解决。

OTDM 是在光域上进行时间分割复用，一般有两种复用方式：比特间插和信元间插。比特间插是目前广泛使用的方式。信元间插也称为光分组复用。图 8-20 所示的是光时分复用系统的组成框图。

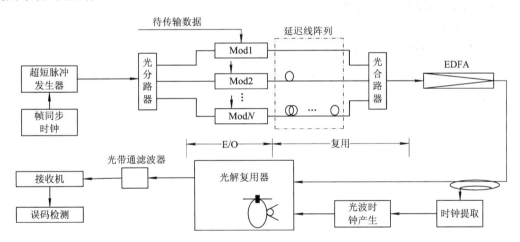

图 8-20 光时分复用系统的组成框图

光时分复用系统的系统光源是超短光脉冲光源，由光分路器分成 N 束，待传输的电信号分别被调制到各束超短光脉冲上，然后通过光延迟线阵列，使各支路光脉冲精确地按预定要求在时间上错开，再由合路器将这些支路光脉冲复接在一起，于是便完成了在光时域上的间插复用。接收端的光解复用器是一个光控高速开关，在时域上将各支路光信号分开。

要实现 OTDM，需要解决的关键技术有超短光脉冲光源、超短光脉冲的长距离传输和色散抑制技术、帧同步及路序确定技术、光时钟提取技术、全光解复用技术。对这些技术，国内外正在进行大量理论和实验研究，有些技术有一些成熟方案，有些技术还存在着相当大的困难。另外，OTDM 要在光上进行信号处理、时钟恢复、分组头识别和路序选出，都需要

全光逻辑和存储器件，这些器件至今还不成熟，所以 OTDM 离实用化还有一定距离。

小　　结

　　本章首先讨论了光纤通信技术，使读者对光纤通信的基本概念、光纤通信系统的组成和光纤通信的应用有一个概括的了解；然后介绍了波分复用（WDM）技术的基本原理、WDM 基本通信系统；之后介绍了相干光通信技术、光孤子通信和全光通信技术等新的通信技术。

思考与练习 8

8-1　光纤通信使用的波长范围是多少？

8-2　为什么光纤通信的传输容量巨大？

8-3　光纤的分类有哪些？

8-4　光纤通信的新技术有哪些？

8-5　简述光纤通信系统的组成。

8-6　波分复用（WDM）的原理是什么？

8-7　什么是相干光通信？其原理是什么？

8-8　光孤子的概念是什么？

8-9　全光通信的概念是什么？

8-10　全光通信网有什么特点？

参 考 文 献

[1] 王兴亮. 通信系统原理教程. 西安：西安电子科技大学出版社，2007.

[2] 张德纯，王兴亮. 现代通信理论与技术导论. 西安：西安电子科技大学出版社，2004.

[3] 薛尚清，杨平先. 现代通信技术基础. 北京：国防工业出版社，2005.

[4] 李白萍，姚军. 微波与卫星通信. 西安：西安电子科技大学出版社，2006.

[5] 达新宇. 现代通信新技术. 西安：西安电子科技大学出版社，2001.

[6] 杨大成，等. cdma 2000 技术. 北京：北京邮电大学出版社，2001.

[7] 张孝强，李标庆. 通信技术基础. 北京：中国人民大学出版社，2001.

[8] 张卫钢. 通信原理与通信技术. 西安：西安电子科技大学出版社，2003.

[9] 李建东，郭梯云，邬国扬. 移动通信. 西安：西安电子科技大学出版社，2004.

[10] 张宝富，张曙光，田华. 现代通信技术与网络应用. 西安：西安电子科技大学出版社，2004.

[11] 魏东兴，冯锡钰，邢慧玲. 现代通信技术. 2 版. 北京：机械工业出版社，2003.

[12] PROAKIS J. 数字通信. 3 版. 北京：电子工业出版社，1998.

[13] ZIEMER R E，TRANTER W H. 通信原理：系统、调制与噪声. 北京：高等教育出版社，2003.

[14] 唐贤远，李兴. 数字微波通信技术. 北京：电子工业出版社，2004.

[15] 彭林，等. 第三代移动通信技术. 北京：电子工业出版社，2001.

[16] 张贤达，包铮. 通信信号处理. 北京：国防工业出版社，2000.

[17] 朱近康. CDMA 通信技术. 北京：人民邮电出版社，2001.

[18] 张学军，张述军. DWDM 传输系统原理与测试. 北京：人民邮电出版社，2000.

[19] 吴伟陵. 移动通讯中的关键技术. 北京：北京邮电大学出版社，2000.

[20] 王兴亮. 现代通信系统新技术. 2 版. 西安：西安电子科技大学出版社，2016.

[21] 王宝生，吕绍和，陈琳. 未来宽带网络的关键支撑技术. 北京：人民邮电出版社，2014.

[22] 申普兵. 宽带网络技术. 北京：人民邮电出版社，2013.

[23] 袁弋非. LTE/LTE - Advanced 关键技术与系统性能. 北京：人民邮电出版社，2013.

[24] 张克平. LTE/LTE - Advanced - B3G/4G/B4G 移动通信系统无线技术. 北京：电子工业出版社，2013.

[25] 汤兵勇，李瑞杰，陆建豪，等. 云计算概论. 北京：化学工业出版社，2014.

[26] 万川梅. 云计算与云应用. 北京：电子工业出版社，2014.

[27] 赵勇. 架构大数据：大数据技术及算法解析. 北京：电子工业出版社，2015.